Python 3.x 入门到应用实践

赵 军 / 等编著

机械工业出版社
China Machine Press

图书在版编目（CIP）数据

Python 3.x入门到应用实践 / 赵军等编著.— 北京：机械工业出版社，2019.3

ISBN 978-7-111-62123-2

Ⅰ. ①P… Ⅱ. ①赵… Ⅲ. ①软件工具－程序设计 Ⅳ. ①TP311.561

中国版本图书馆CIP数据核字(2019)第037581号

本书以浅显易懂的语言和循序渐进的方式介绍 Python 语言的各个核心知识点：程序设计语言中基础的算法；设置和安装 Python 语言的运行环境；Python 语言的各个基本语法，包括数据类型、变量与常数、表达式与运算符、流程控制、字符与字符串、函数、高级数据类型等；程序设计中更实用的主题，包括递归函数、排序算法、lambda 表达式、开放数据、模块与程序包、文件与数据流、错误与异常处理、面向对象程序设计及 GUI 窗口程序等。

本书提供丰富的范例程序和课后习题，适合想对 Python 程序设计语言有完整认识的初学者，也适合大专院校作为程序设计课程的教材。丰富的范例程序有助于读者在学习中拓展程序设计实战能力，每章的课后习题用于巩固所学的知识。对于有意转向 Python 语言的专业人员来说，本书可以作为学习 Python 路途中的"北斗星"。

Python 3.x 入门到应用实践

出版发行：机械工业出版社（北京市西城区百万庄大街 22 号 邮政编码：100037）
责任编辑：夏非彼 迟振春
责任校对：王 叶
印 刷：中国电影出版社印刷厂
版 次：2019 年 4 月第 1 版第 1 次印刷
开 本：188mm×260mm 1/16
印 张：25.5
书 号：ISBN 978-7-111-62123-2
定 价：79.00 元

凡购本书，如有缺页、倒页、脱页，由本社发行部调换
客服热线：（010）88379426 88361066
投稿热线：（010）88379604
购书热线：（010）68326294
读者信箱：hzit@hzbook.com

前 言

用一句话形容近些年崛起的Python程序设计语言，那就是“无所不在、无所不能”。毫无疑问，Python已经成为最受欢迎的程序设计语言之一。在2018年9月的TIOBE排名中，Python语言已经超过了C++语言，跃升到探花的位置了，仅次于状元的Java语言和榜眼的C语言。

作为一款纯粹以自由软件方式推广的程序设计语言，Python的语法简洁清晰，简单易用。虽然完整地支持面向对象程序设计的方方面面，但是Python并不强制程序设计人员采用面向对象的编程方式，而是可以自由地选择结构化面向过程的编程方式，也可以混合使用面向对象和面向过程的编程方式。虽然我们并不鼓励这么做，但是从这个方面足以说明Python语言的灵活性和柔韧性。再加上Python语言丰富和强大的链接库，涉及面之广令人赞叹，其中包括最新的领域——大数据分析、人工智能、机器学习、证券金融市场的量化交易等，这使它具有招牌式的第三个特性——黏合性。除了Python自由软件团体开发的各种程序和模块外，Python语言还可以把其他语言制作的各种模块轻松地“黏合”在一起，这就是它被称为“胶水语言”的黏性之源。正因为这些特性，所以不但信息产业的专业人员在使用Python语言，而且越来越多的计算机人群开始使用Python语言提高自己运用计算机的能力。行内人士见面的问候语以后也许会变成“你Python了吗？”。

本书的编写风格是教材式的，章节的组织结构与行文的叙述方式就是为了不断激发初学者在学习程序设计语言中的“好奇心”和“成就感”，避免“枯燥乏味”“望而却步”，到“勉为其难”，最终到“避之不及”的窘境。本书从一开始就避免陷于程序设计语言的语法纠结和编程注意事项的琐碎细节中，纵观全书，各个章节都是以范例程序为主线的，让学习者在动手实践中轻松掌握如何使用强大的Python语言来解决日常的实际问题。作者在每个章节都精心选择了范例程序，每章的最后还安排和设计了上机实践演练范例程序，它们都和今天主流的网络应用息息相关。例如，图形用户界面程序的设计（范例为简易单词翻译器和简易计算器），以面向对象的方式设计的“选课和退课”程序，调用数学和绘图程序包来绘制直方图，编写网络爬虫程序从公开网站上提取股市行情的数据等，让读者直接体验掌握了一手实战必备技能之后油然而生的成就感。

本书既然是以教材的方式编写的，自然适用于大专院校作为教授程序设计课程的教科书。本书的内容有助于学生在学习程序设计语言的同时拓展程序设计实战能力。对于有意转向Python语言的专业人员来说，本书可以作为学习Python路途中的“北斗星”。

为了强化大家运用Python程序设计语言的动手编程能力，本书在每一章都规划了多个实用的范例程序及上机实践演练，这些精彩的范例程序包括：

- Hello World
- 零用钱记账小管家
- 成绩单统计小帮手
- 密码验证程序不求人
- 开放数据的提取与应用
- 输出金字塔图形
- 简易单词翻译器
- 乐透投注游戏程序
- 统计历年英语考试中的高频率单词
- 用异常处理来控制用户输入的数值
- 设计“选课和退课”程序
- 用图形用户界面实现简易计算器
- 直方图的绘制
- 编写网络爬虫程序从公开网站上提取股市行情的数据

本书的范例程序可以登录机械工业出版社华章公司网站（www.hzbook.com）下载，先搜索到本书，然后在页面上的“资料下载”模块下载即可。

另外，对于各类开源项目、程序包和模块等，可以从网站 https://pypi.org/获取。当然，它的核心网站为 https://www.python.org/，其中的内容更加包罗万象。

本书主要由赵军编著，同时参与编写工作的还有王国春、施研然、王然、孙学南等。如果读者在学习过程中遇到无法解决的问题，或者对本书有意见或建议，可以通过邮箱 booksaga@126.com 与编者联系。

最后祝大家学习顺利，为 Python 自由软件社区添砖加瓦，同时让 Python 语言成为自己职业生涯的“开山之斧”。

资深架构师　赵军

2019 年 1 月

目　录

第 1 章

Python 简介与建立开发环境

本章是为没有任何程序设计基础的初学者编写的入门章节，也是为想成长为一位 Python 设计者的读者编写的开篇章节。在本章中，我们将简单介绍 Python，并讨论它的特殊应用，而后介绍如何建立 Python 开发和运行环境。

本章学习大纲

- Python 的特色
- 程序设计语言简介
- 算法概念
- 流程图
- Python 的应用
- 建立 Python 开发环境
- 基本输入与输出
- IPython 命令窗口
- Spyder 编辑器
- Python 程序编写风格

对于未来的高素质人才，程序设计能力是他们必备的基础能力之一。基于这个理念，世界各国都非常重视培养新一代人才的程序设计能力，把具有程序设计能力作为衡量人才的指标之一。具有编程能力不再只是信息科学类专业人员的“专利”，而是将来所有人才都要具有的基本能力。让从自己院校毕业的学生拥有一定的编程能力，已是各个大专院校信息教育普及的主要方向之一，目前在全国范围已经有不少中小学开展了一定程度的程序设计课程。

与其他的传统程序设计语言相比，Python 在物联网、数据挖掘与大数据分析以及人工智能领域的应用相当火红，已经达到了“举足轻重”的地位，因而也越来越受科技界的欢迎。

技巧

物联网（Internet of Things，IoT）是近年来信息产业中一个非常热门的话题，各种配备了传感器的物品（例如 RFID、环境传感器、全球定位系统（GPS）等）与因特网结合起来，并通过网络技术让各种实体对象、自动化设备彼此沟通和交换信息。也就是通过网络把所有东西都连接在一起。

大数据（Big Data）由 IBM 公司于 2010 年提出，是指在一定时效（Velocity）内进行大量（Volume）、多样性（Variety）、低价值密度（Value）、真实性（Veracity）数据的获得、分析、处理、保存等操作，主要特性包含 5 个方面：Volume（大量）、Velocity（时效性）、Variety（多样性）、Value（低价值密度）、Veracity（真实性）。由于数据的来源有非常多的途径，大数据的格式也越来越复杂。

进入云计算（Cloud Computing）时代，可以这么说：没有最好的程序设计语言，只有是否适合的程序设计语言。在统计分析与数据挖掘领域有着举足轻重地位的 Python，近年来人气不断飙升，并成为高级程序设计语言排行榜的常胜军，也可以说是现在最流行的机器学习（Machine Learning，ML）语言，不仅可用于执行基本的机器学习任务，而且在网络上可以找到大量的相关资源。

技巧

“云”其实就泛指“网络”，因为工程师在网络结构示意图中通常习惯用“云朵状”图来代表不同的网络。云计算是指将网络中的计算能力作为一种服务，只要用户可以通过网络登录远程服务器进行操作，就能使用这种计算资源。

机器学习是通过算法来分析数据，在大数据中找到规则，给予计算机大量的“训练数据（Training Data）”，可以发掘多数据元变动因素之间的关联性，进而自动学习并且做出预测，即充分利用大数据和算法来训练机器，机器再从中找出规律，学习如何将数据分类。

Python 语言的优点是：面向对象程序设计（Object-Oriented Programming，OOP）、解释执行、跨平台等，加上丰富强大的程序包、模块与免费开放的源码，在各种领域的用户都可以找到符合自己需求的程序包或模块，涵盖网页设计、应用程序设计、游戏设计、自动控制、生物科技、大数据等领域，因此非常适合作为各个行业人员学习程序设计的第一门语言，目前在网络上 Python 拥有非常活跃的社区及拥戴者。如图 1-1 所示是 TIOBE Software （https://www.tiobe.com/tiobe-index/）在 2018 年 9 月公布的世界程序设计语言排行榜，Python 的人气指标已升到第 3 名。

The index can be used to check whether your programming skills are still up to date or to make a strategic decision about what programming language should be adopted when starting to build a new software system. The definition of the TIOBE index can be found here.

Sep 2018	Sep 2017	Change	Programming Language	Ratings	Change
1	1		Java	17.436%	+4.75%
2	2		C	15.447%	+8.06%
3	5	^	Python	7.653%	+4.67%
4	3	v	C++	7.394%	+1.83%
5	8	^	Visual Basic .NET	5.308%	+3.33%
6	4	v	C#	3.295%	-1.48%
7	6	v	PHP	2.775%	+0.57%
8	7	v	JavaScript	2.131%	+0.11%
9	-	^^	SQL	2.062%	+2.06%
10	18	^^	Objective-C	1.509%	+0.00%
11	12	^	Delphi/Object Pascal	1.292%	-0.49%
12	10	v	Ruby	1.291%	-0.64%

图 1-1

技巧

面向对象程序设计的核心思想是，将存在于日常生活中随处可见的对象（object）概念应用于软件开发模式（software development model）中。也就是说，OOP让我们在进行程序设计时，采用更生活化、可读性更高的设计概念，所开发出来的程序也更容易扩充、修改及维护。

1.1 Python简介

Python的英文原意是蟒蛇（发音/'paɪθn/接近“派森”），但是Python的发明人Guido并不是因为喜欢蟒蛇而取这个名字，按Guido自己的说法是，这个名字取自他个人很喜爱的BBC著名的喜剧电视剧《Monty Python's Flying Circus（蒙提•派森的飞行马戏团）》。虽然Python的名称来源不是大蟒蛇，但是Python软件基金会还是采用了两条蛇作为徽标，如图1-2所示。

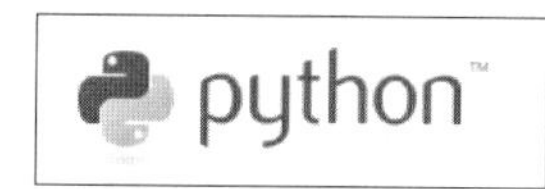

图 1-2

自从程序设计语言发展到高级语言之后，出现了许多不同类型的程序设计语言，例如C、C++、Java、PHP、JavaScript、C#、Delphi等，它们具有不同的特色，用途也有很大的差异。以C语言为例，它虽然是一种高级语言，但是兼具低级语言的特性，故而有人把C语言称为一种中级语言。UNIX/Linux操作系统就是由C语言开发出来的，它的主要优点有：程序简短精悍、性能高、可直接对内存进行操作和处理。

另外，像Java语言就是参考C/C++特性所开发的程序设计语言，具有跨平台、稳定及安全等特性，主要应用领域为因特网、无线通信、电子商务，Java也是一种面向对象的高级程序设计语言。

Guido 开发 Python 的动机源自于想设计出一种任何人都能轻松使用的通用的高级程序设计语言，就分类上来说，它是一种解释型的动态程序设计语言，不仅优雅简洁，而且具备开发快速、容易阅读、功能强大等优点。同时，Python 还融合了多种程序设计语言的风格，采用开放源码的策略，加上 Python 是用 C 语言编写的，由于 C 的可移植性，使得 Python 能够在任何支持 ANSI C 编译器的平台运行。

下面列出 Python 的迷人特点。

1. 程序代码简洁易读

Python 开发的目标之一是让程序代码像读一本书那样容易理解。凭借简单易记、程序代码容易阅读的优点，在编写程序的过程中，让编程者可以专注在程序流程设计本身，而不是时时考虑如何编写程序语句才不容易出错且符合语法，这样就让程序的开发更有效率，团队也更容易协同和整合。图 1-3 所示为 Python 简洁的程序代码。

```
# -*- coding: utf-8 -*-
"""
程序名称：输出金字塔图形
"""

def drawpyramid():       #定义drawpyramid函数
    h = int( input("请输入您要显示的金字塔层数(1~10):") )
    s = input("请输入要显示的符号:")

    for n in range(1,h+1):
        str="{0}{1:^20}"
        print(str.format(n,s*(n*2-1)))

    a=input("按x键离开，按任意键继续。")
    if a != "x":
        drawpyramid()   #调用drawpyramid函数
    else:
        print("Goodbye!!")


drawpyramid()   #调用drawpyramid函数
```

图 1-3

2. 跨平台

Python 程序可以在大多数主流平台运行，具备在各个操作系统平台之间的高度兼容性和可移植性。无论是 Windows、Mac OS、Linux 还是移动智能设备的平台（如智能手机），都有对应的 Python 工具，在 https://www.python.org/downloads/ 下载页面列出了支持各种平台的 Python 开发工具，如图 1-4 所示。例如，如果你的个人计算机操作系统使用的是 Mac OS 或 Linux，只要直接在命令行（终端程序）输入 python，就可以立即使用 Python 程序设计语言来设计程序。

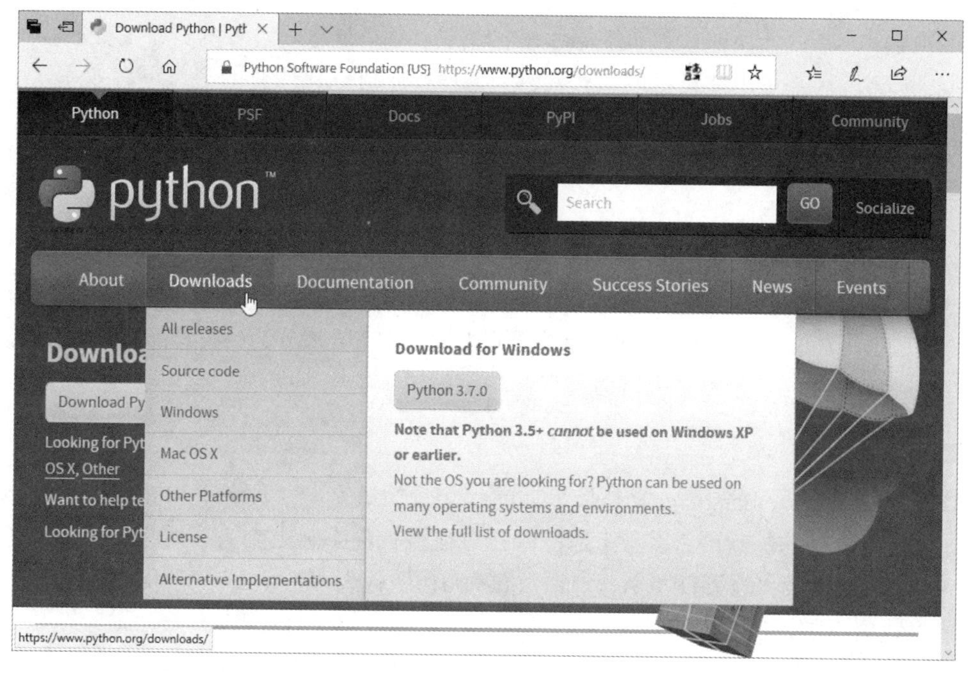

图 1-4

3. 自由/开放源码

所有版本的 Python 都是自由和开放源码（Free and Open Source）的，简单来说，我们可以自由地阅读、复制及修改 Python 的源码，或者在其他自由软件中使用 Python 程序。

4. 多范式的程序设计语言

Python 具有面向对象的特性，像是类、封装、继承、多态等设计，不过它不像 Java 这类面向对象语言强迫用户必须采用面向对象的思维来编写程序，Python 是具有多范式（Multi-Paradigm）的程序设计语言，允许我们使用多种风格来编写程序，因而 Python 程序的编写更富有弹性，即使不了解面向对象程序设计的概念，也不会成为我们学习 Python 语言的障碍。

5. 扩充能力强的胶水语言

由于 Python 语言十分容易上手，不但具有作为描述型语言的能力，而且还提供了丰富的应用程序编程接口（API）和可以直接调用的程序包，因而程序设计人员能够轻松地编写扩充模块，也可以把 Python 程序模块集成到其他语言编写的程序内使用。基于这些原因，也有人将 Python 语言称为一种胶水语言（Glue Language），意思就是可以把相关功能的程序模块（可能由不同的程序设计语言所编写）如同胶水一样“黏合”在一起。

1.2 程序设计语言与程序设计

程序设计语言是一种人类用来和计算机沟通的语言，也就是用来指挥计算机进行计算或运行的指令集合。就如同汉语、英语、日语等语言一样，无论哪一种语言都有词汇与语法。程序设计语言是一行行的程序语句（statement）及语句中的程序代码（code）组合而成的，可以将人类的思考逻辑和沟通的语言转换成计算机能够了解的语言，而“程序设计”就是通过程序设计语言的编写与执行来实现人类运用计算机的工作需求。编写程序可以让原有的工作更有效率，像是每天必须重复做的一些工作，就可以找出其中的规则，编写一个程序来自动执行。

1.2.1 程序设计语言简介

每一代程序设计语言都有其特色，无论是哪一种语言都有其专用的语法、特性、优点以及相关应用的领域。从发展过程来看，我们大致可以把程序设计语言分为“低级语言”与“高级语言”两大类，低级语言又可以分为“机器语言”和“汇编语言”。

1. 机器语言

机器语言（Machine Language）是最早期的程序设计语言，由数字 1 和 0 构成，也是计算机能够直接阅读与执行的基础语言，也就是任何程序在执行前实际上都必须转换为机器语言。例如“10111001”可能代表“设置变量 A”，而“00000010”代表“数值 2”。当我们指示计算机将变量 A 设置为数值 2 时，机器语言的写法可能就是：

```
10111001 (设置变量 A)
00000010 (把数值 2 设置给变量 A)
```

计算机可以直接执行机器语言，所以执行速度快，在处理数据时效率也高，但是对于人类而言，机器语言可读性低，不太容易学习。另外，对于不同的计算机制造商，往往因为计算机硬件设计的不同而开发不同的机器语言。这样机器语言不但使用不方便，可读性低，也不容易维护，并且不同机器的系统平台，它们的编码方式不尽相同。

2. 汇编语言

汇编语言（Assembly Language）的指令比机器语言的指令直观多了，但它的指令与机器语言的指令仍然是一对一的对应关系，因而与机器语言一样被归类为低级语言（Low-Level Language）。汇编语言和机器语言相比，更方便人类记忆与使用。由于汇编语言与硬件有着密切的关系，不同 CPU（中央处理单元，或称为中央处理器）或微处理器的指令集是不同的，语法也不相同，程序设计人员除了要对指令相当了解之外，还必须熟悉硬件，每一种系统的汇编语言都不一样。以 PC 为例，使用的是 80x86 的汇编语言。采用汇编语言所编写的程序，计算机无法直接识别，必须通过汇编程序或汇编器（Assembler）将指令转换成计算机可以识别的机器语言。例如 MOV 指令代表设置变量的值、ADD 指令代表加法运算、SUB 指令代表减法运算：

```
MOV  A , 2   (把变量 A 的值设置为 2)
ADD  A , 2   (将变量 A 加上 2 后，将结果再存回变量 A 中，如 A=A+2)
SUB  A , 2   (将变量 A 减掉 2 后，将结果再存回变量 A 中，如 A=A-2)
```

3. 高级语言

由于低级语言不易阅读，为了能更方便、快速地使用程序设计语言，因此产生了更接近人类自然语言的程序设计语言，这类语言称为高级语言（High-Level Language）。高级程序设计语言比低级程序设计语言更易于看懂和理解。例如 Python、Fortran、COBOL、Java、Basic、C、C++

都是高级语言中的一员。一个用高级语言编写而成的程序必须经过编译程序（Compiler，或称为编译器）“翻译”为计算机能解读的机器语言程序，也就是可执行文件，其中包含的是编译型的高级语言被转换为计算机可以识别的机器语言的程序代码，只有这种代码才能被计算机执行（其实是被计算机中的 CPU 执行）。对于解释型的高级语言，需要解释程序（Interpreter，或称为解释程序）“解释”成机器语言才能被计算机的 CPU 执行，只是不会生成含有机器语言的最终可执行文件，这一点和编译型语言不一样。相对于汇编语言，高级语言虽然执行速度较慢，但语言本身易学易用，因此被广泛应用在商业、科学、教学、军事等相关领域的软件开发中。

技巧

编译型语言与解释型语言的不同

编译型语言会先使用编译程序检查整个程序，完全没有语法错误之后，再链接相关资源生成可执行文件（executable file）。一旦经过编译，所生成的执行文件在执行过程中不必再次编译，因此执行效率较高，例如 C、C++、PASCAL、Fortran、COBOL 等都属于编译型语言。

解释型语言是使用解释器对程序代码一边解读源代码，一边执行，每“解释”完一行程序代码并执行，再继续“解释”下一行程序代码。在解释过程中，如果发生语法错误，解释的过程就会立刻停止，例如 HTML、JavaScript、Python 等都属于解释型语言。

4. 非过程性语言

“非过程性语言”（Non-Procedural Language）也称为第四代语言（Fourth Generation Language，4GL），特点是它的指令和程序真正执行的具体步骤没有关联。程序设计人员只需将自己打算做什么表示出来即可，而不必去管计算机如何执行，也不需要理解计算机的具体执行步骤。目前，这种语言通常应用于各种类型的数据库系统中，如医院的门诊系统、学生成绩查询系统等，像数据库的结构化查询语言（Structural Query Language，SQL）就是一种第四代语言。例如，清除数据的程序相当简单，代码如下：

```
DELETE FROM employees
 WHERE employee_id = 'C800312' AND dept_id = 'R01';
```

5. 人工智能语言

人工智能语言被称为第五代语言，或自然语言（Natural Language），它是程序设计语言发展的终极目标，当然按目前的计算机技术尚无法实现，因为自然语言用户的口音、使用环境、语言本身的特性（如一词多义）等都会造成计算机在解读时产生不同的结果。所以自然语言必须有人工智能（Artificial Intelligence，AI）技术的发展作为保障。

1.2.2 算法与程序设计

算法（Algorithm）是学习程序设计的核心知识。在日常生活中，每个人每天都会用到一些算法，而算法是人类使用计算机解决问题的技巧之一，其实算法并不仅仅用于计算机领域，在数学、物理等领域广泛应用。日常生活中有许多工作都可以使用算法来描述，例如员工的工作报告、宠物的饲养过程、厨师准备美食的食谱、学生的课程表等。在网络搜索引擎大行其道的今天，我们每天要使用的搜索引擎都必须通过不断更新算法来不断提高搜索的速度和准确度。如图 1-5 所示为百度搜索引擎的基本使用界面。

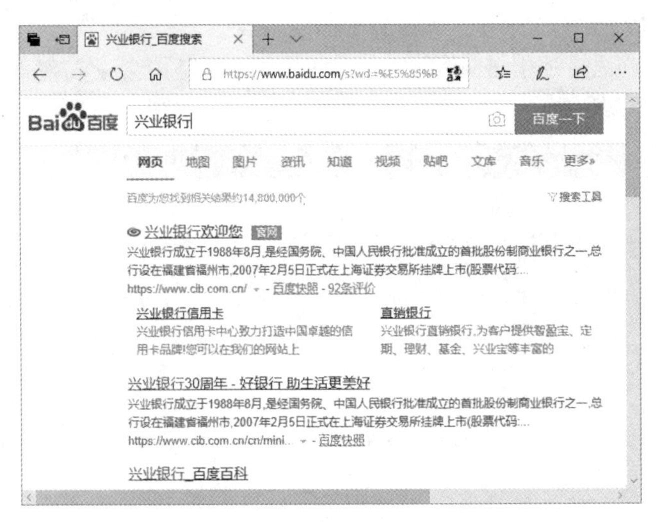

图 1-5

从程序设计语言实现的角度来看，无论我们采用哪一种程序设计语言，程序能否高效地完成任务，算法都是解决问题的核心。同样一个问题，每个人的解法可能不同，程序的执行效率也会不同，优秀的算法能够以最精简的程序代码达到上佳的程序执行效率。

在韦氏辞典中将算法定义为："在有限的步骤内解决数学问题的过程。"如果运用在计算机领域中，我们也可以把算法定义成："为了解决某一个问题或完成一项任务，所需的有限次数的重复性指令与计算步骤。"认识了算法的定义后，我们来说明一下算法必须符合的 5 个条件，如表 1-1 所示。

表 1-1

算法的特性	内容与说明
输入（Input）	0 个或多个输入数据，这些输入必须有清楚的描述或定义
输出（Output）	至少会有一个输出结果，不可以没有输出结果
明确性（Definiteness）	每一个指令或步骤必须是简洁明确的
有限性（Finiteness）	在有限的步骤后一定会结束，不会产生无限循环
有效性（Effectiveness）	步骤清楚且可行，能让用户用纸笔计算而求出答案

认识了算法的定义与条件后，接下来要思考：用什么方法来表达算法最为适当呢？其实算法的主要目的在于让人们了解所执行工作的流程与步骤，只要能清楚地体现算法的 5 个条件即可。算法常用的描述方式或工具如下。

- 文字描述：使用中文、英文、数字等来说明算法的步骤。
- 伪语言（Pseudo-Language）：接近高级程序设计语言的写法，也是一种不能直接放进计算机中执行的语言。一般需要一种特定的预处理器（preprocessor），或者人工编写转换成真正的计算机语言，经常使用的有 SPARKS、PASCAL-LIKE 等语言。

- 流程图（Flow Diagram）：是一种以一些图形符号来描述算法执行流程的工具。例如，请用户输入一个数字，然后判断这个数字是奇数还是偶数，描述这个算法的流程图如图 1-6 所示。

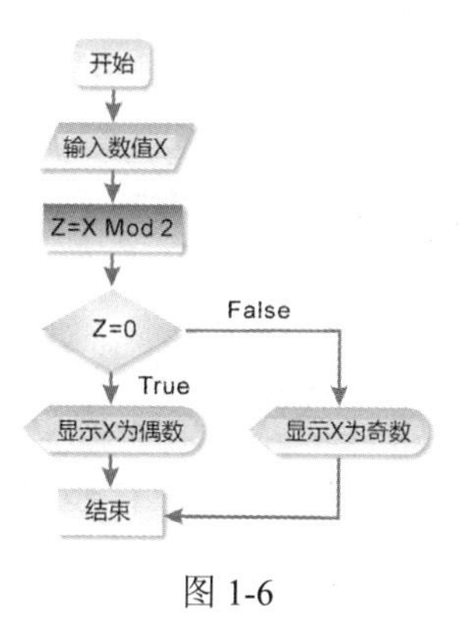

图 1-6

- 程序设计语言：目前算法也可以直接以可读性高的高级语言来描述，例如 Visual C#、Java、Python、Visual Basic、C、C++等语言。在本书中，将以 Python 语言来描述算法。

技 巧

算法和过程（procedure）有何不同？与流程图又有什么关系？

算法和过程是有区别的，因为过程不一定要满足有限性的要求，如操作系统或计算机上运行的一些过程。除非宕机，否则永远在等待循环中（waiting loop），这就违反了算法五大原则之一的“有限性”。

另外，只要是算法都能够使用流程图来描述，但反过来，过程的流程图可以包含无限循环，所以过程无法用算法来描述。

为了便于程序的编写，将算法通过流程图来描述是目前最普遍的方式。下面我们来看看流程图的用法。

1.2.3 流程图

流程图是使用图形符号来描述解决问题的步骤，绘制流程图有助于程序的修改与维护。特别是当不同的程序开发人员编写程序时，通过流程图可以快速了解程序的流程，有助于协同合作开发程序以及程序的移交工作。流程图有很多种类型，程序开发最常用的是“系统流程图”和“程序流程图”。

系统流程图（system flowchart）用来描述系统的完整流程，包含信息流以及操作流程，即人员、设备、各个部门之间的业务关系。例如，在大学里学生请假可能会经过一些审核流程，通过系统流程图就能清楚地了解完整的审核流程，如图 1-7 所示。

而程序流程图（program flowchart）用来描述程序的逻辑架构，从程序流程图可以看出程序内的各种运算及执行顺序。例如，求 1+2+3+4+5 的算法，可以绘制成如图 1-8 所示的程序流程图。

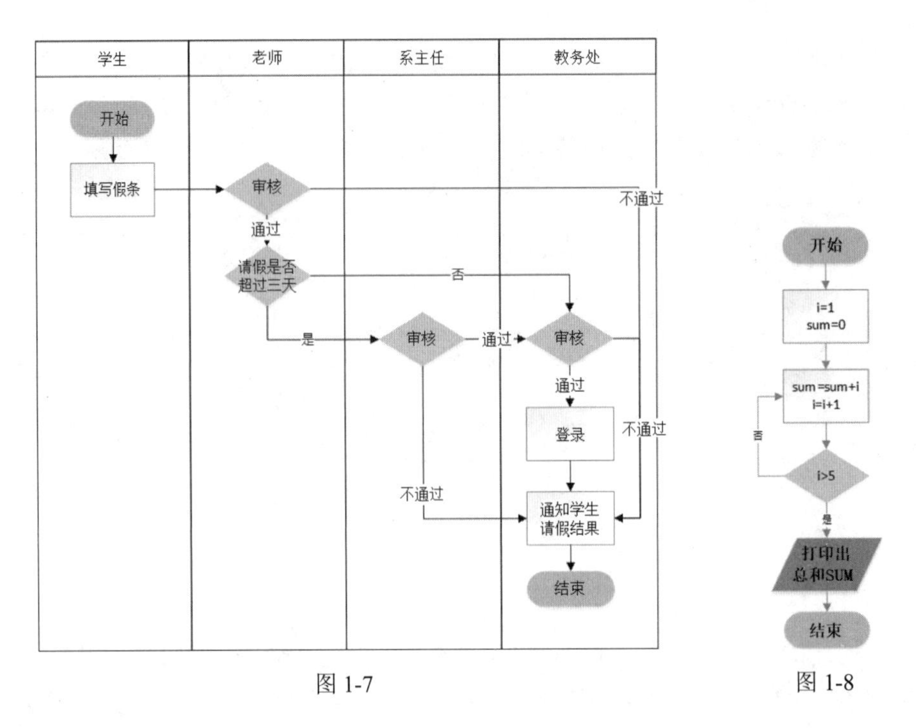

图 1-7　　图 1-8

为了流程图的可读性和一致性，目前通用 ANSI（美国国家标准协会）制定的统一图形符号，表 1-2 简单说明一些常见的符号。

表 1-2

名称	说明	符号
起止符号	表示程序的开始或结束	
输入/输出符号	表示数据的输入或输出的结果	
过程符号	程序中的一般步骤，程序中最常用的图形	
条件判断符号	条件判断的图形	
文件符号	导向某份文件	
流向符号	符号之间的连接线，箭头方向表示工作流向	
连接符号	上下流程图的连接点	

1.2.4　程序设计流程简介

所谓程序，是由合乎程序设计语言的语法规则的指令所组成的，而程序设计的目的是通过程序的编写与执行来实现用户的需求。或许各位读者认为程序设计的主要目的只是“运算”出正确的结果，而忽略了执行的效率或者日后维护的成本，这其实是不清楚程序设计的真正意义。

至于程序设计时选择哪一种程序设计语言，通常可根据主客观环境的需要决定，并无特别规定。一般评断程序设计语言好坏考虑以下 4 个方面的因素。

- 可读性（Readability）高：阅读与理解都相当容易。
- 平均成本低：成本考虑不局限于编码的成本，还包括执行、编译、维护、学习、调试与日后更新等成本。
- 可靠度高：所编写出来的程序代码稳定性高，不容易产生边界效应（Side Effect）。
- 可编写性高：针对需求编写程序相对容易。

对于程序设计领域的学习方向而言，无疑就是以高效、可读性高的程序设计为目标。一个程序的产生过程可分为以下 5 个设计步骤（见图 1-9）。

（1）需求（requirements）：了解程序所要解决的问题是什么，有哪些输入和输出等。

（2）设计规划（design and plan）：根据需求选择适合的数据结构，并以某种易于理解的表示方式写一个算法以解决问题。

（3）分析讨论（analysis and discussion）：思考其他可能适合的算法和数据结构，最后选出最适当的一种。

（4）编写程序（coding）：把分析的结果写成初步的程序代码。

（5）测试检验（verification）：最后必须确认程序的输出是否符合需求，这个步骤需分步地执行程序并进行许多相关的测试。

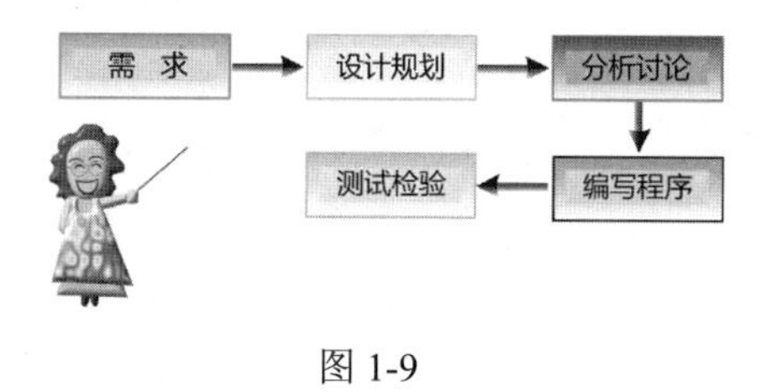

图 1-9

1.3 Python 的应用

Python 应用的领域十分广泛，除了本身拥有功能完备的标准函数库之外，也可以加入第三方的函数库。再加上 Python 拥有庞大的开放式资源网上社区，世界各地的社区人群也会定期举办聚会，彼此交流，精益求精。Python 的应用可以说是无所不及，看到如此广泛的应用，相信可以激发大家的学习动力。

1.3.1 Web 开发框架

Web 程序开发包括前端与后端技术，仅仅是前端就有 HTML、JavaScript 以及 CSS 等技术，后端技术更多。Web 框架简单来说就是为建立 Web 应用制定了一套规范，简化了所有技术上的细节，只要运用 Web 框架（Web Framework）模块就可以轻松构建出实用的动态网站。在 Python

领域，知名的 Web 框架有 Django、CherryPy、Flask、Pyramid、TurboGear 等。图 1-10 所示是 Django Web 开发框架官方网站的首页（https://www.djangoproject.com/）。

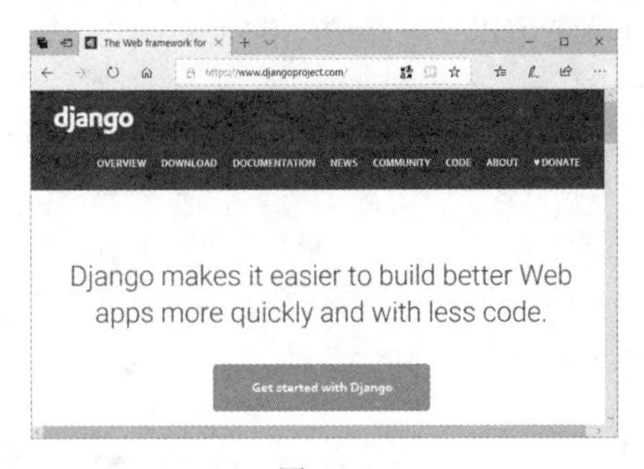

图 1-10

技巧

JavaScript：一种解释型的描述语言，是在客户端（浏览器）“解释”程序代码，内嵌在 HTML 语法中，当浏览器解析 HTML 文件时，就会解释 JavaScript 语法并执行。JavaScript 不仅可以让我们“随心所欲”地控制网页的界面，也可以让我们与其他技术搭配实现更多的应用。

Cascading Style Sheets（CSS）：一般称为层叠样式表，其作用主要是为了加强网页上的排版效果（图层也是 CSS 的应用之一），可以用来定义 HTML 网页上对象的大小、颜色、位置与间距，甚至可以为文字、图片加上阴影等功能。

1.3.2 数字科技集成开发

信息技术（Information Technology，IT）不断进步，数字化应用从日常生活到工作处处可见，各种设备与因特网、移动网络紧密融合，甚至有人大胆预测，未来 10 年内，许多工作将会被机器人所取代。在各种数字化应用技术中，“大数据分析”“物联网”和“人工智能”是最受关注的领域。Python 有各种易于扩展的数据分析与机器学习模块库（Library），比如 NumPy、Matplotlib、Pandas、Scikit-Learn、SciPy、PySpark 等，让 Python 成为数据分析与机器学习的主要程序设计语言之一。

下面大家一起来认识“物联网”“大数据分析”和“人工智能”这些应用领域。

1. 物联网

物联网（Internet of Things，IOT）是近年来信息产业中一个非常热门的话题，物联网这个概念最早是由学者 Kevin Ashton 在 1999 年提出的，是让生活中的物品能通过互联互通的传输技术进行传感、感知与控制。例如，智能家电可以让用户从远程通过移动应用程序（App）操控电冰箱、空调等电器，这种远程遥控还可以让电器自动调节。又例如，RFID、环境传感器、全球定位系统（GPS）、激光扫描仪等种种设备与因特网结合起来，形成一个巨大的网络系统，全球所有的物品都可以通过网络主动交换信息，通过因特网技术让各种实体对象、自动化设备彼此沟通和交换信息，渐渐让现代人的生活进入一个始终连接（Always Connect）的网络时代，其最终的目标是要打造一个先进的智慧城市。

近年来，一些百货公司、便利商店使用的iBeacon技术也是物联网的应用之一，商家只要在店内部署多个Beacon设备，运用机器学习技术对消费者进行观察，卖场不只是提供产品，更应该与消费者互动，一旦顾客进入信号覆盖区域，就能够通过手机上应用程序对不同顾客进行精准的“个性化”分众营销，提供“最适性”服务的体验。由于iBeacon的覆盖范围较小，因此也有人把这样的技术应用称为微定位（micro-location）。

技 巧

Beacon是一种低功耗蓝牙技术（Bluetooth Low Energy，BLE），借助室内定位技术的应用，可作为物联网和大数据平台的小型串接设备，具有主动推送营销应用的特性，比GPS有更精准的微定位功能，可运用于室内导航、移动支付、百货导购、人流分析以及物品追踪等邻近的感知应用。

5G时代即将来临，它将带动数字串流飞速地改变整个产业的面貌，物联网概念将为全球消费市场带来新冲击。在我们的生活当中，已经有许多领域集成了物联网的技术与应用，例如医疗看护、公共安全、环境保护、政府工作、家居安防、空气污染监测、泥石流监测等领域。物联网提供了远距医疗系统发展的基础技术，当有患者生病时，通过智能手机或特定终端测量设备，将各种发病症状传到医院的系统中，自动进行对比与分析，提出初步治疗方案，以避免病症加重。另外，Python在Arduino与Raspberry Pi的支持之下，也可以控制硬件，打造各种物联网应用。图1-11所示为Arduino UNO开发板，大小约5.3cm×6.8cm，常用来开发各种传感器或物联网应用。

图1-11

2. 大数据分析

物联网的另一种应用是搜集数据并加以分析，进而对用户的行为或环境进行感知与预测。这些收集的数据通常相当巨大，也被称为“海量数据”或“大数据”（Big Data），这些数据必须经过整理分析才能变成有用的信息，因此造就了目前炙手可热的“大数据分析”技术。如图1-12所示为一个大数据应用的例子，京东商城借助大数据技术推荐食品给消费者。

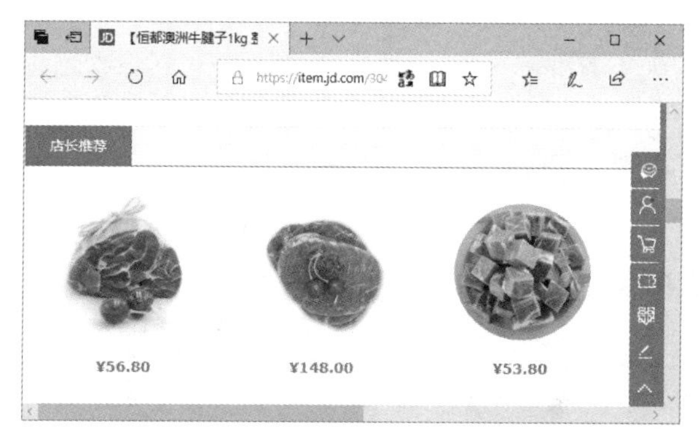

图1-12

阿里巴巴创始人马云在德国CeBIT开幕式上如此声明："未来的世界，将不再由石油驱动，而是由数据来驱动！"近年来，由于社交网站和移动设备风行，加上万物互联的时代无时无刻地产生大量的数据：用户"疯狂"通过手机、平板电脑、计算机等在社交网站上分享大量信息，数据成长的速度越来越快、种类越来越多。面对不断扩张的惊人数据量，大数据的存储、管理、处理、搜索、分析等处理数据的能力面临新的挑战，也为各个产业的运营模式带来新契机。国内外许多拥有大量顾客数据的科技龙头企业，像腾讯、百度、Facebook、Google、Twitter等，纷纷从中嗅到了商机。

例如，百度地图或谷歌地图（Google Maps）导航能在驾车人员进入堵车路段之前提醒驾驶人员，并找出最快的替代路线，提供这个服务的基础是大量使用Android操作系统手机的用户在道路上行驶，这种应用能实时收集用户的位置和速度，经过大数据分析就能快速又准确地为用户提供实时的交通信息。如图1-13所示为百度地图导航应用的一个例子。

图 1-13

3. 人工智能

近几年，人工智能的应用领域越来越广泛。人工智能的概念最早是由美国科学家John McCarthy于1955年提出的，目标是使计算机具有类似人类学习解决复杂问题与展现思考等的能力，模拟人类的听、说、读、写、看、动作等的计算机技术都被归类为人工智能可能涉及的范围，例如推理、规划、解决问题以及学习等能力。微软亚洲研究院曾经指出："未来的计算机必须能够看、听、学，并能使用自然语言与人类进行交流。"

尤其在大数据时代，人工智能（Artificial Intelligence，AI）俨然是未来科技发展的主流方向之一，其中主要原因包括GPU加速运算日渐普及，使得并行计算的速度更快且成本更低，我们也因人工智能而享用许多个性化的服务，生活变得更为便利。

技巧

什么是图形处理单元（Graphics Processing Unit，GPU）？

GPU是近年来科学计算领域的最大变革，是指以图形处理单元（GPU）搭配微处理器（CPU）的新型计算方式。GPU含有数千个小型且效率更高的处理单元，不但可以有效进行并行计算（Parallel Computing），还可以大幅提升计算性能，借以加速科学、分析、游戏、消费和人工智能的应用。

机器学习（Machine Learning，ML）是人工智能发展相当重要的一环，机器通过算法来分析数据，在海量数据中找到规则，进而自动学习并且做出预测。2010 年后，机器学习技术之一的深度学习（Deep Learning，DL）算法将人工智能推向类似人类学习模式的更高级阶段。深度学习是人工智能(AI)的一个分支，也可以看成是具有层次性的机器学习，源于类神经网络(Artificial Neural Network）模型，并且结合了神经网络结构与大量的计算资源，目的在于让机器建立模拟人脑进行学习的神经网络，以解释大数据中的图像、声音和文字等多种数据，例如可以代替人们进行一些日常的选择和采购，或者在茫茫“网络海洋”中，独立找出分众消费的营销数据。

技巧

类神经网络是模仿生物神经网络的数学模式，取材于人类大脑结构，研究的基础是：使用大量简单而相连的人工神经元(Neuron)组成类神经网络来模拟生物神经细胞受到一定程度的刺激后如何响应刺激。由于类神经网络具有高速计算、记忆、学习以及容错等能力，因此可以使用一组范例，通过神经网络模型构造出系统模型，以便用于评估、推理、预测、决策、诊断等的相关应用。

通过深度学习的应用，机器正在变得越来越聪明，不但会学习，而且会进行独立“思考”，人工智能的运用也更加广泛。深度学习包括建立和训练一个大型的人工神经网络，可协助计算机理解图像、声音和文字等数据。最令人津津乐道的深度学习应用当属 Google Deepmind 开发的人工智能围棋程序 AlphaGo，它接连大败全世界的围棋高手。AlphaGo 的设计除了输入大量的棋谱数据外，还设计精巧的深度神经网络，通过深度学习掌握更抽象的概念，让 AlphaGo 学习下围棋的方法，接着就能判断棋盘上的各种情况，后来创下了连胜 60 局的佳绩，AlphaGo 还能不断反复与自己比赛来调整神经网络。Google Deepmind 官网首页如图 1-14 所示。

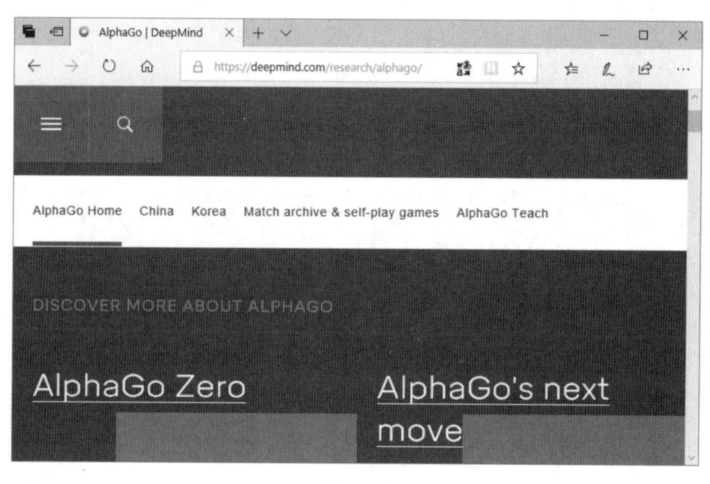

图 1-14

1.4 建立 Python 开发环境

与一般的程序设计语言一开始要准备非常复杂的运行环境不同，运行 Python 程序非常容易，在设计程序的过程中，为了加快开发速度与减少重复开发的成本，可以使用现成的程序包或模块，但是各个程序包与 Python 版本的兼容性是个很大的问题，经常给初学者带来许多学习的困扰。下面将以 Anaconda 程序包进行安装，这是一个可用于 Linux、OS X 和 Windows 的专业级的 Python 程序包，它包含 Python 常用的程序包，甚至包含大家日后可能会用到的机器学习所需的完整程序包。

1.4.1 下载 Anaconda 程序包

Anaconda 程序包具有以下特点，是初学者安装 Python 运行环境的首选：

（1）包含许多常用的数学科学、工程、数据分析方面的 Python 程序包。
（2）免费而且开放源代码。
（3）支持 Windows、Linux、Mac 平台。
（4）支持 Python 2.x 和 Python 3.x，而且可以自由切换。
（5）内建 Spyder 编译器。
（6）包含 Conda 以及 Jupyter Notebook 环境。

Conda 是环境管理的工具，除了可以管理和安装新的程序包外，还能快速建立独立的虚拟 Python 环境。我们可以在虚拟的 Python 环境中安装程序包及测试程序，而不用担心影响原来的工作环境。Jupyter Notebook 编辑器是 Web 扩充程序包，让用户可以通过浏览器开启网页服务，并在上面进行程序的开发与维护。下面我们下载并安装 Anaconda。

步骤 01 下载网址：https://www.anaconda.com/download。进入网页之后，请根据操作系统选择适当的下载入口，这里有用于 Windows、Mac 以及 Linux 操作系统的版本可供选择，如图 1-15 和图 1-16 所示。

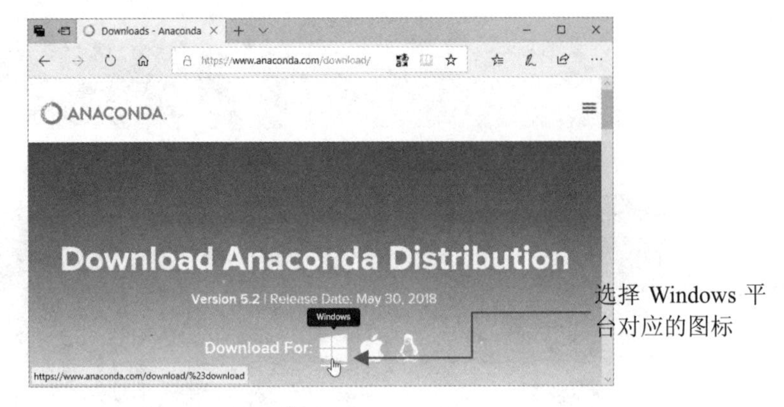

图 1-15

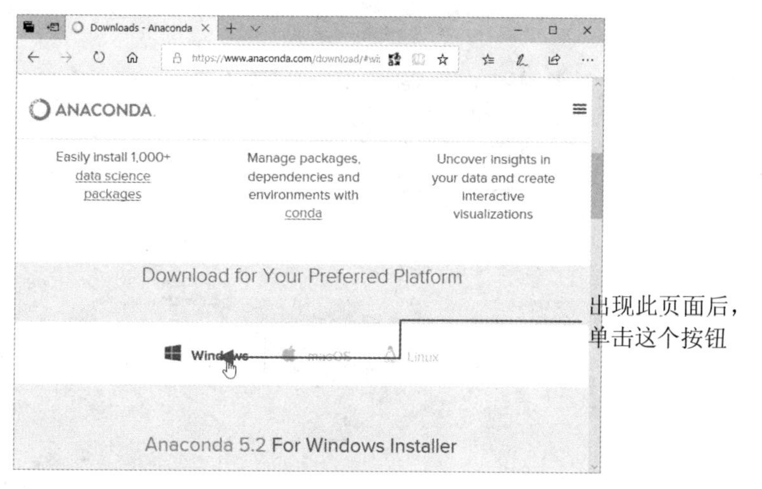

图 1-16

步骤02 选择下载的 Python 版本。我们下载的是 Python 3.6、64 位的 Windows 版本，如图 1-17 所示。下载完成后会看到文件名为 Anaconda3-5.2.0-Windows-x86_64.exe 的可执行文件。

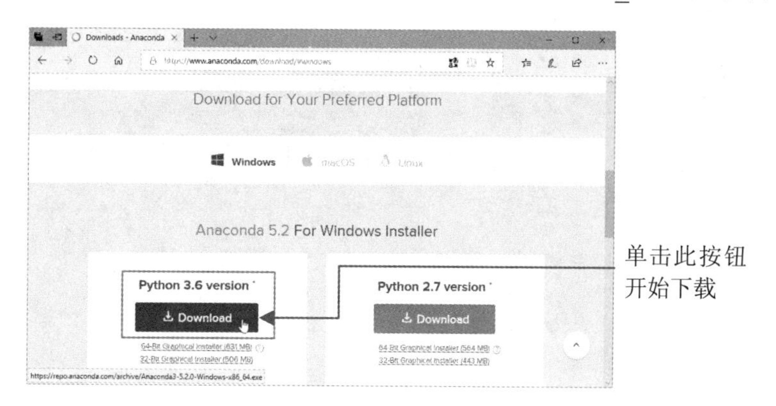

图 1-17

1.4.2 安装 Anaconda

步骤01 双击可执行安装文件即可启动 Anaconda 安装程序，按序单击“Next”按钮执行安装过程。当出现如图 1-18 所示的版权声明界面时，阅读版权说明之后单击“I Agree”按钮（表示同意），随后进行下一步。

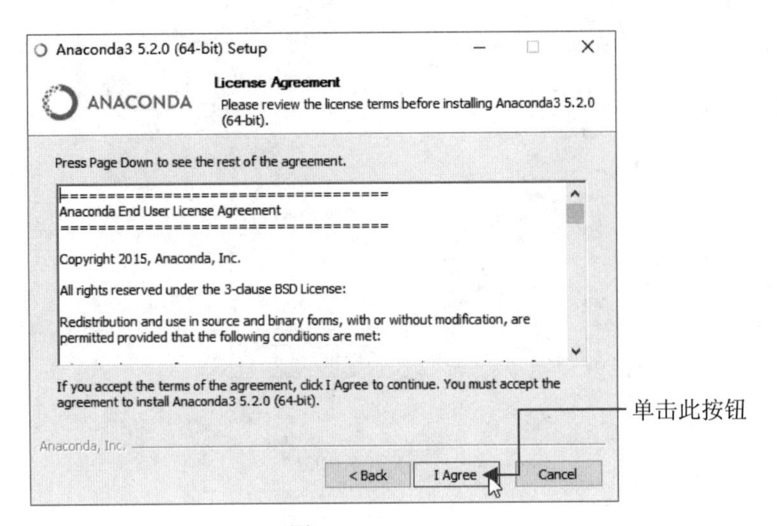

图 1-18

步骤 02 出现选择安装类型的界面时，建议采用默认选项，只安装 Anaconda 供自己使用，再单击“Next”按钮以继续，如图 1-19 所示。

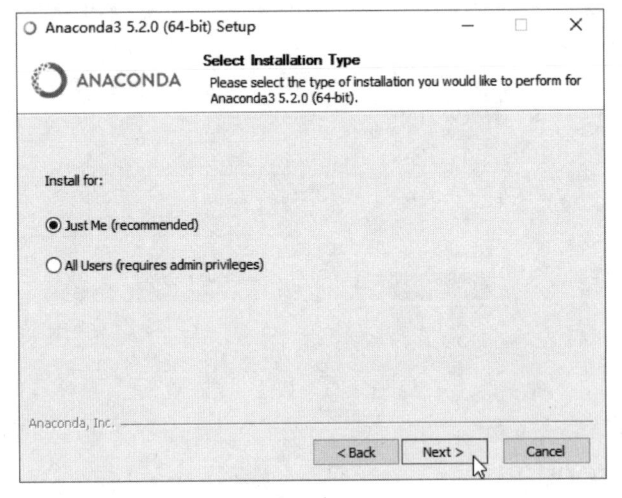

图 1-19

步骤 03 设置安装目录，不更改默认的安装目录的话，可直接单击“Next”按钮。笔者选择安装到 D 盘的指定目录，如图 1-20 所示。

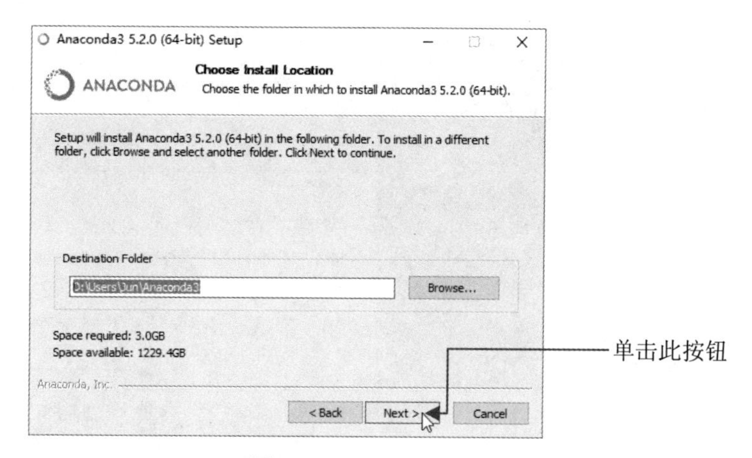

图 1-20

步骤04 选择第二个复选框，再单击“Install”按钮，如图 1-21 所示。

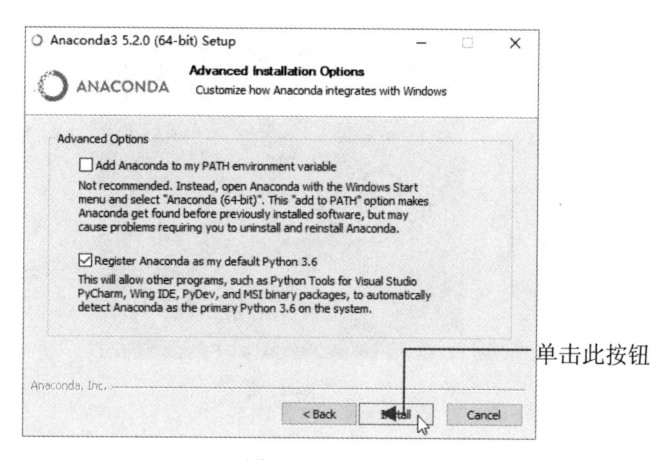

图 1-21

步骤05 出现如图 1-22 所示的界面即表示安装完成了，继续单击“Next”按钮。

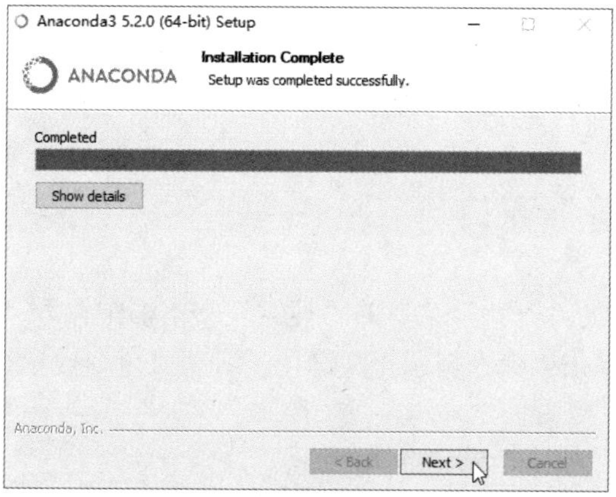

图 1-22

步骤06 单击“Finish”按钮退出安装程序，如图 1-23 所示。

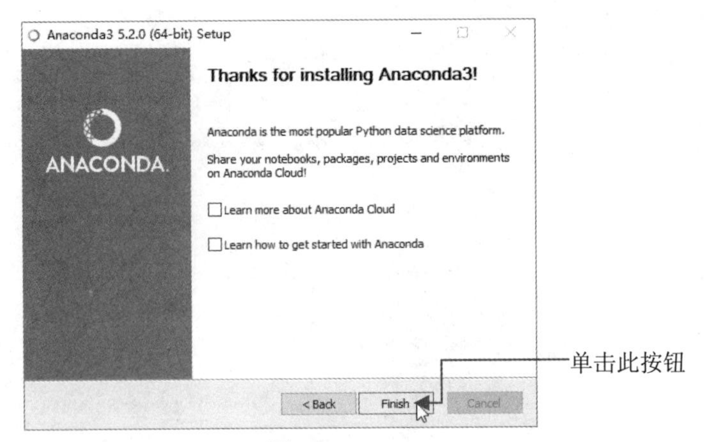

图 1-23

步骤 07 安装完成之后，在 Windows 的“开始”菜单出现如图 1-24 所示的 Anaconda3 选项（以 Windows 10 操作系统为例）。

图 1-24

1.5 Python 编写工具

Python 运行环境安装好之后，就可以准备编写 Python 程序了。Python 语言相当简单易学，往往简单的几行程序语句就可以满足应用程序的多样化功能，我们可以直接通过 Windows 命令提示符窗口或启动 Spyder 编辑器来编写程序。

1.5.1 “命令提示符”窗口

我们可以在 Windows 的“开始”菜单的“搜索”文本框中输入“cmd”，然后按 Enter 键，或者从程序的最佳匹配中单击“命令提示符”选项，启动“命令提示符”窗口，如图 1-25 所示。

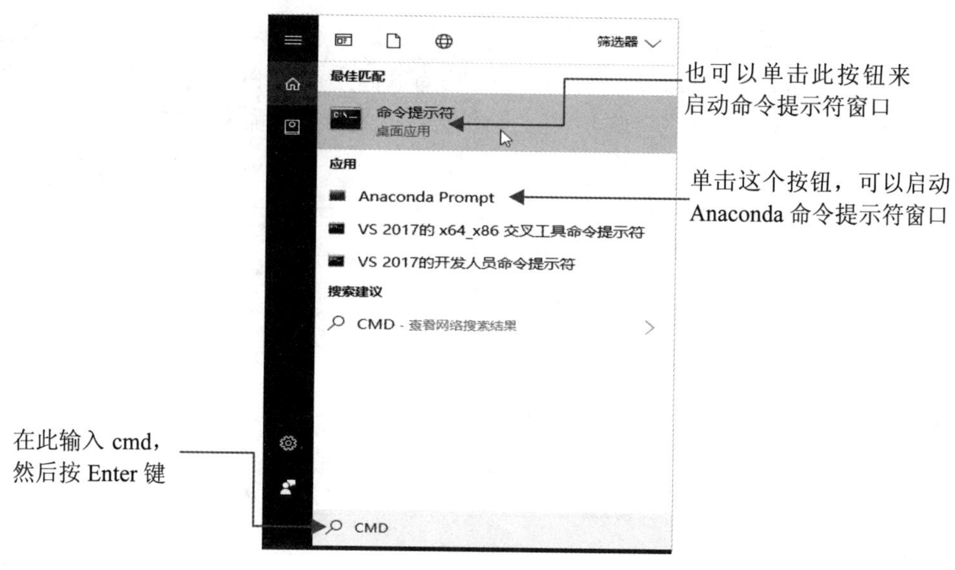

图 1-25

“命令提示符”窗口是通过输入文字指令的方式来操作计算机的。“命令提示符”窗口习惯上被称为 Command Line（命令行）、Console（控制台）、Terminal（终端），或者直接被称为 DOS 窗口。在 Windows 中，命令提示符的提示字符是“>”号，闪烁的光标就是输入指令的地方。我们选择启动 Anaconda 对应的命令提示符窗口“Anaconda Prompt”，启动后的窗口如图 1-26 所示。

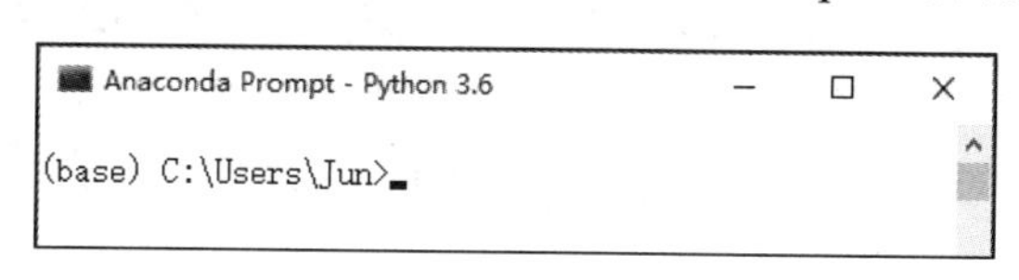

图 1-26

在提示字符之后输入“python”，按 Enter 键后，就会进入 Python 控制台。当提示字符变成“>>>”之后，就表示我们已经成功进入 Python 控制台，在这里只能使用 Python 的指令，如图 1-27 所示。如果想要退出 Python 运行环境，只要输入“exit()”再按 Enter 键就可以了。

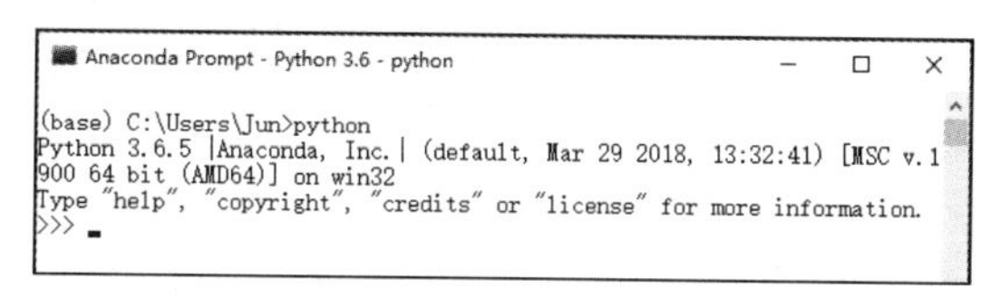

图 1-27

现在我们来熟悉一下 Python 控制台的操作。请输入“5+3”，再按 Enter 键，执行结果如图 1-28 所示。

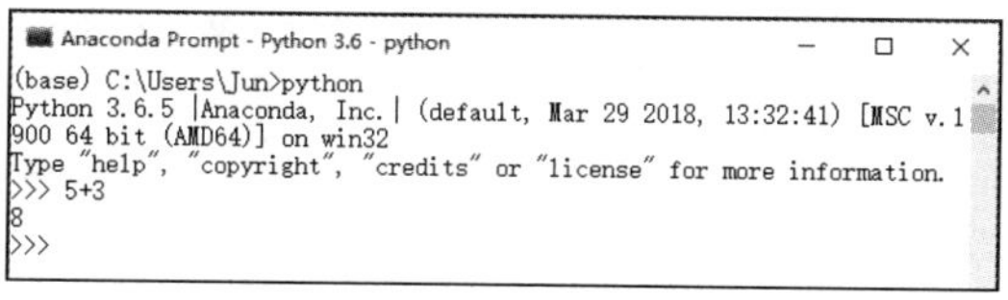

```
Anaconda Prompt - Python 3.6 - python
(base) C:\Users\Jun>python
Python 3.6.5 |Anaconda, Inc.| (default, Mar 29 2018, 13:32:41) [MSC v.1
900 64 bit (AMD64)] on win32
Type "help", "copyright", "credits" or "license" for more information.
>>> 5+3
8
>>>
```

图 1-28

输入“5+3”之后会直接显示计算的结果，并且再次出现“>>>”提示字符，等着接收用户的下一个指令，Python 就是这么简单易用。在还没有开始学任何 Python 语法之前，如果需要进入交互的在线帮助模式，可以直接输入“help()”指令，就会出现如图 1-29 所示的帮助模式。要退出帮助模式，只要输入“quit”即可。

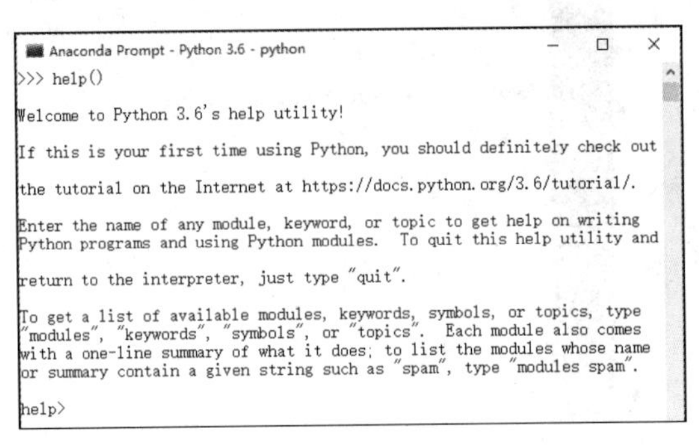

图 1-29

1.5.2 Spyder 编辑器

Anaconda 内建的 Spyder 集成开发环境是用于编辑及执行 Python 程序的集成开发环境（Integrated Development Environment，IDE），具有语法提示、程序调试与自动缩排的功能。在 Windows“开始”菜单的应用程序列表中找到并单击“Anaconda3(64-bit)/Spyder”即可启动 Spyder 集成开发环境。

Spyder 集成开发环境默认的工作区上方是菜单和工具栏，左边为程序编辑区，右边是功能面板区，如图 1-30 所示。

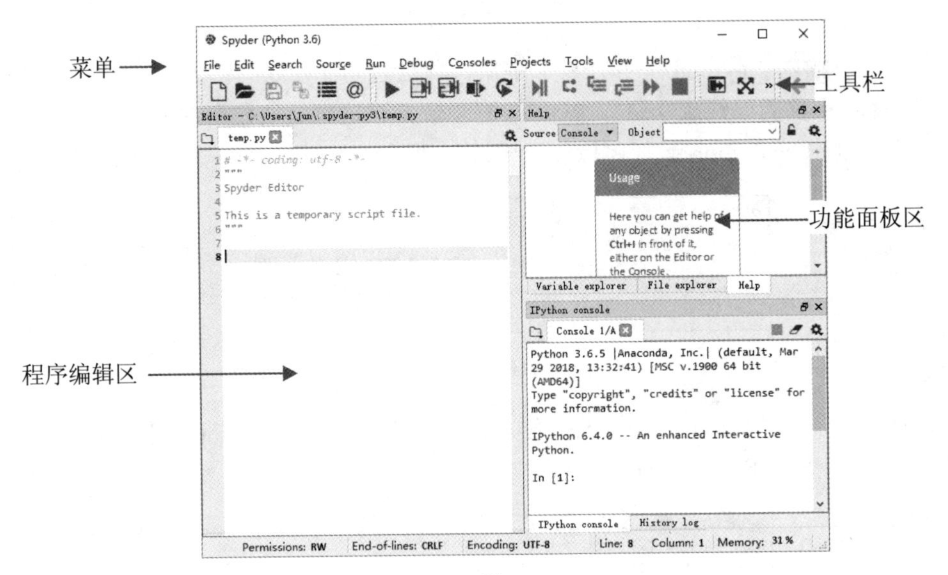

图 1-30

1. 工具栏

工具栏包含常用的工具按钮（见图 1-31），例如文件的打开、存盘、执行等功能按钮。我们可以从菜单中选择 View→Toolbars 打开与关闭工具栏。

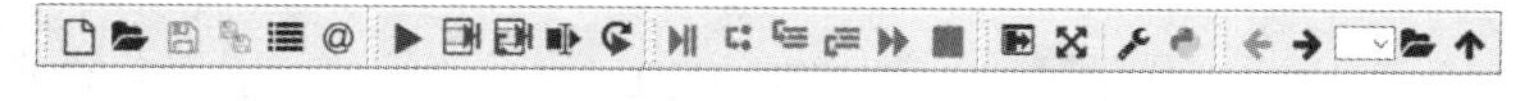

图 1-31

2. 程序编辑区

Editor 区是用来编写程序的，启动 Spyder 之后，默认编辑的文件名是“temp.py”，我们可以从标题栏看到文件存放的路径与文件名，如图 1-32 所示。

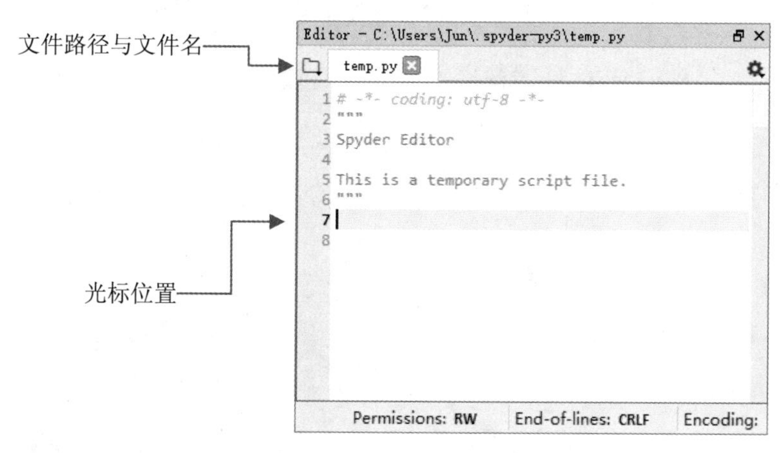

图 1-32

3. 功能面板区

功能面板上方默认为文件浏览面板（File explorer）、变量浏览面板（Variable explorer）以及帮助面板（Help），下方是 IPython 控制台（IPython console）和历史日志面板（History log），如图 1-33 所示。

Spyder 集成开发环境里有许多功能面板可供使用，我们可以通过从下拉式菜单中选择“View / Panes”菜单选项来开启与关闭功能面板。

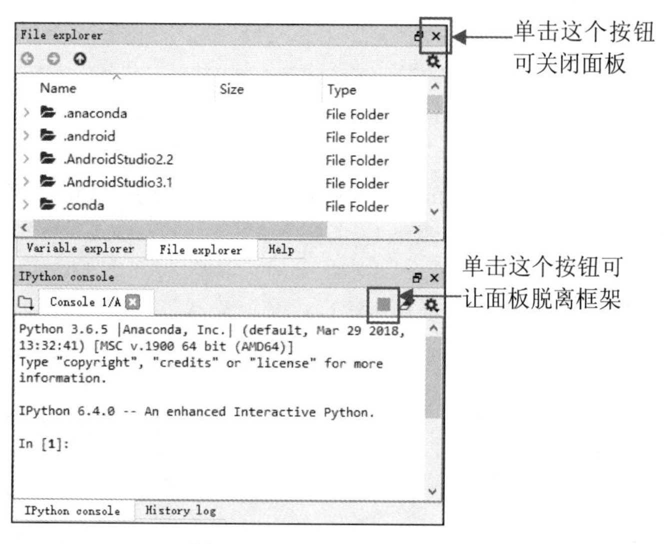

图 1-33

我们也可以从菜单选项中依次选择 View→Window layouts 来选择工作区或建立自己的工作区布局，如图 1-34 所示。

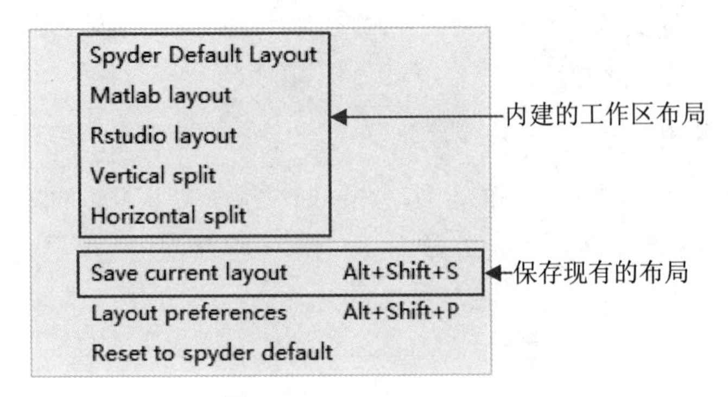

图 1-34

熟悉了 Spyder 的操作界面之后，下面编写 Python 程序并执行。请在程序编辑区输入下列程序语句。

```
a = 10
b = 20
print (a + b)
```

依次选择菜单选项 Run→Run 或按 F5 键，也可以单击工具栏的 ▶ 按钮执行这个程序，执行的结果如图 1-35 所示。

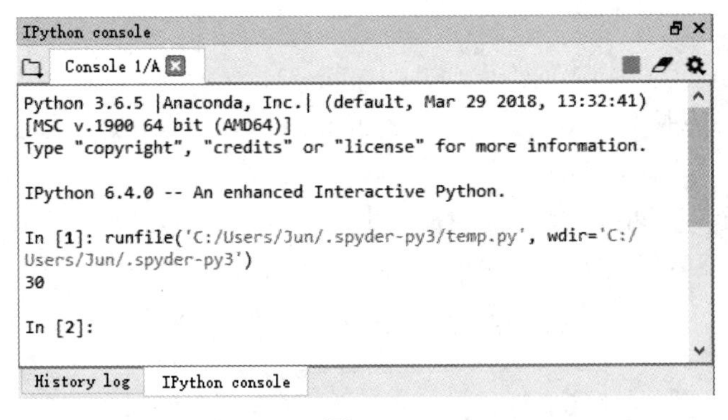

图 1-35

如果依次选择菜单选项 Run→Configure，就可以打开 Run configuration per file 对话框，设置执行的控制台有三个选项，如图 1-36 所示。

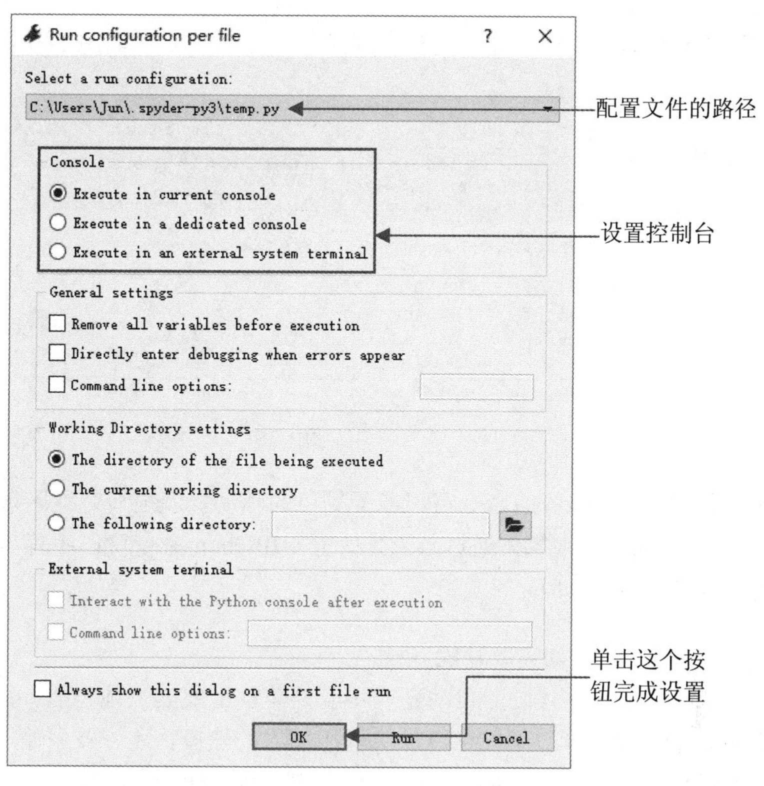

图 1-36　设置程序执行的配置文件

- Execute in current console　在当前的控制台执行。
- Execute in a dedicated console　在专用的控制台执行。
- Execute in an external system terminal　在外部的系统终端执行。

1.5.3　IPython 命令窗口

IPython（Interactive Python，交互的 Python）除了可以执行 Python 指令外，还提供了许多高级的功能。在 IPython 命令窗口中，闪烁的光标就是输入指令的地方，每一行程序代码（无论是输入还是输出）都会自动编号，如图 1-37 所示。

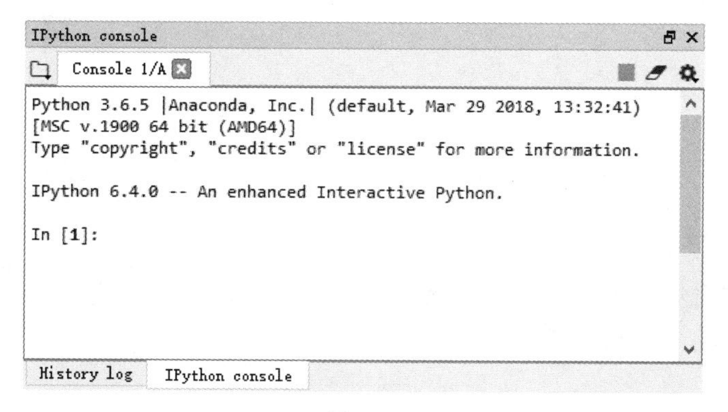

图 1-37

请输入“5+3”，按 Enter 键后就会立刻显示执行的结果，如图 1-38 所示。

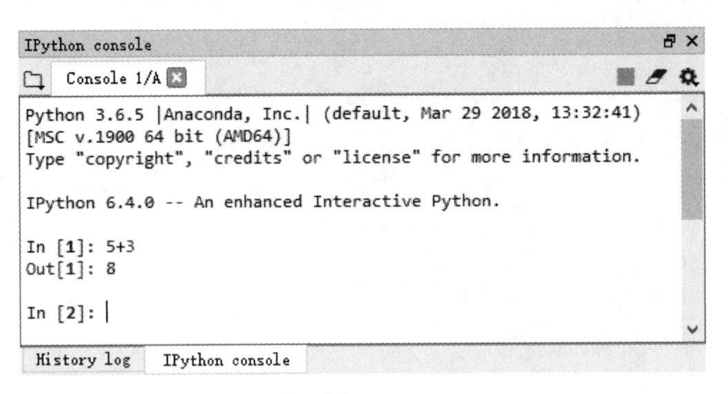

图 1-38

我们可以看到 IPython 的命令窗口多了颜色的辅助，能很清楚地区分操作数与运算符，输入（In）与输出（Out）也很容易通过颜色来区分。IPython 命令窗口还有一些辅助功能可以帮助我们快速输入命令，说明如下。

（1）程序代码的自动完成功能

对编程者而言，程序代码的自动完成功能是非常重要的一项功能，能够根据输入的内容自动完成想要输入的程序代码，不仅可以加快程序输入的速度，还可减少输入错误的发生。使用方式非常简单，只要在命令行输入部分文字之后按 Tab 键，就会自动完成输入，如果可选用的程序指令超过一个，就会列出所有命令或函数让用户参考。例如，要输入下面的指令：

```
print("hello")
```

我们可以输入“p”后按 Tab 键，由于 p 开头的指令不止一个，因此会列出所有以 p 开头的指令列表，我们可以继续输入，或按【↓】方向键从指令列表中选择想要的命令或函数，如图 1-39 所示。

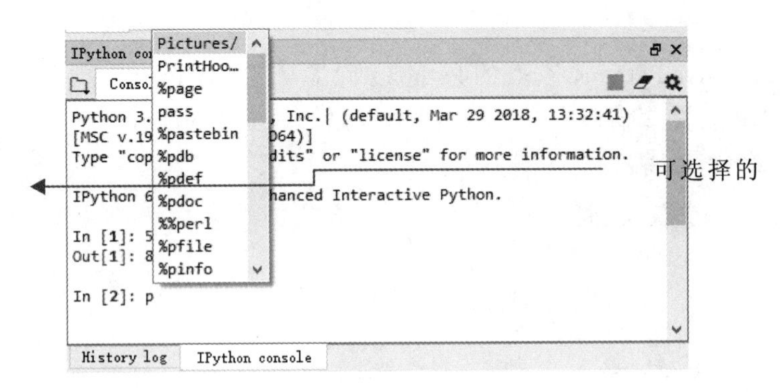

图 1-39

print()函数是用来输出文字的，在 print 之后输入“("hello")”文字，按 Enter 键，就会在窗口中输出“hello”，如图 1-40 所示。

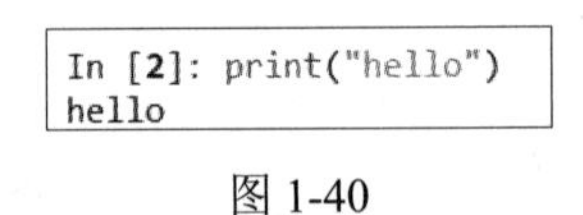

图 1-40

如果候选指令只有一个，按 Tab 键就会自动完成这条指令的输入，例如输入“inp”后再按 Tab 键，就会自动完成“input”指令的输入。

（2）调用使用过的程序代码

如果要输入的程序代码与前面输入过的程序代码相同，可以使用【↑】方向键或【↓】方向键进行选择，按【↑】键可显示之前输入的程序代码，按【↓】键可显示下一条程序代码。找到所需的程序代码之后再按 Enter 键即可，也可以将找到的程序代码加以修改之后再按 Enter 键。

1.6 print 输出指令

在编写程序的过程中，我们通常希望将程序的结果输出到屏幕上，这个时候就可以调用内建的 print()函数按自己所指定的输出格式将数字、字符串或图形输出到屏幕上。IPython 提供了非常强大的使用帮助功能，无论是命令、函数或变量，在名称后面加上“?”，就会显示该命令、函数或变量的使用说明和帮助信息。例如，想要知道 print()函数的用法，只要输入“print?”就会显示使用说明，如图 1-41 所示。

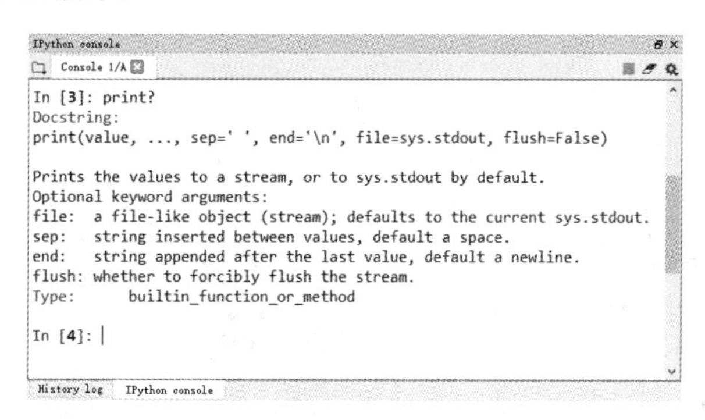

图 1-41

语法说明如下：

```
zprint(value, …, sep= ' ', end= '\n ', file=sys.stuout, flush=False)
```

- value：这个参数用来设置要输出的值，如果有多个要输出的值，就要用逗号隔开。例如 print(10, 20, 30)，会输出 10 20 30，如果要输出的是字符串，需要在字符串前后两端加上双引号或单引号，如 print("10,20,30")。
- sep：默认值是一个空格字符串，这个参数可以用来设置分隔开两个值的字符串，它是一个可选参数，可以不用设置。例如 print(10, 20, 30, sep="@")，会输出 10@20@30，如果省略 sep 不写，就会以默认的空格来分隔输出的数据。
- end：结尾符号，它也是一个可选参数，可以不用设置。默认值为“\n”，“\n”是换行的意思，如果省略 end 不写，执行 print()函数之后就会换行。如果不想换行，只要将 end 设置为空字符串即可，例如：print(10, 20, 30, end='')。
- file：可选参数，用来指定输出设备，默认值为输出到标准屏幕。

接下来看看实际的范例程序，我们就会更清楚地了解 print()函数的用法。

【范例程序：print.py】基本输出

```
01    01print("开始输出")
02    print(1, 2, 3)
03    print(4, 5, 6, sep="@")
04    print(7, 8, 9, sep="|", end=" ")
05    print(10, 11, 12, sep="*")
06    print("结束输出")
```

程序的执行结果如图 1-42 所示。

```
开始输出
1 2 3
4@5@6
7|8|9 10*11*12
结束输出
```

图 1-42

程序第 1 行和第 6 行是输出字符串，分别显示“开始输出”和“结束输出”文字；第 2 行输出数字；第 3 行输出以“@”分隔的数字；第 4 行输出以“|”分隔的数字，而且不换行；第 5 行输出以“*”分隔的数字。

1.7 Python 程序编写风格

Python 的设计哲学是优雅、明确与简单，与其他程序设计语言相比，Python 语言的程序设计人员不需要耗费太多时间在语法的细节上，不过为了让程序的可读性高，Python 语言还是有一些编写程序的惯例，例如运算符前后加上空白或设置每行的最大长度，本节就来看看有哪些需要注意的地方。好的程序编写惯例让大家有通用的原则可以遵循，下面以程序代码缩排为例进行说明。

Python 程序中的区块主要是通过“缩排”来标示的，例如 if/else：的下一行程序必须缩排：

```
score = 80

if score > 60:
    print("及格")             if 区块
else:
    print("不及格")
                              else 区块
    print("结束")
```

程序执行之后会得到如图 1-43 所示的结果。

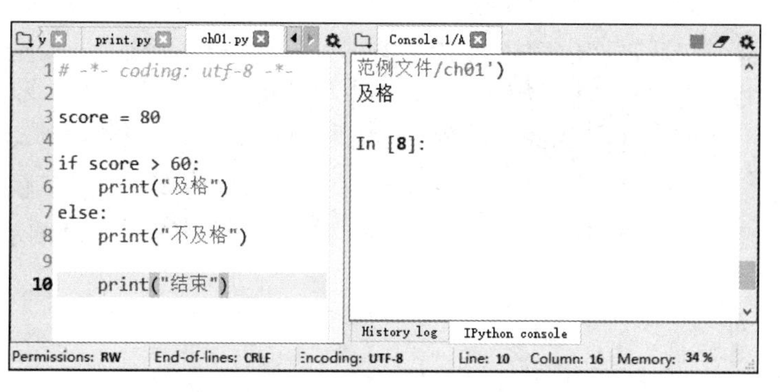

图 1-43

从打开的范例程序"ch01/ch01.py"文件来看，程序代码中的 else 区块虽然第 9 行空了一行，但是第 8 行与第 10 行有同样的缩排距离，所以还是会被认为是 else 的同一区块。

下面我们修改第 10 行程序的缩排距离，使之和第 8 行程序的缩排距离不同，这样的话第 10 行程序就不属于 else 区块了，而是单独的一行程序，如图 1-44 所示。

程序的执行结果如图 1-45 所示。

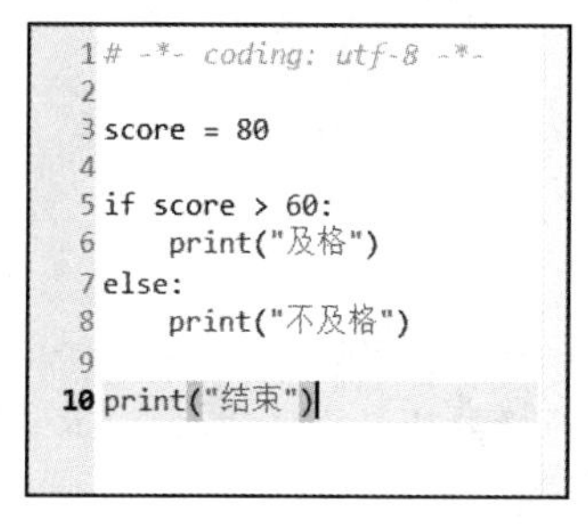

图 1-44

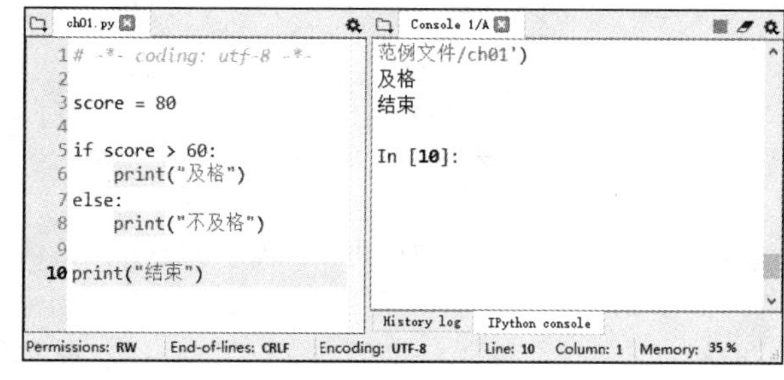

图 1-45

通过上述范例说明，我们可以知道 Python 语言程序代码中的缩排对执行结果有着很大的影响。因为 Python 语言对于缩排的严谨，所以同一个区块的程序代码必须使用相同个数的空格符进行缩排，否则就会出现错误。一旦出现这种错误，在该行程序语句的左边就会出现⚠的提示图标，将鼠标移到⚠图标就会显示错误的原因，如图 1-46 所示。

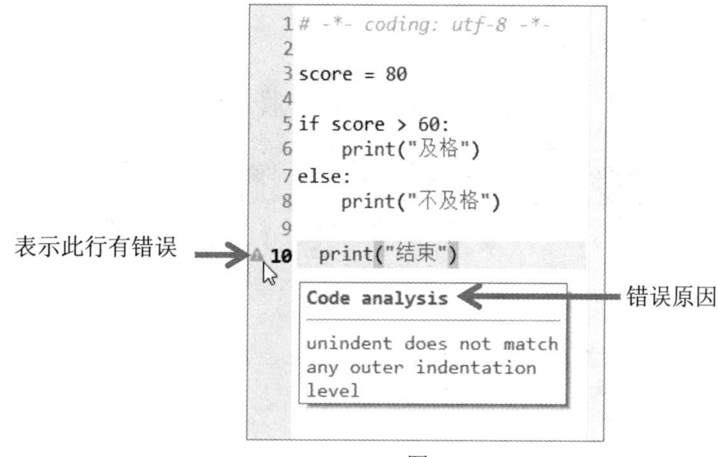

图 1-46

可以使用空格键或 Tab 键产生空格来实现 Python 程序语句的缩排，笔者建议以 4 个空格为一组进行缩排（本书的所有范例程序均采用 4 个空格符进行缩排）。在 Python 编辑工具中，按 Tab 键默认产生 4 个空格。不过，当我们改用“记事本”之类的文本编辑器来编写 Python 程序时，按 Tab 键产生的间距并不一定是 4 个空格，这样就有可能造成程序无法执行的情况。为了避免发生这种情况，我们建议以 4 个空格为一组进行缩排，避免空格键或 Tab 键的混用。

1.7.1 编码声明

当我们在 Spyder 中新建文件时，其实并不是新建了完全空白的文件，默认会在文件的开始部分生成编码声明与注释文字，如图 1-47 所示。

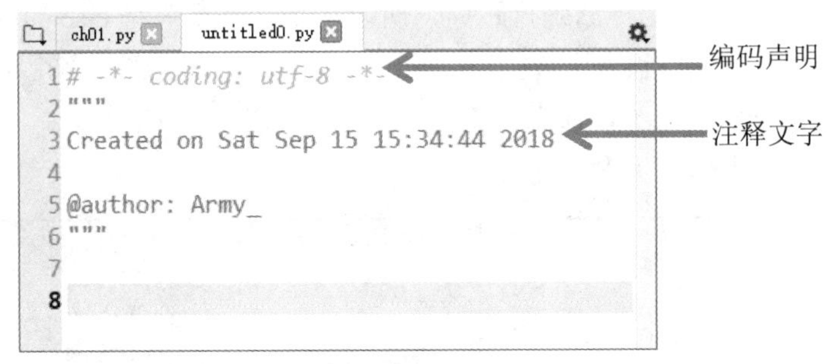

图 1-47

程序的第一行是编码声明（Encoding Declaration），为什么需要编码声明呢？这是因为计算机的集成电路简单来说只有“开”与“关”两种状态，正因为计算机实际上只能记录 0 和 1，所以当要存取字符或字母时，就必须通过编码系统来进行转换。下面我们来认识字符和字母的编码。

1. ASCII 编码

为了整合计算机信息交换的共同标准，美国国家标准学会制定了一套信息交换码，称为 ASCII，是最早也是常用的英文编码系统。ASCII 以 8 个比特（bit）表示一个字符，不过最左边的 1 个比特为校验位，因而实际上只能用 7 个比特来表示字符字母的编码（参考图 1-48）。也就是说，ASCII 编码最多可以表示 128（2^7）个不同的字符和字母，可以表示大小写英文字母、数字、符号及各种控制字符。例如，ASCII 码的字母 A 编码为 1000001，字母 a 编码为 1100001。而扩展 ASCII 码允许将每个字符的第 8 个比特用于确定附加的 128 个特殊符号字符、外来语字母和图形符号。如图 1-49 所示为 ASCII 码扩展字符集的十进制代码与图形字符。

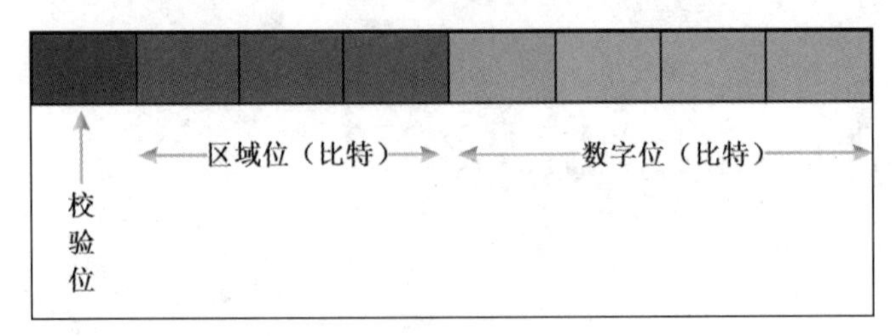

图 1-48

128	Ç	144	É	160	á	176	░	193	┴	209	╤	225	ß	241	±
129	ü	145	æ	161	í	177	▒	194	┬	210	╥	226	Γ	242	≥
130	é	146	Æ	162	ó	178	▓	195	├	211	╙	227	π	243	≤
131	â	147	ô	163	ú	179	│	196	─	212	╘	228	Σ	244	⌠
132	ä	148	ö	164	ñ	180	┤	197	┼	213	╒	229	σ	245	⌡
133	à	149	ò	165	Ñ	181	╡	198	╞	214	╓	230	µ	246	÷
134	å	150	û	166	ª	182	╢	199	╟	215	╫	231	τ	247	≈
135	ç	151	ù	167	°	183	╖	200	╚	216	╪	232	Φ	248	°
136	ê	152	_	168	¿	184	╕	201	╔	217	┘	233	Θ	249	·
137	ë	153	Ö	169	_	185	╣	202	╩	218	┌	234	Ω	250	·
138	è	154	Ü	170	¬	186	║	203	╦	219	█	235	δ	251	√
139	ï	156	£	171	½	187	╗	204	╠	220	▄	236	∞	252	_
140	î	157	¥	172	¼	188	╝	205	═	221	▌	237	φ	253	²
141	ì	158	_	173	¡	189	╜	206	╬	222	▐	238	ε	254	■
142	Ä	159	ƒ	174	«	190	╛	207	╧	223	▀	239	∩	255	
143	Å	192	└	175	»	191	┐	208	╨	224	α	240	≡		

图 1-49

2. GBK 编码

中文最常用的是 GBK 编码系统，以 16 个比特（bit）来表示，最多可表示 65 536（2^{16}）个字符，每个中文字占用 2 个字节（byte）。GBK 全称为《汉字内码扩展规范》，GBK 即“国标”“扩展”汉语拼音的第一个字母，英文名称为 Chinese Internal Code Specification。GBK 包含国际标准 ISO/IEC10646-1 和国家标准 GB13000-1 中的全部中日韩汉字，并包含中国港台地区 BIG5 编码中的所有汉字。

3. Unicode 与 UTF-8 编码

由于全世界有许多不同的语言，甚至是同一种语言（如中文）也可能会有不同的内码，因此为了解决世界各国和地区各种编码不兼容的问题，国际标准 ISO/IEC 制订了一套全球通用的编码标准“Unicode”，又称为“统一码”或“万国码”。Unicode 也是以 16 个比特（bit）来表示一个字符的，共可表示 65 536 个字符。Unicode 编码字符集包含各个国家和地区的标准字集，解决了在不同语言操作系统中的乱码问题。

常见的 Unicode 标准中，最常使用的是 UTF-8（8-bit Unicode Transformation Format），它是以 8 比特为一个单位，不同的文字采用不固定的字符长度，因为是可变长度的字符编码，占用的空间比较小，是现在许多电子邮件、网页及程序设计语言使用的编码方式。

Python 2.x 是以 ASCII 编码的，如果 Python 程序代码包含中文，执行就会出错，所以必须声明编码方式。

声明编码方式只能放在文件第 1 行或第 2 行，格式如下：

```
# -*- coding: 编码名称 -*-
```

例如指定 UTF-8 编码，可以如下表示：

```
# -*- coding: utf-8 -*-
```

其中，“-*-”只是为了醒目，并没有实际的作用，可以省略如下：

```
# coding:utf-8
```

Python 3.x 默认使用 UTF-8 编码，所以编码声明可以省略，但习惯上还是会加入编码声明。

1.7.2 程序注释

有不少人认为编写程序只要程序运行得出结果就好，还要拖泥带水地写什么注释，真是自找麻烦。其实，随着程序代码的规模日益庞大，现在软件工程的重点就在于可读性与可维护性，而适时使用“注释”就是达到这两个重点目标的主要方法。注释不仅可以帮助其他的程序设计人员阅读程序内容，在日后程序维护时，清晰的注释可以节省不少维护成本。

注释是用来说明程序代码或者提供其他信息的描述文字，Python 解释器会忽略注释，因此注释并不会影响执行结果。注释的目的是增加程序的可读性，尤其是在大型程序开发中，更是需要简单而清晰的注释，比如在注释中记录程序的目的、变量以及返回值的说明、算法的主要步骤、作者以及修改日期等信息。

Python 语言的注释有两种，即单行注释与多行注释。

1. 单行注释

单行注释符号是“#”，在“#”之后的文字都会被当成注释，例如：

```
#这是单行注释
```

2. 多行注释

多行注释是以三对引号来引住注释文字，引号是成对的双引号，例如：

```
"""
这是多行注释
用来说明程序的内容都可以写在这里
"""
```

也可以用三对单引号：

```
'''
这也是多行注释
用来说明程序的内容都可以写在这里
'''
```

1.7.3 指令的分行和合并

当同一行程序语句的指令太长时，可以使用反斜线“\”将一行指令折成两行，例如：

```
isLeapYear = (year % 4 == 0 and year % 100 != 0) or \
             (year % 400 == 0)
```

不过也有例外的情况，当指令的句子中有括号“()”、中括号“[]”或大括号“{}”时，也可以折成多行。为了阅读的方便性，配合这些不同的括号来折行是个不错的方法。

```
isLeapYear = (year % 4 == 0 and
```

```
                    year % 100 != 0) or (year % 400 == 0)
```

另外，当两行程序语句很短时，可使用“;”（半角分号，即西文分号）把分行的程序语句合并成一行。不过，多行程序语句合并成一行时，有可能造成阅读上的不便，使用时要综合考虑。

```
a = 10; b = 20; c = 30
```

1.8 上机实践演练——Hello World

这一节我们将使用Spyder集成开发环境来练习如何新建文件、编写程序并存盘。启动Spyder之后，默认载入前一次编辑的.py程序文件，这里我们将新建一个Python文件，请大家跟着范例程序实现练习。

【范例程序 HelloWorld.py】我的第一个Python程序——Hello World

步骤01 依次选择菜单选项File→New file或单击工具栏中的按钮，如图1-50所示。

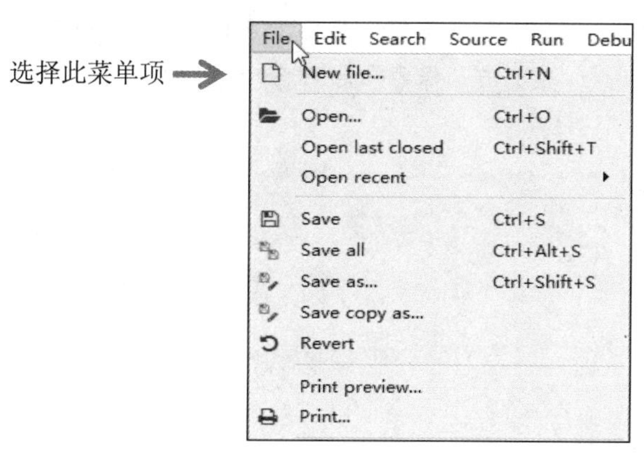

图1-50

步骤02 修改注释文字。Spyder集成开发环境会自动生成注释格式，直接将文字修改为适当的注释内容就可以了，如图1-51所示。

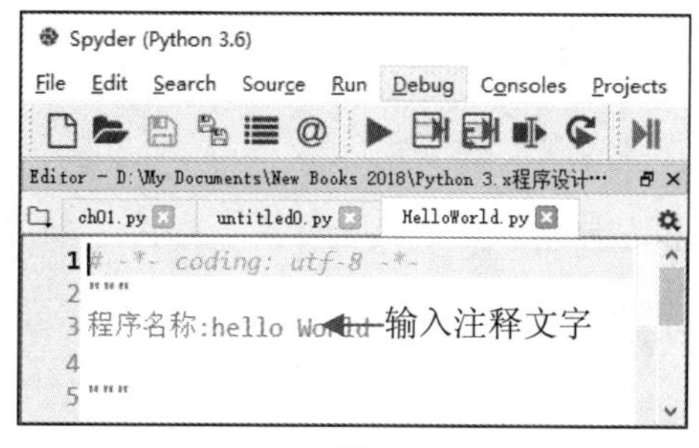

图1-51

步骤03 输入下面的程序代码。

```
print ('Hello World')

str="Hello World"
```

```
print (str)
```

步骤04 输入完成后就可以执行程序了，按 F5 键或单击工具栏中的 ▶ 按钮，如图 1-52 所示。

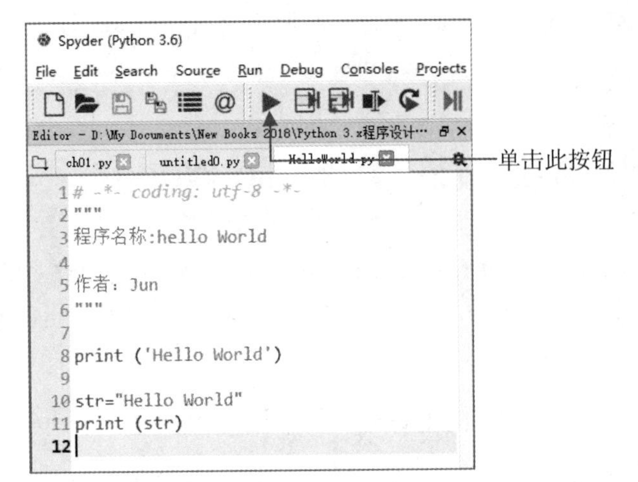

图 1-52

步骤05 由于尚未存盘，执行之前会先跳出存盘窗口，提示存盘，选择适当的文件夹后，接着输入文件名“HelloWorld.py”，再单击“保存”按钮,如图 1-53 所示。

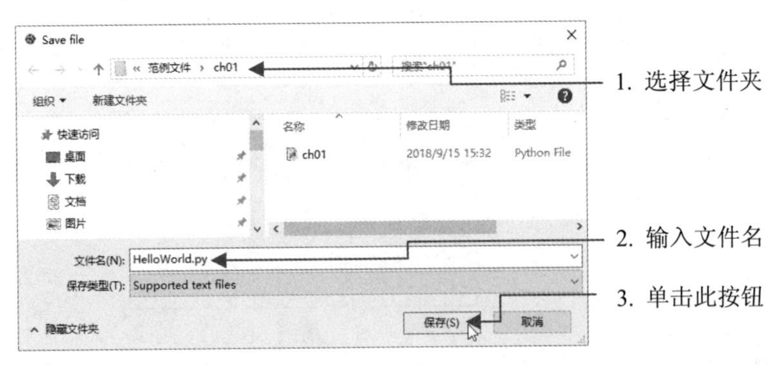

图 1-53

技 巧

Python 程序文件的扩展文件名是“.py”，文件名可以只输入“HelloWorld”，存盘后会自动加上扩展文件名“.py”。

步骤06 存盘之后就会在 IPython 控制台显示执行结果，如图 1-54 所示。

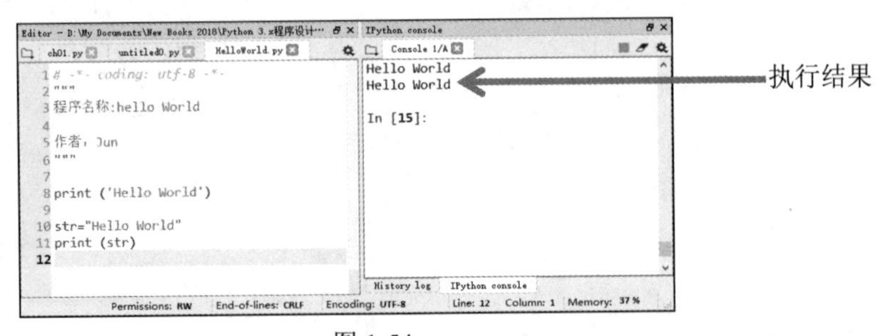

图 1-54

补充说明一点，Python 的字符串可以用双引号，也可以用单引号，无论用哪一个都不会影响程序的执行结果。

学习小教室

如果执行 Python 程序时没有选定使用哪一种解释器，执行时就会出现如图 1-55 所示的错误。

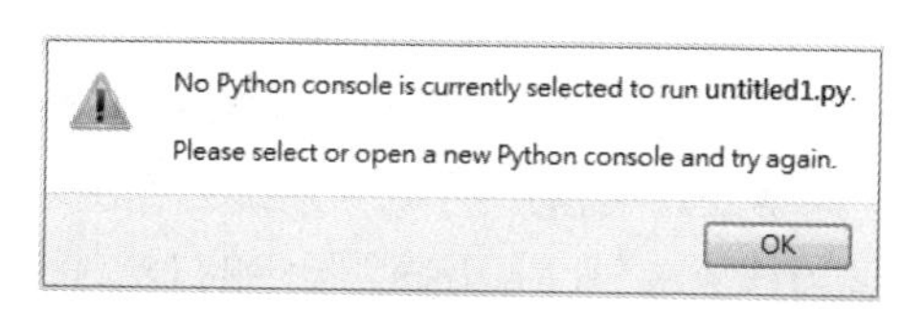

图 1-55

我们可以依次选择菜单选项 Tools→Preferences，选中 "Execute in a dedicated console"，如图 1-56 所示。如此一来，就会一律使用新的 Python 解释器来执行程序。

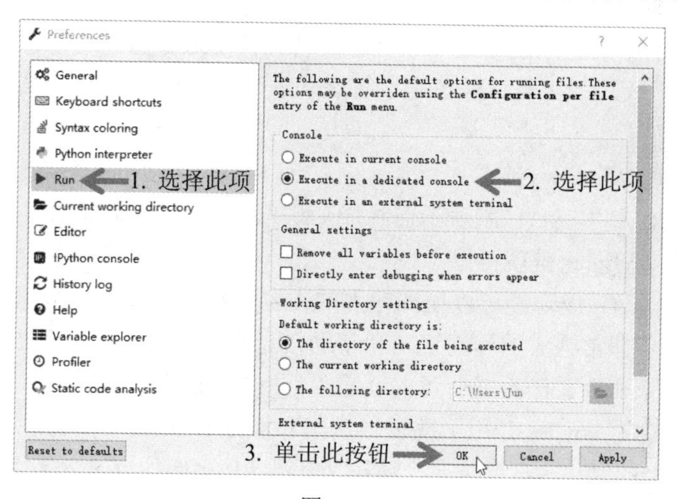

图 1-56

重点回顾

1. Python 是一种面向对象、解释型的程序设计语言，语法简单易学，具有跨平台的特性，加上强大的程序包和模块，让 Python 的应用领域非常广泛。

2. Python 的特色：程序代码简洁易读、跨平台、面向对象、自由/开放源码。

3. 机器语言是一种最低级的程序设计语言，是以 0 与 1 二进制组合的方式将指令和机器码输入计算机。

4. 汇编语言是以有意义的英文或数字来代替机器语言的程序设计语言，与机器语言相比，更方便人类记忆与使用。

5. 高级语言所设计的程序计算机无法直接执行，必须经过编译程序（Compiler）或解释程序（Interpreter）转换成机器语言才能执行。

6. 算法必须满足以下特性：

（1）输入数据（Input）：0 个或多个输入。

（2）输出结果（Output）：1 个以上的输出结果。

（3）明确性：描述的处理过程必须是明确的，不能模棱两可。

（4）有限性：在有限的步骤后会结束，不会产生无限循环。

（5）有效性：步骤清楚且可行，能让用户用纸笔计算而求出答案。

7. 算法可以通过图形或文字表达出来，最简单的方式是通过流程图（flow chart）来描述。

8. 流程图是使用图形符号来表示解决问题的步骤，绘制流程图有助于程序的修改与维护。

9. 流程图有很多种类型，程序开发最常用的是“系统流程图”和“程序流程图”。

10. Web 框架简单来说就是为建立 Web 应用程序制定的一套规范，它简化了技术上的细节，只要运用 Web Framework 模块，就可以轻松构建动态网站。

11. Python 有许多容易扩充的数据分析与机器学习模块库（library），像 NumPy、Matplotlib、Pandas、Scikit-Learn、SciPy、PySpark 等，这也让 Python 成为数据解析与机器学习领域主要运用的语言之一。

12. 物联网让生活中的物品能通过互联互通的传输技术进行感知与控制。

13. Conda 是环境管理的工具，除了可以管理和安装新的程序包外，还能用于快速建立独立的虚拟 Python 环境。

14. 我们可以通过 Windows 的“命令提示符”窗口或启动 Spyder 集成开发环境来编写程序。

15. 当提示字符变成“>>>”，就表示已经成功进入 Python 控制台，如果想要退出 Python，只要输入“exit()”再按 Enter 键就可以了。

16. 程序代码的自动完成功能可以根据输入的内容自动完成编程人员想输入的程序代码。

17. IPython 提供了非常强大的使用说明和帮助信息，无论是命令、函数或变量，在名称后面加上“?”，就会显示该命令、函数或变量的使用说明和帮助信息。

18. Anaconda 内建的 Spyder 是用于编辑、调试和执行 Python 程序的集成开发环境。

19. Python 程序中的区块主要是通过“缩排”来标示的，例如 if/else:的下一行程序必须缩排。

20. 可以使用空格键或 Tab 键产生空格来实现 Python 程序的缩排，建议以 4 个空格为一组来进行缩排。

21. print 指令用于输出数据，而 input 指令则是让用户从“标准输入设备”（通常指键盘）输入数据。

22. 在 Unicode 标准中，最常使用的是 UTF-8，它是以 8 位（比特）为一个单位，不同的文字采用不固定的字符长度，因为是可变长度字符编码，所以占用的空间比较小。

23. Python 的注释有两种，即单行注释和多行注释。单行注释符号是“#”，在“#”后面的文字都会被当成注释。多行注释是以三对引号把注释文字包含在内，引号是成对出现的双引号或单引号。

24. 当同一行程序语句的指令太长时，可以使用反斜线“\”将一行程序语句折成两行。

课后习题

一、选择题

(　) 1. 关于 Python 的应用领域不包括下列哪一种？

A. 自动控制　　B. 大数据

C. 游戏设计　　D. 以上都是 Python 的应用领域

(　) 2. 关于 Python 语言的特性，下列哪一个有误？

A. 扩充能力强　　B. 可以大量使用指针

C. 跨平台　　D. 简洁易读

(　) 3. 关于各代程序设计语言的描述，下列哪一个有误？

A. 高级语言更符合人类语言的形式

B. 汇编语言与硬件有着密切关系

C. 机器语言是一种最低级的程序设计语言

D. 汇编语言是一种高级语言

(　) 4. 下列哪一种程序设计语言属于解释型语言？

A. Java　　B. Python　　C. C++　　D. C

(　) 5. 算法的特性不包括以下哪个？

A. 至少会有一个输出结果

B. 0 个或多个输入数据

C. 允许无限循环

D. 步骤清楚且可行

二、填空题

1. 程序设计语言以发展过程来分，大致可分为________语言与________语言两大类。

2. ________是一种最低级的程序设计语言，它是以 0 与 1 二进制组合的方式将指令和机器码输入计算机。

3. 高级语言所设计的程序必须经过________或________转换成机器语言才能执行。

4. ________是使用图形符号来表示解决问题的步骤。

5. ________是环境管理的工具，除了可以管理和安装新的程序包外，还可以用于快速建立独立的虚拟 Python 环境。

6. Anaconda 内建的________是用于编辑、调试和执行 Python 程序的集成开发环境。

7. Python 程序的区块主要是通过________来标示。

三、简答题

1. Python 的注释有哪两种，请简要说明。

2. 请比较说明编译与解释的差别。

3. 请试着描述计算 1+2+3+4+5 的算法。

4. 请试着画出计算 1+2+3+4+5 的流程图。

5. 算法必须满足哪些特性？

6. 试简述 Python 语言的重要特性。

7. 请简要说明注释的功能。

第 2 章 数据类型、变量与常数

程序设计语言中最基本的数据处理对象就是常数与变量，主要的用途是存储数据，以用于程序中的各种计算与处理。在本章中，我们将讨论 Python 的数据类型、变量与常数等基本数据处理功能，为初学者介绍在编写小型应用程序时所需要的基础语法。

本章学习大纲

- 变量声明与赋值
- 变量命名规则
- Python 的数值数据类型
- 常数
- 数值格式化输出
- 输入函数：input()
- 数据类型转换

对于任何一种程序设计语言，基础的部分都是把数据存储在内存中并加以处理，无论我们准备进行哪种运算，都要有运算的对象，巧妇难为无米之炊，在Python语言中以常数与变量为主。其实，它们两者都是程序设计人员用来存取内存中数据内容的识别代码，两者最大的差异在于变量的内容会随着程序的执行而改变，而常数的内容则是永远固定不变的。在程序的执行过程中，经常需要存储或取用一些数据，例如想要编写一个计算期中考成绩的程序，必须先输入学生的成绩，经过计算之后，再输出总分、平均分与排名。本章将介绍如何存储与取用这些数据。

2.1 变量命名与赋值

在程序中，程序语句或指令就是告诉计算机要存取哪些数据（Data），按照程序语句中的指令一步步来执行，这些数据可能是文字，也可能是数字。我们所说的变量（variable）是程序设计语言中最基本的角色，也就是在程序设计中由编译程序分配的一块具有名称的内存单元，用来存储可变动的数据内容，如图2-1所示。计算机会将它存储在“内存”中，需要时再取出使用，为了方便识别，必须给它一个名字，我们把这样的对象称为“变量”，例如：

```
>>>a = 3
>>>b = 5
>>>c = a + b
```

在上面的程序语句中，a、b、c就是变量，数字3是a的变量值。由于内存的容量是有限的，为了避免浪费内存空间，每个变量都会按照需求分配不同大小的内存空间，因此有了“数据类型”（Data Type）来加以规范。

图2-1 变量就是程序中用来存放数据的地方

2.1.1 变量声明与赋值

Python 是面向对象的语言，所有的数据都看成是对象，在变量的处理上也是用对象引用（Object reference）的方法，变量的类型是在赋予初始值时决定的，所以不需要事先声明数据类型。变量的值是使用“=”来赋值的，初学者很容易将赋值运算符（=）的作用和数学上的“等于”的功能互相混淆，在程序设计语言中，“=”号主要用于赋值。

声明变量的语法如下：

```
变量名称 = 变量值
```

例如：

```
number = 10
```

上式表示把数值 10 赋给变量 number。

简单来说，在 Python 语言中，使用变量时不需要事先声明数据类型，这点与在 C 语言中使用变量前一定要事先声明才能使用不同，Python 解释和运行系统会根据所赋予或设置的变量值来自动决定该变量的数据类型。例如，上述变量 number 的数据类型为整数，如果变量内容为字符串，该变量的数据类型就是字符串。

2.1.2 变量命名规则

对于一名优秀的程序设计师而言，程序代码的可读性非常重要。虽然变量名称只要符合 Python 的规定都可以自行定义，但是当变量越来越多时，如果只是简单取 abc 等字母名称的变量，就会让人晕头转向，大幅降低可读性。考虑到程序的可读性，最好根据变量所赋予的功能与意义来命名。例如，存储身高的变量取名为“height”，存储体重的变量取名为“weight”等。尤其是当程序规模越大时，有意义的变量名称就会显得越重要。例如在声明变量时，为了程序的可读性，一般习惯以小写字母开头表示，如 score、salary 等。

在 Python 中，变量名称也需要符合一定的规则，如果使用不恰当的名称，可能会在程序执行时发生错误。Python 属于区分字母大小写的语言，也就是说，number 与 Number 是两个不同的变量，变量名称的长度不限，变量名称有以下几点限制：

- 变量名称的第一个字符必须是英文字母、下画线“_”或中文，不能是数字。
- 后续字符可以搭配其他的大小写英文字母、数字、下画线“_”或中文，不能使用空格符。
- 不能使用 Python 内建的保留字（或称为关键字）。

尽管 Python 3.x 版本的变量名称支持中文，不过建议大家尽量不要使用中文来命名变量，一方面，输入程序代码时要切换输入法较为麻烦；另一方面，在程序代码的阅读上也会显得不顺畅。所谓保留字，通常具有特殊的意义与功能，所以它会被预先保留，而无法作为变量名称或任何其他标识符名称。

以下是有效变量名称的范例：

```
_pagecount
fileName01
length
number_item
```

以下是无效变量名称的范例：

```
2_result
```

```
for
$result
user name
```

学习小教室

使用 help()函数查询 Python 保留字

help()函数是 Python 的内建函数，如果不太清楚特定对象的方法、属性的用法，可以使用 help()函数来查询。

前面提到的 Python 保留字就可以使用 help()函数来查看，只要执行"help()"就会进入 help 交互模式，在此模式下输入要查询的指令就会显示相关的说明，操作步骤如图 2-2 所示。

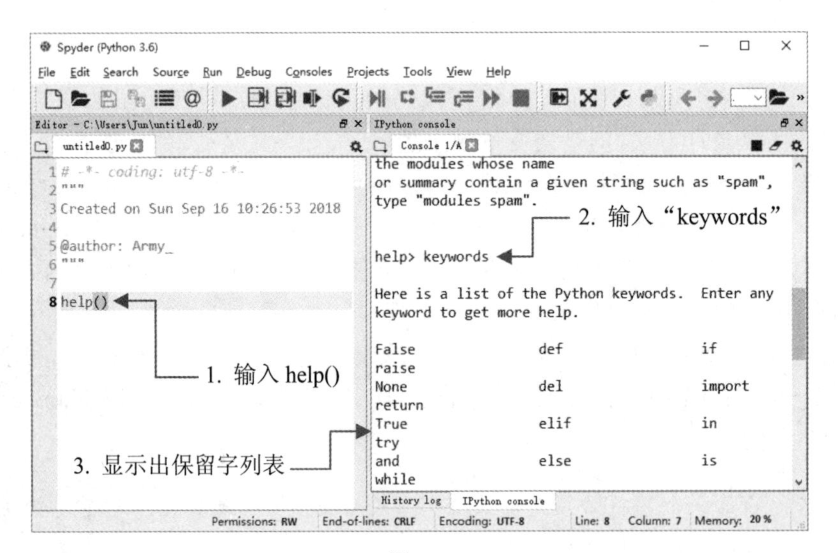

图 2-2

我们可以在 help 模式下继续输入想要查询的指令，想要退出 help 交互模式时，输入 q 或 quit 即可。也可以在输入 help()指令时带上参数，例如 help("keywords")，Python 就会直接显示帮助或说明信息，而不会进入 help 交互模式。

虽然 Python 采用动态数据类型，但是对于数据的处理却很严谨，它的数据类型属于"强类型"。举例来说：

```
>>> a = 5
>>> b = "45"
>>> print( a+b )  #显示 TypeError
```

变量 a 是数值类型，变量 b 是字符串类型。有些程序设计语言会在不知不觉中转换类型，自动将数值 a 转换为字符串类型，因此 a+b 会得到 545，Python 语言禁止不同数据类型进行操作，所以执行上面的语句会显示类型错误的信息。

学习小教室

强类型和弱类型

程序设计语言的数据类型有“强类型”（strongly typed）和“弱类型”（weakly typed 或 loosely typed）的区别，权衡条件之一是对于数据类型转换的安全性。强类型对于数据类型转换有较严格的检查，不同类型进行运算时必须明确转换类型，程序不会自动转换，比如 Python、Ruby 就偏向强类型；而弱类型的程序设计语言大部分采取隐式转换（Implicit Conversion），如果不注意，就会发生非预期的类型转换而导致错误的执行结果，JavaScript 就是偏向弱类型的程序设计语言。

2.1.3 静态类型与动态类型

Python 执行时才决定数据类型的方式属于“动态类型”，什么是动态类型呢？程序设计语言的数据类型按照类型检查方式可分为“静态类型”（Statically-Typed）与“动态类型”（Dynamically-Typed）。

1. 静态类型

编译时会先检查类型，因此变量使用前必须先进行明确的类型声明，执行时不能任意变更变量的类型，像 Java、C 就属于这类程序设计语言。例如，下面的 C 语言程序语句声明变量 number 是 int 整数类型，变量的初值设置为 10，当我们再把 "apple" 赋值给 number 时，就会出错，因为 "apple" 是字符串，在编译阶段会因类型不符而导致编译失败。

```
int number = 10
number = "apple"  #Error:类型不符
```

2. 动态类型

编译时不会事先进行类型检查，在执行时才会按照变量值来决定数据类型，因此变量使用前不需要声明类型，同一个变量还可以赋予不同类型的值，Python 就属于动态类型。例如，下面的程序语句声明变量 number，同时设置初值为整数 10，当我们把字符串 apple 赋值给 number 时，就会自动转换类型。

```
number = 10
number = "apple"
print( number )  #输出字符串 apple
```

Python 有垃圾回收（Garbage Collection）机制，当对象不再使用时，解释器会自动回收，释放内存空间。在上面的例子中，当整数对象 number 重新赋值成另一个字符串对象时，原本的整数对象会被解释器删除掉。如果对象确定不需要使用了，我们也可以使用“del”指令来删除，语法如下：

```
del 对象名称
```

例如：

```
>>>number = "apple"
>>>print( number )    #输出 apple
>>>del number         #删除字符串对象 number
>>>print(number)     #Error: number 未定义
```

执行结果如图 2-3 所示。由于变量 number 已经删除，如果再使用 number 变量，就会出现变量未定义的错误信息。

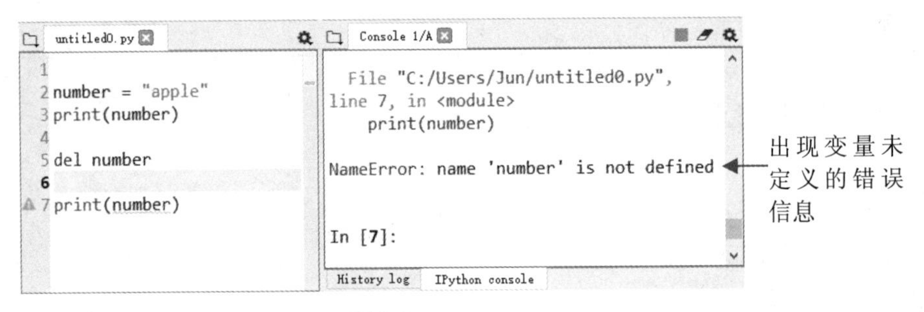

图 2-3

2.2 Python 的数值数据类型

Python 的数值数据类型有整数（int）、浮点数（float）与布尔值（bool）。下面逐一说明这些数值类型的用法。

2.2.1 整数

整数数据类型用来存储不含小数点的数据，与数学上的意义相同，如-1、-2、-100、0、1、2、100 等。Python 2.x 中的整数有 int（整数）和 long（长整数）两种类型，但 Python 3.x 之后就只有 int 整数类型，Python 的数值处理能力相当强大，基本上没有位数的限制，只要硬件 CPU 可以支持，再大的整数都可以处理。

有时为了可读性的需要，我们可以使用不同的数字系统来表示整数值，例如存储数据的内存地址就经常是以十六进制来表示的。整数包含正整数或负整数，除了用十进制（decimal）来表示外，也可以用二进制（binary）、十六进制（hexadecimal）、八进制（octal）来表示，只要分别在数字之前加上 0b、0x、0o 指定进制系统即可。表 2-1 所示是整数的一些例子。

表 2-1

整数	说明
100	十进制
0b1100100	二进制
0x64	十六进制
0o144	八进制
-745	负数

2.2.2 浮点数

浮点数（floating point）数据类型指的是带有小数点的数字，也就是数学上所指的实数（real number）。除了一般小数点的常规表示方法外，也可以使用科学记数法以指数形式表示，例如 6e-2，其中 6 称为有效数，-2 称为指数。表 2-2 所示都是合法的浮点数表示方式。

表 2-2

浮点数	说明
25.3	带有小数点的正数
-25.3	带有小数点的负数
1.	1.0
5e6	5000000.0

计算机中的数字是采用 IEEE 754 标准规范来存储的，IEEE 754 标准的浮点数并不能精确地表示小数，举例来说：

```
num = 0.1 + 0.2
```

得到的 num 并不等于 0.3，而是 0.30000000000000004。这不是 Python 独有的问题，所有的程序设计语言对浮点数运算都有精确度的问题，因此进行浮点数运算时必须特别小心。下面提供两个小数运算的方法供读者参考。

- 使用 decimal 模块进行小数运算

decimal 模块是 Python 标准模块库，使用它之前需要先用 import 指令导入这个模块，而后才能使用。正确导入这个模块之后，我们就可以使用 decimal.Decimal 类来存储精确的数字，如果参数为非整数，就必须以字符串形式传入参数，例如：

```
import decimal
num = decimal.Decimal("0.1") + decimal.Decimal("0.2")
```

这样运算后得到的结果就会是 0.3。

- 使用 round()函数强制小数点的指定位数

round(x[, n])是内建函数，会返回参数 x 最接近的数值，n 用来指定返回的小数点位数，例如：

```
num =  0.1 + 0.2
print( round(num, 1) )
```

上面的程序语句是将变量 num 取到小数点后 1 位，因此会得到 0.3 的结果。

2.2.3 布尔值

布尔数据类型（bool）是一种表示逻辑的数据类型，是 int 的子类，只有真值（True）与假值（False）。布尔数据类型通常用于程序流程控制中的逻辑判断。我们也可以采用数值“1”或“0”来代表真值或假值。表 2-3 所示为一些数据类型表示为假值的情况。

表 2-3

False	说明
0	数字 0
""	空字符串
None	None
[]	空的 List
()	空的 Tuple
{}	空的 Dict

在 Python 语言中，必须是相同的数据类型才能直接进行运算，例如字符串与整数不能直接相加，必须将字符串转换为整数，如果参加运算的都是数值类型，那么 Python 会自动进行类型转换，而不需要指定强制转换类型，例如：

```
num = 5 + 0.3   #结果 num=5.3 (浮点数)
```

Python 会自动将整数转换为浮点数再进行运算。另外，布尔值也可以当成数值来运算，True 代表 1，False 代表 0，例如：

```
num = 5 + True  #结果 num=6 (整数)
```

如果想把字符串转换为布尔值，可以通过 bool 函数来进行转换。在下面的范例程序中使用 print()函数来显示布尔值。

【范例程序：bool.py】 转换布尔类型

```
01    print( bool(0) )
02    print( bool("") )
03    print( bool(" ") )
04    print( bool(1) )
05    print( bool("ABC") )
```

范例程序的执行结果如图 2-4 所示。

```
False
False
True
True
True
```

图 2-4

程序代码解析：

- 第 02 行：传入一个空字符串，所以返回 False。
- 第 03 行：传入含有一个空格的字符串，所以返回 True。

技巧 使用布尔值 False 与 True 时要特别注意第一个字母必须大写。

2.3 常数

常数是指程序在整个执行过程中不能被改变的数值。例如整数常数：45、-36、10005、0 等，或者浮点数常数：0.56、-0.003、1.234E2，等等。常数拥有固定的数据类型和数值。变量（variable）与常数（constant）最大的差异在于变量的内容会随着程序的执行而改变，常数则固定不变。

Python 的常数是指字面常数（literal），也就是该常数字面上的意义，例如 12 就代表整数 12。所谓字面常数，就是直接写进 Python 程序的数值。字面常数如果按数据类型来区分，会有不同的分类，例如：1234、65、963、0 都是整数字面常数（integer literal）。而带小数点的数值则为浮点数类型（floating-point type）的字面常数，例如 3.14、0.8467、744.084。至于以单引号（'）或双引号（"）引起来的字符都是字符串字面常数（string literal），例如"Hello World"、"0932545212"都是字符串字面常数。

2.4 格式化输入输出功能

学习 Python 的初期，通常是从控制面板输出程序的执行结果，或者从控制台获取用户输入的数据。前面我们经常使用 print()函数输出程序的执行结果，本节就来看一下如何调用 print()函数进行格式化输出，以及如何调用 input()函数输入数据。

2.4.1 格式化输出

print()函数支持格式化输出，有两种格式化方法可以使用，一种是以“%”的方式格式化输出，另一种是通过 format 函数格式化输出。

1. “%”格式化输出

格式化文本可以用“%s”代表字符串、“%d”代表整数、“%f”代表浮点数，语法如下：

```
print(格式化文本 % (参数1,参数2,…,参数n))
```

例如：

```
score = 66
print("大明的数学成绩：%d" % score)
```

输出结果：

```
大明的数学成绩：66
```

其中%d 就是格式化的格式，代表输出整数格式。各种输出格式可参考表 2-4。

表 2-4

格式化符号	说明
%s	字符串
%d	整数
%f	浮点数
%e	浮点数，指数 e 形式（科学记数法）
%o	八进制整数
%x	十六进制整数

格式化输出可以用来控制打印输出的位置，让输出的数据能整齐排列，例如：

```
print("%5s 的数学成绩：%5.2f" % ("Jenny",95))
print("%5s 的数学成绩：%5.2f" % ("andy",80.2))
```

范例程序的输出结果如图 2-5 所示。

```
Jenny的数学成绩：95.00
 andy的数学成绩：80.20
```

图 2-5

上述范例中格式化文本有两个参数，所以参数必须用括号括住，其中%5s 表示输出时占用 5 个字符的位置，当实际输出少于 5 个字符时，会在字符串左边补上空格符；%5.2f 表示输出 5 位数的浮点数，小数点占 2 位数。

以下范例程序将数字 100 分别用 print 函数按浮点数、八进制数、十六进制数以及二进制数的格式输出，大家可以用这个范例程序练习一下。

[范例程序：print_%.py] 整数按不同进制数输出

```
01    num = 100
02    print ("数字 %s 的浮点数：%5.1f" % (num,num))
03    print ("数字 %s 的八进制：%o" % (num,num))
04    print ("数字 %s 的十六进制：%x" % (num,num))
05    print ("数字 %s 的二进制：%s" % (num,bin(num)))
```

程序的执行结果如图 2-6 所示。

```
数字 100 的浮点数：100.0
数字 100 的八进制：144
数字 100 的十六进制：64
数字 100 的二进制：0b1100100
```

图 2-6

程序代码解析：

- 第 02~04 行：按浮点数八进制数、十六进制数的格式输出。
- 第 05 行：由于二进制数并没有格式化符号，因此可以通过内建的函数 bin()将十进制数转换成二进制字符再输出。

2. format()函数输出

格式化输出也可以搭配 format()函数，相对于%格式化的方式，format()函数更加灵活，用法如下：

```
print("{}是个用功的学生. ".format("王小明"))
```

一般简单的 format 用法会用大括号“{}”，表示在{}内要用 format()中的参数替换。format()函数相当具有弹性，它有两大优点：

- 不需要理会参数数据类型，一律用{}表示。
- 可使用多个参数，同一个参数可以多次输出，位置可以不同。

举例来说：

```
print("{0} 今年 {1} 岁. ".format("王小明", 18))
```

其中，{0}表示使用第一个参数，{1}表示使用第二个参数，以此类推，如果{}内省略数字编号，就会按照顺序依次填入。

我们也可以使用参数名称来取代对应的参数，例如：

```
print("{name} 今年 {age} 岁. ".format(name="王小明", age=18))
```

直接在数字编号后面加上冒号“:”可以指定参数的输出格式，例如：

```
print('{0:.2f}'.format(5.5625))
```

表示第一个参数取小数点后 2 位。

另外，也可以搭配“^”“<”“>”符号加上字段宽度来让字符串居中、左对齐或右对齐，例如：

```
print("{0:10}成绩: {1:_^10}".format("Jennifer", 95))
print("{0:10}成绩: {1:>10}".format("Brian", 87))
print("{0:10}成绩: {1:*<10}".format("Jolin", 100))
```

程序的输出结果如图 2-7 所示。

```
Jennifer  成绩：____95____
Brian     成绩：        87
Jolin     成绩：100*******
```

图 2-7

其中，{1:_^10}表示输出的字段宽度为 10，以下画线“_”填充并居中；{1:>10}表示输出的字段宽度为 10 且靠右对齐，未指定填充字符就会以空格填充；{1:*<10}表示输出的字段宽度为

10，以星号“*”填充并靠左对齐。

2.4.2 输入函数：input()

input 是常用的输入指令，可以让用户从“标准输入设备”（通常指键盘）输入数据，把用户所输入的数值、字符或字符串传送给指定的变量。例如，计算每位学生的语文和数学的总分，就可以通过 input 指令来让用户输入语文和数学的成绩，再计算总分。语法如下：

```
变量 = input(提示字符串)
```

当输入数据并按 Enter 键后，就会将输入的数据赋值给变量。上述语法中的“提示字符串”是一段告知用户输入的提示信息，例如希望用户输入身高，程序而后输出身高的值，程序代码如下：

```
height =input("请输入你的身高：")
print (height)
```

又例如：

```
score = input("请输入数学成绩：")
print("%s 的数学成绩：%5.2f" % ("Jenny",float(score)))
```

程序的输出结果如图 2-8 所示。

```
请输入数学成绩：86
Jenny的数学成绩：86.00
```

图 2-8

当程序执行时，遇到 input 指令会先等待用户输入数据，在用户输入完成并按 Enter 键之后，就会将用户输入的数据存入变量 score 中。

用户输入的数据是字符串格式，我们可以通过内建的 int()、float()、bool()等函数将输入的字符串转换为整数、浮点数、布尔值类型，范例中指定的格式是浮点数（%5.2f），所以调用 float() 函数将输入的 score 值转换为浮点数。下一节将介绍更完整的数据类型转换。

技 巧

如果我们使用 Spyder 这类集成开发环境，那么在程序执行到输入提示信息时，别忘了将输入光标切换到 Python 控制台再输入。

下面通过范例程序再次练习输入与输出的用法。

【范例程序：format.py】 format 格式化输出

```
01    name = input("请输入姓名：")
02    che_grade = input("请输入语文成绩：")
03    math_grade = input("请输入数学成绩：")
04
```

```
05    print("{0:10}{1:>6}{2:>5}".format("姓名","语文","数学"))
06    print("{0:<10}{1:>5}{2:>7}".format(name,che_grade,math_grade))
```

程序的执行结果如图 2-9 所示。

```
请输入姓名：赵朵朵

请输入语文成绩：98

请输入数学成绩：99
姓名              语文    数学
赵朵朵             98      99
```

图 2-9

程序代码解析：

- 第 01~03 行：按序要求用户输入姓名、语文成绩和数学成绩。
- 第 05、06 行：按序输出姓名、语文和数学的表头，再于下一行输出姓名和两科的成绩。

2.5 数据类型转换

对于表达式中不同类型之间进行运算的要求，我们可以“暂时性”地转换数据的类型，就是必须强制转换数据类型。Python 语言中强制转换数据类型的内建函数有以下三种。

1. int()：强制转换为整数数据类型

例如：

```
x = "5"
num = 5 + int(x)
print(num)  #结果：10
```

变量 x 的值是"5"，是字符串类型，所以先调用 int(x)转换为整数类型。

2. float()：强制转换为浮点数数据类型

例如：

```
x = "5.3"
num = 5 + float(x)
print(num)  #结果：10.3
```

变量 x 的值是"5.3"，是字符串类型，所以先用 float(x)转换为浮点数类型。

3. str()：强制转换为字符串数据类型

例如：

```
x = "5.3"
num = 5 + float(x)
print("输出的数值是 " + str(num))    #结果：输出的数值是 10.3
```

在上述程序语句中，print()函数里面的“输出的数值是 ”这一串文字是字符串类型，“+”号可以将两个字符串相加，变量num是浮点数类型，所以必须先调用str()函数将其转换为字符串。

【范例程序：conversion.py】 数据类型转换

```
01    str = "{1} + {0} = {2}"
02    a = 150
03    b = "60"
04    print(str.format(a, b, a + int(b)))
```

程序的执行结果如图2-10所示。

```
{1} + {0} = {2}
60 + 150 = 210
```

图2-10

程序代码解析：

- 第01行：由于b是字符串，先指定它的显示格式，注意大括号“{}”的数字编号顺序是{1}、{0}、{2}，因此变量a与b显示的顺序与format里的参数顺序不同。
- 第04行：先调用int()把b转换为整数类型，再进行计算。

2.6 上机实践演练——零用钱记账小管家

设计一个Python程序，可以输入一周7天所花费的零用钱，并将每一天所花费的零用钱输出。

2.6.1 范例程序说明

这个程序要求输入用户名称，接着可以连续输入一周内每一天的花费总和，并将每一天所花费的零用钱输出。程序的执行结果如图2-11所示。

```
请输入姓名：张三

请输入第一天的零用钱总花费：50

请输入第二天的零用钱总花费：45

请输入第三天的零用钱总花费：38

请输入第四天的零用钱总花费：40

请输入第五天的零用钱总花费：52

请输入第六天的零用钱总花费：48

请输入第七天的零用钱总花费：50
name      day1 day2 day3 day4 day5 day6 day7
张三         50   45   38   40   52   48   50
总花费：323        每日平均花费 46.142857142857146
```

图2-11

2.6.2 程序代码说明

以下是本范例程序完整的程序代码。

【范例程序：money.py】 零用钱记账小帮手

```
01    # -*- coding: utf-8 -*-
02
03    """
04    可以输入一周 7 天所花费的零用钱,
05    并将每一天所花费的零用钱输出。
06    """
07
08    name = input("请输入姓名：")
09    day1 = input("请输入第一天的零用钱总花费：")
10    day2 = input("请输入第二天的零用钱总花费：")
11    day3 = input("请输入第三天的零用钱总花费：")
12    day4 = input("请输入第四天的零用钱总花费：")
13    day5 = input("请输入第五天的零用钱总花费：")
14    day6 = input("请输入第六天的零用钱总花费：")
15    day7 = input("请输入第七天的零用钱总花费：")
16
17    print("{0:<8}{1:^5}{2:^5}{3:^5}{4:^5}{5:^5}{6:^5}{7:^5}". \
18          format("name","day1","day2","day3", \
19                 "day4","day5","day6", \
20                 "day7"))
21    print("{0:<8}{1:^5}{2:^5}{3:^5}{4:^5}{5:^5}{6:^5}{7:^5}". \
22          format(name,day1,day2,day3,day4,day5,day6,day7))
23
24    ave=total/7
25    print("总花费: {0:<8} 每日平均花费 {1:^5}".format(total,ave))
```

重点回顾

1. 由于内存的容量是有限的，为了避免浪费内存空间，系统会按照需求给每个变量分配不同大小的内存空间，因此有了“数据类型”来加以规范。

2. 在 Python 语言中，使用变量时不需要事先声明数据类型，系统会根据所赋予的变量值来自动决定该变量的数据类型。

3. Python 是区分字母大小写的程序设计语言，也就是说 number 与 Number 是两个不同的变量。

4. 保留字（或称为关键字）通常具有特殊的意义与功能，所以它会被预先保留，而无法作为变量名称或任何其他标识符名称。

5. help()函数是 Python 的内建函数，如果不清楚特定对象的方法、属性如何使用，就可以调用 help()函数来查询。

6. Python 语言采用动态类型，但是对于数据的处理却很严谨，它的数据类型属于“强类型”。

7. 程序设计语言的数据类型按照类型检查方式可分为“静态类型”与“动态类型”。

8. Python 有垃圾回收机制，当对象不再使用时，解释器会自动回收，释放所占用的内存空间。

9. 如果对象确定不需要使用了，我们可以使用“del”来删除对象。

10. Python 的数值类型有整数（int）、浮点数（float） 与布尔值（bool）。

11. 整数是指正整数或负整数，不带有小数点，除了用十进制（decimal）来表示外，也可以用二进制（binary）、十六进制（hexadecimal）、八进制（octal）来表示，只要分别在数字之前加上 0b、0x、0o 指定进制系统即可。

12. decimal 模块是 Python 标准模块库，使用它之前需要先用 import 指令导入模块，而后才能使用，成功导入模块后，再使用 decimal.Decimal 类来存储精确的数字。

13. round(x[, n])是内建函数，会返回参数 x 最接近的数值，n 是指定返回的小数点位数。

14. 布尔值（bool）是 int 的子类，只有真值（True）与假值（False）。布尔数据类型通常用于流程控制中的逻辑判断。

15. 在 Python 语言中，必须是相同的数据类型才能直接进行运算，例如字符串与整数不能直接相加，必须将字符串转换为整数，如果参加运算的都是数值类型，那么 Python 会自动进行类型转换，而不需要指定强制转换类型。

16. 使用布尔值 False 与 True 时要特别注意第一个字母必须大写。

17. 所谓字面常数，就是直接写进 Python 程序的数值。

18. print()函数支持格式化输出，有两种格式化方法可以使用，一种是以“%”进行格式化输出，另一种是通过 format 函数实现格式化输出。

19. input()函数可以指定提示文字，用户输入的文字则存储在指定的变量中。

课后习题

一、选择题

( ) 1. 有关 Python 变量的命名与赋值，下列哪一个有误？

A. 使用变量时要事先声明它的数据类型

B. 每个变量都有数据类型

C. 变量的值是使用等号（=）来赋值的

D. Python 是区分字母大小写的语言

( ) 2. 有关 Python 变量命名，下列哪一个有误？

A. 不能使用空格符

B. 变量名称支持中文

C. 不能使用 Python 内建的保留字

D. 变量名称第一个字符可以是数字

( ) 3. 有关 Python 数据类型的说明，下列哪一个正确？

A. 静态类型、强类型

B. 动态类型、强类型

C. 静态类型、弱类型

D. 动态类型、弱类型

二、填空题

1. ______通常具有特殊的意义与功能，所以它会被预先保留，而无法作为变量名称或任何其他标识符名称。

2. ______函数是 Python 的内建函数，如果不清楚特定对象的方法、属性如何使用，就可以调用这个函数来查询。

3. 程序设计语言的数据类型按照类型检查方式可分为______与______。

4. 布尔值（bool）是 int 的子类，只有真值______与假值______。

5. print()函数有两种格式化方法可以使用，一种是以______方式的格式化输出，另一种是通过______函数的格式化输出。

三、简答题

1. 请说明下列哪些是有效的变量名称，哪些是无效的变量名称。如果无效，请说明无效的原因。

fileName01

$result

2_result

number_item

2. 请说明三种较为常见的 Python 数值类型，举例说明。

3. 请设计一个程序，输入姓名与数学成绩并输出。例如，姓名输入 Jenny，数学成绩输入 80，输出结果可参考图 2-12。

```
请输入姓名：Jenny

请输入数学成绩：80
Jenny的数学成绩：80.00
```

图 2-12

4. format()函数相当具有弹性，它有哪两大优点？

5. Python 强制转换数据类型的内建函数有哪三种？

第 3 章 表达式与运算符

计算机主要的特点之一就是具有强大的计算能力，把从外界得到的数据输入计算机，并通过程序来进行运算，最后输出所要的结果。在本章中，我们将讨论 Python 中的运算符的各种类型与功能，以及如何运用 Python 设计表达式来进行算术计算和逻辑判断。

本章学习大纲

- 算术运算符
- 赋值运算符
- 比较运算符
- 逻辑运算符
- 位运算符
- 运算符的优先级

无论多么复杂的程序，最终目的都是帮助我们完成各种运算的工作，而其中的过程都必须依靠一个个表达式来完成。表达式就像平常所用的数学公式一样，例如：

```
A=(B+C)*(A+10)/3;
```

上面这个数学式子就是表达式，=、+、*以及/符号就是运算符，而变量 A、B、C 和常数 10、3 都是操作数。表达式是由运算符（operator）与操作数（operand）组成的。什么是操作数、运算符？从下面这个简单的表达式（也是程序语句）来了解：

```
a = b + 5
```

上面的表达式包含 3 个操作数 a、b 与 5，一个赋值运算符“=”，以及一个加法运算符“+”。Python 语言除了算术运算符外，还有应用于条件判断式的比较运算符和逻辑运算符。另外，还有将运算结果赋值给某一变量的赋值运算符。

运算符如果只有一个操作数，被称为“单目运算符”，例如表达负值的“-23”。当有两个操作数时，则被称为“双目运算符”，算术运算符加、减、乘、除等就是一种“双目运算符”，例如 3+7。这些多样、功能完整的运算符，有不同的运算优先级，本章将介绍这些运算符的用法。

3.1 算术运算符

算术运算符（Arithmetic Operator）是程序设计语言中使用率最高的运算符，常用于一些四则运算，像加法运算符、减法运算符、乘法运算符、除法运算符、余数运算符、整除运算符、指数运算符等。+、-、* 和 / 运算符与我们常用的数学运算方法相同，而正负号运算符主要用于表示操作数的正/负值，通常设置常数为正数时可以省略 + 号，例如“a=5”与“a=+5”的含义是相同的。特别要提醒大家的是，因为负数也是使用“-”运算符来表示的，当负数参与减法运算时，为了避免与减法运算符混淆，最好用小括号“( )”分隔开负数。

表 3-1 列出了 Python 的各种算术运算符、范例及说明。

表 3-1

算术运算符	范例	说明
+	a+b	加法
-	a-b	减法
*	a*b	乘法
**	a**b	乘幂（次方）
/	a/b	除法
//	a//b	整数除法
%	a%b	求余数

“/”与“//”都是除法运算符，“/”的运算结果是浮点数，“//”则会将除法计算结果中的小数部分去掉，只取整数，“%”运算符是求余数，例如：

```
a = 5
```

```
b = 2
print(a / b)     #结果为浮点数 2.5
print(a // b)    #结果为整数 2
print(a % b)     #结果为余数 1
```

如果运算的结果并不赋值给其他变量，那么运算结果的数据类型将以操作数中数据类型占用内存空间最大的变量为主。另外，当操作数都为整数且运算结果会产生小数时，Python 会自动以小数方式输出结果，我们无须担心数据类型的转换问题。

但是，如果运算结果要赋值给某个变量，那么该变量占用的内存空间必须足够大，以避免运算结果数据过长的部分被舍去。例如运算的结果为浮点数，而被赋值给整数变量，那么运算结果的小数部分将被舍去。

算术运算符中的除法“/”运算符是常规的除法，经运算后所求的商数是浮点数，如果要将该商数以整数表示，那么可以调用 int()函数。

```
int(15/7)    #输出 2
```

“**”是乘幂运算，例如要计算 2 的 4 次方：

```
print(2 ** 4)    #结果为 16
```

注意，算术运算符+、-、*和/的优先级为“先乘除后加减”，下面举例说明：

```
5+2*3
```

上式的运算结果是 11。

在表达式中，括号的优先级高于乘除，如果上式改为 (5+2)*3 的话，运算结果就会是 21。如果遇到相同优先级的运算符，那么按照从左到右的顺序来运算。

下面以范例程序来看看简单的四则运算的应用。此范例程序是让用户输入摄氏（Celsius）温度，通过程序运算转换为华氏（Fahrenheit）温度。摄氏温度转换为华氏温度的公式为 F=(9/5)*C+32。

【范例程序：temperature.py】摄氏温度转换为华氏温度

```
01    # -*- coding: utf-8 -*-
02    """
03    把输入的摄氏(Celsius)温度转换为华氏(Fahrenheit)温度
04    提示：F = (9/5) * C + 32
05    """
06    C = float( input("请输入摄氏温度："))
07    F = (9 / 5) * C + 32
08    print("摄氏温度 {0} 转换为华氏温度为 {1}".format(C,F))
```

程序的执行结果如图 3-1 所示。

```
请输入摄氏温度：25
摄氏温度 25.0 转换为华氏温度为 77.0
```

图 3-1

程序代码解析：

- 第 06 行：让用户输入摄氏温度，并调用 float()函数将所输入的内容转换为浮点数的数据类型。
- 第 07 行：将所输入的摄氏温度转换为华氏温度。
- 第 08 行：按所指定的格式化字符串输出摄氏温度和华氏温度的转换情况。

附带说明一点，“+”号可以用来连接两个字符串。

```
a ="abc" + "def"    #结果 a = "abcdef"
```

3.2 赋值运算符

赋值运算符“=”至少由两个操作数组成，功能是将“=”号右边的值赋给等号左边的变量。许多程序设计语言的初学者最不能理解的就是等号“=”在程序设计语言中的含义，很容易将它和数学上的等于功能混淆。在程序设计语言中，“=”号主要用于赋值，而我们从数学角度来理解，“=”以往都认为是“等于”的概念。例如下面的程序语句：

```
sum = 0;
sum = sum + 1;
```

上述程序语句中的 sum = 0 还容易理解其所代表的意义，但是对于 sum = sum + 1 这条语句，许多初学者往往无法想通这条语句所代表的含义。

其实 Python 程序设计语言中的“=”主要用于“赋值”(assignment)，我们可以想象：当声明变量时会分配内存并安排好内存的地址，等到使用赋值运算符“=”把具体的数值设置给这个变量时，才会让这个内存地址对应的内存空间来存储这个具体的数值。也就是说，sum = sum + 1 可以看成是将 sum 内存地址中存储的原数据值加 1 后的结果，再重新赋值给 sum 内存地址对应的内存空间。

在赋值运算符“=”的右侧可以是常数、变量或表达式，最终都将把值赋给左侧的变量；而运算符左侧只能是变量，不能是数值、函数或表达式等。例如，表达式 X-Y=Z 就是不合法的程序语句。

Python 赋值运算符有两种赋值方式，即单一赋值和复合赋值。

1. 单一赋值

将赋值运算符“=”右侧的值赋给左侧的变量，例如：

```
a = 10
```

赋值运算符除了一次赋一个数值给变量外，还能够同时将同一个数值赋给多个变量。如果要让多个变量同时具有相同的变量值，我们就可以一起赋予变量值。例如，想让变量 x、y、z 的值都为 100，赋值语句可以如下编写：

```
x = y = z = 100
```

当我们想要在同一行程序语句中给多个变量赋值时，可以使用“,”分隔变量。例如，要让变量 x 的值为 10，变量 y 的值为 20，变量 z 的值为 30，编写赋值语句如下：

```
x, y, z =10, 20, 30
```

Python 还允许在一行里以“;”来连续编写几条不同的程序语句，分隔不同的表达式。例如以下两行程序代码：

```
sum = 10
index = 12
```

可以使用“;”将上述两行语句写在同一行。请看以下示范：

```
Sum = 10; index = 12     #在一行里以分号串接两条程序语句或表达式
```

2. 复合赋值

复合赋值运算符是由赋值运算符“=”与其他运算符结合而成的。先决条件是“=”右侧的源操作数必须有一个和左边接收赋值的操作数相同，如果一个表达式含有多个复合赋值运算符，那么运算过程必须从右侧开始，逐步进行到左侧，例如：

```
a += 1      #相当于a = a + 1
a -= 1       #相当于a = a - 1
```

以“A += B;”复合赋值语句为例，它是赋值语句“A = A + B;”的精简写法，也就是先执行 A+B 的计算，接着将计算结果赋值给变量 A。表 3-2 中除了第一个“=”运算符以外，其他赋值运算符都是复合赋值运算符。

表 3-2

赋值运算符	范例	说明
=	a = b	将 b 赋值给 a
+=	a += b	相加同时赋值，相当于 a = a + b
-=	a -= b	相减同时赋值，相当于 a = a - b
*=	a *= b	相乘同时赋值，相当于 a = a * b
**=	a **= b	乘幂同时赋值，相当于 a = a ** b
/=	a /= b	相除同时赋值，相当于 a = a / b
//=	a //= b	整数相除同时赋值，相当于 a = a // b
%=	a %= b	求余数同时赋值，相当于 a = a % b

技巧

在 Python 中，单个等号“=”表示赋值，连续两个等号“==”才是关系比较运算符的“相等”，不可混用。

注意，使用赋值运算符时，如果要将一个变量赋值给另一个变量，第一个变量必须先设置初值，否则就会出现错误。例如 num = num*10，因为还没为 num 变量赋初值，如果直接使用赋值运算符，就会出现错误，因为 num 变量没有被设置过任何初值。接下来是赋值运算符综合应用的范例程序。

云盘下载 【范例程序：assign_operator.py】 赋值运算符的综合应用

```
01    # -*- coding: utf-8 -*-
02    """
03    赋值运算符练习
04    """
05
06    a = 1
07    b = 2
08    c = 3
09
10    x = a + b * c
11    print("{}".format(x))
12    a += c
13    print("a={0}".format(a,b))  #a=1+3=4
14    a -= b
15    print("a={0}".format(a,b))  #a=4-2=2
16    a *= b
17    print("a={0}".format(a,b))  #a=2*2=4
18    a **= b
19    print("a={0}".format(a,b))  #a=4**2=16
20    a /= b
21    print("a={0}".format(a,b))  #a=16/2=8
22    a //= b
23    print("a={0}".format(a,b))  #a=8//2=4
24    a %= c
25    print("a={0}".format(a,b))  #a=4%3=1
26    s = "Python" + "很好玩"
27    print(s)
```

程序的执行结果如图 3-2 所示。

```
7
a=4
a=2
a=4
a=16
a=8.0
a=4.0
a=1.0
Python很好玩
```

图 3-2

程序代码解析：

- 第 12、13 行：将 a 与 c 相加后的结果赋值给变量 a，再将 a 的结果值输出。

- 第 14、15 行：将 a 与 b 相减后的结果赋值给变量 a，再将 a 的结果值输出。
- 第 16、17 行：将 a 与 b 相乘后的结果赋值给变量 a，再将 a 的结果值输出。
- 第 18、19 行：将 a 与 b 进行乘幂后的结果赋值给变量 a，再将 a 的结果值输出。
- 第 20、21 行：将 a 与 b 相除后的结果赋值给变量 a，再将 a 的结果值输出。
- 第 22、23 行：将 a 与 b 整数相除的结果赋值给变量 a，再将 a 的结果值输出。
- 第 24、25 行：将 a 与 b 取余数的结果赋值给变量 a，再将 a 的结果值输出。

3.3 比较运算符

比较运算符也被称为关系运算符，用来判断条件表达式左右两侧的操作数是否相等、大于或小于。当使用关系运算符时，所运算的结果有成立或者不成立两种，对应布尔值的 True 或者 False。表 3-3 所示为常用的比较运算符。

表 3-3

比较运算符	范例	说明
>	a > b	左侧的值大于右侧的值则成立
<	a < b	左侧的值小于右侧的值则成立
==	a == b	两者相等则成立
!=	a != b	两者不相等则成立
>=	a >= b	左侧的值大于或等于右侧的值则成立
<=	a <= b	左侧的值小于或等于右侧的值则成立

如果表达式成立，就会得到“真”（True），不成立会得到“假”（False）。

比较运算符也可以串联使用，例如 a < b <= c 相当于 a < b，而且 b <= c。注意，表示相等关系使用两个连续的等号“==”，而单个等号“=”表示的是赋值运算符，前文已经再三强调，这种差距很容易造成编写程序代码时的疏忽，日后调试程序时，这可是非常热门的小“Bug”。

云盘下载 【范例程序：compare_operator.py】 比较运算符的综合应用

```
01    # -*- coding: utf-8 -*-
02    """
03    比较运算符练习
04    """
05    a = 56
06    b = 24
07    c = 38
08    num1 = (a == b)  #判断 a 是否等于 b
09    num2 = (b != c)  #判断 b 是否不等于 c
10    num3 = (a >= c)  #判断 a 是否大于等于 c
11    print('a 是否等于 b: ',num1) #将 num1 显示出来
12    print('b 是否不等于 c: ',num2) #将 num2 显示出来
13    print('a 是否大于等于 c: ',num3) #将 num3 显示出来
```

程序的执行结果如图 3-3 所示。

```
a是否等于b:  False
b是否不等于c:  True
a是否大于等于c: True
```

图 3-3

程序代码解析：

- 第 11 行：a=56，b=24，两者不相等，所以输出 False。
- 第 12 行：b=24，c=38，两者不相等，所以输出 True。
- 第 13 行：a=56，c=38，a>c，所以输出 True。

3.4 逻辑运算符

逻辑运算符（Logical Operator）用来判断基本的逻辑运算，可控制程序运行的流程。逻辑运算符经常与关系运算符配合使用，运算的结果仅有“真”（True）与“假”（False）两种值。逻辑运算符包含 and、or、not 等。各个运算符的功能可参考表 3-4。

表 3-4

逻辑运算符	说明	范例
and（与）	AND 运算（左、右两边都成立时才返回真）	a and b
or （或）	OR 运算（只要左、右两边有一边成立就返回真）	a or b
not（非）	真变成假，假变成真	not a

程序设计的初学者使用真值表（truth table）来观察逻辑运算会更清楚。真值表是把操作数真（T）和假（F）的全部组合以及逻辑运算的结果都列出来，只要了解 and、or 和 not 的工作原理，再加上真值表的辅助，就能很快熟悉逻辑运算，而不需要去死记硬背它。

1. 逻辑 and（与）

逻辑 and 必须左右两个操作数都成立，运算结果才为真，任何一边为假（False）时，执行结果都为假。例如下面的指令的逻辑运算结果为真：

```
a = 10
b = 20
a < b and a != b  #True
```

逻辑 and 真值表可参考表 3-5。

表 3-5

a	b	a and b
T	T	True
T	F	False
F	T	False
F	F	False

2. 逻辑 or（或）

逻辑 or 只要左右两边的操作数中的任何一个成立，运算结果就为真，例如下面的逻辑运算为真：

```
a = 10
b = 20
a < b or a == b  #True
```

左边的式子 a<b 成立，运算结果就为真，不需要再判断右边的关系比较表达式。逻辑 or 真值表可参考表 3-6。

表 3-6

A	b	a or b
T	T	True
T	F	True
F	T	True
F	F	False

3. 逻辑 not（非）

逻辑 not 是逻辑否定，用法稍微不一样，只有 1 个操作数就可以运算，它加在操作数左边，当操作数为真时，not 运算结果为假；当操作数为假时，not 运算结果为真。例如下面的逻辑运算结果为真：

```
a = 10
b = 20
not a<5  #True
```

原本 a<5 不成立（结果为假），前面加一个 not 就否定了，所以运算结果为真。逻辑 not 真值表可参考表 3-7。

表 3-7

a	not a
T	False
F	True

接着我们以简单的两条语句来说明逻辑运算符的用法：

```
num = 24
result = (num % 6 == 0) and (num % 4 == 0)
```

使用 and 运算符时，由于 24 能同时被 6 和 4 整除，所以 result 返回 True。

我们再来看另一个例子：

```
total = 31
```

```
value = total % 3 == 0 or total % 7 == 0
```

使用 or 运算符时，由于 31 无法被 3 和 7 整除，所以 value 返回 False。

补充说明一点，在 Python 程序设计语言中，当使用 and、or 运算符进行逻辑运算时，会采用所谓的“短路运算”(Short-Circuit)。我们以 and 运算符为例来说明，短路运算的判断原则是，如果第一个操作数返回 True，才会继续第二个运算的判断，也就是说，如果第一个操作数返回 False，就不需要再往下判断了，这样可以加快程序的执行速度，例如：

```
print (15>8) and (58>35)  #第一个运算结果返回 True，会继续往下判断
```

另外，如果短路运算应用于 or 运算符，当第一个操作数返回 False 时，才会接着进行第二个操作数的判断。但是，如果第一个操作数返回 True，就不需要再往下判断了，同样可以加快程序的执行速度。

以下范例程序输入两次月考的成绩和期末考试成绩，月考只要其中一次及格（大于 60 分），期末考必须及格，这样学期成绩才算及格，及格就输出 PASS，否则输出 FAIL。

云盘下载 **【范例程序：coursePassOrFail.py】 判断成绩及格/不及格**

```
01    # -*- coding: utf-8 -*-
02    """
03    输入两次月考成绩及期末考试成绩
04    月考只要其中一次及格并且期末考试及格
05    学期的成绩才算及格，及格则输出 PASS，否则输出 FAIL
06    """
07    grade1 = int(input("请输入第一次月考成绩："))
08    grade2 = int(input("请输入第二次月考成绩："))
09    lastGrade = int(input("请输入期末考试成绩："))
10
11    if (grade1>=60 or grade2>=60) and lastGrade>=60:
12-      print("PASS")
13    else:
14       print("FAIL")
```

程序的执行结果如图 3-4 所示。

```
请输入第一次月考成绩：85

请输入第二次月考成绩：64

请输入期末考试成绩：58
FAIL
```

图 3-4

程序代码解析：

题目要求的及格条件有以下两个。

（1）“月考只要其中一次及格”：用逻辑 or 来判断。

（2）“期末考必须及格”：用逻辑 and 来判断。

当表达式使用一个以上的逻辑运算符时，必须考虑逻辑运算符优先级的问题，逻辑 not 会第一个计算，接下来是逻辑 and，最后才是逻辑 or。

在范例程序中使用了两个逻辑运算符：and 和 or，如果直接写成下式，逻辑 and 会先执行，语意就变成第二次月考成绩与期末考试成绩必须大于 60 分，得到的执行结果就不正确了。

```
grade1>=60 or grade2>=60 and lastGrade>=60
```

所以必须先加上括号，强迫条件表达式先执行逻辑 or 判断。例如，在范例程序运行时，输入第 1 次月考成绩为 90 分，第 2 次月考成绩为 59 分，期末考成绩为 80 分，经过如图 3-5 所示的逻辑判断之后会得到 True，所以结果就会显示 PASS。

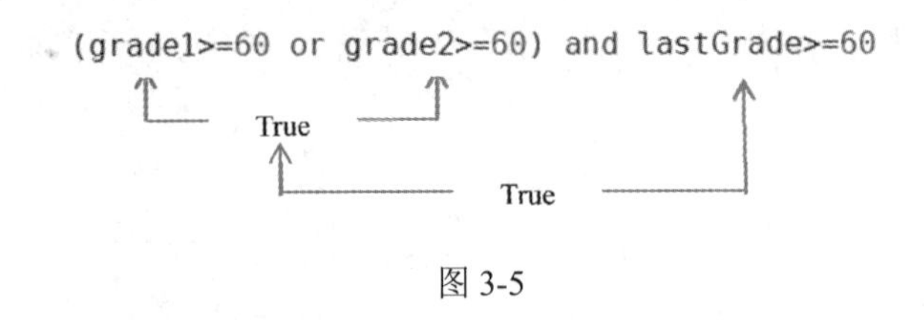

图 3-5

3.5 位运算符

计算机在底层实际处理的数据其实只有 0 与 1 两种，也就是采取二进制形式，二进制的每一个位（bit）也称为比特。因此，我们可以使用位运算符（bitwise operator）来进行位与位之间的逻辑运算。

位逻辑运算符特别针对整数中的位值进行计算。在 Python 语言中提供了 4 种位逻辑运算符，分别是&、|、^与~，可参考表 3-8 的说明。

表 3-8

位逻辑运算符	说明	使用语法
&	A 与 B 进行 AND 运算	A & B
|	A 与 B 进行 OR 运算	A | B
~	A 进行 NOT 运算	~A
^	A 与 B 进行 XOR 运算	A^B

接下来举例说明。

1. &（AND，位逻辑“与”运算符）

执行 AND 运算时，对应的两个二进制位都为 1，运算结果才为 1，否则为 0。例如，a=12，b=38，则 a&b 得到的结果为 4，因为 12 的二进制表示法为 0000 1100，38 的二进制表示法为 0010 0110，两者执行 AND 运算后，结果为十进制的 4，如图 3-6 所示。

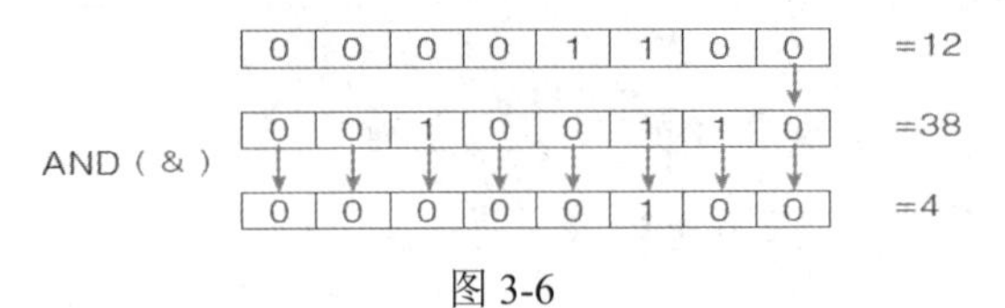

图 3-6

2. ^（XOR，位逻辑“异或”运算符）

执行 XOR 运算时，对应的两个二进制位其中任意一个为 1（true），运算结果即为 1（true），不过当两者同时为 1（true）或 0（false）时，结果为 0（false）。例如 a=12，b=38，则 a^b 得到的结果为 42，如图 3-7 所示。

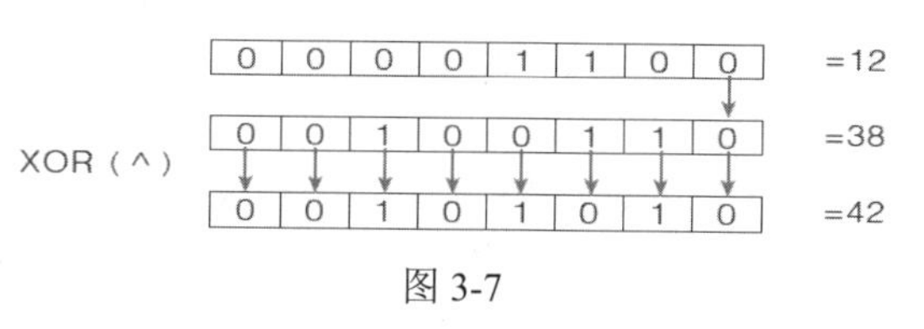

图 3-7

3. |(OR)

执行 OR 运算时，对应的两个二进制位其中任意一个为 1，运算结果为 1，也就是只有两个都为 0 时，结果才为 0。例如 a=12，b=38，则 a | b 得到的结果为 46，如图 3-8 所示。

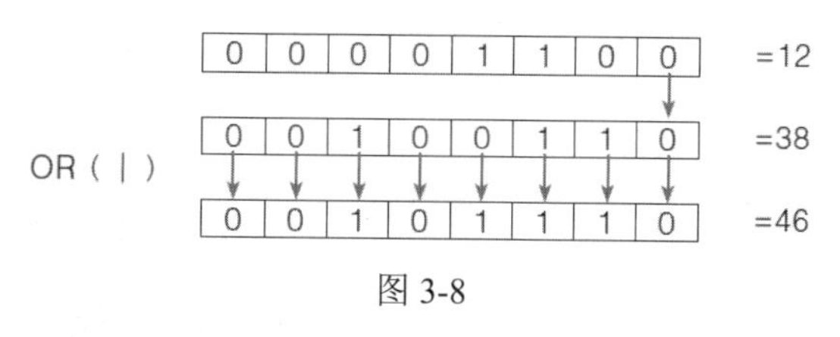

图 3-8

4. ~(NOT)

NOT 的作用是取 1 的补码，即所有二进制位取反，也就是所有位的 0 与 1 互换。例如 a=12，二进制表示法为 0000 1100，取补码后，由于所有位的 0 与 1 都会进行互换，因此运算后的结果为-13，如图 3-9 所示。

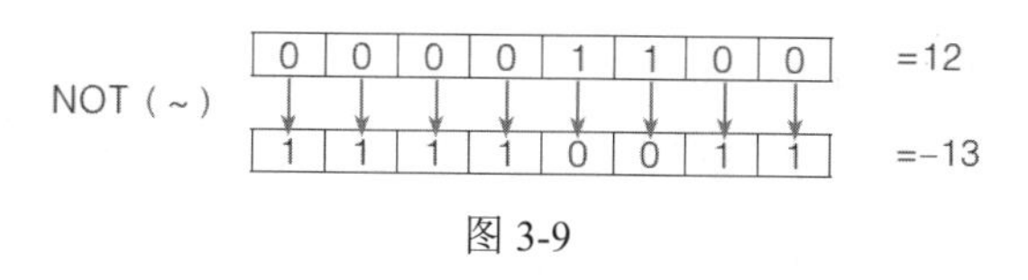

图 3-9

技巧

所谓“补码”，是指两个数字加起来等于某个特定数（如十进制即为 10）时，就称这两个数互为该特定数的补码。例如 3 的 10 补码为 7，同理 7 的 10 补码为 3。对二进制系统而言，则有“1 补码系统”和“2 补码系统”两种，“1 补码系统”是指如果两数之和为 1，这两个数就互为 1 的补码，即 0 和 1 互为 1 的补码。也就是说，打算求得二进制数的补码，只需将 0 变成 1，1 变成 0 即可。例如$(01101010)_2$的 1 补码为$(10010101)_2$。“2 补码系统”则必须事先计算出该数的 1 补码，再加 1 即可。

以下范例程序是位运算符应用的实例。

【范例程序：bit_operator.py】 位运算符的综合应用

```
01    # -*- coding: utf-8 -*-
02    """
03    位运算符的综合应用
04    """
05    x = 12; y = 38
06    bin(x); bin(y)   # 调用bin()函数将x、y转为二进制
07    print(x & y)     # &运算结果是00000100，再转成十进制数值
08    print(x ^ y)     # ^运算结果是00101010，再转成十进制数值
09    print(x | y)     # |运算结果是00101110，再转成十进制数值
10    print(~x)        # ~运算结果是取2的补码
```

程序的执行结果如图 3-10 所示。

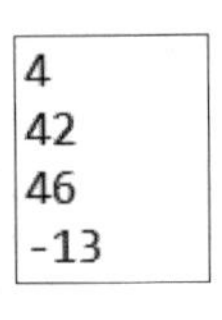

图 3-10

程序代码解析：

- 第 07 行：x=12 的二进制表示法是 x=00001100，y=38 的二进制表示法是 y=00100110，&位逻辑运算的结果是 00000100，再转成十进制数值为 4。
- 第 08 行：x=12 的二进制表示法是 x=00001100，y=38 的二进制表示法是 x=00100110，^位逻辑运算的结果是 00101010，再转成十进制数值为 42。
- 第 09 行：x=12 的二进制表示法是 x=00001100，y=38 的二进制表示法是 x=00100110，|位逻辑运算的结果是 00101110，再转成十进制数值为 46。
- 第 10 行：x=12 的二进制表示法是 x=00001100，其取 2 的补码的运算结果是 11110011，再转成十进制数值为-13。

3.6 位位移运算符

位位移运算符将整数值的二进制各个位向左或向右移动指定的位数。Python 语言提供了两种位位移运算符，如表 3-9 所示。

表 3-9

位位移运算符	说明	使用语法
<<	A 左移 n 位的运算	A<<n
>>	A 右移 n 位的运算	A>>n

1. <<（左移运算符）

左移运算符（<<）可将操作数向左移动 n 位，左移后超出存储范围的位舍去，右边空出的位则补 0。语法格式如下：

```
a<<n
```

例如，表达式“12<<2”，数值 12 的二进制值为 0000 1100，向左移动 2 位后成为 0011 0000，也就是十进制的 48，如图 3-11 所示。

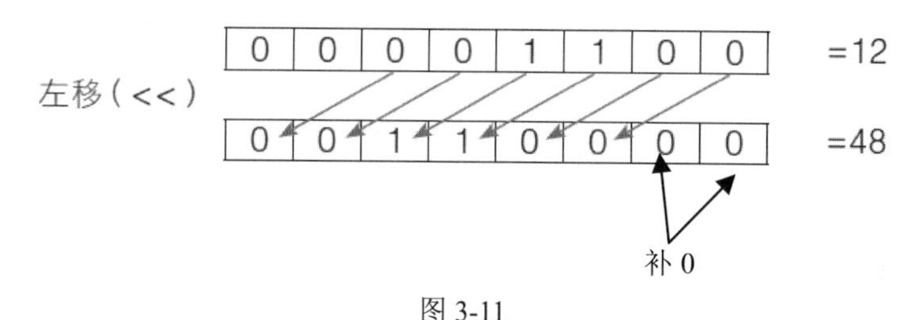

图 3-11

2. >>（右移运算符）

右移运算符（>>）与左移运算符相反，可将操作数内容右移 n 位，右移后超出存储范围的位舍去。留意这时右边空出的位，如果这个数值是正数，就补 0，负数则补 1。语法格式如下：

```
a>>n
```

例如，表达式“12>>2”，数值 12 的二进制值为 0000 1100，向右移动 2 位后成为 0000 0011，也就是十进制的 3，如图 3-12 所示。

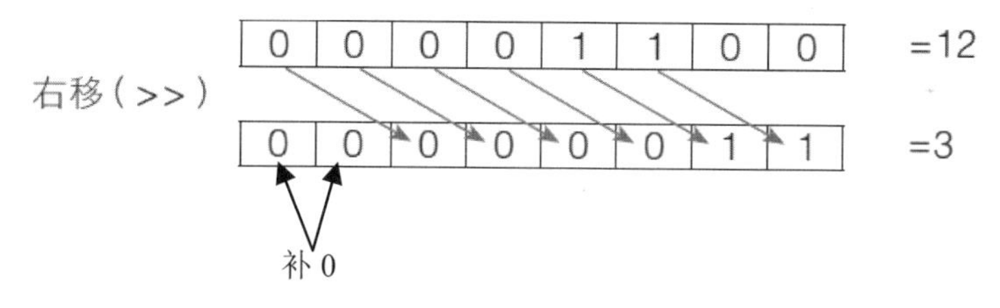

图 3-12

下面的范例程序将实现本节上述图解的运算过程，在程序中声明 a=12，让 a 和 38 进行 4 种位逻辑运算并输出运算的结果，最后对 a 分别进行左移与右移两位的位位移运算并输出结果。

云盘下载 【范例程序：bit_shift.py】 位运算符的综合运用

```
01    # -*- coding: utf-8 -*-
02    """
03    位运算符的综合应用
04    """
05
06    a=12
07    print("%d&38=%d" %(a,a&38))  #AND 运算
08    print("%d|38=%d" %(a,a|38))  #OR 运算
```

```
09    print("%d^38=%d" %(a,a^38)) #XOR 运算
10    print("~%d=%d"%(a,~a))       #NOT 运算
11    print("%d<<2=%d" %(a,a<<2)) #左移运算
12    print("%d>>2=%d" %(a,a>>2)) #右移运算
```

程序的执行结果如图 3-13 所示。

```
12&38=4
12|38=46
12^38=42
~12=-13
12<<2=48
12>>2=3
```

图 3-13

3.7 运算符的优先级

一个表达式中往往包含许多运算符，运算符优先级会决定程序执行的顺序，这对执行结果有重大影响，不可不慎。如何安排运算符彼此间执行的先后顺序呢？这时需要按照优先级来建立运算规则。当表达式使用超过一个运算符时，例如 z = x + 3 * y，就必须考虑运算符的优先级。这个表达式会先执行 3 * y 的运算，再把运算结果与 x 相加，最后才会将相加的结果赋值给 z。记得我们小时候上数学课时，最先背诵的口诀就是“先乘除，后加减”，这就是优先级的基本概念。

当我们遇到一个 Python 的表达式时，首先区分出运算符与操作数，接下来按照运算符的优先级进行整理。例如，当表达式中有超过一种运算符时，会先执行算术运算符，其次是比较运算符，最后才是逻辑运算符。比较运算符的优先级都是相同的，会从左到右按序执行，而不同的算术运算符和逻辑运算符则有优先级的差别。

以下是 Python 语言中各种运算符计算时的优先级。

- 算术运算符的优先级（从高到低）可参考表 3-10。

表 3-10

算术运算符	说明
**	乘幂
*、/	乘法和除法
//	整数除法
%	取余数
+、-	加法和减法

- 逻辑运算符的优先级（从高到低）可参考表 3-11。

表 3-11

逻辑运算符	说明
not	逻辑非
and	逻辑与
or	逻辑或

当然也可以使用“()”括号来改变优先级。最后从左到右考虑运算符的结合性，也就是遇到相同优先等级的运算符会从最左边的操作数开始处理。括号运算符拥有最高的优先级，需要先执行的运算就加上括号“()”，括号“()”内的表达式会优先执行，例如：

```
x = 100 * (90 - 30 + 45)
```

上面的表达式中有 5 个运算符：=、*、-和+，根据运算符优先级的规则，括号内的运算会先执行，优先级为-、+、*、=。

【范例程序：precedence.py】 运算符优先级的综合应用

```
01    # -*- coding: utf-8 -*-
02    """
03    运算符优先级的综合应用
04    """
05    x = 2; y = 3
06    z = 9*(21/x + (9+x)/y)
07
08    print("x=", x)
09    print("y=", y)
10    print("9*(4/x + (9+x)/y)=", z)
```

程序的执行结果如图 3-14 所示。

```
x= 2
y= 3
9*(21/x + (9+x)/y)= 127.5
```

图 3-14

3.8 上机实践演练——成绩单统计小帮手

又到了实践演练的时候了，主题是制作成绩单统计程序，输入 10 位学生的姓名以及数学、英语和语文三科的成绩，计算总分、平均分并根据平均分判断属于甲、乙、丙、丁哪一个等级。

3.8.1 范例程序说明

这次学生的成绩不使用 input()函数一个个输入了，太费时，笔者事先建立了 scores.csv 文件，文件里包含 10 位学生的姓名以及数学、英语和语文三科的成绩，3.8.2 小节将会介绍如何读取 CSV 文件。

此次演练的题目要求如下：

（1）读入 CSV 文件，文件名为 scores.csv。
（2）计算总分、平均分以及等级（甲、乙、丙、丁）。

甲：平均 80~100 分　　　　乙：平均 60~79 分
丙：平均 50~59 分　　　　丁：平均 50 分以下

（3）输出学生姓名、总分、平均分（保留到小数点后 1 位）和等级。

输入说明

读入 scores.csv 文件。
输出结果参考图 3-15。
流程图如图 3-16 所示。

	姓名	总分	平均分	等级
1	王小华	242	80.7	甲
2	陈小凌	179	59.7	丙
3	周小杰	136	45.3	丁
4	胡小宇	265	88.3	甲
5	蔡小琳	229	76.3	乙
6	方小花	285	95.0	甲
7	林小杰	232	77.3	乙
8	黄小伟	160	53.3	丙
9	陈小西	181	60.3	乙
10	胡小凌	291	97.0	甲

图 3-15

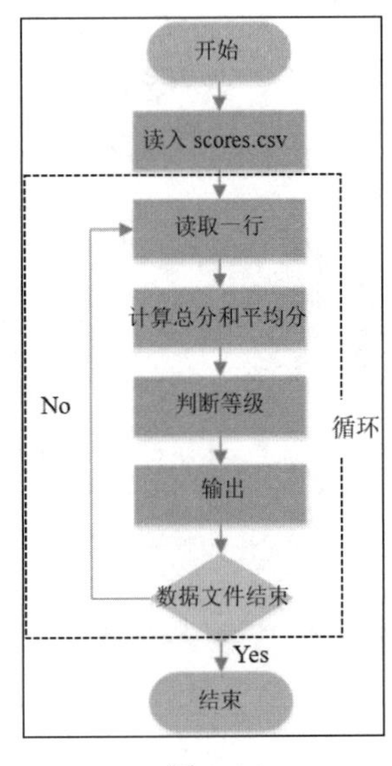

图 3-16

3.8.2 读取 CSV 文件

CSV 文件是常见的开放数据（Open Data）格式。所谓开放数据,是指可以被自由使用和散布的数据，虽然有些开放数据要求用户标示数据源与所有人，但大部分政府数据的开放平台可以免费获取数据，这些开放数据会以常见的开放格式在网络上公开。不同的应用程序如果想要交换数据，必须借助通用的数据格式，CSV 格式就是其中的一种，全名为 Comma-Separated Values，字段之间以逗号“,”分隔，与 TXT 文件一样都是纯文本文件，可以用记事本等文本编辑器来编辑。

CSV 格式常用在电子表格以及数据库，比如 Excel 文件可以将数据导出成 CSV 格式，也可以导入 CSV 文件进行编辑。网络上许多开放数据（Open Data）通常也会给用户提供直接下载的 CSV 格式数据，当大家学会了 CSV 文件的处理之后，就可以将这些数据用于更多的分析和应用了。

本范例程序使用的 scores.csv 文件内容如图 3-17 所示。

```
姓名,数学,英语,语文
王小华,90,80,72
陈小凌,60,80,39
周小杰,40,49,47
胡小宇,80,90,95
蔡小琳,65,88,76
方小花,87,100,98
林小杰,95,50,87
黄小伟,56,45,59
陈小西,62,54,65
胡小凌,99,97,95
```

图 3-17

Python 内建 csv 模块（module），能够非常轻松地处理 CSV 文件。csv 模块是标准库模块，使用前必须先用 import 指令导入。下面来看 csv 模块的用法。

csv 模块的用法

csv 模块既可以读取 CSV 文件，也可以写入 CSV 文件，读取之前必须先打开 CSV 文件，再使用 csv.reader 方法读取 CSV 文件里的内容，代码如下：

```
import csv  #载入 csv.py

with open("scores.csv", encoding="utf-8") as csvfile:  #打开文件指定为 csvfile
    reader = csv.reader(csvfile)     #返回 reader 对象
    for row in reader:               #for 循环逐行读取数据
        print(row)
```

上面程序的执行结果如图 3-18 所示。

```
['姓名', '数学', '英语', '语文']
['王小华', '90', '80', '72']
['陈小凌', '60', '80', '39']
['周小杰', '40', '49', '47']
['胡小宇', '80', '90', '95']
['蔡小琳', '65', '88', '76']
['方小花', '87', '100', '98']
['林小杰', '95', '50', '87']
['黄小伟', '56', '45', '59']
['陈小西', '62', '54', '65']
['胡小凌', '99', '97', '95']
```

图 3-18

技巧

如果 CSV 文件与.py 文件放在不同的文件夹中，就必须加上文件的完整路径。

open()指令会将 CSV 文件开启并返回文件对象，范例程序中将文件对象赋值给 csvfile 变量，默认文件使用 unicode 编码，如果文件使用不同的编码，就必须使用 encoding 参数设置编码。本范例程序所使用的 CSV 文件是无 BOM 的 utf-8 格式，所以 encoding="utf-8"。

csv.reader()函数会读取 CSV 文件，转成 reader 对象再返回给调用者，reader 对象是可以迭代（iterator）处理的字符串（string）列表（List）对象。上面的程序中使用 reader 变量来接收 reader 对象，再通过 for 循环逐行读取数据：

```
reader = csv.reader(csvfile)    #返回 reader 对象
for row in reader:              #for 循环逐行读取数据放入 row 变量中
```

列表对象是 Python 的容器数据类型（Container Type），它是一串由逗号分隔的值，用中括号“[]”括起来：

```
['方小花', '87', '100', '98']
```

上面的列表对象共有 4 个元素，使用中括号“[]”搭配元素的下标（index，或称为索引）就能存取每一个元素，下标从 0 开始，从左到右分别是 row[0]、row[1]……。例如要获取第 4 个元素的值，可以如下表示：

```
name = row[3]
```

技巧

使用 with 语句打开文件

在读取或写入文件之前，必须先使用 open()函数将文件打开；当读取或写入完成时，必须使用 close()函数将文件关闭，以确保数据已被正确读出或写入文件。如果在调用 close()方法之前发生异常，那么 close()方法将不会被调用，举例来说：

```
f = open("scores.csv")  #打开文件
csvfile = f.read()      #读取文件内容
1 / 0                   #error
f.close()               #关闭文件
```

第 3 行程序语句犯了分母为 0 的错误，执行到此，程序就会停止执行，所以 close()不会被调用，这样可能会有文件损坏或数据遗失的风险。

有两特种方法可以避免这样的问题：一种方法是加上 try...except 语句捕获错误，另一种方法是使用 with 语句。Python 的 with 语句配有特殊的方法，文件被打开之后，如果程序发生异常，就会自动调用 close()方法，如此一来，就能确保已打开的文件被正确、安全地关闭。

3.8.3 程序代码说明

这个范例程序使用的 scores.csv 文件包含 10 位学生的姓名及数学、英语和语文三科的成绩，我们需要将三科成绩加总、计算平均分，再以平均分来评比等级。

scores.csv 文件第一行是标题，必须略过不处理，所以我们使用一个变量 x 来记录当前读取的行数，x 的初始值为 0，x 必须大于 0，if 条件判断表达式才会为真，代码如下：

```
with open("scores.csv",encoding="utf-8") as csvfile:
    x = 0          #设置 x 初始值为 0
    for row in csv.reader(csvfile):
        if x > 0:  #当 x>0 时，if 判断表达式为真
        …
```

```
    x += 1      #相当于 x=x+1
```


编写 Python 程序的时候不同区块记得缩排，上面的语句共有三个区块，即 with...as 区块、for 循环区块、if 区块，x=0 的声明必须放在 for 循环外面，x+=1 语句放在 for 循环内，这样每一次循环 x 才会累加，如图 3-19 所示。

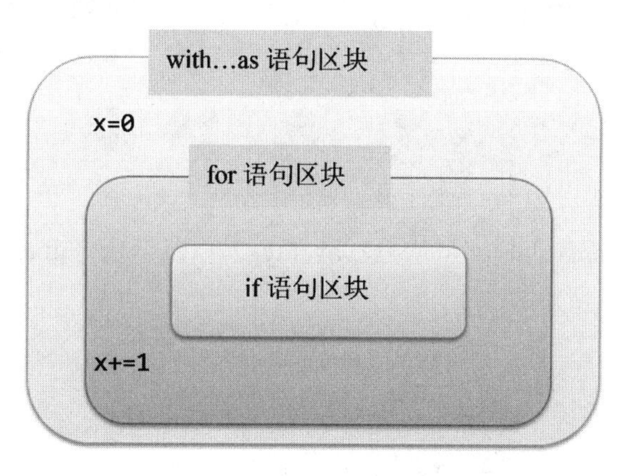

图 3-19

进入 if 区块之后要将三科成绩加总，由于 csv.reader 函数读入的都是字符串（string）格式，因此计算前必须先转换成 int 格式，再将加总结果赋值给变量 scoreTotal：

```
scoreTotal = int(row[1]) + int(row[2]) + int(row[3])
```

接着计算平均值，题目要求平均值保留到小数点后 1 位：

```
average = round(scoreTotal / 3, 1)
```

使用平均分来评级，4 个等级的分数区间如下。

- 甲：平均 80~100 分。
- 乙：平均 60~79 分。
- 丙：平均 50~59 分。
- 丁：平均 50 分以下。

平均 80~100 分就评定为“甲”等，80 分也在这一区间，因此必须用“>=”（大于等于）关系运算符，如果只用 average > 80 来判断，80 分就不会落在这一区间。

平均 60~79 分就评定为“乙”等，这个判断需要两个条件，average > = 60 以及 average < 80，而且两个条件必须都符合，所以必须用 and（与）来判断：

```
average > = 60 and average < 80
```

由于这两个条件是一个数值区间，因此可以写成下面的表达式，表示 average 的值必须在 60~79 以内。

```
60 <= average < 80
```

完整 if...else 语句如下：

```
if average >= 80 :
    grade = "甲"
elif 60 <= average < 80:
    grade = "乙"
elif 50 <= average < 60:
    grade = "丙"
else:
    grade = "丁"
```

最后只要将总分（scoreTotal）、平均分（average）以及等级（grade）用 print 语句输出就完成了，执行结果如图 3-20 所示。

	姓名	总分	平均分	等级
1	王小华	242	80.7	甲
2	陈小凌	179	59.7	丙
3	周小杰	136	45.3	丁
4	胡小宇	265	88.3	甲
5	蔡小琳	229	76.3	乙
6	方小花	285	95.0	甲
7	林小杰	232	77.3	乙
8	黄小伟	160	53.3	丙
9	陈小西	181	60.3	乙
10	胡小凌	291	97.0	甲

图 3-20

以下是完整的程序代码。

【范例程序：Review_scores.py】 成绩单统计小帮手

```
01    # -*- coding: utf-8 -*-
02    """
03    程序名称：成绩单统计小帮手
04    题目要求：
05    读入 CSV 文件
06    列出总和、平均分以及等级(甲、乙、丙、丁)
07    甲：平均 80~100 分
08    乙：平均 60~79 分
09    丙：平均 50~59 分
10    丁：平均 50 分以下
11    """
12    import csv
13
14    print("{0:<3}{1:<5}{2:<4}{3:<5}{4:<5}".format("", "姓名", "总分", "平均分",
"等级"))
15    with open("scores.csv",encoding="utf-8") as csvfile:
16        x = 0
```

```
17        for row in csv.reader(csvfile):
18
19            if x > 0:
20                scoreTotal = int(row[1]) + int(row[2]) + int(row[3])
21                average = round(scoreTotal / 3, 1)
22
23                if average >= 80 :
24                    grade = "甲"
25                elif 60 <= average < 80:
26                    grade = "乙"
27                elif 50 <= average < 60:
28                    grade = "丙"
29                else:
30                    grade = "丁"
31
32                print("{0:<3}{1:<5}{2:<5}{3:<6}{4:<5}".format(x,        row[0],
scoreTotal, average, grade))
33
34        x += 1
```

重点回顾

1. 表达式是由运算符与操作数所组成的。

2. 运算符如果只有一个操作数，就被称为“单目运算符”，例如表达负值的“-23”。若有两个操作数，则被称为“双目运算符”，例如算术运算符加、减、乘、除等就是“双目运算符”。

3. 负数也可以使用减法“-”运算符来表示。当负数进行减法运算时，为了避免与减法运算符混淆，最好用括号“( )”分隔开负数。

4. “/”与“//”都是除法运算符。“/”的运算结果是浮点数；“//”则会将除法结果的小数部分去掉，只取整数。“%”用于求余数。

5. 如果运算的结果并不赋值给其他变量，那么运算结果的数据类型将以操作数中数据类型占用内存空间最大的变量为主。

6. Python 赋值运算符有两种赋值方式：单一赋值和复合赋值。

7. 在 Python 语言中，单个等号“=”表示赋值运算符，而两个连续的等号“==”用来表示关系比较运算符的“相等”，不可混用。

8. 使用关系运算符时，运算的结果有成立或者不成立两种，对应真值（True）或假值（False）。

9. 逻辑运算符用来判断基本的逻辑运算，可控制程序执行的流程。

10. 逻辑运算符包括 and、or、not。

11. 在 Python 语言中，当使用 and、or 运算符进行逻辑运算时，会采用所谓的“短路运算”来加快程序的执行速度。

12. 我们可以使用位运算符进行位与位之间的逻辑运算。

13. 位位移运算符用于将整数值的位向左或向右移动指定的位数。

14. 当表达式中超过一个运算符时，就必须考虑运算符的优先级。

15. 当表达式中超过一种运算符时，就会先执行算术运算符，其次是比较运算符，最后才是逻辑运算符。

16. 比较运算符的优先级都是相同的，会按从左到右的次序执行，而算术运算符和逻辑运算符则有优先级。

课后习题

一、选择题

( ) 1. 要把数值转换为整数，使用哪一个函数？

A. count()　　B. int()　　C. float()　　D. decimal()

( ) 2. 执行表达式“a = 15 % 4”之后，变量 a 存储的数值为？

A. 3　　B. 5　　C. 4　　D. 0

( ) 3. 下列有关运算符与表达式的描述，哪一个有误？

A. 表达式是由运算符与操作数所组成的

B. 运算符如果只有一个操作数，就被称为“单目运算符”

C. “/”与“%”都是除法运算符:“/”的结果是浮点数,“%”会将除法结果的小数部分去掉

D. 表达式运算结果的数据类型将以操作数中数据类型占用内存空间最大的变量为主

( ) 4. 有关赋值运算符的描述，哪一个有误？

A. 主要作用是将等号右边的数据值赋给等号左边的变量

B. 有单一赋值和复合赋值两种赋值方式

C. 在 Python 中，单个等号“=”表示赋值运算，两个连续的等号“==”表示关系比较运算符的“相等”

D. 使用赋值运算符时，变量的值不必事先设置

( ) 5. 有关逻辑运算符的描述，哪一个有误？

A. 运算结果只有“真”（True）与“假”（False）两种值

B. 包括 and、or、not 等运算符

C. result = (48 % 6 == 0) and (24 % 4 == 0) 运算后的 result 返回 False

D. 使用 and、or 运算符进行逻辑运算时，会采用短路运算

二、填空题

1. 表达式是由______与______组成的。

2. 在 Python 中，赋值运算符有两种赋值方式：______和______。

3. 逻辑运算符包括______、______、______。

4. 在 Python 中，当使用 and、or 运算符进行逻辑运算时，会采用所谓的______来加快程序的执行速度。

5. 比较运算符的优先级都是相同的，按______依次执行。

三、简答题

1. 请问执行下列程序代码得到的 result 值是多少？

```
n1 = 80
n2 = 9
result = n1 % n2
```

2. 请问执行下列程序代码得到的 result 值是多少？

```
n1 = 4
n2 = 2
result = n1 ** n2
```

3. a=15，“a&10”的结果值是多少？

4. 试说明~NOT 运算符的作用。

5. 请问“==”运算符与“=”运算符有何不同？

6. 已知 a=20、b=30，请计算下列各式的结果：

```
a-b%6+12*b/2
(a*5)%8/5-2*b
(a%8)/12*6+12-b/2
```

7. 开心蛋糕店在销售：蛋糕一个 60 元，饼干一盒 80 元，咖啡 55 元，试着编写一个程序，让用户可以输入订购数量，并计算出订购的总金额，例如：

```
请输入购买的蛋糕数量：2
请输入购买的饼干数量：5
请输入购买的咖啡数量：3
购买总金额为： 685
```

技巧

将蛋糕、饼干以及咖啡金额放在列表中，用户输入的数量分别放于 3 个变量中，商品乘以对应的价格，最后加总即可。

第 4 章 流程控制结构

程序执行的顺序并不是南北贯通的高速公路，可以从北到南一路通到底，事实上程序执行的顺序可能复杂到像云贵高原的公路，九弯十八转，容易让人晕头转向。想要编写出好的程序，控制好程序执行的流程相当重要。因此需要使用程序的流程控制结构，如果没有它们，绝对无法用程序来完成任何复杂的工作。在本章中，我们将讨论 Python 的各种流程控制结构。

本章学习大纲

- 三种流程控制结构
- if...else 条件语句
- 多重选择
- 嵌套 if
- while 循环
- for 循环
- 嵌套循环
- break 指令
- continue 指令

程序设计语言经过数十年不断发展，结构化程序设计（Structured Programming）慢慢成为程序开发的主流，其主要思想是将整个程序从上而下按序执行。Python 语言主要就是按照程序源代码的顺序自上而下执行，但是有时会根据需要来改变执行的顺序，此时就可以通过流程控制指令来告诉计算机，应该优先以哪种顺序来执行程序。程序的流程控制就像为公路系统设计四通八达的通行方向，如图 4-1 所示。

图 4-1

4.1 认识流程控制

大部分程序代码都是从上往下一行接着一行按顺序执行，但是对于重复性高的操作，不适合以按顺序的方式来执行。任何 Python 程序，无论其结构如何复杂，都可使用三种基本的控制流程来表达或描述：顺序结构，选择结构和循环结构。

4.1.1 顺序结构

程序的第一行语句为进入点，自上而下执行到程序的最后一行语句。程序顺序结构的流程示意图如图 4-2 所示。

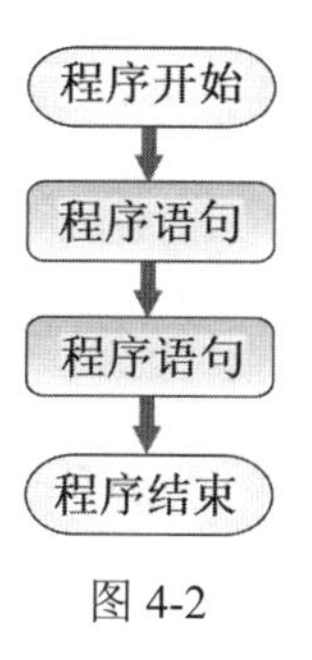

图 4-2

4.1.2 选择结构

选择结构是让程序根据测试条件的成立与否来选择应该执行的程序区块。如果条件为真（True），就执行某些程序语句；如果条件为假（False），就执行另一些程序语句。以口语化的方式表达：如果遇到情况 A，就执行操作 A；如果是情况 B，就执行操作 B。就好比我们开车到十字路口，看到信号灯，红灯要停车，绿灯则通行，如图 4-3 所示。另外，不同的目的地也有不同的方向，可以根据不同的情况来选择行驶的路径。也就是说，选择结构代表程序会按指定的条件来决定程序的“走向”。选择结构的流程示意图如图 4-4 所示。

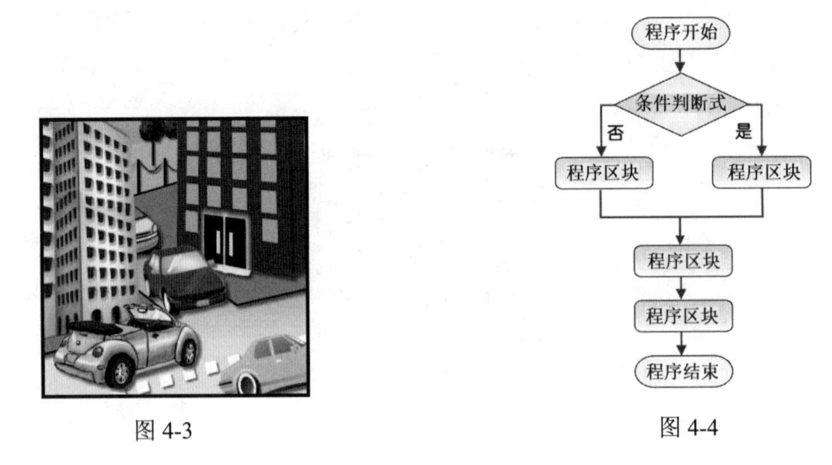

图 4-3　　　　图 4-4

4.1.3　循环结构

循环流程控制的作用是重复执行一个程序区块内的程序语句，直到符合特定的结束条件为止，流程示意图如图 4-5 所示。Python 语言有 for 循环与 while 循环。

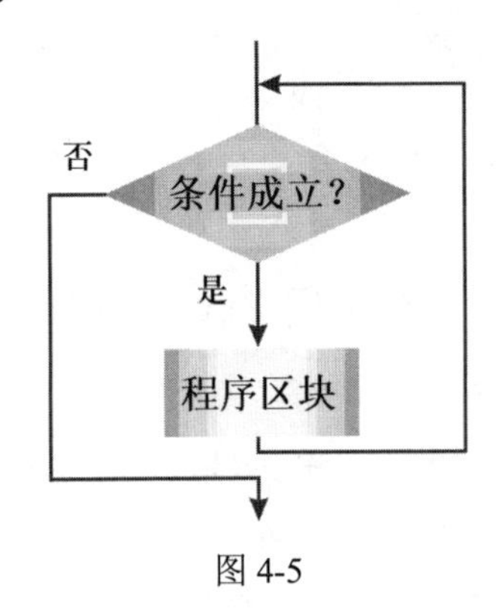

图 4-5

4.2　选择流程控制

选择流程控制是一种条件控制语句，它包含一个条件判断表达式（也简称为条件式或者条件判断式），如果条件判断表达式结果为真（True），就执行某个程序区块；如果条件判断表达式结果为假（True），就执行另一个程序区块。下面介绍 Python 语言中与选择流程控制相关的语句及其功能。

4.2.1　if...else 条件语句

if...else 条件语句是一个相当普遍且实用的语句，如果条件判断表达式成立（True，或用 1 表示），就执行 if 程序区块中的程序语句，如果条件判断表达式不成立（False，或用 0 表示），就执行 else 程序区块中的程序语句。如果有多重判断，可以加上 elif 指令。if 条件语句的语法如下：


```
if 条件判断表达式:
    #如果条件判断表达式成立，就执行这个程序区块中的程序语句
else:
    #如果条件不成立，就执行这个程序区块中的程序语句
```

假如我们要判断 a 变量的值是否大于等于 b 变量的值，条件判断表达式可以这样编写：

```
if a >= b:
    #如果 a 大于等于 b，就执行这个程序区块中的程序语句
else:
    #如果 a“不”大于或等于 b，就执行这个程序区块中的程序语句
```

if...else 条件语句的流程示意图如图 4-6 所示。

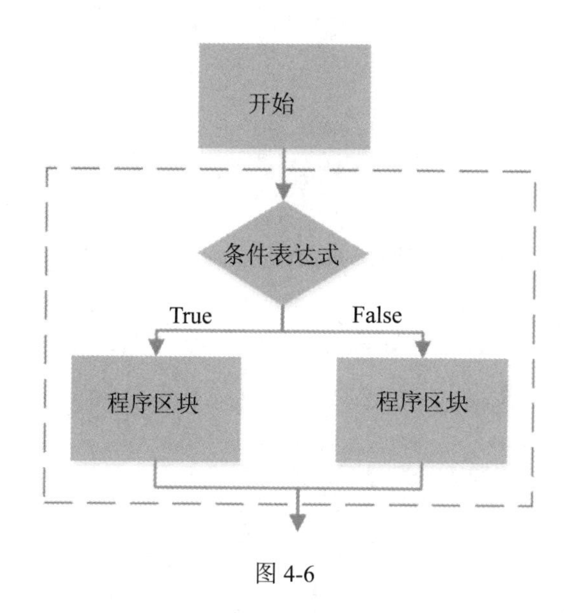

图 4-6

在 if...else 条件语句的使用上，如果条件不成立，就不需要执行任何程序语句，可以省略 else 部分：

```
if 条件判断表达式:
    #如果条件成立，就执行这个程序区块中的程序语句
```

另外，如果 if...else 条件语句使用 and 或 or 等逻辑运算符，那么建议加上括号区分执行顺序，以便提高程序的可读性，例如：

```
if (a==c) and (a>b):
    #如果 a 等于 c 而且 a 大于 b，就执行这个程序区块中的程序语句
else:
    #如果上述条件不成立，就执行这个程序区块中的程序语句
```

另外，Python 语言提供了一种更简洁的 if...else 条件表达式，格式如下：

```
X if C else Y
```

根据条件判断表达式返回两个表达式其中的一个，在上面的表达式中，当C为真时返回X，否则返回Y。例如，要判断整数X是奇数还是偶数，原来的程序会这样编写：

```
if (x % 2)==0:
    y="偶数"
else:
    y="奇数"
print('{0}'.format(y))
```

改成简洁的形式，就只需要简单的一行程序语句就能达到同样的目的，语句如下：

```
print('{0}'.format("偶数" if (X % 2)==0 else "奇数"))
```

如果if条件判断表达式为真，就返回“偶数”，否则返回“奇数”。

在下面的范例程序中，我们将练习if...else语句的用法。范例程序的目的是制作一个简易的闰年判断程序。让用户输入年份（4位数的整数year），程序判断是否为闰年。满足以下两个条件之一就是闰年：

```
（1）逢4年闰(可被4整除)但逢100年不闰(不可被100整除)。
（2）逢400年闰(可被400整除)。
```

【范例程序：leapYear.py】 判断是否为闰年

```
01    # -*- coding: utf-8 -*-
02    """
03    程序名称：闰年判断程序
04    题目要求：
05    输入年份(4位数的整数year)判断是否为闰年
06    条件1.逢4闰(可被4整除)而且逢100不闰(不可被100整除)
07    条件2.逢400闰(可被400整除)
08    满足两个条件之一就是闰年
09    """
10    year = int(input("请输入年份："))
11
12    if (year % 4 == 0 and year % 100 != 0) or (year % 400 == 0):
13        print("{0}是闰年".format(year))
14    else :
15    print("{0}是平年".format(year))
```

程序的执行结果如图4-7所示。

```
请输入年份：2000
2000是闰年
```

图4-7

程序代码解析：

- 第10行：输入一个年份，但记得调用int()函数将其转换成整数类型。

- 第 12~15 行：判断是否为闰年，条件 1：逢 4 闰（可被 4 整除）而且逢 100 不闰（不可被 100 整除），条件 2：逢 400 闰（可被 400 整除），满足两个条件之一就是闰年。

请读者查询下列年份是否为闰年：
1900（平年）、1996（闰年）、2004（闰年）、2017（平年）、2400（闰年）

4.2.2 多重选择

如果条件判断表达式不止一个，就可以再加上 elif 条件语句，elif 就像是“else if”的缩写，虽然使用多重 if 条件语句可以解决各种条件下执行不同程序区块的问题，但是终究还是不够精简，这时 elif 条件语句就能派上用场了，还可以提高程序的可读性。注意，if 语句是我们程序中逻辑上的“必需品”，后面并不一定要有 elif 和 else，因而有 if、if/else、if/elif/else 三种情况。格式如下：

```
if 条件判断表达式 1:
    #如果条件判断表达式 1 成立，就执行这个程序区块中的程序语句
elif 条件判断表达式 2:
    #如果条件判断表达式 2 成立，就执行这个程序区块中的程序语句
else:
    #如果上面的条件都不成立，就执行这个程序区块中的程序语句
```

例如：

```
if a==b:
   #如果 a 等于 b，就执行这个程序区块中的程序语句
elif a>b:
#如果 a 大于 b，就执行这个程序区块中的程序语句
else:
#如果 a 不等于 b 而且 a 小于 b，就执行这个程序区块中的程序语句
```

下面通过范例程序来练习 if 多重选择的用法。范例程序的目的是检测当前的时间来决定使用哪一种问候语。

【范例程序：currentTime.py】 检测当前时间来决定使用哪一种问候语

```
01    # -*- coding: utf-8 -*-
02    """
03    程序名称：检测当前时间来决定使用哪一种问候语
04    题目要求：
05    根据当前时间判断（24 小时制）
06    5~10:59，输出“早安”
07    11~17:59，输出“午安”
08    18~4:59，输出“晚安”
09    """
10
11    import time
12
13    print ("现在时间:{}".format( time.strftime("%H:%M:%S")))
14    h = int( time.strftime("%H") )
15
```

```
16    if h>5 and h < 11:
17        print ("早安!")
18    elif h >= 11 and h<18:
19        print ("午安!")
20    else:
21    print ("晚安!")
```

程序的执行结果如图 4-8 所示。

```
现在时间:Monday, Sep 17 15:30:49
午安!
```

图 4-8

范例程序中获取当前的时间来判断早上、下午或晚上，而后显示适当的问候语。Python 的 time 模块提供了各种与时间有关的函数，time 模块是 Python 标准模块库中的模块，使用前要先使用 import 指令导入，再调用 strftime 函数将时间格式化为我们想要的格式，例如下面的程序语句用于获取当前的时间。

```
import time
time.strftime("%H:%M:%S")     # 18:36:16 (24 小时制 下午 6:36:16)
time.strftime("%I:%M:%S")     # 06:36:16 (12 小时制 下午 6:36:16)
```

括号内是要设置的格式参数，常用的参数可参考表 4-1。

表 4-1

格式参数	说明
%a	星期缩写，例如 Mon
%A	完整的星期名称，例如 Monday
%b	月份缩写，例如 Apr
%B	完整的月份名称，例如 April
%c	日期与时间，例如 Mon Apr 01 16:43:52 2017
%d	月的第几天，值为 01~31
%U	年的第几周，值为 00~53
%w	周的第几天，值为 0~6（星期天为 0）
%Y	公元年份，例如 2017
%y	公元年份数字的末两位数，例如 17
%m	月份，值为 01~12
%H	小时，24 小时制，值为 00~23
%I	小时，12 小时制，值为 01~12
%M	分钟，值为 00~59
%S	秒数，值为 00~61（秒的范围允许闰秒）
%p	AM 或 PM

注意格式符号的大小写。下面的程序语句用于显示星期、月、日以及时、分、秒。

```
import time
print(time.strftime("%A, %b %d %H:%M:%S"))
```

执行结果如下：

```
Monday, Sep 17 15:49:29
```


4.2.3 嵌套 if

有时在 if 条件语句中又有另一层 if 条件语句，这种多层的选择结构称为嵌套（nested）if 条件语句。通常在示范嵌套 if 条件语句的使用方式时，比较常见的做法是以数字范围或成绩来演示多重选择。也就是说，不同的成绩会有不同等级的合格证书。“如果是 60 分以上，就给第一张合格证书，如果是 70 分以上，就再给第二张合格证书，如果是 80 分以上，就再给第三张合格证书，如果是 90 分以上，就再给第四张合格证书，如果 100 分以上，就再给全能专业的合格证书。根据嵌套 if 语句，我们可以编写如下程序：

```
getScore= int(input("请输入分数:"))
if getScore >= 60:
    print('第一张合格证书')
    if getScore >= 70 :
        print('第二张合格证书')
        if getScore >= 80 :
            print('第三张合格证书')
            if getScore >= 90 :
                print('第四张合格证书')
                if getScore == 100 :
                    print('全能专业的合格证书')
```

其实这种一层一层往下探索的 if 语句，我们可以使用 if/elif 语句将这种多重选择按条件表达式运算逐一过滤，选择符合的条件（True）来执行某个程序区块内的程序语句，语法如下：

```
if 条件表达式 1:
    符合条件表达式 1 要执行的程序区块
elif 条件表达式 2:
    符合条件表达式 2 要执行的程序区块
elif 条件表达式 N:
    符合条件表达式 N 要执行的程序区块
else:
    如果所有条件表达式都不符合，就执行此程序区块
```

当条件表达式 1 不符合时，向下寻找到最终符合的条件表达式为止。其中 elif 指令是 else if 的缩写。elif 语句可以根据条件表达式的运算来产生多条语句，它的条件表达式之后也要有冒号，表示下面是符合此条件表达式的程序区块，要进行缩排。

下面的范例程序是一种典型的嵌套 if 和 if/elif 语句的综合使用例子，这个程序使用 if 判断所查询的成绩属于哪一个等级。除此之外，范例程序中还加入了另一个判断，如果所输入的分数整数值没有介于 0 到 100 之间，就会输出“输入错误，所输入的数字必须介于 0-100 间”的提示信息。

【范例程序：nested_if.py】 嵌套 if 语句的综合使用范例

```
01    # -*- coding: utf-8 -*-
02    """
03    嵌套 if 语句的综合使用范例
04    """
05    score = int(input('请输入期末总成绩：'))
06
07    # 第一层 if/else 语句：判断所输入的成绩是否介于 0 到 100 之间
08    if score >= 0 and score <= 100:
09        # 第二层 if/elif/else 语句
10        if score <60:
11            print('{0} 分以下无法取得合格证书'.format(score))
12        elif score >= 60 and score <70:
13            print('{0} 分的成绩等级是 D 级'.format(score))
14        elif score >= 70 and score <80:
15            print('{0} 分的成绩等级是 C 级'.format(score))
16        elif score >= 80 and score <90:
17            print('{0} 分的成绩等级是 B 级'.format(score))
18        else:
19            print('{0} 分的成绩等级是 A 级'.format(score))
20    else:
21    print('输入错误，所输入的数字必须介于 0-100 间')
```

程序的执行结果如图 4-9 所示。

```
请输入期末总成绩：95
95 分的成绩等级是A级
```

图 4-9

程序代码解析：

- 第 7~21 行：第一层 if/else 语句，用于判断所输入的成绩是否介于 0 到 100 之间。
- 第 10~19 行：第二层 if/elif/else 语句，用于判断所查询的成绩属于哪一个等级。

4.3 循环

重复结构主要是指循环控制结构，根据所设置的条件重复执行某一段程序语句，直到条件判断不成立，才会跳出循环。简单地说，重复结构用于设计需要重复执行的程序区块，也就是让程序代码更符合结构化设计的精神。例如，想要让计算机计算出 1+2+3+4+…+10 的值，在程序代码中并不需要我们大费周章地从 1 累加到 10，原本既烦琐又重复的运算，使用循环控制结构就可以很轻松地实现目标。Python 语言含有 while 循环和 for 循环，下面介绍相关的用法。

4.3.1 while 循环

如果要执行的循环次数确定，那么使用 for 循环语句就是最佳的选择。但是，对于某些不能确定次数的循环，while 循环更加适用。while 循环语句与 for 循环语句类似，都属于前测试型循环。前测试型循环的工作方式是在循环程序区块的开始处必须先检查循环条件判断表达式，当判断表达式结果为真时，才会执行循环区块内的程序语句，我们通常把循环区块内的程序语句称为循环体。

while 循环也是使用条件表达式判断真或假来控制循环流程的，当条件表达式为真时，才会执行循环体内的程序语句，当条件表达式为假时，程序流程就会跳出循环。While 循环语句的格式如下：

```
while 条件表达式:
    #如果条件表达式成立，就执行这个程序区块中的程序语句
```

while 循环语句的流程图如图 4-10 所示。

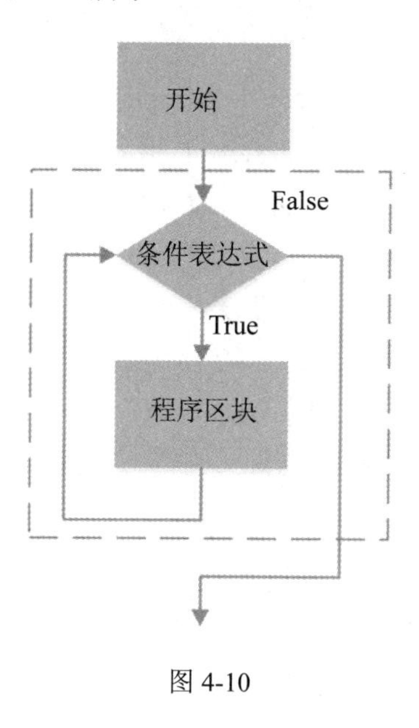

图 4-10

while 循环必须加入控制变量的初始值以及递增或递减表达式，编写循环程序时必须检查离开循环的条件是否存在，如果条件不存在，就会让循环体一直循环执行而无法停止，导致“无限循环”，也叫“死循环”。循环结构通常需要具备三个条件：

（1）循环变量初始值。
（2）循环条件表达式。
（3）调整循环变量的增减值。

例如下面的程序：

```
i=1
while i < 10:   #循环条件表达式
    print( i)
    i += 1        #调整循环变量的增减值
```

当 i 小于 10 时会执行 while 循环体内的程序语句，而后 i 会加 1，直到 i 等于 10，条件表达式结果为 False，就会跳离循环。

4.3.2 for 循环

for 循环又称为计数循环，是程序设计中较常使用的一种循环形式，它可以重复执行固定次数的循环。如果设计程序时已知所需要的循环执行次数是固定的，那么 for 循环语句就是最佳的选择。Python 语言中的 for 循环可以用来遍历任何序列的元素或表项，序列可以是元组、列表或字符串，按序列的顺序执行，语法如下：

```
for 元素变量 in 序列:
    #执行的指令
else:
    #else 的程序区块，可加入或者不加入
```

也就是说，使用 for 循环时，可加入或者不加入 else 语句。上述 Python 语法所代表的意义是 for 循环会将一个序列（sequence），例如字符串（string）或列表（list）内所有的元素都遍历一遍，遍历的顺序是按照当前序列内元素（item，或称为表项）的顺序。例如，下列的 x 变量值都可以作为 for 循环的遍历序列元素：

```
x = "abcdefghijklmnopqrstuvwxyz"
x = ['Sunday', 'Monday', 'Tuesday', 'Wednesday', 'Thursday',
     'Friday', 'Saturday']
x = [1, 2, 3, 4, 5, 6, 7, 8, 9, 10]
```

此外，如果要计算循环的执行次数，在 for 循环控制语句中必须设置循环的初始值、结束条件以及每执行完一轮循环的循环变量的增减值。for 循环每执行一轮，如果增减值没有特别指定，就会自动累加 1，加到条件符合为止。例如下面的语句是一个元组（1~5），使用 for 循环将元组中的数字元素打印出来：

```
x = [1, 2, 3, 4, 5]
for i in x:
    print (i)
```

上面的程序语句的执行结果如图 4-11 所示。

```
1
2
3
4
5
```

图 4-11

有关元组更高效的写法是直接调用 range()函数，range()函数的格式如下：

```
range([初始值], 终值[, 增减值])
```

元组从“初始值”开始到“终值”的前一个数字为止，如果没有指定初始值，那么默认为 0；如果没有指定增减值，默认递增 1。调用 range()函数的范例如下：

- range(3)表示从下标值 0 开始，输出 3 个元素，即 0、1、2 共 3 个元素。
- range(1, 6)表示从下标值 1 开始，到下标值 6-1 前结束，也就是说，下标编号 6 不包括在内，即 1、2、3、4、5 共 5 个元素。
- range(4, 10, 2)表示从下标值 4 开始，到下标编号 10 前结束，也就是说，下标编号 10 不包括在内，递增值为 2，即 4、6、8 共 3 个元素。

下面的程序代码示范了在 for 循环中搭配使用 range()函数输出 2~11 之间的偶数。

```
for i in range(2, 11, 2):
   print(i)
```

上面程序的执行结果如图 4-12 所示。

```
2
4
6
8
10
```

图 4-12

在使用 for 循环时，还有一个地方要特别注意，那就是 print()函数。如果该 print()有缩排的话，就表示在 for 循环体内要执行的操作会按照循环执行的次数来输出。如果没有缩排，就表示不在 for 循环体内，只会输出最后的结果。

我们知道调用 range()函数配合 for 循环除了可以进行累加的运算外，还可以配合 range()函数的参数执行更多变化的累加运算。例如，将某一范围内所有 5 的倍数进行累加。下面的范例程序将演示如何使用 for 循环将某一个数字范围内 5 的倍数进行累加。

云盘下载 **【范例程序：sum5.py】 将某一个数字范围内 5 的倍数进行累加**

```
01    # -*- coding: utf-8 -*-
02    """
03    将某一个数字范围内 5 的倍数进行累加
04    """
```

```
05    sum = 0 #存储累加的结果
06
07    # 进入 for/in 循环
08    for count in range(0, 21, 5):
09        sum += count #将数值累加
10
11    print('5 的倍数累加的结果=',sum) #输出累加的结果
```

程序的执行结果如图 4-13 所示。

```
5的倍数累加的结果= 50
```

图 4-13

程序代码解析：

- 第 08、09 行：将 5、10、15、20 这些数字进行累加。

另外，执行 for 循环时，如果想要知道元素的下标值，可以调用 Python 内建的 enumerate 函数。调用的语法格式如下：

```
for 下标值, 元素变量 in enumerate(序列元素):
```

例如（参考范例程序 enumerate.py）：

```
names = ["Eileen", "Jennifer", "Brian"]
for index, x in enumerate(names):
    print ("{0}--{1}".format(index, x))
```

上面语句的执行结果如图 4-14 所示。

```
0--Eileen
1--Jennifer
2--Brian
```

图 4-14

4.3.3 嵌套循环

接下来我们要介绍的是一种 for 嵌套循环（Nested Loop），也就是多重的 for 循环结构。在嵌套 for 循环结构中，执行流程必须先等内层循环执行完毕，才会逐层继续执行外层循环。双重嵌套的 for 循环结构格式如下：

```
for 外层循环:
    程序区块
for 内层循环:
```

程序区块

例如，九九表就可以使用双重嵌套的 for 循环轻松完成。通过下面的范例程序来看看如何使用双重嵌套 for 循环制作九九表。

【范例程序：99Table.py】 九九表

```
01    # -*- coding: utf-8 -*-
02    """
03    程序名称：九九表
04    """
05
06    for x in range(1, 10):
07        for y in range(1, 10):
08            print("{0}*{1}={2: ^2}".format(y, x, x * y), end=" ")
09        print()
```

程序的执行结果如图 4-15 所示。

```
1*1=1  2*1=2  3*1=3  4*1=4  5*1=5  6*1=6  7*1=7  8*1=8  9*1=9
1*2=2  2*2=4  3*2=6  4*2=8  5*2=10 6*2=12 7*2=14 8*2=16 9*2=18
1*3=3  2*3=6  3*3=9  4*3=12 5*3=15 6*3=18 7*3=21 8*3=24 9*3=27
1*4=4  2*4=8  3*4=12 4*4=16 5*4=20 6*4=24 7*4=28 8*4=32 9*4=36
1*5=5  2*5=10 3*5=15 4*5=20 5*5=25 6*5=30 7*5=35 8*5=40 9*5=45
1*6=6  2*6=12 3*6=18 4*6=24 5*6=30 6*6=36 7*6=42 8*6=48 9*6=54
1*7=7  2*7=14 3*7=21 4*7=28 5*7=35 6*7=42 7*7=49 8*7=56 9*7=63
1*8=8  2*8=16 3*8=24 4*8=32 5*8=40 6*8=48 7*8=56 8*8=64 9*8=72
1*9=9  2*9=18 3*9=27 4*9=36 5*9=45 6*9=54 7*9=63 8*9=72 9*9=81
```

图 4-15

九九表是嵌套循环非常经典的范例，如果读者学过其他程序设计语言，相信会对 Python 语言的简洁感到惊叹。从这个范例程序可以清楚地了解嵌套循环的运行方式。下面简称外层 for 循环为 x 循环，内层 for 循环为 y 循环，如图 4-16 所示。

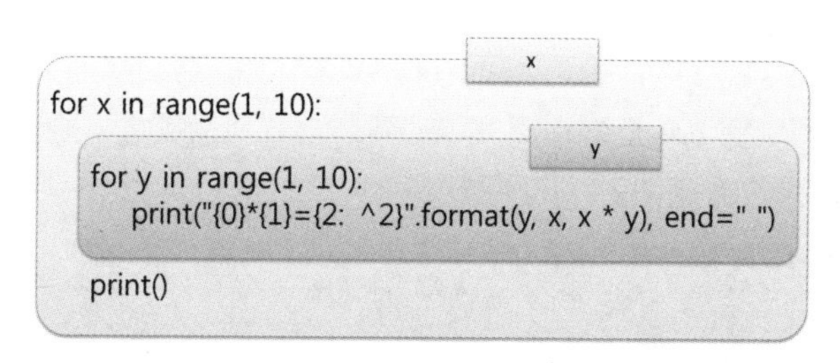

图 4-16

当进入 x 循环时 x=1，等到 y 循环从 1 到 9 执行完成之后，会再回到 x 循环继续执行，y 循环体内的 print 语句不换行，y 循环执行完成并离开 y 循环之后，才会执行外层 x 循环的 print() 语句进行换行，执行完成之后会得到九九表的第一行，如图 4-17 所示。

```
1*1=1  2*1=2  3*1=3  4*1=4  5*1=5  6*1=6  7*1=7  8*1=8  9*1=9
```

图 4-17

当 x 循环都执行完毕，九九表就完成了。注意，一般初学者容易犯错的地方是内外循环体的语句交错，在多重嵌套循环结构中，内外层循环之间不可交错，否则就会引发错误。

4.4 continue 指令和 break 指令

我们之前介绍的两种循环语句，在正常情况下，while 循环是在进入循环体之前先判断循环的条件，条件不成立的话就会离开循环，而 for 循环则是在所有指定的元素都被取出之后，就结束循环的执行。不过，循环也可以使用 continue 或 break 来中断，break 指令的主要用途是用来跳出当前的循环体，就像它的英文含义一般，break 代表“中断”的意思。如果是在循环体中遇到指定的情况要离开当前的循环体，就要使用 break 指令，它的作用是跳离当前的 for 或 while 循环体，并将程序执行的控制权交给所在循环体之外的下一行程序语句。也就是说，break 指令用来中断当前循环体的执行，直接从当前所在的循环体跳出。

4.4.1 break 指令

当遇到嵌套循环时，break 指令只会跳离它自己所在的那一层循环体，而且多半会配合 if 语句来一起使用，例如：

```
for x in range(1, 10):
    if x == 5:
        break
    print( x, end=" ")
```

这段程序的执行结果如图 4-18 所示。

```
1 2 3 4
```

图 4-18

当 x 等于 5 的时候会执行 break 语句离开 for 循环体，也就是说，for 循环不会继续往下执行了，可参考如图 4-19 所示的示意图。

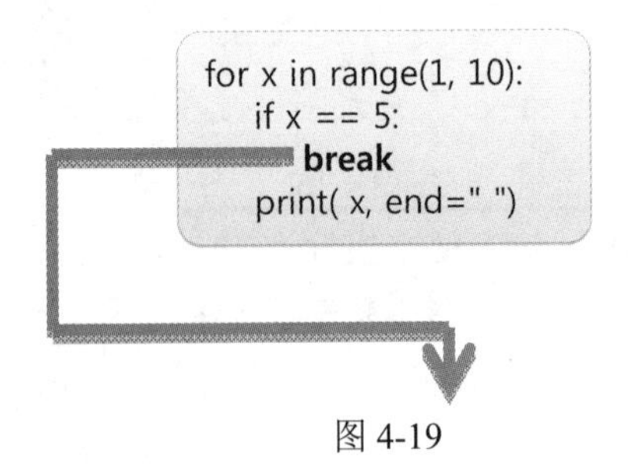

图 4-19

如果我们希望某一段循环程序可以不断执行，直到某一个条件成立时，才离开循环体，这个时候就可以使用 break 指令。

假如我们要设计一个猜数字的游戏，要求用户输入一个介于 1 到 100 之间的数字，如果输入错误，就会告知所输入的数字太大或太小，并让用户重复输入，一直到所输入的数字和原先默认的答案完全相同，这时就可以使用 break 指令来跳离循环，并输出正确的答案或游戏结束等信息。请看以下的程序代码：

```
number=9
while True:
    guess = int(input('输入 1~100 之间的数字 --> '))
    if guess == number:
        print('你猜对了，数字是：', number)
        break
```

4.4.2 continue 指令

continue 指令的作用是强迫 for 或 while 等循环语句结束当前正在循环内执行的程序，并将程序执行的控制权转移到下一轮循环的开始处。也就是说，在循环的执行过程中，如果遇到 continue 指令，就会马上中断当前这一轮循环，当前这轮循环后续所有尚未执行的程序语句都放弃，把程序流程回到 while 或 for 循环的开始处，开始下一轮循环。对比一下，break 指令会结束并跳离当前循环体，而 continue 指令只会结束当前这一轮循环，并不会跳离当前的循环，例如：

```
for x in range(1, 10):
    if x == 5:
        continue
    print( x, end=" ")
```

上面的程序语句的执行结果如图 4-20 所示。

```
1 2 3 4 6 7 8 9
```

图 4-20

当 x 等于 5 的时候执行 continue 指令，程序不会继续往下执行，所以 5 没有被 print 语句打印出来，for 循环仍会继续执行，可参考如图 4-21 所示的示意图。

```
for x in range(1, 10):
    if x == 5:
        continue
    print( x, end=" ")
```

图 4-21

4.5 上机实践演练——密码验证程序不求人

本节将使用一个范例程序来复习前面所介绍的相关内容，制作一个简单的密码验证程序。

4.5.1 范例程序说明

编写一个 Python 程序，能够让用户输入密码，并且进行简单的密码验证工作，不过输入次数以三次为限，超过三次则不准登录，假如目前的密码为 5656。

1. 输入说明

第一次输入时，我们可以刻意输入错误的密码，程序会输出“密码错误!!!”的文字信息，并要求用户再输入一次密码。我们可以再试着输入错误的密码，同样会输出“密码错误!!!”的文字信息，并要求用户再输入一次密码，如果连续输入错误的密码超过三次，就不再允许用户继续输入密码进行登录工作，并输入“密码错误三次，取消登录!!!”的提示信息。如果输入过程中所输入的密码是正确的，就会输出“密码正确!!!”，并结束程序的执行。

2. 范例程序的输出

输出结果可参考图 4-22。

```
请输入密码:1256
密码错误！！！

请输入密码:3678
密码错误！！！

请输入密码:5656
密码正确！！！
```

图 4-22

4.5.2 程序代码说明

下面列出完整的程序代码，其中 password 默认的密码为数字 5656，而变量 i 则是用来记录输入的总次数，如果输入次数超过三次，就会跳离循环。

【范例程序：password.py】 简单的密码验证程序

```
01    # -*- coding: utf-8 -*-
02    """
03    让用户输入密码，
04    并且进行简单的密码验证工作
05    不过输入次数以三次为限，超过三次则不准登录。
06    假如当前的密码为 5656。
07    """
```

```
08
09    password=5656 #使用password变量来存储密码以供验证
10    i=1
11
12    while i<=3: #输入次数以三次为限
13        new_pw=int(input("请输入密码:"))
14        if new_pw != password:  #如果输入的密码与password不同
15            print("密码错误！！！")
16            i=i+1
17            continue #跳回while开始处
18        else:
19            print("密码正确！！！")
20            break
21    if i>3:
22            print("密码错误三次，取消登录！！！\n"); #密码错误处理
```

重点回顾

1. 三种基本流程控制结构：顺序结构、选择结构、循环结构。

2. if...else 条件语句的作用是判断条件表达式是否成立，当条件成立（True，或用 1 表示）时，执行 if 程序区块中的程序语句；当条件不成立（False，或用 0 表示）时，执行 else 程序区块中的程序语句。

3. 在 if…else 条件语句的使用上，如果条件不成立，不执行任何程序语句，那么可以省略 else 语句。

4. Python 提供了一种更简洁的 if...else 条件表达式，格式为：X if C else Y。

5. 如果条件判断表达式不止一个，就可以再加上 elif 条件语句，elif 是“else if”的缩写。

6. Python 语言的 time 模块提供了各种与时间有关的函数，time 模块是 Python 标准模块库中的模块，使用之前要先用 import 导入。

7. 有时 if 条件语句中又有另一层 if 条件语句，这种多层的选择结构被称为嵌套 if 条件语句。

8. 重复结构主要是指循环控制结构，根据所设立的条件，重复执行某一段程序语句，直到条件判断表达式不成立，才会跳出循环。

9. while 循环语句与 for 循环语句类似，都属于前测试型循环。前测试型循环的工作方式是在循环程序区块的开始处必须先检查条件判断表达式，当条件判断表达式结果为真时，才会执行循环体内的程序语句。

10. while 循环必须加入控制变量的初始值以及递增或递减表达式，编写循环程序时必须检查离开循环的条件是否存在，如果条件不存在，就会让循环一直执行而无法停止，导致“无限循环”，也称为“死循环”。

11. 循环结构通常需要具备三个要件：循环变量的初始值、循环条件表达式、调整循环变量的增减值。

12. Python 语言的 for 循环可以遍历任何序列的元素或表项，序列可以是元组、列表或字符串。

13. 有关元组更高效的写法是直接调用 range()函数。

14. 在使用 for 循环时，还有一个地方要特别注意，就是 print()函数。如果该 print()有缩排的话，就表示在 for 循环体内要执行的操作会按照循环执行的次数来输出。如果没有缩排，就表示不在 for 循环体内，只会输出最后的结果。

15. 在嵌套 for 循环结构中，执行流程必须先等内层循环执行完毕，才会逐层继续执行外层循环。

16. 在多重嵌套循环结构中，循环之间不可交错，否则会引发错误。

17. break 指令用来中断循环的执行，并离开当前所在的循环体。

18. continue 指令只会结束当前轮次的循环，跳过当前轮次尚未执行的程序语句，进入下一轮循环，但并不会离开当前的循环体。

课后习题

一、选择题

（　）1. 对于 for/in 循环的描述，哪一个不正确？

A. 嵌套循环架构中，循环之间不可交错

B. 循环计数器要有初始值和终值

C. for 循环可以遍历任何序列的元素或表项

D. 递增值默认为 2

（　）2. 对于 while 循环的描述，哪一个不正确？

A. 是一种可以重复执行固定次数的循环

B. else 语句不可以省略

C. 进入循环并不会进行条件检查

D. 必须检查离开循环的条件是否存在

（　）3. for/in 循环每执行一次，如果增减值没有特别指定，默认值是多少？

A. 0　　B. 1　　C. -1　　D. 3。

（　）4. 对于循环的描述，哪一个不正确？

A. 在 for/in 循环中，还可以包含其他的 for/in 循环

B. 嵌套循环内外循环可以交错使用

C. 如果跳离循环的条件设置不当，有可能陷入无限循环

D. while 循环会先检查条件表达式

（　）5. 试问下列程序代码中，最后 k 值会为多少？

```
k=10
while k<=13:
    k +=1
print(k)
```

A. 14　　B. 12　　C. 13　　D. 10

二、填空题

1. 循环语句包含可计次的______循环和不可计次的______循环。
2. 有关元组更高效的写法，就是直接调用______函数。
3. ______指令用来中断循环的执行，并离开当前所在的循环体。
4. ______指令的作用是强迫 for 或 while 等循环语句结束当前正在循环内执行的程序，并将程序执行的控制权转移到下一轮循环的开始处。
5. 循环结构通常需要具备三个条件：____________、____________、____________。

三、简答题

1. 请试着编写一个程序，让用户传入一个数值 N，判断 N 是否为 3 的倍数，如果是，就输出 True，否则输出 False。

2. 请使用 while 循环计算 1 到 100 所有整数的和。

3. 请使用 for 循环计算 1 到 100 所有整数的和。

4. 请使用 for 循环语句让用户输入 n 值，并计算出 1!+2!+...+n!的总和，如下所示：

```
1!+2!+3!+4!+….+n-1!+n!
```

5. 请写出下列程序语句中 while 循环输出的 count 值。

```
count = 1
while count <= 14:
    print(count)
    count += 3
```

6. 用 while 循环编写 1~50 的偶数之和。

第 5 章 字符串的处理

一个英文字母、数字或符号称为字符，“字符串”从字面上的意思来看，可以解释成“把字符一个一个串起来”。字符串的用途相当广泛，它可以比数值性的数据表达出更多的信息，例如一个人的名字、一首歌的歌词，甚至是一整个段落的文字。在程序设计的世界中，操作字符串只是基本功，Python 中的字符串有多种表示方式，本章将介绍 Python 的字符与字符串及其应用。

本章学习大纲

- 创建字符串
- 常用的转义字符
- 参数格式化输出
- 通过下标值读取某个字符
- 通过切片读取某段字符串
- 调用 split ()函数分割字符串
- 字符串的常用运算符
- 字符串的常用函数与方法

字符串是类型为 string 的对象，通过将一连串字符放在单引号或双引号中来表示，内部函数 str()可以将数据转换为字符串。string 类型提供的字符串方法（method）用于处理字符串对象，本章将说明这些功能实用的字符串处理方法。另外，使用字符串免不了要配合一些特殊的字符或符号，输出字符串时为了让数据更具体化，因而我们在本章还会讨论格式化字符串。

5.1 创建字符串

字符串是由一连串的字符所组成的，将一连串字符用一对单引号或双引号引起来就是一个字符串，例如：

```
"13579"
"1+2"
"Hello, how are you?"
"I'm all right, but it's raining."
'I\'m all right, but it\'s raining.'
```

用来引住字符串的双引号与单引号可以交替使用，上例中第 4 行字符串由双引号引住，第 5 行字符串则用单引号引住，然而第 5 行字符串中已经有单引号，就要避免使用单引号引住字符串，如果遇到只能使用单引号的情况，可以在字符串中的单引号之前加上转义字符“\”。

如果输出字符串时想要分行显示，可以在要换行的地方加入“\n”，例如：

```
str1 = "Hello!\nHow are you?"
print(str1)
```

输出结果如图 5-1 所示。

```
Hello!
How are you?
```

图 5-1

如果要将字符串赋值给特定的变量，可以使用“=”赋值运算符。Python 字符串创建的方式如下：

```
wordA = ''        #当单引号之内没有任何字符时，它就是一个空字符串
wordB = 'P'       #单个字符
wordC ="Python" #创建字符串时，也可以使用双引号
```

当我们想直接将数值数据转换为字符串时，可以调用内建函数 str()，例如：

```
str()         #输出空字符串''
str(123)     #将数字转为字符串'123'
```

当字符串较长时，也可以使用“\”字符将过长的字符串拆成两行，例如：

```
wordD ="What's wrong with you? \
```

```
Nothing!"
```

在 Python 语言中，也可以使用三重单引号或双引号来固定多行字符串的输出模式，例如：

```
>>> title="""
祝
  2018
    新年快乐"""
>>> print(title)
祝
  2018
    新年快乐
>>>
```

5.2 认识转义字符

字符串中有一些特殊的字符无法从键盘输入或者该字符已经被定义用作其他用途，如果要在字符串中使用这些字符，就必须加上转义字符。例如，以单引号引起来的字符串，如果在字符串内容中又遇到了单引号字符，就必须以“\”进行转义，避免被误认为字符串结束的单引号。转义字符通常使用反斜线“\”，请看以下实例：

```
str1 = 'it\'s raining.'
```

当解释器遇到反斜线时，就知道下一个字符必须另外处理，不会将它视为字符串结尾的单引号。另外，还有一些换行字符、制表符等无法由键盘输入，也可以用转义字符来处理。表 5-1 所示是常用的转义字符。

表 5-1

转义字符	说明
\\	反斜线
\'	单引号
\"	双引号
\b	退格（backspace）键
\n	换行
\t	制表符（tab 键）
\uXXXX	\u 加上 4 个 16 进制数字表示一个 Unicode 字符

转义字符“\”本身还有另一个用途，就是当程序代码太长时，只要在该行末端加一个反斜线，可以换行继续编写。例如，以下程序语句中，在 print 语句中加上转义字符“\”就可以换到下一行继续编写了。

```
a = "Beautiful"
b = len(a)
```

```
print("{}有{}个字符".\
     format(a, b))
```

下面看一个实现转义字符的范例程序。

【范例程序：escape01.py】显示特殊字符

```
01    str1 = "Never say \tNever!\nNever say \"Impossible!\"\u2665"
02    print(str1)
03    str2 = "Never say Never\b\b\b\b\b"
04    print(str2)
05    str3 = "c:\\temp"
06    print(str3)
07    str4 = r"c:\temp"
08    print(str4)
```

程序的执行结果如图 5-2 所示。

```
Never say       Never!
Never say "Impossible!"♥
Never say Never
c:\temp
c:\temp
```

图 5-2

程序解析：

- 第 1 行程序使用了“\t”制表符、“\n”换行符以及“\u2665”显示爱心符号。
- 第 3 行程序使用了“\b”转义字符，所以最后的“Never”被删除了。
- 第 5 行程序要打印输出“c:\temp”，然而其中的字符“\t”是转义字符，所以必须再加上“\”转义字符才能正确输出。
- 第 7 行程序同样是要输出“c:\temp”，但不使用转义字符，而是在字符串前加上“r”的前导符，如此一来，就可以按照字符串的原貌输出。

5.3 参数格式化输出

参数格式化输出就是将数据按所指定的格式输出，使其更易于阅读。在 Python 语言中，可以调用 format()函数来格式化数据，例如：

```
num=1.41421
print("num= {:.5f}".format(num))  # num= 1.41421
```

{:.5f}表示要将数值格式化成保留小数点后 5 位。

```
num=1.41421
print("num= {:7.3f}".format(num))  # num=   1.414
```

其中，{:7.3f}表示数字总长度为7的浮点数，且小数点后保留3位，此处的小数点符号本身也计算在总长度内。从执行结果来看，总长度为7，不足的部分会在数值前补足空格。

如果希望数值前补0而不是补空格，就必须修正格式化字符串如下：

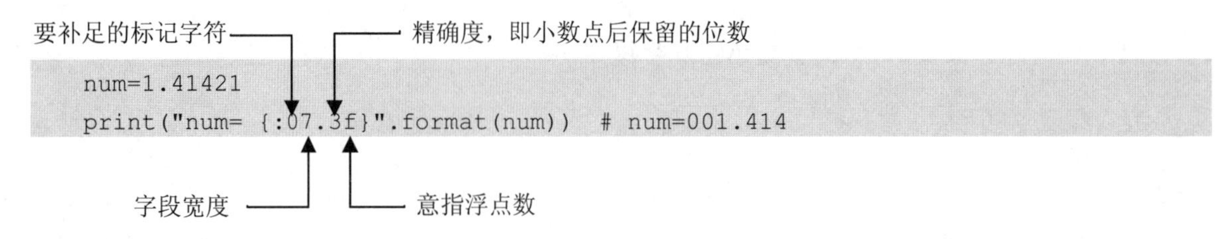

其中，“字段宽度”代表字符所占的宽度，“精确度”则是指浮点数输出时小数点后要保留的位数。表5-2所示为format()方法中的标记字符参数功能的说明。

表5-2

标记字符	说明
'#'	配合十六进制、八进制进行转换时，可在前方补0
'0'	数值前补0
'-'	靠左对齐，若与0同时使用，会优于0
' '	会保留一个空格
>	向右对齐
<	向左对齐

此外，str.format()方法还可以置换字段名，不过必须使用大括号“{}”“包裹”要置换的字段名。注意，大括号“{}”的下标编号从零开始，例如：

```
print('{0}{1}'.format('num = ', 1.41421))
# 输出 num= 1.41421
```

上述语句表示字符串“num=”会带入字段名1({0})，而数值1.41421则会带入字段名2({1})，最后才会输出“num= 1.41421”。

我们还可以在大括号中直接指定要输出的参数名称，语法如下：

```
{字段名}
```

下例说明大括号“{}”中的字段名如何配合format()方法来使用。

```
# 四月有30天
print('{month}月有{day}天'\
    .format(month ='四', day = 30))
```

上述大括号“{}”中使用了两个关键字参数，采用“变量 = 设置值”的用法，所以“month”会被变量值“四”取代，同样“day”会被“30”取代。

如果要混合使用位置参数与关键字参数，可以参考以下用法：

```
# 四月有30天
print('{month}月有{0}天'\
    .format(30, month = '四'))
```

最后，我们介绍调用format()方法转换成指定格式，其语法为：

```
{字段名 : 转换为指定格式}
```

转换指定格式可参考表5-3的说明。

表5-3

转换为指定格式	说明
fill	可填补任何字符，但不包含大括号
align	以4种字符指定对齐方式：<：靠左；>：靠右；=：填补；^：居中
sign	使用"+""-"或空格，用法与%格式化字符串相同
#	用法与%格式化字符串相同
0	用法与%格式化字符串相同
width	字段宽
,	千位符号，就是每3位数就加上逗点
.precision	精确度，用法与%格式化字符串相同
typecode	用法与%格式化字符串几乎相同

下面的范例程序调用format()方法配合format-spec（格式规格）进行格式化输出，同时也使用了%格式化字符串。

云盘下载 【范例程序：str_format.py】 显示特殊字符

```
print('PI = %10.5f'%(3.14159))          #输出5位小数
print('PI = {0:010f}'.format(3.14159))    #前面补0，字段宽度为10

radius = (3.14159) * 20 *20 #计算圆面积
area = int(radius)              #将半径转换成整数
print('靠右 = {0:=>12d}'.format(area)) #*字符填满
print('居中 = {0:=^12d}'.format(area))
print('PI = {0:.5f}\n'
      '圆面积 = {1:,.4f}'.format(3.14159, radius))
      #圆面积加千位逗点
#圆面积以十进制数、十六进制数、二进制数输出
print('圆面积 = {0:d}, {0:#b}, {0:#x}'.format(area))
```

程序的执行结果如图5-3所示。

```
PI =    3.14159
PI = 003.141590
靠右 = ========1256
居中 = ====1256====
PI = 3.14159
圆面积 = 1,256.6360
圆面积 = 1256, 0b10011101000, 0x4e8
```

图 5-3

5.4 字符串下标与切片

字符串是由字符所组成的列表对象（类似于其他语言中的数组），如果想要获取字符串中的字符，有三种方式：

（1）通过下标值（index，或称为索引值）来获取某个字符。

（2）使用切片（slice）方法获取某段字符串。

（3）调用 split()方法分割字符串。

5.4.1 通过下标值获取某个字符

字符串对象可以使用下标值来获取字符，下标值从 0 开始，假设有一个字符串 str1="Hello"，那么 str1 的长度就是 5，字符串中的元素分别为 str1[0]、str1[1]、str1[2]、str1[3]、str1[4]。

下标值为正值，表示从字符串开始处从左往右数，负值则表示从字符串末尾从右往左数，例如 str1[0]表示获取字符串的第 1 个字符，str1[-1]表示获取字符串的最后一个字符。譬如以下程序语句，分别是获取第 1 个字符与倒数第 2 个字符：

```
str1 = "Hello!How are you?"
print(str1[0])   #执行结果：H
print(str1[-2])  #执行结果：u
```

学习小教室

字符串对象一旦被赋值或设置，它的内容就是不可变的（immutable），重新给字符串对象赋值是创建一个新的字符串而不是修改原字符串，原来的字符串对象会在适当的时机通过 Python 的垃圾回收机制被系统回收。因此，字符串对象可以使用下标值来读取其中的字符，但是不能通过下标值给对应的字符串位置赋值（这点和字符数组不一样）。例如下面的程序语句就会发生错误：

```
str1[0] = "A"
```

5.4.2 通过切片读取某段字符串

slice（切片），顾名思义就是从字符串中读取某一段字符串，字符串的字符具有顺序性，我们可以使用“[]”运算符来读取字符串中的单个字符或子字符串，这个操作被称为“切片”。格式如下：

```
字符串[起始下标：结束下标：间隔值]
```

对字符串进行“切片”时，如果不用间隔取值，就可以省略间隔值不写。我们在表 5-4 中整理出了使用“[]”运算符读取序列元素的方法。

表 5-4

运算	说明（s 表示序列）
s[n]	按指定下标值读取序列的某个元素
s[n : m]	从下标值 n 到 m-1 来读取若干个元素
s[n:]	从下标值 n 开始读取到最后一个元素
s[:m]	从下标值 0 开始读取到下标值 m-1 结束
s[:]	表示会复制一份序列的元素
s[::-1]	将整个序列的元素反转

例如以下字符串切片运算：

```
str1 = "ABCDEFGHIJK"
print(str1[3:6])   #执行结果 DEF
```

上面的程序语句表示从下标值 3 开始一直读取到结束下标 6-1 为止，所以会取出 DEF 字符串。也就是说，slice 方法读取的字符串长度正好是结束下标与起始下标相减得到的差值，在此例中，str1[3:6] 读取的字符串长度是 6-3 = 3。

如果是从头开始读取字符串，那么起始下标可以省略不写；如果要读取到字符串结尾，那么结束下标可以省略不写，举例来说（slice.py）：

```
str1 = "ABCDEFGHIJK"
print(str1[:7:2])  # ACEG
print(str1[2::2])  # CEGIK
print(str1[::2])   # ACEGIK
```

上述程序第 2 行到第 4 行都是每间隔 2 个字符读取字符串，第 2 行语句没有写起始下标，表示从起始位置（也就是下标值 0）开始；第 3 行语句没有写结束下标，表示读取到最后一个字符；第 4 行语句既没有起始下标又没有结束下标，表示目标是读取完整的 str1 字符串。

5.4.3 调用 split ()方法分割字符串

split()方法可以按照指定分隔符将字符串分割为子字符串，并返回子字符串的列表。格式如下：

```
字符串.split(分隔符, 分割次数)
```

默认的分隔符为空字符串，包括空格符、换行符（\n）、制表符（\t）。调用 split()方法分割字符串时，会将分割后的字符串以列表（list）返回。范例程序如下：

【范例程序：split.py】 分割字符串

```
01    str1 = "Do \none \nthing \nat a time!"
02    print( str1.split() )
03    print( str1.split(' ', 1 ) )
```

程序的执行结果如图 5-4 所示。

```
['Do', 'one', 'thing', 'at', 'a', 'time!']
['Do', '\none \nthing \nat a time!']
```

图 5-4

程序解析：

- 第 02 行：没有指定分割字符，所以会以空格与换行符（\n）进行分割。
- 第 03 行：指定以空格来分割，因而分割了 2 个子字符串之后就不再分割了。

以下范例程序使用前面介绍的切片运算将 26 个小写英文字母反转输出，大家不妨上机练习看看。

【范例程序：ReverseString.py】 将 26 个小写英文字母反转后输出

```
01    # -*- coding: utf-8 -*-
02    letters = ""
03    for x in range(97, 123):
04        letters += str(chr(x))
05    print(letters)
06
07    revletters = letters[::-1]
08    print(revletters)
```

程序的执行结果如图 5-5 所示。

```
abcdefghijklmnopqrstuvwxyz
zyxwvutsrqponmlkjihgfedcba
```

图 5-5

范例中调用 chr()函数返回 ASCII 码对应的字符，并使用 for 循环将字符相加后赋值给变量 letters，再调用切片（slice）方法将字符串反转。这里所用的 ASCII 码采用了十进制表示法，97~122 分别对应的是小写英文字母 a~z，而 65~90 对应的是大写英文字母 A~Z，供大家参考。

chr()函数可以返回 ASCII 码对应的字符，调用 ord()函数可以返回字符对应的 ASCII 码。

【范例程序：ReverseStringBIG.py】将 26 个大写英文字母反转后输出

```
01    # -*- coding: utf-8 -*-
```

```
02    letters = ""
03    for x in range(65, 91):
04        letters += str(chr(x))
05    print(letters)
06
07    revletters = letters[::-1]
08    print(revletters)
```

程序的执行结果如图 5-6 所示。

```
ABCDEFGHIJKLMNOPQRSTUVWXYZ
ZYXWVUTSRQPONMLKJIHGFEDCBA
```

图 5-6

同理，若要反转数字，则可以参考下面的范例程序。

【范例程序：ReverseString.py】将数字反转后输出

```
01    # -*- coding: utf-8 -*-
02    letters = ""
03    for x in range(48, 58):
04        letters += str(chr(x))
05    print(letters)
06
07    revletters = letters[::-1]
08    print(revletters)
```

程序的执行结果如图 5-7 所示。

```
0123456789
9876543210
```

图 5-7

这里要补充一点，split()的作用是将字符串分割，而 join()方法正好相反，它会把字符串串接起来。

5.5 字符串的常用运算符

在 Python 语言中，字符串可以通过串接运算符“+”将两个字符串串接起来。不过，字符串相加时，“+”两边都必须是字符串类型，如果是字符串与非字符串类型相加，必须先调用 str( )函数将非字符串类型转换为字符串类型再进行字符串相加运算，例如：

```
str1 = "Hello!" + "How are you?"
print(str1)   #执行结果：Hello!How are you?
```

除了可以用“+”运算符进行字符串的串接操作外，也可以使用乘号“*”来重复字符串，例如：

```
str1 = "Hello!" * 3
print(str1)  #执行结果：Hello!Hello!Hello!
```

5.5.1 比较运算符

前面提过比较运算符可以用来比较两个数值之间的大小关系，事实上，Python 的任何对象都可以用来进行比较运算。Python 字符串的大小比较是根据字符的 Unicode 值的大小进行比较的。例如，数字 '0'～'9' 的 Unicode 值小于大写字母 'A'～'Z'，大写字母 'A'～'Z' 的 Unicode 值小于小写字母 'a'～'z'。而汉字字符的 Unicode 值又大于刚才所举的数字字符及英文大小字母的例子。另外，比较表达式可以任意串联，例如，x < y <= z 就相当于 x < y and y <= z。

```
>>> '快乐' > 'Happy'
True
>>> 'Happy Birthday' < 'happy birthday'
True
>>> 'abc' > 'ABC' > '123'
True
>>> 'HAPPY' == 'happy'
False
```

5.5.2 in 与 not in 运算符

in 和 not in 只适用于序列对象，例如字符串、列表等。应用于字符串的 in 运算符可以用来检测指定的字符串是否在另一个字符串之中。同理，not in 运算符可以用来检测指定的字符串是否不存在于另一个字符串之中，例如：

```
>>> str1 = "happy"
>>> "y" in str1
True
>>> "0" in str1
False
>>> "0" not in str1
True
```

5.6 字符串的常用函数与方法

在编写程序的过程中要善用字符串函数，因为字符串函数非常重要而且很实用，由于与字符串有关的方法众多，有些方法来自于对象（object），有些方法则是由类提供的属性和方法。声明了字符串变量之后，就表示实现了 str()类，而它的方法都能被声明的字符串对象使用，通过“.”（dot）运算符来调用对象的方法。

常用的函数包括计算字符串长度、替换字符串、查找字符串，甚至是比较两个字符串的函数，等等。下面介绍 Python 提供的一些用于字符串的函数与方法。

5.6.1 计算字符串的长度——len()函数

len()是内建的函数，它会返回字符串的长度，空格符、特殊字符和控制字符也会计算在内。例如转义字符的字符长度是 1（参考范例程序 len.py）：

```
s= "The first wealth is health\u266C"
print("{} 长度是{}".format(s, len(s)))
```

程序的执行结果如图 5-8 所示。

```
The first wealth is health♬ 长度是27
```

图 5-8

我们再看一个例子（参考范例程序 left.py）：

```
str1 = "Do one thing at a time!"
str2 = str1[13:]
str_w = len(str2)  #取得字符串长度
print("读取的字符串=“{}”,长度：{}".format(str2,str_w))
```

程序的执行结果如图 5-9 所示。

```
读取的字符串=“ at a time!”,长度：11
```

图 5-9

5.6.2 与字母大小写有关的方法

表 5-5 列出的是一些与字母大小写有关的方法。

表 5-5

方法	说明
capitalize()	只有第一个单词的首字母大写，其余字母都小写
lower()	将字母转换为小写
upper()	将字母转换为大写
title()	采用标题式大小写，每个单词的首字母大写，其余都小写
islower()	判断字符串中的所有字母是否都为小写
isupper()	判断字符串中的所有字母是否都为大写
istitle()	判断字符串中的单词首字母是否为大写，其余都小写

具体用法可参考下面的范例程序。

【范例程序：upper.py】 字母大小写转换与首字母大写

```
01    str1="The first wealth is health."
02    print(str1.upper())
03    print(str1.lower())
04    print("health.".capitalize())
```

程序的执行结果如图 5-10 所示。

```
THE FIRST WEALTH IS HEALTH.
the first wealth is health.
Health.
```

图 5-10

如果想要知道字符串是否全部是大写或全部是小写，可以调用 isupper()或 islower()方法来查询，例如：

```
str= "girl"
s=str.islower()    #执行结果：True
```

使用 isupper()或 islower()方法查询时，只要字符串中有大小写字母掺杂，得到的结果都会是 False。

5.6.3 搜索特定字符串出现的次数——count()

在进行数据分析的时候常常需要计算特定字符串出现的次数，Python 提供了 count()方法，格式如下：

```
目标字符串.count(特定字符串[, 开始下标[, 结束下标]])
```

开始下标与结束下标可省略，表示搜索整个目标字符串。

【范例程序：count.py】 搜索特定字符串出现的次数

```
01    str1="Never say Never! Never say Impossible!"
02    str2="浪花有意千重雪，桃李无言一队春。\n 一壶酒，一竿纶，世上如侬有几人?"
03    s1=str1.count("Never",15)
04    s2=str1.count("e",0,3)
05    s3=str2.count("一")
06    print("{}\n“Never”出现{}次，“e”出现{}次".format(str1,s1,s2))
07    print("\n{}\n“一”出现{}次".format(str2,s3))
```

程序的执行结果如图 5-11 所示。

```
Never say Never! Never say Impossible!
“Never”出现1次,“e”出现1次

浪花有意千重雪，桃李无言一队春。
一壶酒，一竿纶，世上如侬有几人?
“一”出现3次
```

图 5-11

第 03 行程序从 str1 字符串下标 15 的位置开始搜索，第 04 行则是搜索 str1 从下标值 0 到下标值 2（3-1）的位置，第 5 行搜索整个 str2 字符串。

5.6.4 删除字符串左右两边特定的字符——strip()、lstrip()、rstrip()

函数 strip()用于删除字符串首尾的字符，lstrip()用于删除左边的字符，rstrip()用于删除右边的字符，三种方法的格式相同。下面以 strip()来进行说明：

```
字符串.strip([特定字符])
```

特定字符默认为空格符，特定字符可以输入多个，例如（参考范例程序 strip.py）：

```
str1="Never say Never!"
s1=str1.strip("N!")
print(s1)
```

程序的执行结果如图 5-12 所示。

```
ever say Never
```

图 5-12

由于传入的参数是("N!")，相当于要删除“N”与“!”，执行时会按序删除两端匹配的字符，直到没有匹配的字符为止，所以上面的范例分别删除了左边的“N”与右边的“!”字符。

提 示

strip()、lstrip()与 rstrip()方法用来删除字符串“左右”两边的字符，并不是删除整个字符串内匹配的字符。

5.6.5 字符串替换——replace()

函数 replace()可以将字符串中的特定字符串替换成新的字符串，格式如下：

```
字符串.replace(原字符串, 新字符串[, 替换次数])
```

例如（参考范例程序 replace.py）：

```
01    str= "Jennifer is a beautiful girl."
02    s=str.replace("Jennifer", "Joan")
03    str= "苹果可以做成苹果汁、苹果干、苹果色拉."
04    s=str.replace("苹果", "葡萄")
```

程序的执行结果如图 5-13 所示。

```
Joan is a beautiful girl.
葡萄可以做成葡萄汁、葡萄干、葡萄色拉.
```

图 5-13

5.6.6 查找字符串——find()与 index()

find()方法用来查找指定的字符或字符串，返回第一个找到该字符或字符串时的下标编号，同样以下标编号来设置开始和结束的查找范围，不过开始下标及结束下标可省略。语法如下：

```
str.find(字符或字符串[,开始下标[,结束下标]])
```

例如（参考范例程序 strfind.py）：

```
word = '''We all look forward to the annual ball
         because it's great time to dress up.'''
print(word)
print(word.find('all'))     #寻找子字符串 all，从下标编号 0 开始
print(word.find('all', 7)) #寻找子字符串 all，从下标编号 7 开始
```

程序的执行结果如图 5-14 所示。

```
We all look forward to the annual ball
         because it's great time to dress up.
3
35
```

图 5-14

index()方法用来返回指定字符的下标值，所以它的用法和 find()函数非常接近，同样以下标编号来设置开始和结束的范围，语法如下：

```
str.index(字符或字符串[,开始下标[,结束下标]])
```

其中，字符或字符串参数就是要寻找的字符或字符串，若未找到，则返回错误值 ValueError，这项参数不可省略，不过开始下标及结束下标可省略，例如（参考范例程序 strindex.py）：

```
wd = ''' A very low one.
     If you take away tipping,
     you run risk of losing good service. '''
print('字符串:', wd)
print('字符串-you 下标值：', wd.find('you'))
print('找不到字符串：', wd.find('yov'))
print('字符串-one 下标值：', wd.index('one'))
print('找不到字符串', wd.index('services'))
```

find()方法未找到指定的子字符串会返回-1。index()方法找不到指定子字符串则显示“ValueError”的错误信息，如图 5-15 所示。

```
    print('找不到字符串', wd.index('services'))

ValueError: substring not found
```

图 5-15

5.6.7 startswith()方法与 endswith()方法

根据设置的范围判断指定的子字符串是否存在于原有字符串中，若存在，则返回 True。startswith()方法用来对比前端的字符，endswith()方法则用来对比尾端的字符，其语法如下：

```
startswith(开头的字符[,开始下标[,结束下标]])
endswith(结尾的字符[,开始下标[,结束下标]])
```

开头的字符：表示字符串中开头的字符。

结尾的字符：表示字符串中结尾的字符。

开始下标、结束下标为可选项，可使用字符串切片的计算来设置要查询字符的下标值。

例如（参考范例程序 startswith.py）：

```
wd = 'Programming design'
print('字符串:', wd)
print('Prog?', wd.startswith('Prog'))      #返回 True
print('gram?', wd.startswith('gram', 0)) #返回 False
print('de?', wd.startswith('de', 12))      #返回 True
print('ign?', wd.endswith('ign'))          #返回 True
print('ing?', wd.endswith('ing', 0, 11)) #返回 True
```

程序的执行结果如图 5-16 所示。

```
字符串: Programming design
Prog? True
gram? False
de? True
ign? True
ing? True
```

图 5-16

如果未设置 startswith()方法的开始下标和结束下标参数，这个方法就只会查找整句的开头文字是否匹配。若要查找第二个子句的开头字符是否匹配，调用 startswith()方法时就要加入 start 或 end 参数。调用 endswith()方法查找非句尾的末端字符时，同样要设置开始下标或结束下标的参数，endswith()方法才会按下标值进行查找。

下面的范例程序是打开一篇较长的文章（redcap.txt），它取自格林童话《小红帽》，我们试着从这篇文章中找出指定的关键词出现的次数。

Python 内建有文本文件的函数，不需要 import 其他模块就可以调用。调用 open()函数打开文件，第一个参数是文件名，第二个参数是使用文本文件的方法，这个函数的参数说明可参考表 5-6。

表 5-6

参数	说明
r	读取模式
w	写入模式
a	写入模式，写入的数据会附加在现有的文件内容之后
r+	读取与写入模式

在下面的范例程序中，第 05 行指定了要搜索的文字列表，里面有三个字符串：grandmother、wolf 以及 Little Red-Cap，通过 for 循环配合 count 函数就能找出这些字符串在文章中出现了多少次。

云盘下载 【范例程序：redcap.py】 在文本文件内查找特定字符串组合出现的次数

```
01    # -*- coding: utf-8 -*-
02    with open("redcap.txt", "r") as f:
03        story=f.read()    #读出文件内容
04
05    words=["grandmother", "wolf", "Little Red-Cap"]
06
07    for w in words:
08        sc=story.count(w)
09        print("{} 出现了 {} 次".format(w,sc))
```

程序的执行结果如图 5-17 所示。

```
grandmother 出现了 8 次
wolf 出现了 3 次
Little Red-Cap 出现了 1 次
```

图 5-17

5.7 上机实践演练——开放数据的提取与应用

随着世界各个国家和地区致力于倡导数据开放，培养民众的数据能力，支持数据创新的推动，中国各地在推行开放数据（Open Data）上也不遗余力，纷纷设立了开放平台、网站供民众使用。例如，北京市政务数据资源网、上海市政府数据服务网等，可以提供浏览和下载的数据有经济建设、道路交通、资源环境等。人们可以很方便地获取所需的开放数据，通过程序的开发将这些数据进行更有效的应用。本章的范例将介绍如何从公开数据平台获取数据并加以运用。

5.7.1 什么是开放数据

开放数据是开放、免费、透明的数据，不受著作权、专利权所限制，任何人都可以自由使用和散布。这些开放数据通常会以开放文件格式（如 CSV、XML 及 JSON 等格式）提供用户下载应用，经过汇总和整理之后，这些开放数据就能提供更有效的信息，甚至成为有价值的商品。

例如，有人将开放数据平台开放的空气污染与降雨数据汇总和整理成图表，并且在超出一定数值时提出警示。

北京市政务数据资源网的网址为 www.bjdata.gov.cn，网站首页如图 5-18 所示。这些网站集合了不少开放数据，大家可以去看看有哪些是自己需要的数据。

图 5-18

5.7.2 获取开放数据

开放数据平台一般会提供三种数据格式的数据文件供用户下载：XML、JSON 及 CSV。有的平台也会直接提供 Excel 格式的数据文件供人们下载。

如果数据更新频率较高，比如“空气质量实时监测数据”通常每小时更新一次，对于这类数据，我们可以在文件链接处右击，再选择“复制链接网址”来获取 URL（Uniform Resource Locator，网址），然后通过 Python 随时获取最新的数据，下一小节将说明如何操作。

虽然开放数据是免费获取的，但是在使用时大部分都会要求必须标示数据的来源，因此下载前需要先阅读授权说明。

CSV、XML 和 JSON 三种开放数据格式是常见的数据交换格式，CSV 格式是用逗号分隔的纯文本文件（如图 5-19 所示），前面已经介绍并且使用过，这里不再赘述。下面说明 XML 与 JSON 格式。

技 巧

为了便于演示如何编写程序使用这些开放数据，我们用一个样例的小数据文件，以免数据过大影响我们运行范例程序的效率，大家在实际工作中用真实的数据文件替换掉这个样例文件即可。

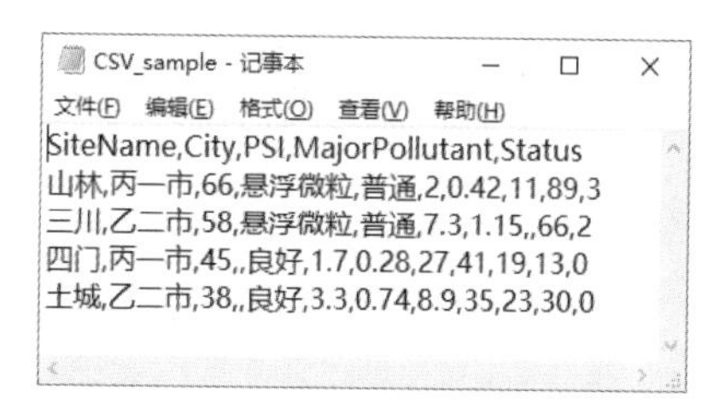

图 5-19

1. XML 格式

XML 是可扩展标记语言（Extensible Markup Language），允许用户自行定义标签（tags），可以定义每种商业文件的格式，并且能用于不同的应用程序。XML 格式类似 HTML，与 HTML 最大的不同在于 XML 是以结构与信息内容为目标的，由标签定义出文件的结构，如标题、作者、书名等，补足了 HTML 只能定义文件格式的缺点，XML 的特点是易于设计并且可以跨平台使用，如图 5-20 所示。

```
▼<AQX>
  ▼<Data>
     <SiteName>三林</SiteName>
     <City>丙一市</City>
     <PSI>66</PSI>
     <MajorPollutant>悬浮微粒</MajorPollutant>
     <Status>普通</Status>
     <SO2>2</SO2>
     <CO>0.42</CO>
     <O3>11</O3>
     <PM10>89</PM10>
     <PM2.5>38</PM2.5>
     <NO2>14</NO2>
     <WindSpeed>0.5</WindSpeed>
     <WindDirec>41</WindDirec>
     <FPMI>3</FPMI>
     <NOx>15.61</NOx>
     <NO>1.56</NO>
     <PublishTime>2017-05-03 23:00</PublishTime>
   </Data>
```

图 5-20

标签是以“<”与“>”符号括起来，各个标签称为“元素（element）”，标签必须成对，包括 “开始标签”与“结束标签”，标签之间的文字称为内容（content），如图 5-21 所示。

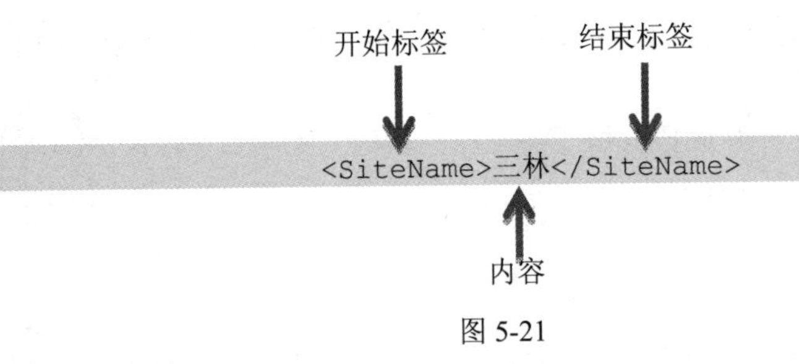

图 5-21

XML 的文件结构就像树结构一样，以这份 XML 文件为例，<SiteName>的父元素是 <Data>，每一组 <Data> 元素里面都包含测站名称、城市以及各种指标等子元素。

2. JSON 格式

JSON（JavaScript Object Notation）格式是 JavaScript 的对象表示法，是轻量的数据交换格式，文件小，适用于网络数据传输。

JSON 有两种形式：列表（数组）与对象。列表以“[”符号开始，以“]”符号结束，里面通常会包含对象集合（collection），每一组集合用逗号分隔，例如：

```
[collection, collection]
```

对象（Object）以“{”符号开始，以“}”符号结束，里面包含名称与值，形式如下：

```
{name:value}
```

如图 5-22 所示是一个 JSON 格式文件的例子。

[{"SiteName":"三林","County":"丙一市","PSI":"66","MajorPollutant":"悬浮微粒","Status":"普通","SO2":"1.8","CO":"0.43","O3":"4.7","PM10":"75","PM2.5":"39","NO2":"15","WindSpeed":"1.1","WindDirec":"266","FPMI":"3","NOx":"17.34","NO":"2.62","PublishTime":"2017-05-04 00:00"},
{"SiteName":"三川","County":"乙二市","PSI":"58","MajorPollutant":"悬浮微粒","Status":"普通","SO2":"4.6","CO":"0.94","O3":"","PM10":"63","PM2.5":"24","NO2":"28","WindSpeed":"","WindDirec":"","FPMI":"3","NOx":"41.96","NO":"14.06","PublishTime":"2017-05-04 00:00"},

图 5-22

JSON 不需要换行，所以看起来密密麻麻，如果将它写成下面的格式，就可以很清楚地看出每个集合里的内容：

```
[
{
"SiteName":"三林",
"City":"丙一市",
"PSI":"66",
...
},
{
"SiteName":"三川",
"City":"乙二市",
"PSI":"58",
...
}
....
]
```

XML 是一种标记语言，程序需要解析标记，这会花费比较多的时间；而 JSON 格式文件小，非常容易解析。下面我们将实际操作，大家可以比较这两种格式的差别。

5.7.3 范例程序说明

本范例假设从一个开放数据平台取得“空气质量实时监测数据”的 JSON 与 XML 格式数据，取出“测站名称”“城市”“PM2.5 浓度”“状态”与“发布时间”，分别存储为 CSV 文件并打印输出。

注意：下面程序中的网站地址都不是实际的，读取的数据字段也是假定的，但是程序的逻辑是没有问题的。大家在实际运用中可以替换成真实的网址，再根据实际读取的 JSON 与 XML 数据字段修改程序中的语句。

输入说明

从开放数据平台获取“空气质量实时监测数据”的 JSON 与 XML 链接 URL。

输出范例

XML 格式保存为 pm_xml.csv 文件，内容如图 5-23 所示，大家只要参考这个输出文件大致的样子就行，内容是虚构的，重点是看程序的整体结构。另外，JSON 格式不保存，只将结果打印输出。

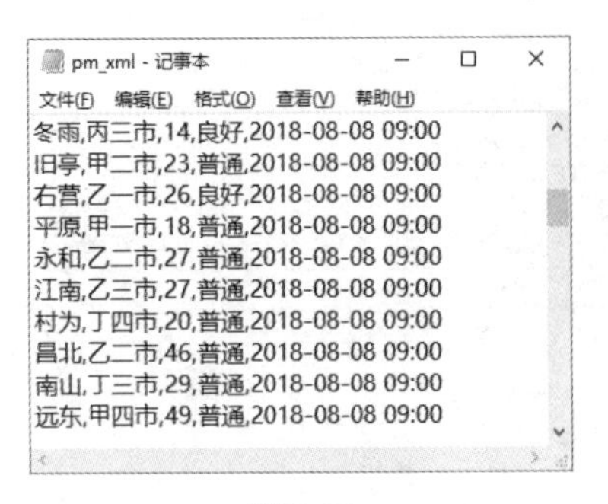

图 5-23

制作步骤

XML 格式文件内容的提取步骤如下：

步骤01 提取网页（URL）的内容。

步骤02 使用 BeautifulSoup 模块解析 XML 标记（或标签）。

步骤03 保存为 CSV 文件。

JSON 格式文件内容的提取步骤如下：

步骤01 提取网页（URL）的内容。

步骤02 使用 JSON 模块解析 JSON 数据。

步骤03 打印输出。

5.7.4 程序代码说明

Python 有多种模块可用于抓取网页的数据，这里我们使用 urllib.request 模块，以下程序是最基本的使用方式：

```
import urllib.request as ur
with ur.urlopen(od_url) as response:
    get_xml=response.read()
```

urllib.request 模块的使用非常简单，只要将网址传入 urlopen 函数就会返回 HttpResponse 对象，接着可以使用 read()方法将网页内容读取出来。

取出来的网页内容有一大串，我们要通过编程从里面找到需要的内容，也就是所谓的“爬虫（Crawler）”。

Python 提供了许多爬虫模块，HTML 与 XML 网页的结构都属于标记结构，适合使用 BeautifulSoup 模块来解析；而 JSON 格式直接使用 JSON 模块更方便。

下面我们来看看 XML 格式的解析方式，可以打开 xml_parse.py 范例文件来查看完整的程序代码。

1. BeautifulSoup 4 模块

BeautifulSoup 模块的使用方式如下：

```
from bs4 import BeautifulSoup
data = BeautifulSoup(get_xml,'xml')
SiteName = data.find_all('SiteName')
```

BeautifulSoup 模块用来从 HTML 或 XML 格式文件中通过标记找出想要的数据，版本是 Beautiful Soup 4.x，模块库已更名为 bs4，所以使用前要先加载 bs4 模块。我们可以直接用 from bs4 import BeautifulSoup 来加载 BeautifulSoup 类。

BeautifulSoup 常用的方法与属性如表 5-7 所示。

表 5-7

属性与方法	说明	范例
title 属性	返回页标题	data.title
text 属性	除去所有标记，只返回内容（content）	data.text
find 方法	返回第一个符合条件的字符串对象	data.find('SiteName')
find_all 方法	返回所有符合条件的字符串对象	data.find_all('SiteName')
select 方法	返回 CSS 选择器筛选的所有内容	data.select('#id')
get_text 方法	返回字符串对象的标记内容	data.find('SiteName').get_text()

范例程序中调用了 find_all 方法来搜索特定的标记，程序语句如下：

```
SiteName = data.find_all('SiteName')
City = data.find_all('City')
Status = data.find_all('Status')
pm25 = data.find_all('PM2.5')
PublishTime = data.find_all('PublishTime')
```

使用 for 循环可以提取所有的标记内容，程序语句如下：

```
for i in range(0, len(SiteName)):
    csv_str += "{},{},{},{},{}\n".\
                format(SiteName[i].get_text(),\
                    County[i].get_text(),pm25[i].\
                        get_text(),Status[i].get_text(),\
                            PublishTime[i].get_text())
```

取出的数据如果还有其他用途，可以将其保存为 CSV 文件，语法如下：

```
with open("pm_xml.csv", "w") as f:
    story=f.write(csv_str)    #写入文件
```

接着我们继续介绍 JSON 格式的解析方式，我们可以打开范例文件 json_parse.py 来查看完整的程序代码。

2. JSON 模块

JSON 模块在使用之前同样需要 import json，然后使用 loads()方法将 JSON 格式的字节（byte）数据译码成 Python 的列表（list）结构，使用方式如下：

```
import json
data = json.loads(s)
```

如此一来，就可以直接用 Python 的列表操作方式取出数据了，例如取出第一个元素的 SiteName，只要如下表示即可：

```
data[0]["SiteName"]
```

因此，使用 for 循环就能轻松地取出所需要的标记内容。这个范例不再保存为 CSV 文件，而是直接打印输出格式化数据。

技巧

如果想要解析的不是 JSON 字符串而是 JSON 文件，可以调用 load()方法，例如：

```
with open('data.json', 'r') as f:
    data = json.load(f)
```

以下为完整的 xml_parse.py 和 json_parse.py 程序代码，供大家参考。

【范例程序：xml_parse.py】 OpenData 数据的提取与应用

```
01    # -*- coding: utf-8 -*-
02    """
03    OpenData 数据的提取与应用
04    XML 格式
05    """
06    od_url="http://这里填入实际要使用的开放数据网的网址"
07
08    import urllib.request as ur
09
10    with ur.urlopen(od_url) as response:
11        get_xml=response.read()
12
13    from bs4 import BeautifulSoup
14
15    data = BeautifulSoup(get_xml,'xml')
16    SiteName = data.find_all('SiteName')
17    City = data.find_all('City')
18    Status = data.find_all('Status')
19    pm25 = data.find_all('PM2.5')
20    PublishTime = data.find_all('PublishTime')
21
```

```
22    csv_str = ""
23    for i in range(0, len(SiteName)):
24        csv_str += "{},{},{},{},{}\n".\
25                    format(SiteName[i].get_text(),\
26                           City[i].get_text(),\
27                                pm25[i].get_text(),\
28                                Status[i].get_text(),\
29                                     PublishTime[i].get_text())
30
31    with open("pm_xml.csv", "w") as f:
32        story=f.write(csv_str)    #写入文件
33
34    print("完成")
```

【范例程序：json_parse.py】

```
01    # -*- coding: utf-8 -*-
02    """
03    OpenData 数据的提取与应用
04    JSON 格式
05    """
06    od_json="http://这里填入实际要使用的开放数据网的网址"
07
08    import urllib.request as ur
09    with ur.urlopen(od_json) as response:
10        s=response.read()
11
12    import json
13    data = json.loads(s)
14    csv_str=""
15    for i in range(0, len(data)):
16        csv_str += "{},{},{},{},{}\n".\
17                   format(data[i]["SiteName"],\
18                          data[i]["County"],data[i]["PM2.5"],\
19                             data[i]["Status"],data[i]["PublishTime"])
20
21    print(csv_str)
```

重点回顾

1. 将一连串字符用单引号或双引号引起来，就是一个字符串（string）。
2. 如果输出字符串时想要分行显示，可以在要分行的地方加入换行字符“\n”。
3. 要将字符串赋值给特定变量，可以使用“=”赋值运算符。
4. 如果我们想直接将数值数据转换为字符串，可以使用内建的函数 str()。
5. 当字符串较长时，也可以使用转义字符“\”将过长的字符串拆成两行。
6. 使用三重单引号或双引号包含多行字符串，可以固定其输出的模式。

7. 当解释器遇到反斜线时，就知道下一个字符必须另外处理。另外，还有一些换行字符、制表符等无法从键盘输入，也可以用转义字符来处理。

8. 转义字符“\”本身还有另一个用途，就是当程序代码太长时，只要在该行末端加一个反斜线“\”就可以换行继续编写。

9. 在 Python 语言中，可以调用 format()函数格式化数据。

10. 想要读取字符串中的字符或子字符串，有三种方式：

（1）通过下标值（index）读取某个字符。

（2）调用字符串切片（slice）方法读取某段字符串。

（3）调用 split()方法分割字符串。

11. 字符串对象一旦被赋值或设置，它的内容就是不可变的。

12. 使用“[]”运算符读取字符串中的单个字符或某个范围的子字符串，这种操作被称为“切片”。

13. split()函数可以按照指定的分隔符将字符串分割为子字符串，并返回子字符串的列表。

14. chr()函数可以返回 ASCII 码对应的字符，调用 ord()函数可以返回字符对应的 ASCII 码。

15. 可以通过串接运算符“+”将两个字符串串接起来。

16. 比较运算符也可以用来比较两个字符串的大小。

17. Python 字符串的大小比较是根据字符的 Unicode 值的大小进行比较的。

18. in 和 not in 只适用于序列对象，如字符串、列表等。

19. 函数 len()会返回字符串的字符个数，也就是字符串长度，空格符、特殊字符和控制字符也计算在内。

20. 如果想要知道字符串是否全部是大写或全部是小写，可以调用 isupper()或 islower()方法进行查询。

21. 进行数据分析的时候常常需要计算特定字符串出现的次数，Python 提供了 count()方法可以使用。

22. 函数 strip()用于删除字符串首尾的字符，lstrip()用于删除左边的字符，rstrip()用于删除右边的字符。

23. 函数 replace()可以将字符串中的特定字符串替换成新的字符串。

24. find()方法用来查找指定的字符或字符串，返回第一个找到该字符或字符串时的下标编号，同样以下标编号来设置开始和结束的查找范围。

25. index()方法用来返回指定字符的下标值。

26. startswith()方法用来对比前端的字符，endswith()方法则用来对比尾端的字符。

课后习题

一、选择题

（ ）1. 关于字符串的描述，下列哪一个有误？

A. 输出字符串时想要分行显示，可以在要分行的地方加入字符“\b”

B. 使用三重单引号或双引号包含多行字符串，可以固定其输出的模式

C. 当程序代码太长时，只要在该行末端加一个反斜线就可以换行继续编写

D. 字符串对象一旦被赋值或者设置，它的内容就是不可变的

（ ）2. 下列哪一个函数（或方法）可以按照指定的分隔符将字符串分割为子字符串？

A. len()函数　　B. strip()函数　　C. split()函数　　D. ord()函数

（ ）3. 下列哪一个函数可以返回 ASCII 码对应的字符？

A. ord()函数　　B. chr()函数　　C. strip()函数　　D. split()函数

二、填空题

1. 将一连串字符使用单引号或双引号引起来就是一个________。
2. 要将字符串赋值给特定的变量，可以使用________运算符。
3. 当字符串较长时，可以使用________字符将过长的字符串拆成两行。
4. 在 Python 语言中，可以调用________函数格式化数据。
5. 使用“[]”运算符提取字符串中的单个字符或某个范围的子字符串，这个操作被称为____________。
6. Python 字符串的大小比较是根据字符的________值的大小进行比较的。
7. 函数________可以将字符串中的特定字符串替换成新的字符串。

三、简答题

1. 让用户输入一个字符串，计算字符串中英文字母的个数，例如：

```
输入：cute2017#*/-
输出：共有 4 个英文字母，字母是 cute
```

技巧

ord()函数返回字符对应的 ASCII 码，小写字母的 ASCII 码为 97~122。

2. 请将“ATTITUDE”反转输出，例如：

```
请输入字符串：ATTITUDE
原字符串：ATTITUDE
反转后：EDUTITTA
```

3. 文件“twisters.txt”的内容是英文绕口令的文本文件，请编写一个程序以统计文件内容中的“Peter”出现了几次。

4. 想要读取字符串中的字符，有哪三种方式？

第 6 章 函 数

模块化的概念就是采用结构化分析的方式把程序自上而下逐一分析，并将大问题逐步分解成各个较小的问题，从程序设计实现的角度来看，就是函数(function)。函数可视为一种独立的模块。当需要某项功能的程序时，只需调用编写完成的函数即可。在本章中，我们将讨论 Python 函数的各种应用。

本章学习大纲

- 定义函数
- 调用函数
- 函数的参数
- 参数传递
- 关键字参数
- 任意参数列表
- 函数的返回值
- 变量的作用域
- 递归函数
- 汉诺塔问题
- 选择排序法
- 冒泡排序法
- 排序函数——sorted()
- lambda 表达式

在中大型程序的开发中，为了程序代码的可读性及便于程序项目的规划，通常会将程序分割成一个个功能明确的函数，这就是一种模块化概念的充分表现。简单来说，函数就是将特定功能或经常重复使用的一段程序代码独立出来，并且给予一个名称来代表此段程序代码，让主程序或其他程序可以调用。通常编写程序之前会先经过分析的过程，如果有现成的函数或模块可以调用，就可以省去不少程序开发的时间；如果没有现成的函数或模块可以调用，我们也要尽可能将程序拆成独立功能的模块或函数，日后就可以重复调用。前面我们已经使用过许多函数，本章将深入介绍函数的用法。

6.1 认识函数

使用函数不仅可以省去重复编写相同的程序代码，大幅缩短开发的时间，更有助于日后程序的调试和维护。自定义函数是用户按照需求自行设计的函数，这也是本章即将说明的重点内容，包括函数的声明、参数的使用、函数的主体与返回值。下面来看看定义函数与调用函数的方式。

6.1.1 定义函数

函数可分为内建函数（built-in）与用户自定义函数（user-defined）。Python 本身就内建了许多函数，比如之前使用过的 help()、round()、len()都是 Python 内建的函数，可以直接调用。另外，还有更多用途广泛的函数都放在标准库（Standard Library）或第三方开发模块库中，使用它们之前必须在程序中先加载模块库，而后就可以调用了。所谓模块（Module），是指具有特定功能的函数的组合。

至于用户自定义函数，需要先定义函数，然后才能调用。Python 定义函数是使用关键词“def”，其后空一格，后接函数名称，再串接一对小括号，小括号中可以填入传入函数的参数，小括号之后再加上“:”，格式如下：

```
def 函数名称(参数1, 参数2, …):
    程序语句区块
    return 返回值      #有返回值时才需要
```

函数的程序语句区块必须缩排，函数也可以无参数，如果定义了参数，调用函数时必须传入所需的参数。也就是说，定义函数时要有“形式参数”（Formal Parameter）来准备接收数据，而调用函数要有“实际参数”（Actual Arguments）来进行数据的传递。

- 形式参数：定义函数时，用来接收实际参数所传递的数据，进入函数主体参与指令的执行或运算。
- 实际参数：在程序中调用函数时，将数据传递给自定义函数。

在函数执行结束后，有返回结果（return value）时，就作为函数的返回值返回给调用者；没有返回值时，函数会自动返回 None 对象。例如，下面的函数有返回值（参考范例程序 func.py）：

```
def func(a,b):
```

```
    x = a + b
    return x

print(func(1,2))
```

程序的执行结果为 3。

如果没有返回值，就会返回 None，例如：

```
def func(a,b):
    x = a + b
    print(x)

print(func(1,2))
```

程序的执行结果如图 6-1 所示。

```
3
None
```

图 6-1

学习小教室

我们可以用 type()函数来查询对象的数据类型，上面所返回的 None 对象就可以使用 type()来查询，例如：

```
print( type( func(1,2) ) )
```

返回的结果是：

```
<class 'NoneType'>
```

6.1.2 调用函数

声明函数之后，编译程序时就会产生与函数同名的对象，调用函数时只要使用括号“()”运算符就可以了：

```
函数名称(参数 1, 参数 2, …)
```

Python 函数的参数分为位置参数（Positional Argument）与关键字参数（Keyword Argument），下面分别进行介绍。

1. 位置参数

位置参数就是按照参数的位置传入参数，如果函数定义了 3 个参数，调用时就要带入 3 个参数（和函数定义的参数对应），或者采用默认参数的方式，当没有提供实际参数时，以“默认参数=值”作为参数传入，例如（参考范例程序 callFunc.py）：

```
def func(a,b,c=0):
```

```
    x = a + b + c
    return x

print(func(1,2,3)) #输出 6
print(func(1,2))   #输出 3
```

在上面的 func 函数中，参数 c 的默认值为 0，因此调用函数时可以只带入 2 个参数。

调用函数时，如果不想按序一对一地传递参数，就可以使用关键字参数。

2. 关键字参数

关键字参数就是通过关键字来传入参数，只要所需的参数都指定了，调用函数时关键字参数的位置并不一定要按照函数定义时参数的顺序，例如：

```
def func(a,b,c):
    x = a + b + c
    return x

print(func(c=2,b=3,a=1))  #输出 6
```

以下调用具有相同的效果：

```
func(1, 2, 3)
func(a=1, b=2 , c=3)
func(1, c=3 , b=2)
```

如果位置参数与关键字参数混用，要特别注意以下两点：

（1）位置参数必须在关键字参数之前，否则程序语句会显示“SyntaxError: positional argument follows keyword argument”的错误信息，意思是“语法错误：位置参数跟在关键字参数后面了”：

```
func(a=1, 2 , c=3)
```

（2）每个参数只能对应一个函数定义时所定义的参数，例如：

```
func(1, a=2 , c=3)
```

上面的程序语句的第一个位置参数传入给参数 a，第 2 个参数又把数值 2 传递给参数 a，因而 Python 解释器会显示“TypeError: func() got multiple values for argument 'a'”的错误信息，意思是“输入错误：函数有多个值对应参数 a”。

如果事先不知道要传入的参数有几个，那么可以在定义函数时在参数前面加上一个星号“*”，表示该函数可以接收不确定个数的参数，传入的参数会视为一组元组（tuple）；若定义参数时前面加上 2 个星号“**”，则传入的参数会视为一组字典（dict）。有关字典数据类型的详细说明，可以参阅第 7 章。

【范例程序：CallFunc_01.py】 调用函数——传入不确定个数的参数

```
01    def func(*num):
02        total=0
03        for n in num:
04            total += n
05        return total
06
07    print(func(1, 2))
08    print(func(1, 2, 3))
09    print(func(1, 2, 3, 4))
10
11
12    def func(**num):
13        return num
14
15    print(func(a=1, b=2, c=3))
```

程序的执行结果如图 6-2 所示。

```
3
6
10
{'a': 1, 'b': 2, 'c': 3}
```

图 6-2

程序代码解析：

- 第 01~05 行：如果事先不知道要传入的参数个数，可以在定义函数时在参数前面加上一个星号“*”，表示该参数接收不确定个数的参数，传入的参数会视为一组元组。
- 第 12 行：参数前面加上两个星号“**”，传入的参数会视为一组字典。

6.1.3 函数的返回值

具有返回值的函数，在函数体内可以包含一个以上的 return 语句，程序执行到 return 语句就终止，然后将值返回，可参考以下程序语句（完整的程序可参考范例程序 return.py）：

```
def func(x):
    if x < 10:
        return x
    else:
        return "Over"

a = func(15)
print(a)            #输出 Over
```

```
print(type(a))        #输出<class 'str'>
```

Python 的函数也可以一次返回多个值，只要以逗号“,”分隔返回值即可，例如（可参考范例程序 return01.py）：

```
def func(a,b):
    n = a + b
    x = a * b
    return n, x

num1 ,num2 = func(10, 20)
print(num1)  #输出 30
print(num2)  #输出 200
```

下面的范例程序创建分账函数（SplitBill），让用户输入账单金额及分账人数，账单金额要加上服务费（10%），再计算出应付金额及取整的金额。

【范例程序：SplitBill.py】 分账程序

```
01   # -*- coding: utf-8 -*-
02   '''
03   分账程序
04   '''
05
06   def SplitBill():
07       bill = float(input("账单金额: "))
08       split = float(input("分账人数: "))
09       tip = 0.1  #10%服务费
10       total = bill + (bill * tip)
11       each_total = total / split
12       each_pay = round(each_total, 0)
13       return each_total, each_pay
14
15
16   e1 ,e2 = SplitBill()
17   print("每人应付{},应付: {}".format(e1, e2))
```

程序的执行结果如图 6-3 所示。

```
账单金额：6000

分账人数：5
每人应付1320.0,应付：1320.0
```

图 6-3

程序代码解析：

- 第 06~13 行：定义自定义函数 SplitBill()，该函数有两个返回值，分别为 each_total 和 each_pay。
- 第 16 行：变量 e1、e2 分别用来接收 SplitBill()的两个返回值。

6.2 Python 的参数传递机制

以下是程序设计语言常见的两种参数传递方式。

- 传值（Call by value）调用：表示在调用函数时，会将实际参数的值逐一复制给函数的形式参数，在函数中对形式参数的值做任何修改，都不会影响原来实际参数的值。
- 传址（Pass by reference）调用：传址调用表示在调用函数时，传递给函数的形式参数值是实际参数的内存地址，如此一来，调用函数时的实际参数将与函数中的形式参数共享同一个内存地址，因此对形式参数值的变动连带着也会影响原来的实际参数的值。

但是 Python 的参数传递是使用不可变对象和可变对象来工作的：

- 使用不可变对象（Immutable Object，如数值、字符串）传递参数时，接近于“传值”调用方式。
- 使用可变对象（Mutable Object，如列表）传递参数时，按“传址”调用方式处理。简单来说，如果可变对象的内容或值被修改了，因为占用的是同一个地址，所以会连动影响函数外部的值（实际参数的值）。

以下范例程序用来说明在函数内部修改字符串的内容值不会影响函数外部的实际参数的值，不过在函数内部修改列表的内容或值时，会连带影响函数外部的列表的内容或值。

【范例程序：Argument.py】 Python 的参数传递

```
01    def passFun(name, score):
02        name = 'Macheal'
03        print('函数内部修改过的名字和分数')
04        print('======================')
05        print('名字:', name)
06        #添加一个分数，会同步修改函数的列表值
07        score.append(85)
08        print('分数:', score)
09
10    name1 = 'Andy'  #未调用函数前的名字设置值
11    score1 = [56, 84, 63] #未调用函数前的分数列表
12    print('函数调用前默认的名字和分数')
13    print('名字:', name1)
14    print('分数:', score1)
15    passFun(name1, score1)
16
```

```
17    print('函数内部被修改过并返回的名字和分数')
18    print('我们可以注意到名字没变,但分数被修改了')
19    print('名字:', name1)
20    print('分数:', score1)
```

程序的执行结果如图 6-4 所示。

```
函数调用前默认的名字和分数
名字: Andy
分数: [56, 84, 63]
函数内部修改过的名字和分数
======================
名字: Michael
分数: [56, 84, 63, 85]
函数内部被修改过并返回的名字和分数
我们可以注意到名字没变,但分数被修改了
名字: Andy
分数: [56, 84, 63, 85]
```

图 6-4

6.3 变量的作用域

变量按其作用域分为全局变量与局部变量。

- 全局（Global）变量：全局变量是声明在程序区块与函数之外且在声明语句以下的所有函数和程序区块都可以使用的变量。事实上，全局变量的使用应该相当谨慎，以免某个函数不小心赋了错误的值，进而影响整个程序的逻辑，其作用域适用于整个文件(*.py)。
- 局部（Local）变量：适用于所声明的函数或流程控制范围内的程序区块，离开此范围，该变量的生命周期就结束了，超出其作用域而失效。

如何判断变量的适用范围或作用域呢？以第一次声明时所在的程序区块来表示其适用范围。下面举例说明全局变量和局部变量的不同。

```
score = [78, 65, 84, 91] # score 为全局变量
for item in score:
    total = 0          #局部变量，存储累加的结果
    total += item      #每次 total 的值都从 0 开始，无法累加
print(total)
```

score 是存储列表元素的全局变量，任何位置都可以调用它。total 声明于 for/in 循环，离开循环体其生命周期就结束了。执行 print(total) 语句时， total 变量已离开循环体，所以无法输出累加的结果。

所以上述程序必须修正如下，只有变量 total 为全局变量时，才能存储累加的结果。

```
score = [78, 65, 84, 91] # score 为全局变量
total = 0                # 全局变量，存储累加的结果
```

```
for item in score:
    total += item    #存储累加的结果值
print(total)
```

如果程序中有相同名称的全局变量与局部变量，就优先使用局部变量。下面的程序用来说明在函数内必须优先使用局部变量，当离开函数，在函数体外时，则会采用全局变量。

```
def global_local():        #定义函数
    num=100
    print('num=',num)

num=500
global_local()         #输出局部变量 100
print('num=',num)    #输出全局变量 500
```

但是，如果要在函数内使用全局变量，就必须在函数中用 global 来声明该变量。

```
def global_local():        #定义函数
    global num
    print('num=',num)      #输出全局变量 500
    num=100                #全局变量值改成 100

num=500
global_local()             #在函数中输出全局变量 500
print('num=',num)          #输出全局变量的新设置值 100
```

6.4 递归函数

递归（Recursion）是一种很特殊的算法，简单来说，对程序设计人员而言，“函数”（或称为子程序）不只是能够被其他函数所调用（或引用）的程序单元，在某些程序设计语言中，还提供了函数自己调用自己的功能，这种调用方式就是所谓的“递归”。递归在早期人工智能所用的程序设计语言（如 Lisp、Prolog）中，几乎就是整个语言运行的核心，当然在 Python 中也提供了这项功能，因为递归汇集的时间可以延迟到执行时才动态决定。

何时才是使用递归的最好时机，是不是递归只能解决少数问题？事实上，任何可以用选择结构和重复结构来编写的程序代码，都可以使用递归来表示和编写。

6.4.1 递归的定义

谈到递归的定义，我们可以这样来形容，假如一个函数或子程序是由自身所定义或调用的，就称为递归，它至少需要具备以下两个条件：

（1）一个可以反复执行的递归过程。
（2）一个跳出执行过程的出口。

例如，数学上的阶乘问题就非常适合采用递归来运算，在数学中，我们一般用符号“!”来表示阶乘。假如 4 的阶乘写成 4!，n 的阶乘则可以写成：

```
n!=n*(n-1)*(n-2)*…*1
```

我们可以进一步分解它的运算过程，观察它的规律：

```
4!= (4 * 3!)
  = 4 * (3 * 2!)
  = 4 * 3 * (2 * 1)
  = 4 * (3 * 2)
  = (4 * 6)
  = 24
```

这个递归函数的算法用 Python 语言可以编写如下：

```
def factorial(i):
    if i==0:
        return 1
    else:
        ans=i * factorial(i-1)  #反复执行的递归过程
    return ans
```

其实递归可以被 while 或 for 取代，下例就是使用 for 循环来设计一个计算 0!~n!的程序。

【范例程序：factorial_for.py】 使用 for 循环计算 0!~n!

```
01    # 以 for 循环计算 n!
02    sum = 1
03    n=int(input('请输入 n='))
04    for i in range(0,n+1):
05        for j in range(i,0,-1):
06            sum *= j    # sum=sum*j
07        print('%d!=%3d' %(i,sum))
08        sum=1
```

程序的执行结果如图 6-5 所示。

```
请输入n=6
0!=  1
1!=  1
2!=  2
3!=  6
4!= 24
5!=120
6!=720
```

图 6-5

此外，递归因为调用对象的不同，可以分为以下两种。

（1）直接递归（Direct Recursion）：是指在递归函数中，允许直接调用该函数本身。例如：

```
def Fun(...):
    .
    .
    if ... :
        Fun(...)
    .
    .
}
```

（2）间接递归（Indirect Recursion）：是指在递归函数中，先调用其他递归函数，再从其他递归函数调用回原来的递归函数。

```
def Fun1(...):        def Fun2(...):
    .                     .
    .                     .
    if ... :              if ... :
      Fun2(...)               Fun1(...)
    .                     .
    .                     .
```

技巧

"尾部递归"（Tail Recursion）就是程序的最后一条语句为递归调用，因为每次调用后，再回到前一次调用要执行的第一条语句就是 return，所以后续不需要再执行任何语句了。

6.4.2 斐波那契数列

前面通过阶乘函数的范例程序说明了递归应用的运行方式，相信大家已经对递归不再完全陌生。接下来介绍数学上非常著名的斐波那契数列（Fibonacci Polynomial），首先看看斐波那契数列的基本定义：

$$F_n=\begin{cases}0 & n=0\\ 1 & n=1\\ F_{n-1}+F_{n-2} & n=2,3,4,5,6,\ldots \quad (\text{n 为正整数})\end{cases}$$

简单来说，就是一个数列的第零项是 0、第一项是 1，数列后续项的值是由其前面两项的值相加之和。根据斐波那契数列的定义，我们也可以尝试把它转成递归的形式：

```
def fib(n):          # 定义函数 fib()
    if n==0 :
        return 0     # 如果 n=0，就返回 0
    elif n==1 or n==2:
        return 1
```

```
    else:            # 否则返回 fib(n-1)+fib(n-2)
      return (fib(n-1)+fib(n-2))
```

云盘下载

【范例程序：fib.py】 求 n 项斐波那契数列的递归程序

```
01  def fib(n):          # 定义函数 fib()
02      if n==0 :
03          return 0  # 如果 n=0，就返回 0
04      elif n==1 or n==2:
05          return 1
06      else:          # 否则返回 fib(n-1)+fib(n-2)
07          return (fib(n-1)+fib(n-2))
08
09  n=int(input('请输入要计算几项斐波那契数列:'))
10  for i in range(n+1):# 计算斐波那契数列的前 n 项
11      print('fib(%d)=%d' %(i,fib(i)))
```

程序的执行结果如图 6-5 所示。

```
请输入要计算几项斐波拉契数列:10
fib(0)=0
fib(1)=1
fib(2)=1
fib(3)=2
fib(4)=3
fib(5)=5
fib(6)=8
fib(7)=13
fib(8)=21
fib(9)=34
fib(10)=55
```

图 6-6

6.4.3 汉诺塔问题

法国数学家 Lucas 在 1883 年介绍了一个经典的汉诺塔（Tower of Hanoi）智力游戏，这是一个典型的使用递归法与堆栈概念来解决问题的范例，如图 6-7 所示。游戏的背景故事是：在古印度神庙，庙中有三根木桩，天神希望和尚们把某些大小不同的盘子从第一个木桩全部移动到第三个木桩。

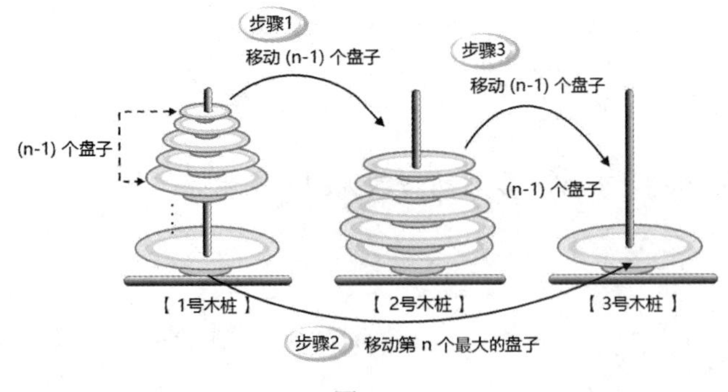

图 6-7

从更精确的角度来说，汉诺塔问题可以这样描述：假设有 1 号、2 号、3 号三个木桩和 n 个大小均不相同的盘子（Disc），从小到大编号为 1，2，3，…，n，编号越大的盘子直径越大。开始的时候，n 个盘子都套在 1 号木桩上，现在希望将 1 号木桩上的盘子借着 2 号木桩当中间桥梁，全部移到 3 号木桩上，找出移动次数最少的方法。不过在移动时必须遵守下列规则：

（1）直径较小的盘子永远只能置于直径较大的盘子上。
（2）盘子可任意地从任何一个木桩移到其他的木桩上。
（3）每一次只能移动一个盘子，而且只能从最上面的盘子开始移动。

现在我们考虑 n=3 的情况，以图示的方式示范解决汉诺塔问题的步骤，可参考图 6-8~图 6-15。

步骤01 将 1 号盘子从 1 号木桩移动到 3 号木桩，如图 6-8 所示。

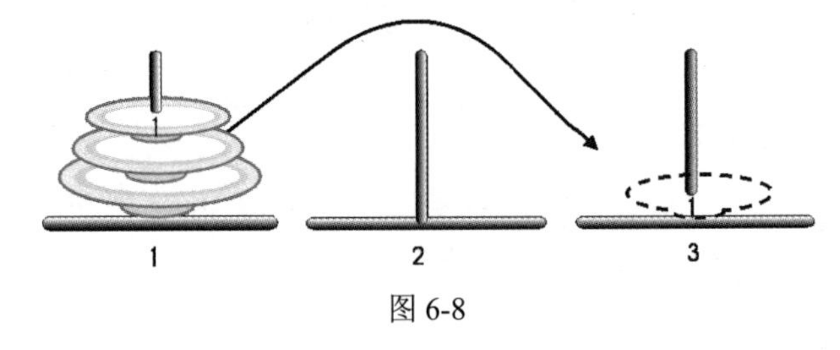

图 6-8

步骤02 将 2 号盘子从 1 号木桩移动到 2 号木桩，如图 6-9 所示。

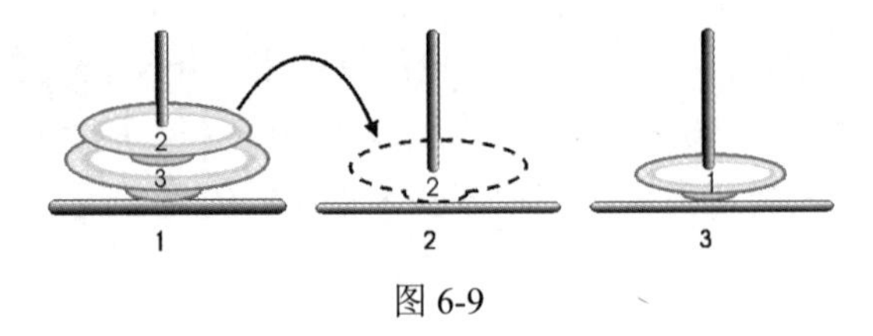

图 6-9

步骤03 将 1 号盘子从 3 号木桩移动到 2 号木桩，如图 6-10 所示。

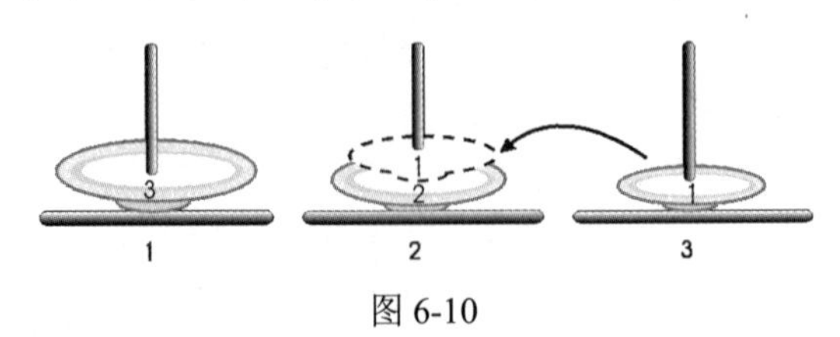

图 6-10

步骤04 将3号盘子从1号木桩移动到3号木桩，如图6-11所示。

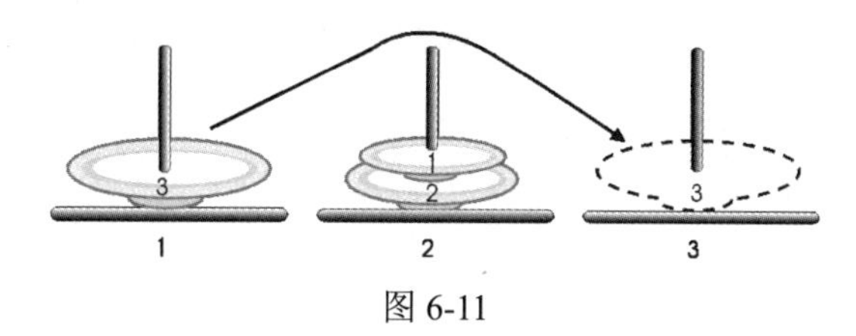

图6-11

步骤05 将1号盘子从2号木桩移动到1号木桩，如图6-12所示。

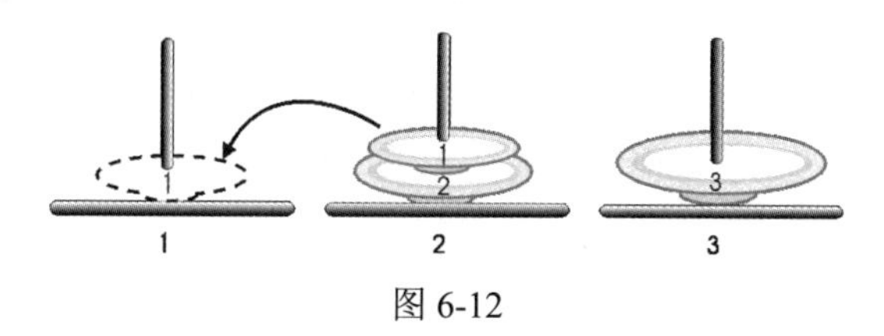

图6-12

步骤06 将2号盘子从2号木桩移动到3号木桩，如图6-13所示。

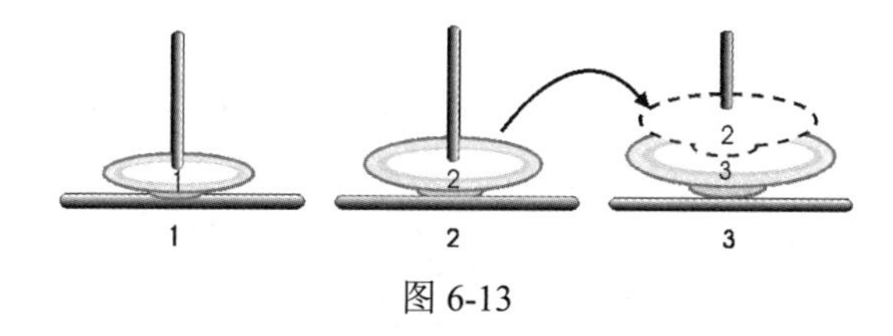

图6-13

步骤07 将1号盘子从1号木桩移动到3号木桩，就完成了，如图6-14所示。

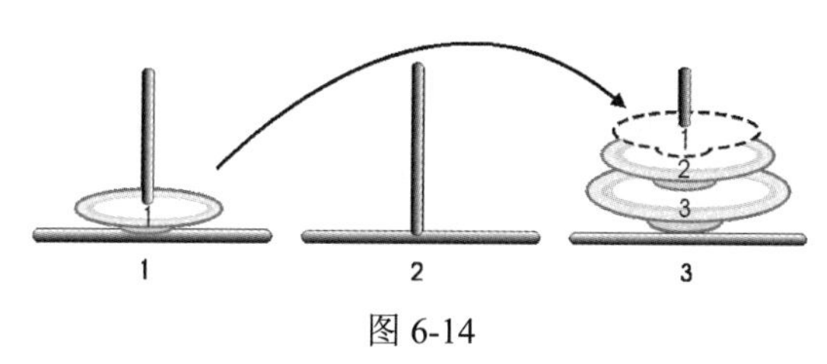

图6-14

完成后的结果如图6-15所示。

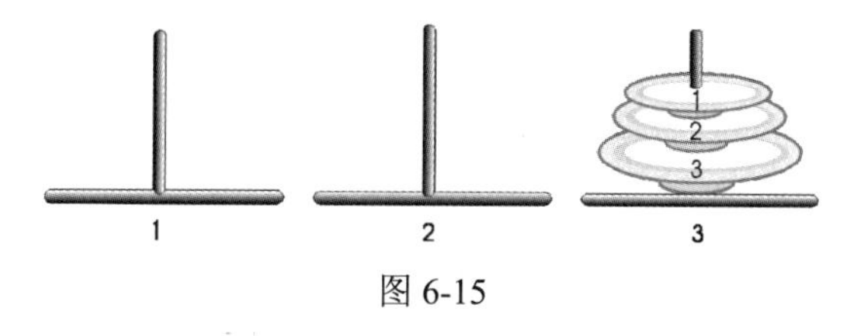

图6-15

结论：移动了$2^3-1=7$次，盘子移动的次序为1、2、1、3、1、2、1（盘子次序）。步骤为1→3、1→2、3→2、1→3、2→1、2→3、1→3（木桩次序）。

当有4个盘子时，我们实际操作后（在此不用插图说明），盘子移动的次序为1、2、1、3、1、2、1、4、1、2、1、3、1、2、1，而移动木桩的顺序为1→2、1→3、2→3、1→2、3→1、3→2、1→2、1→3、2→3、2→1、3→1、2→3、1→2、1→3、2→3，移动次数为$2^4-1=15$。

当 n 不大时，大家可以逐步用图解的办法解决问题，但 n 的值较大时，可就十分伤脑筋了。事实上，我们可以得到一个结论，例如当有 n 个盘子时，可将汉诺塔问题归纳成三个步骤：

步骤 01 将 n-1 个盘子从木桩 1 移动到木桩 2。

步骤 02 将第 n 个最大的盘子从木桩 1 移动到木桩 3。

步骤 03 将 n-1 个盘子从木桩 2 移动到木桩 3。

参考图 6-6，结合上面说明的 3 个步骤，应该可以发现汉诺塔问题非常适合以递归与堆栈来解决。因为它满足了递归的两大特性：① 有反复执行的过程；② 有停止的出口。以下是以递归方式来描述的汉诺塔递归函数（算法）：

```
def hanoi(n, p1, p2, p3):
    if n==1: # 递归出口
        print('盘子从 %d 移到 %d' %(p1, p3))
    else:
        hanoi(n-1, p1, p3, p2)
        print('盘子从 %d 移到 %d' %(p1, p3))
        hanoi(n-1, p2, p1, p3)
```

云盘下载 **【范例程序：hanoi.py】 以递归方式来实现汉诺塔问题的求解**

```
01  def hanoi(n, p1, p2, p3):
02      if n==1: # 递归出口
03          print('盘子从 %d 移到 %d' %(p1, p3))
04      else:
05          hanoi(n-1, p1, p3, p2)
06          print('盘子从 %d 移到 %d' %(p1, p3))
07          hanoi(n-1, p2, p1, p3)
08
09  j=int(input('请输入想要移动盘子的数量：'))
10  hanoi(j,1, 2, 3)
```

程序的执行结果如图 6-15 所示。

```
请输入想要移动盘子的数量：4
盘子从 1 移到 2
盘子从 1 移到 3
盘子从 2 移到 3
盘子从 1 移到 2
盘子从 3 移到 1
盘子从 3 移到 2
盘子从 1 移到 2
盘子从 1 移到 3
盘子从 2 移到 3
盘子从 2 移到 1
盘子从 3 移到 1
盘子从 2 移到 3
盘子从 1 移到 2
盘子从 1 移到 3
盘子从 2 移到 3
```

图 6-16

6.5 认识排序

排序（Sorting）是最常使用的一种算法，目的是将一串不规则的数值数据按照递增或递减的方式重新排列。随着大数据和人工智能技术（Artificial Intelligence，AI）的普及和应用，排序是其中非常重要的工具之一。

对于“排序”更严谨的定义是：将一组数据按照某一个特定规则重新排列，使其具有递增或递减的次序关系。按照特定规则用于排序的依据被称为键（Key），它所含的值就称为“键值”，通常键值数据类型有数值类型、中文字符串类型及非中文字符串类型三种。

当手边有一组数据时，如何通过程序将它整理成的递增或递减的线性关系呢？举一个简单的例子，输入10个整数，从小排到大，就是基本的排序。

在排序的过程中，计算机中数据的移动方式可分为“直接移动”和“逻辑移动”两种。“直接移动”是直接交换存储数据的位置，而“逻辑移动”并不会移动数据存储的位置，仅改变指向这些数据的辅助指针的值，如图6-17（直接移动排序）和图6-18（逻辑移动排序）所示。

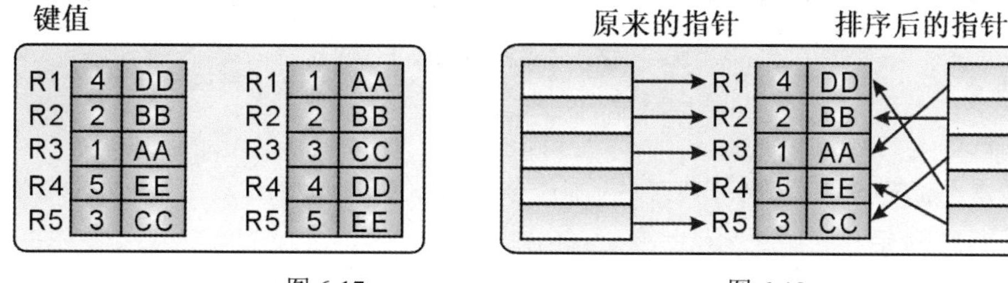

图6-17　　　　图6-18

两者间的优劣在于直接移动会浪费许多时间进行数据的移动，而逻辑移动只要改变辅助指针指向的位置，就能轻易达到排序的目的。例如在数据库中，可在报表中显示多项记录，也可以针对这些字段的特性来分组并进行排序与汇总，这就属于逻辑移动，而不是实际移动改变数据在数据文件中的位置，数据在经过排序后，会有以下三点好处：

（1）数据较容易阅读。

（2）数据较利于统计和整理。

（3）可大幅减少数据查找的时间。

排序的算法有很多种，其中选择排序（Selection Sort）与冒泡排序（Bubble Sort）是比较适合初学者学习的入门排序算法，本节将介绍这两种排序算法，Python本身也有用于排序的函数，也会一并介绍。

6.5.1 选择排序法

选择排序法的概念是反复从未排序的数列中取出最小的元素，不断加入到另一个已排序的数列，最后的结果即为已排序的数列。选择排序法可使用两种方式排序，一种是在所有的数据中，若从大到小排序，则将最大值放入第一个位置；若从小到大排序，则将最大值放入最后一个位置。

例如，一开始在所有的数据中挑选一个最小项放在第一个位置（假设是从小到大排序），再从第二项挑选一个最小项放在第 2 个位置，以此类推，直到完成排序为止。

下面我们以 55、23、87、62、16 数列为例进行从小到大排序，具体说明选择排序的流程。

原始数据如图 6-19 所示。

图 6-19

步骤 01 找到此数列中的最小值后，与数列中的第一个值交换，如图 6-20 所示。

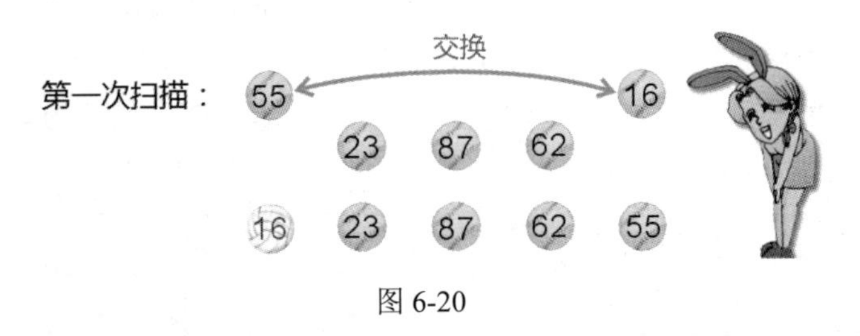

图 6-20

步骤 02 从第二个值开始找，找到此数列中（不包含第一个值）的最小值后，再和第二个值交换，如图 6-21 所示。

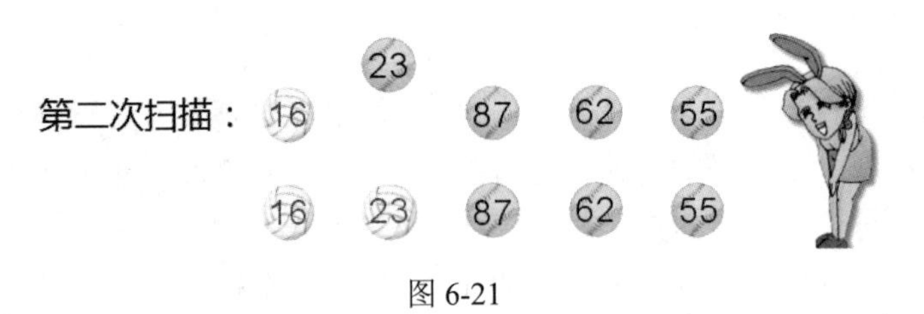

图 6-21

步骤 03 从第三个值开始找，找到此数列中（不包含第一、第二个值）的最小值后，再和第三个值交换，如图 6-22 所示。

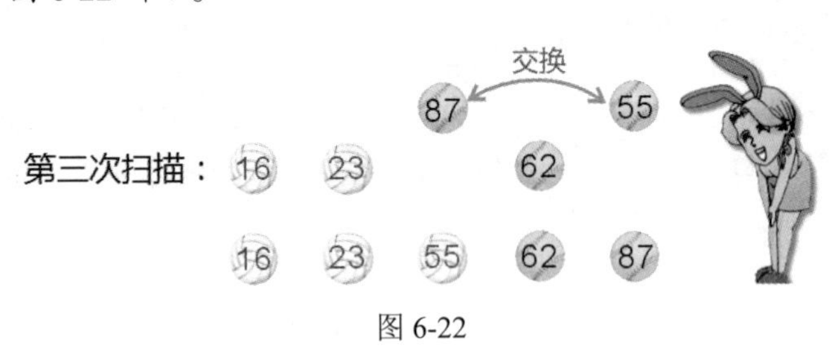

图 6-22

步骤 04 从第四个值开始找，找到此数列中（不包含第一、第二、第三个值）的最小值后，再和第四个值交换，则此排序完成，如图 6-23 所示。

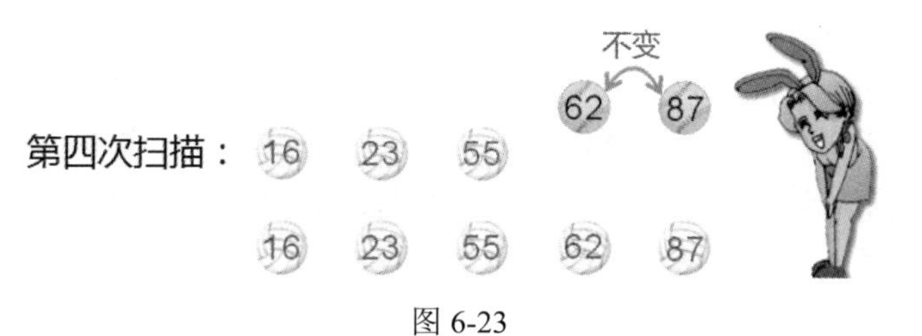

图 6-23

选择排序法比较次数固定为 n*(n-1)/2 次。

以下范例程序使用 Python 实现选择排序，程序代码如下：

【范例程序：selection_sort.py】 选择排序法

```
01    # -*- coding: utf-8 -*-
02
03    def selectionSort(L):
04        N = len(L)
05        cc = 0
06        x=0
07        for i in range(N-1):
08            minL = i
09            for j in range(i+1, N):   #找出最小值
10                x+=1
11                if L[minL] > L[j]:
12                    minL = j
13
14            # 把最小值与第 i 项进行交换
15            L[minL], L[i] = L[i], L[minL]
16            cc += 1
17            print("第{}次排序结果为：{}".format(cc,L))
18        return L,x
19
20    a = [55, 23, 87, 62, 16]  #排序的数据
21    print("排序前：{}".format(a))
22    L,x = selectionSort(a)
23    print("排序后：{}".format(L))
24    print("比较次数：{}".format(x))
```

程序的执行结果如图 6-24 所示。

```
排序前：[55, 23, 87, 62, 16]
第1次排序结果为：[16, 23, 87, 62, 55]
第2次排序结果为：[16, 23, 87, 62, 55]
第3次排序结果为：[16, 23, 55, 62, 87]
第4次排序结果为：[16, 23, 55, 62, 87]
排序后：[16, 23, 55, 62, 87]
比较次数：10
```

图 6-24

程序代码解析：

- 第 03~18 行：定义选择排序法函数，其中变量 x 用来累计比较次数，变量 cc 用来记录第几次的排序结果。主要原理是反复从未排序的数列中取出最小的元素，加入另一个已排序的数列中，最后的结果即为已排序的数列。
- 第 21 行：输出尚未排序的数列顺序。
- 第 23 行：输出排序后的数列。

6.5.2 冒泡排序法

冒泡排序法又称为交换排序法，是从观察水中气泡变化构思而成的，原理是从第一个元素开始，比较相邻元素的大小，若大小顺序有误，则对调后再进行下一个元素的比较，就仿佛气泡逐渐从水底冒升到水面上一样。如此扫描过一次之后，就可以确保最后一个元素位于正确的顺序。接着逐步进行第二次扫描，直到完成所有元素的排序关系为止。

下面还是使用 55、23、87、62、16 这个数列来演示排序过程，这样大家可以清楚地知道冒泡排序法的具体流程。图 6-25 所示为原始顺序，图 6-26~6-29 所示为排序的具体过程。

从小到大排序：

图 6-25

第一次扫描会先拿第一个元素 55 和第二个元素 23 进行比较，如果第二个元素小于第一个元素，就进行互换。接着拿 55 和 87 进行比较，就这样一直比较并互换，到第 4 次比较完后，即可确定最大值在数组的最后面，如图 6-26 所示。

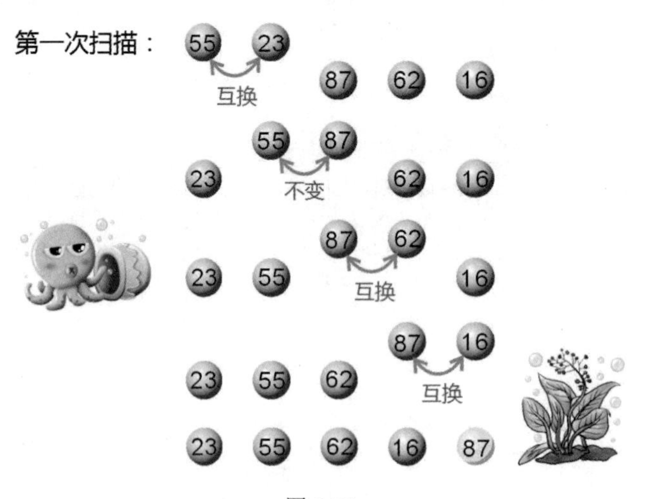

图 6-26

第二次扫描也是从头比较，但因为最后一个元素在第一次扫描时就已确定是数组中的最大值，故只需比较 3 次即可把剩余数组元素的最大值排到剩余数组的最后面，如图 6-27 所示。

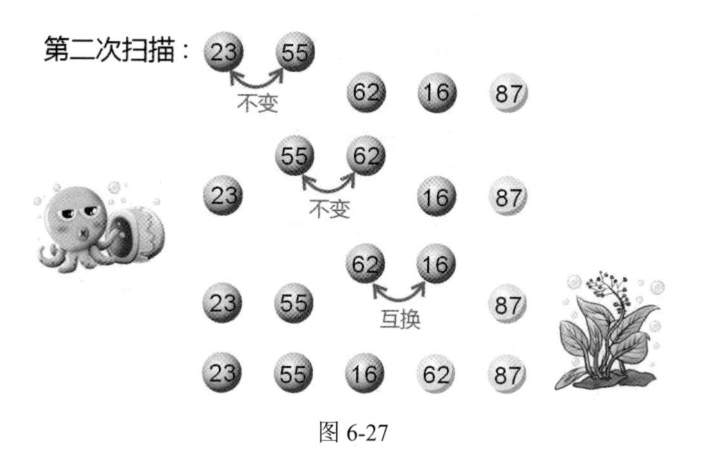

图 6-27

第三次扫描完，完成三个值的排序，如图 6-28 所示。

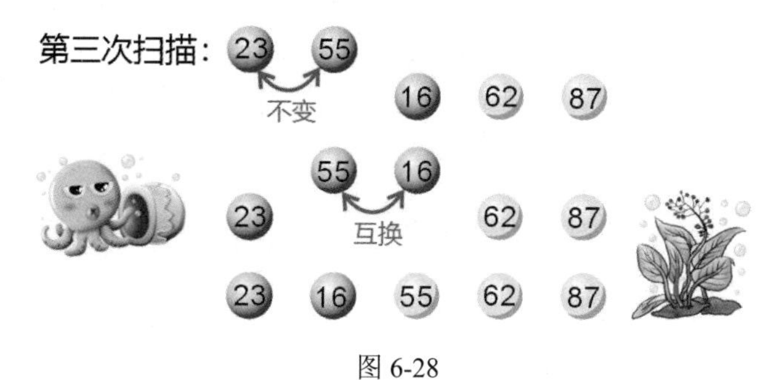

图 6-28

第四次扫描完，即可完成所有排序，如图 6-29 所示。

图 6-29

由此可知，5 个元素的冒泡排序法必须执行 4（5-1）次扫描，第一次扫描需比较 4（5-1）次，共比较了 10（4+3+2+1）次。

【范例程序：bubble_sort.py】 冒泡排序法

```
01    # -*- coding: utf-8 -*-
02    '''
03    冒泡排序法
04    '''
05
06    def bubble_sort(L):
07        N = len(L)
08        cc=0
09        x=0
10        for i in range(N-1):
```

```
11          for j in range(1, N - i):  #从第 1 项比较到倒数 N-i 项
12              x+=1
13              print("{},{}".format(L[j - 1],L[j]))
14              if L[j - 1] > L[j]:
15                  L[j - 1], L[j] = L[j], L[j - 1]
16          cc+=1
17          print("第{}次排序结果为: {}".format(cc,L))
18      return L,x
19
20
21  a = [55、23、87、62、16]  #排序的数据
22  print("排序前: {}".format(a))
23  L,x = bubble_sort(a)
24  print("排序后: {}".format(L))
25  print("比较次数: {}".format(x))
```

程序的执行结果如图 6-30 所示。

```
排序前: [55, 23, 87, 62, 16]
55,23
55,87
87,62
87,16
第1次排序结果为：[23, 55, 62, 16, 87]
23,55
55,62
62,16
第2次排序结果为：[23, 55, 16, 62, 87]
23,55
55,16
第3次排序结果为：[23, 16, 55, 62, 87]
23,16
第4次排序结果为：[16, 23, 55, 62, 87]
排序后: [16, 23, 55, 62, 87]
比较次数：10
```

图 6-30

程序代码解析：

- 第 06~18 行：定义冒泡排序法函数。
- 第 11 行：从第 1 项比较到倒数第 N-i 项。
- 第 18 行：返回排序后的列表内容及比较次数。

上面介绍的选择排序与冒泡排序都是基础的排序算法，提供的范例程序也主要用来帮助读者建立排序的概念，而不是拿来实际应用的。程序设计语言通常都内建了排序函数，通过调用它们就可以轻松解决排序问题。Python 语言内建了 sorted 函数可供排序使用，下面来介绍它的用法。

6.5.3 排序函数——sorted()

sorted 函数的用法直截了当，它的格式如下：

```
sorted(iterable, key=None, reverse=False)
```

第一个参数带入的是要排序的对象，只要是可迭代的对象都可以排序，这个函数默认从小到大排列，如果将 reverse 参数设为 True，就会反转排列的顺序，变成从大到小排列，例如：

```
a = [5, 2, 3, 1, 4]
print( sorted(a) )
print( sorted(a,reverse=True) )
```

上面的程序语句的执行结果如图 6-31 所示。

```
[1, 2, 3, 4, 5]
[5, 4, 3, 2, 1]
```

图 6-31

sorted()函数与 sort ()方法都用于排序，两者的功能大同小异，都有 reverse 与 key 参数，差别在于 sort()方法只用于列表（list）数据排序。要注意 sort()方法没有返回值，会直接对列表的内容进行排序，举例来看：

```
a = [5, 2, 3, 1, 4]
a.sort()
print(a)  #[1, 2, 3, 4, 5]
```

上面的程序语句是调用 sort()方法进行排序，排序之后原来的列表对象 a 内部的顺序也变了。下面调用 sorted()函数进行排序，排序过后会产生新的对象，原来的列表对象 a 的内容并不会改变：

```
a = [5, 2, 3, 1, 4]
print( sorted(a) )  # [1, 2, 3, 4, 5]
print(a)  # [5, 2, 3, 1, 4]
```

参数 key 接收函数作为参数，在排序之前会自动对每个元素执行一次 key 所指定的函数，例如我们想将下面的字符串分割之后按照英文字母排序，就可以用 str.lower 方法先将字符串转成小写，例如（参考范例程序 sorted_key.py）：

```
x = "Every thing is gonna be alright"
print( sorted(x.split(), key=str.lower) )
```

程序的执行结果如图 6-32 所示。

```
['alright', 'be', 'Every', 'gonna', 'is', 'thing']
```

图 6-32

如果上例没有转成小写，排序时大写就会在小写前面，执行结果如图 6-33 所示。

```
['Every', 'alright', 'be', 'gonna', 'is', 'thing']
```

图 6-33

通过 key 的特性可以进行一些高级的排序，例如有一个字典对象的数据是学生的姓名与分数，利用 key 可以很轻易地选择用姓名或分数排序，请看下面的范例程序。

云盘下载 **【范例程序：sorted_key1.py】 分数排序**

```
01    student = {'Judy': 90, 'Candy':46, 'Andy':69}    #姓名:分数
02
03    def x(d):
04        print("**"+str(d[1]))
05        return d[1]
06
07    print(sorted(student.items(), key = x))
```

程序的执行结果如图 6-34 所示。

```
**90
**46
**69
[('Candy', 46), ('Andy', 69), ('Judy', 90)]
```

图 6-34

从这个范例可以很清楚地看到在排序之前每个元素都执行了一次 x 函数，并返回分数(d[1])，然后 sorted()函数再对分数进行排序。上面的范例程序可以改写为 lambda 传入匿名函数，程序就更简洁了，程序如下（参考范例程序 sorted_key2.py）：

```
print(sorted(student.items(), key = lambda x:x[1]))
```

6.6 lambda 表达式

lambda 表达式又称为 lambda 函数，它没有函数名称。lambda 函数只有一行程序语句，它的语法如下：

```
lambda 参数列表, ... : 表达式
```

其中，表达式之前的冒号“:”不能省略，表达式不能使用 return 指令。自定义函数与 lambda()有何不同？下面以一个简单的例子来进行说明。

```
def result(x, y): #自定义函数
    return x+y
result = lambda x, y : x + y  #lambda 函数
```

注意，前面两行语句是自定义函数，函数名为 result。第三行语句是定义 lambda 函数。定义常规函数时，函数体一般有多行语句，但是 lambda 函数只能有一行表达式。另外，自定义函数都有函数名，lambda 函数无名称，必须指定一个变量来存储运算的结果，再用变量名 result 来调用 lambda 函数，按其定义传入参数。在自定义的 result()函数中，以 return 指令返回计算的结果，而 lambda 计算的结果由变量 result 存储。

下面的程序语句就是先定义 lambda 函数，再通过指定的变量 result 来调用它。

```
result = lambda x, y: x+y #表示 lambda 有两个参数
result(4, 7) #传入两个数值让 lambda 函数进行运算
```

6.7 上机实践演练——输出金字塔图形

本节将使用一个范例程序来复习前面所介绍的内容，范例程序的目标是输出金字塔图形。

6.7.1 范例程序说明

这个范例程序的目标是输出金字塔图形，具体要求如下：

（1）让用户输入金字塔层数 h 以及要构成金字塔的符号 s，输出金字塔图案。

（2）金字塔的每一层左侧必须列出层数编号。

（3）执行完成之后，询问用户要离开或继续，等用户输入“x”时显示文字“Goodbye!!”，或按任意键重复输出金字塔图形。

输入说明

金字塔层数 h，格式为数字 1~10，以 h=8 为例。

金字塔符号 s，格式为任意一个字符，以 s="*"为例。

输出范例

输出范例可参考图 6-35。

```
请输入您要显示的金字塔层数(1~10):8

请输入要显示的符号:*
1        *
2       ***
3      *****
4     *******
5    *********
6   ***********
7  *************
8 ***************
```

图 6-35

流程图

流程图可参考图 6-36。

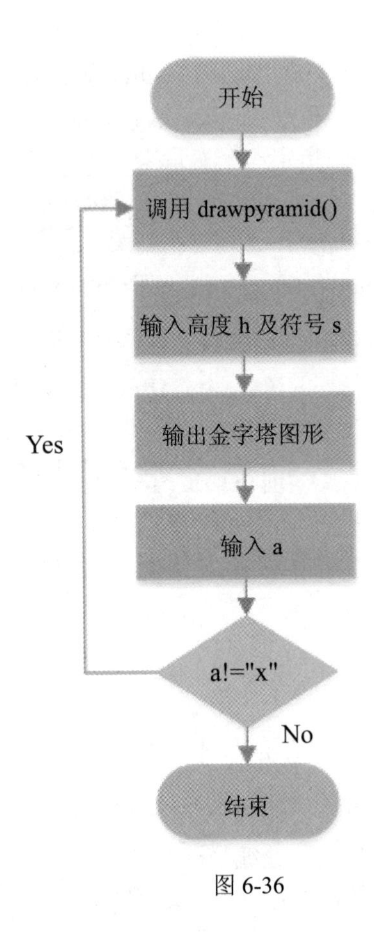

图 6-36

6.7.2 程序代码说明

这个练习可以使用 format()输出，只要计算出每一层放置的符号数量，将符号居中，而后一层输出就会呈现金字塔的图形。我们先试着找出算法，当高度 h 输入 1 时，打印 1 个符号；输入 2 时，打印 3 个符号；输入 3 时，打印 5 个符号，以此类推。所以只要将每一层的高度乘以 2 再减 1，就是需要的符号数量，可参考表 6-1。

表 6-1

高度	规则	符号数量
1 层	(1*2)-1	1 个
2 层	(2*2)-1	3 个
3 层	(3*2)-1	5 个
4 层	(4*2)-1	7 个
…	…	…
n 层	(n*2)-1	(n*2)-1 个

我们可以发现每一层的输出是有规则的，而且重复执行 n 次就可以完成输出，这种具有规则而且重复执行的流程非常适合使用流程控制的“循环”来完成。在这个范例程序中使用“for”

循环语句，使用方式如下：

```
for 变量 in 序列:
    程序语句
```

序列可以是列表（list）、字符串（str）、元组（tuple）以及范围（range）等类型，在这个范例程序中使用的是range序列，它是整数序列，用法如下：

```
range([start], stop[, step])
```

参数start是起始值，可省略，表示从0开始；stop是终止值，产生的序列不包含终止值本身；step是增减值（也称为步长），可省略，省略时表示递增1。例如，range(5)表示“0, 1, 2, 3, 4”序列，range(5, 10)表示“5, 6, 7, 8, 9”序列。范例程序中使用的for循环语句如下：

```
for n in range(1,h+1):
    str="{0}{1:^20}"
    print(str.format(n,s*(n*2-1)))
```

变量n是for循环需要用到的变量，range序列从1开始，直到h+1终止，没有指定增减值，表示每次执行n加1。这一段完整程序如下：

```
h = int( input("请输入您要显示的金字塔层数(1~10):") )
s = input("请输入要显示的符号:")

for n in range(1,h+1):
    str="{0}{1:^20}"
    print(str.format(n,s*(n*2-1)))
```

范例程序的要求还没完成，还需要让用户决定是否结束程序，因此需要让程序可以重复上述程序代码，我们可以将上述程序代码写成函数（function），函数内的程序语句必须缩排，而且同一程序区块的缩排距离必须相同。例如，范例程序中所定义的函数名称为def drawpyramid，函数内包含for循环与if条件判断语句，它们都有各自的程序区块范围，编写程序时，必须要使用缩排清楚地定义出各自的程序区块，可参考图6-37，双向箭头表示缩排距离。

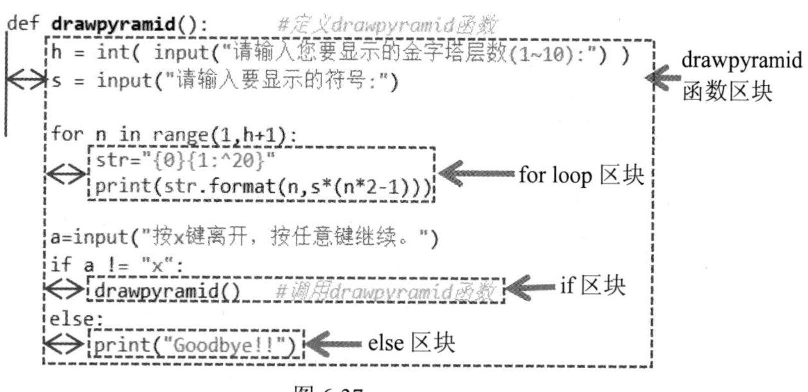

图6-37

drawpyramid 函数执行完绘制金字塔的程序语句之后，就会提示用户“按 x 键离开，按任意键继续。”，只要判断用户输入的值是否为“x”，如果是就显示“Goodbye!!”，否则再次调用 drawpyramid()函数。

我们可以使用 if...else 条件语句来判断用户输入的值，if...else 条件语句的语法如下：

```
if 条件判断表达式 1:
    #如果条件判断表达式 1 成立，就执行这个程序区块中的语句
elif 条件判断表达式 2:
    #如果条件判断表达式 2 成立，就执行这个程序区块中的语句
else:
    #如果条件判断表达式不成立，就执行这个程序区块中的语句
```

条件判断表达式经常使用等于“==”或不等于“!=”来判断，例如范例程序中判断用户输入的值 a 是否等于“x”，可以这样表示：

```
if a != "x":
    drawpyramid()
else:
    print("Goodbye!!")
```

至此，相信大家应该已经了解了范例程序的执行流程以及程序代码的含义。下面列出完整的程序代码供大家参考。

【范例程序：Review_pyramid.py】

```
01    # -*- coding: utf-8 -*-
02    """
03    程序名称：输出金字塔图形
04    """
05
06    def drawpyramid():      #定义 drawpyramid 函数
07        h = int( input("请输入您要显示的金字塔层数(1~10):") )
08        s = input("请输入要显示的符号:")
09
10        for n in range(1,h+1):
11            str="{0}{1:^20}"
12            print(str.format(n,s*(n*2-1)))
13
14        a=input("按 x 键离开，按任意键继续。")
15        if a != "x":
16            drawpyramid()   #调用 drawpyramid 函数
17        else:
18            print("Goodbye!!")
19
20
```

```
21    drawpyramid()    #调用 drawpyramid 函数
```


程序的执行结果如图 6-38 所示。

```
请输入您要显示的金字塔层数(1~10):8

请输入要显示的符号:$
1          $
2         $$$
3        $$$$$
4       $$$$$$$
5      $$$$$$$$$
6     $$$$$$$$$$$
7    $$$$$$$$$$$$$
8   $$$$$$$$$$$$$$$

按x键离开，按任意键继续。x
Goodbye!!
```

图 6-38

重点回顾

1. 将特定功能或经常重复使用的程序独立出来编写成一个子程序，让主程序可以调用，也就是所谓的“函数”。

2. 函数可分为内建函数与自定义函数。

3. 函数的程序区块必须缩排，函数也可以无参数，如果定义了参数，调用函数时就必须连带传入所需的参数。

4. 定义函数时要有“形式参数”来准备接收数据，而调用函数时要有“实际参数”来进行数据的传递工作。

5. Python 函数的参数分为位置参数与关键字参数。

6. 关键字参数就是通过关键字来传入参数，只要必要的参数都指定了，关键字参数的位置并不一定要按照参数定义时的顺序。

7. 不知道要传入的参数个数时，可以在定义函数时在参数前面加上一个星号“*”，表示该参数不确定个数。

8. Python 的参数是通过不可变对象和可变对象来传递的：不可变对象（如数值、字符串）传递参数时，接近于“传值”调用方式；可变对象（如列表）传递参数时，以“传址”调用方式来处理。

9. Python 的函数也可以有多个返回值，只要以逗号“,”分隔开返回值即可。

10. 变量按其作用域分为全局变量与局部变量。

11. 如果要在函数内使用全局变量，就必须在函数中用 global 声明该变量。

12. 一个函数或子程序是由自身所定义或调用的，就称为递归。

13. 递归至少要定义 2 个条件，包括一个可以反复执行的递归过程与一个跳出执行过程的出口。

14. 数据经过排序后的优点有：数据更容易阅读、数据便于统计和整理、大幅减少数据查找的时间。

15. Python 中的内建 sorted 函数可供排序使用，第一个参数传入的是要排序的对象，只要是可迭代的对象都可以排序，默认是从小到大排序。

16. lambda 表达式又称为 lambda 函数，它没有函数名，lambda 函数只有一行程序语句。

17. 自定义函数有函数名，而 lambda 函数无名称，必须指定一个变量来存储计算的结果。

课后习题

一、选择题

（ ）1. 关于函数的描述，下列哪一个有误？

A. 可以省去重复编写相同的程序代码

B. 可以大幅缩短开发的时间

C. 有助于日后程序的调试和维护

D. 调用函数的唯一渠道就是自定义函数

（ ）2. 关于定义函数的描述，下列哪一个有误？

A. Python 定义函数要使用关键词“def”

B. 函数的程序区块必须缩排

C. 定义函数时一定要传入参数

D. 没有返回值时，函数会自动返回 None 对象

（ ）3. 关于定义函数的描述，下列哪一个有误？

A. 调用函数时使用括号“()”运算符

B. 参数分为位置参数与关键字参数

C. 无法采用默认参数的方式

D. 关键字参数的位置并不一定要按照函数定义时参数的顺序

（ ）4. 关于函数返回值的描述，下列哪一个有误？

A. 当程序执行到 return 指令就终止，然后将值返回

B. 可以包含一个以上的 return 指令

C. 多个返回值，只要以逗号“，”分隔开返回值即可

D. 定义函数时一定要有返回值

（ ）5. 关于函数与参数传递的描述，下列哪一个有误？

A. 可变对象（如列表）传递参数时以“传址”方式来处理

B. 局部变量适用于所声明的函数或流程控制范围内的程序区块

C. 一个函数或子程序是由自身所定义或调用的，就称为递归

D. 汉诺塔问题使用递归法与队列概念来解决问题

二、填空题

1. 函数可分为________与________。

2. 定义函数时要有________来准备接收数据，而调用函数要有________来进行数据的传递工作。

3. Python 函数的参数分为________与________。

4. Python 的不可变对象（如数值、字符串）传递参数时，接近于________调用方式。

5. 如果要在函数内使用全局变量，就必须在函数中用________声明该变量。

三、简答题

1. 试简述 sorted()函数与 sort ()方法两者之间的异同？

2. 试简述 lambda 函数与一般自定义函数的不同。

3. 请问使用选择排序法将数列 10、5、25、30、15 从大到小排列，共需进行几次比较？

4. 请编写一个储蓄存款计息试算程序，年利率默认为 2%，以复利计，让用户可以输入本金与存期（年），计算到存款到期日的本利和。计息试算结果可参考表 6-2。

表 6-2

本金	存期（年）	本利和
15000	2	15606
15000	3	15918
30000	2	31212
30000	3	31836

技巧

本利和 = 本金* (1+ 年利率) ^存款期数

注：^表示次方。

5. 请说明在函数中提到的“形式参数”与“实际参数”两者之间的功能差异。

6. Python 函数的参数可分为哪两种，试比较说明。

7. 请简单说明 Python 的参数传递机制。

8. 变量按其作用域分为全局变量与局部变量，两者之间的差异是什么？

9. 什么是递归？它的定义条件是什么？

第 7 章 高级数据类型

本书前面的章节介绍了 Python 的基本数据类型和基础语法。在本章中，我们将继续讨论 Python 的特殊数据类型的内容与应用，包括元组（tuple）、列表（list）、字典（dict）、集合（set）等复合式数据类型。

本章学习大纲

- 容器数据类型的比较
- 列表的常用内建函数
- 列表的常用方法
- 二维和多维列表
- 元组
- 元组运算符
- 解包与交换
- 字典的基础操作
- 适用字典的运算符
- 适用字典的处理方法
- 适用集合的运算符
- 适用集合的方法

列表（list）、元组（tuple）、集合（set）和字典（dict）是容器类型的，顾名思义，它们就像容器一样，可以装进各种不同类型的数据，这些容器数据类型还能互相搭配使用，是学习 Python 的关键内容。

7.1 容器数据类型的比较

Python 的容器数据类型分为元组（tuple）、列表（list）、字典（dict）与集合（set），它们各有各的使用方法与限制。对象可分为可变（mutable）对象与不可变（immutable）对象两类，不可变对象一旦创建就不能改变其内容，其中只有元组是不可变对象，其他三种都是可变对象。下面先对 4 种容器数据类型做简单的介绍。

- 元组（tuple）：数据放置于括号“()”内，数据有顺序性，是不可变对象。
- 列表（list）：数据放置于中括号“[]”内，数据有顺序性，是可变对象。
- 字典（dict）：是 dictionary 的缩写，数据放置于大括号“{}”内，是“键（key）”与“值（value）”对应的对象，是可变对象。
- 集合（set）：类似数学中集合的概念，数据放置于大括号“{}”内，是可变对象，数据具有无序与互异的特性。

表 7-1 是 4 种容器类型的比较。

表 7-1

数据类型	tuple	list	dict	set
中文名称	元组	列表	字典	集合
使用符号	()	[]	{}	{}
顺序性	有序	有序	无序	无序
可变/不可变	不可变	可变	可变	可变
举例	(1, 2, 3)	[1, 2, 3]	{'word1':'apple'}	{1, 2, 3}

7.2 列表

使用单个变量存储数据时，当程序变量需求不多时，这种做法不会有太大问题。为了方便存储多个相关的数据，大部分程序设计语言会以数组方式来处理，与其他的程序设计语言都有的“数组”数据结构不同，在 Python 语言中是以列表来扮演存储大量有序数据的角色，它是一串由逗号分隔的值，并用中括号“[]”括起来，如下所示：

```
fruitlist = ["Apple", "Orange", "Lemon", "Mango"]
```

上面的列表对象共有 4 个元素，长度是 4，利用中括号“[]”配合元素的下标（index）就能存取每一个元素，下标从 0 开始，从左到右分别是 fruitlist[0]、fruitlist [1]，以此类推。

7.2.1 创建列表

列表可以是空列表，列表中的元素可以包含不同的数据类型或其他的子列表。下面都是正确的列表表示方式：

```
data = []     #空的列表
data1 = [28, 16, 55]  #存储数值的列表对象
data2 = ['1966', 50, 'Judy']   #含有不同类型的列表
data3 = ['Math', [88, 92], 'English', [65, 91]]
```

Python 语言提供了生成式（Comprehension）的做法，是一种创建列表更快速，更有弹性的做法，列表中括号里面可以结合 for 语句以及其他 if 或 for 语句的表达式，而表达式所产生的结果就是列表的元素，例如：

```
>>> list1 =[i for i in range(1,6)]
>>> list1
[1, 2, 3, 4, 5]
>>>
```

上面的例子中，列表元素是 for 语句中的 i。

又例如：

```
>>> list2=[i+10 for i in range(50,60)]
>>> list2
[60, 61, 62, 63, 64, 65, 66, 67, 68, 69]
```

有关 range()函数的使用方式有以下三种，分别是使用不同参数个数的声明方式：

（1）1 个参数

range（整数值）产生的列表是 0 到“整数值-1”的列表，例如 range(4)表示会产生[0, 1, 2, 3]的列表。

（2）2 个参数

range（初始值，终值）产生的列表是“初始值”到“整数值-1”的列表，例如 range(2, 5)表示会产生[2, 3, 4]的列表。

（3）3 个参数

range（初始值，终值，间隔值）产生的列表是“初始值”到“整数值-1”的列表，但每次会递增间隔值，例如 range（2, 5, 2）表示产生[2, 4]的列表，这是因为每次递增 2 的原因。

为什么要使用“列表生成式”？除了提高性能之外，还可以让 for 循环读取元素更加自动化。例如，要找出 10~50 之间可以被 7 整除的数值，for 循环可以配合 range()函数，再以 if 语句进行条件判断，能被 7 整除者以 append()方法加入列表中。下面用简单的例子来说明。

```
numA = [] #空的列表
```

```
for item in range(10, 50):
    if(item % 7 == 0):
        numA.append(item) #整除的数放入列表中
print('10~50 被 7 整除之数: ', numA)
```

使用列表生成式可以将上面的例子以更简洁的语句来表示：

```
numB = [] #空的 List
numB = [item for item in range(10, 50)if(item % 7 == 0)]
print('10~50 被 7 整除之数: ', numB)
```

另外，也可以使用列表生成式将两个列表按照条件进行串接，例如：

```
num = ['AB01', 'AB425', 'CH004', 'CK4131',
       'DD0048', 'Dy00231']
room = ['A', 'B', 'C']
rooms = [r + '-' + n for r in room for n in num if r[0] == n[0]]
```

其中，num 和 room 都是列表对象。列表生成式中用 if 条件语句找出 num 和 room 列表中的元素，将它们中的字符相等者加入列表 rooms 中。最后的输出结果如下：

```
['A-AB01', 'A-AB425', 'C-CH004', 'C-CK4131']
```

7.2.2 列表的常用内建函数

下面将介绍列表中常见的内建函数。

1. len(L)

返回列表对象 L 的长度，即该列表包含几个元素，例如：

```
fruitlist = ["Apple", "Orange", "Lemon"]
print( len(fruitlist) )  #长度=3
```

2. sum()

内建函数 sum()用于计算总分。以下面的范例程序来说明 sum()函数的用法。

【范例程序：sum_score.py】用内建函数 sum()计算总分

```
01    score = [] #创建列表来存放成绩
02    # 用 for 循环创建输入成绩的列表
03    for item in range(5):
04        data = int(input('分数%2d: ' %(item + 1)))
05        score += [data]
06    print('%5s %5s ' % ('index', 'score'))
07
08    #用 for 循环读取成绩并输出
```

```
09    for item in range(len(score)):
10        print('%3d %4d'% (item, score[item]))
11
12    print('-'*12)
13    # 调用内建函数 sum()来计算总分
14    print('总分', sum(score), ', 平均分 = ', sum(score)/5)
15    score.sort(reverse = True) # 调用 sort()方法从大到小排序
16    print('降序排序：', score)
17    print('升序排序：', sorted(score)) #使用 BIF
```

程序的执行结果如图 7-1 所示。

```
分数 1：89

分数 2：65

分数 3：91

分数 4：92

分数 5：84
index score
  0   89
  1   65
  2   91
  3   92
  4   84
------------
总分 421 , 平均分 =  84.2
降序排序： [92, 91, 89, 84, 65]
升序排序： [65, 84, 89, 91, 92]
```

图 7-1

程序代码解析：

- 第 03~05 行：for 循环创建输入成绩的列表。
- 第 09、10 行：for 循环读取成绩并输出。
- 第 14 行：调用内建函数 sum()来计算总分。
- 第 15 行：调用 sort()方法从大到小排序。
- 第 17 行：调用 BIF sorted()函数进行升序排序。

3. max(L)

返回列表对象 L 中最大的元素，例如：

```
print(max([1,3,5,7,9]))   #9
```

- 4. min(L)

返回列表对象 L 中最小的元素，例如：

```
print(min([1,3,5,7,9]))   #1
```

7.2.3 常用的列表运算符

之前介绍字符串时提到“+”运算符可以串接字符串，“*”运算符可用来重复字符串，比较运算符可以用来比较字符串的大小。同样的，这三种运算符也适用于列表，例如：

```
>>> [3,5,7]+[9,22,3,56]
[3, 5, 7, 9, 22, 3, 56]
>>> [3,5,7]*3
[3, 5, 7, 3, 5, 7, 3, 5, 7]
[3, 5, 7, 3, 5, 7, 3, 5, 7]
>>> [3,5,7]<[3,5,8]
True
>>> [3,5,7]==[3,5,7]
True
>>> [3,5,7]>[4,5,7]
False
```

另外，如果要检查某一个元素是否存在或不存在于列表中，就可以使用 in 与 not in 运算符，例如：

```
>>> "Mon" in ["Mon","Tue","Fri"]
True
>>> "Sun" not in ["Mon","Tue","Fri"]
True
```

列表对象也可以搭配切片（slice）方法来取出元素，例如：

```
str1 = ['A','B','C','D','E','F']
print(str1[:3])    #读取下标 0~2 的元素
print(str1[2:4])   #读取下标 2~3 的元素
print(str1[4:])    #读取下标 4 之后的元素
```

上面程序语句的执行结果如图 7-2 所示。

```
['A', 'B', 'C']
['C', 'D']
['E', 'F']
```

图 7-2

下面的范例程序可以将列表中的奇偶数分离。

【范例程序：evenAndOdd.py】 将列表中的奇偶数分离

```
01    # -*- coding: utf-8 -*-
02    '''
03    将列表中奇偶数分离
```

```
04    '''
05
06    Number = [1,2,3,4,5,6,7,8,9,10]
07    even_num = Number[1::2]
08    odd_num = Number[0::2]
09
10    print("偶数：{}\n奇数：{}".format(even_num,odd_num))
```

程序的执行结果如图 7-3 所示。

```
偶数：[2, 4, 6, 8, 10]
奇数：[1, 3, 5, 7, 9]
```

图 7-3

程序代码解析：

- 第 07 行：使用切片运算读取偶数。
- 第 08 行：使用切片运算读取奇数。

我们可以用中括号搭配下标值来指定要修改哪一个元素的值，例如：

```
fruitlist = ["Apple", "Orange", "Lemon"]
fruitlist[1]="Kiwi"
```

上面程序语句的执行结果为：['Apple', 'Kiwi', 'Lemon']

7.2.4 列表的常用方法

列表数据是可变对象，可以修改列表中的元素数据，也可以添加或删除列表中的元素。表 7-2 列出了列表的常用方法。

表 7-2

方法	说明
append()	附加新元素
count(x)	计算列表中 x 出现的次数
insert()	插入新元素
pop()	弹出元素，默认是最后一个
remove()	删除元素
reverse()	倒转元素的顺序
sort()	排序

下面详细说明列表的方法。

（1）附加元素 append()

append()方法用于将新的元素加到列表末端，例如：

```
fruitlist = ["Apple", "Orange", "Lemon"]
fruitlist.append("Mango")
```

上面程序语句的执行结果为：['Apple', 'Orange', 'Lemon', 'Mango']

（2）插入元素 insert ()

insert ()方法用于把新的元素插入下标指定的列表位置，格式如下：

```
list.insert(下标值, 新元素)
```

下标值是指列表的下标位置，下标值为 0 表示插入列表最前端。举例来说，要将新元素插入下标为 1 的位置，可以这样表示：

```
fruitlist = ["Apple", "Orange", "Lemon"]
fruitlist.insert(1,"banana")
```

上面程序语句的执行结果为：['Apple', 'banana', 'Orange', 'Lemon']

（3）删除元素 remove ()

remove()方法用于指定要从列表中删除的元素，例如：

```
fruitlist = ["Apple", "Orange", "Lemon"]
fruitlist.remove("Orange")
```

上面程序语句的执行结果为：['Apple', 'Lemon']

（4）弹出元素 pop ()

pop()方法用于从列表指定的下标位置弹出元素，即从指定下标位置将该元素删除，例如：

```
fruitlist = ["Apple", "Orange", "Lemon"]
fruitlist.pop(1)
```

上面程序语句的执行结果为：['Apple', 'Lemon']

如果 pop()括号内没有指定下标值，就默认删除列表的最后一个元素。

```
fruitlist = ["Apple", "Orange", "Lemon"]
fruitlist.pop()
```

上面程序语句的执行结果为：['Apple', 'Orange']

（5）对列表元素进行排序 sort ()

sort ()方法用于对列表中的元素进行排序，例如：

```
fruitlist = ["Apple", "Orange", "Lemon"]
fruitlist.sort()
```

上面程序语句的执行结果为：['Apple', 'Lemon', 'Orange']

7.2.5 用 del 删除变量与元素

del 语句除了可以删除列表中指定下标处的元素外，也可以一次性删除切片运算符所指定的下标范围。当我们不再使用列表变量时，也可以通过 del 语句删除这个列表变量。例如下面的程序语句表示从列表 L 删除下标位置为 3 的元素，即数字 4：

```
>>> L=[1,2,3,4,5,6,7,8,9]
>>> del L[3]
>>> L
[1, 2, 3, 5, 6, 7, 8, 9]
>>>
```

下面的程序语句会删除列表 L 下标位置从 0 到（2-1）的元素，即删除列表中前两个元素。

```
>>> L=[1,2,3,4,5,6,7,8,9]
>>> del L[0:2]
>>> L
[3, 4, 5, 6, 7, 8, 9]
>>>
```

7.2.6 二维和多维列表

在 Python 中，列表中可以有列表，这种情况就称为二维列表，要读取二维列表的数据可以通过 for 循环。简单来讲二维列表，就是列表中的元素是列表。下面用简单的例子来说明：

```
number = [[11, 12, 13], [22, 24, 26], [33, 35, 37]]
```

上面的 number 是一个列表。number[0]（或称第一行下标）存放着另一个列表；number[1]（或称第二行下标）也存放着另一个列表，以此类推。第一行下标有 3 列，分别存放着元素，其位置 number[0][0]指向数值“11”，number[0][1]指向数值“12”，以此类推。所以 number 是 3*3 的二维列表，其行和列的下标如图 7-4 所示。

	列下标[0]	列下标[1]	列下标[2]
行下标[0]	11	12	13
行下标[1]	22	24	26
行下标[2]	33	35	37

图 7-4

number 二维列表同样是以“[]”运算符来表示其下标并存取元素的，语法如下：

```
列表名称[行下标][列下标]
```

例如：

```
number[0]        #输出第一行的三个元素
[11, 12, 13]
number[1][2]     #输出第二行第三列的元素
26
```

要声明一个N*N维的二维列表（在其他程序设计语言中被称为数组，后文的描述中也会混用数组的说法），其语法如下：

```
arr=[[None] * N for row in range(N)]
```

这里假设arr为一个3行5列的二维数组，也可以视为3*5的矩阵。在存取二维数组中的数据时，使用的下标值仍然是从0开始计算的。

在二维数组设置初始值时，为了便于区分行和列，除了最外层的“[]”外，必须以“[]”括住每一行的元素初始值，并以“,”分隔每个数组元素，语法如下：

```
数组名=[ [第0行初值],[第1行初值],…,[第n-1行初值] ]
```

例如：

```
arr=[[1,2,3],[2,3,4]]
```

接下来将用Python语言的二维列表来编写一个求二阶行列式的范例程序。二阶行列式的计算公式为a1 * b2 - a2 * b1。

【范例程序：twoArray.py】 二阶行列式

```
01    N=2
02    #声明2x2数组arr并将所有元素设置为None
03    arr=[[None] * N for row in range(N)]
04    print('|a1 b1|')
05    print('|a2 b2|')
06    arr[0][0]=input('请输入a1:')
07    arr[0][1]=input('请输入b1:')
08    arr[1][0]=input('请输入a2:')
09    arr[1][1]=input('请输入b2:')
10    #求二阶行列式的值
11    result = int(arr[0][0])*int(arr[1][1])-int(arr[0][1])*int(arr[1][0])
12    print('|%d %d|' %(int(arr[0][0]),int(arr[0][1])))
13    print('|%d %d|' %(int(arr[1][0]),int(arr[1][1])))
14    print('行列式的值=%d' %result)
```

程序的执行结果如图7-5所示。

```
|a1 b1|
|a2 b2|

请输入a1:5

请输入b1:9

请输入a2:3

请输入b2:4
|5 9|
|3 4|
行列式的值=-7
```

图 7-5

在 Python 语言中，三维数组的声明方式如下：

```
num=[[[33,45,67],[23,71,66],[55,38,66]],[[21,9,15],[38,69,18],[90,101,89]]]
```

假设一个三维数组的元素内容如下：

```
num=[[[33,45,67],[23,71,66],[55,38,66]],[[21,9,15],[38,69,18],[90,101,89]]]
```

请设计一个 Python 程序，使用三重嵌套循环来找出这个 2×3×3 三维数组中所存储数值中的最小值。

【范例程序：threeArray.py】 三维数组

```
01    #声明三维数组
02    num=[[[33,45,67],[23,71,66],[55,38,66]], \
03         [[21,9,15],[38,69,18],[90,101,89]]]
04    value=num[0][0][0]    #设置 main 为 num 数组的第一个元素
05    for i in range(2):
06        for j in range(3):
07            for k in range(3):
08                if(value>=num[i][j][k]):
09                    value=num[i][j][k]    #使用三重循环找出最小值
10    print("最小值= %d" %value)
```

程序的执行结果如图 7-6 所示。

```
最小值= 9
```

图 7-6

7.3 元组

元组（tuple）是有序对象，类似列表（list），差别在于元组是不可变对象，一旦创建之后，元组中的元素不能任意更改其位置，也不能更改其内容值。

7.3.1 创建元组

元组是一串由逗号分隔的值，可以用括号“()”创建元组对象，也可以用逗号“,”创建元组对象，如下所示：

```
fruitlist = ("Apple", "Orange", "Lemon")
fruitlist = "Apple", "Orange", "Lemon"
```

上面两条程序语句都是创建元组对象：("Apple", "Orange", "Lemon")，如果元组对象中只有一个元素，仍必须在这个元素之后加上逗号，例如：

```
fruitlist = ("Apple",)
```

元组可以存放不同数据类型的元素。元组中元素的下标编号从左到右是从[0]开始的，从右到左则是从[-1]开始的。列表是以中括号“[]”来存放元素的，而元组是以小括号“()”来存放元素的。

因为元组内的元素有对应的下标编号，所以可以使用 for 循环或 while 循环来读取元组内的元素。例如，以下程序语句用 for 循环将元组中的元素输出，其中 len()函数可以求取元组的长度：

【范例程序：tuple_create.py】 新建 tuple

```
01    tuple1 = (24, 38, 32, 48, 4)
02    print('tuple 所有的元素如下：')
03    for item in range(len(tuple1)):
04      print ('tuple1[%2d] %3d' %(item, tuple1[item]))
```

程序的执行结果如图 7-7 所示。

```
tuple 所有的元素如下：
tuple1[ 0]  24
tuple1[ 1]  38
tuple1[ 2]  32
tuple1[ 3]  48
tuple1[ 4]   4
```

图 7-7

虽然在元组内的元素不可以用“[]”运算符来改变元素的值，不过元组内的元素仍然可以使用“+”“*”运算符执行一些其他运算。使用“+”运算符可以将两个元组的数据内容串接成一个新的元组，而使用“*”运算符可以把元组的元素复制成多个。

7.3.2 元组的内建函数

前面列表提到的内建函数大部分也适用于元组，说明如下：

1. sum()

用于计算总分。

```
score = (90,100,98,86,86) #创建元组来存放成绩
print('总分', sum(score), ', 平均分 = ', sum(score)/5)
```

程序的执行结果如图 7-8 所示。

```
总分 460 , 平均分 =  92.0
```

图 7-8

2. max(T)

- 返回列表对象 T 中最大的元素，例如：

```
>>>max((1,3,5,7,9))
9
```

3. min(T)

- 返回列表对象 T 中最小的元素，例如：

```
>>>min((1,3,5,7,9))
1
```

7.3.3 元组的运算符

元组对象同样可以使用中括号“[]”搭配元素的下标（index）读取各个元素，例如：

```
fruitlist = ("Apple", "Orange", "Lemon")
print( fruitlist[1] )   #Orange
```

原则上对列表的运算不会更改元素内容的运算符都适用于元组，例如连接运算符“+”、重复运算符“*”、比较运算符、下标运算符、切片运算符、in 与 not in 运算符等。有关元组运算符的使用方式，举例如下：

```
>>> (3,5,7)+(9,22,3,56)
(3, 5, 7, 9, 22, 3, 56)
>>> (3,5,7)*3
(3, 5, 7, 3, 5, 7, 3, 5, 7)
>>> (3,5,7)<(3,5,8)
True
>>> (3,5,7)==(3,5,7)
True
>>> (3,5,7)>(4,5,7)
False
>>> "Mon" in ("Mon","Tue","Fri")
```

```
True
>>> "Sun" not in ("Mon","Tue","Fri")
True
```


7.3.4 解包与交换

元组是不可变对象，不可以直接修改元组元素的值，因此在列表中像 append()、insert()等会改变元素个数或元素值的方法，都不能用于元组。而像 count()用来统计元素出现的次数，或 index()用来读取某元素第一次出现的下标值等，就可以用于元组。

Python 针对元组有一个很特别的用法解包（Unpacking）。举例来说，下面的第 1 行程序语句将“Andy”“25”以及“上海”三个值定义为元组，第 2 行则使用变量读取元组中的元素值，这个操作就被称为 Unpacking（解包）：

```
datalist = ("Andy", "25", "上海")      # Packing
name, age, addr= datalist              # Unpacking
print(name)                            #输出 Andy
```

解包不只限于元组，包括列表和集合等序列对象，都可以用同样的方式来设置变量，序列解包等号左边的变量数量必须与等号右边的序列元素数量相同。

在其他程序设计语言中，如果想要交换（Swap）两个变量的值，通常需要第三个变量来辅助，例如 x=10、y=20，如果要让 x 与 y 的值对调，其他程序设计语言需要如下编写：

```
temp = x
x = y
y = temp
```

而在 Python 语言中，使用解包的特性，变量值的交换就变得非常简单，只需下面一行程序语句就可以达到交换的目的：

```
y,x = x,y
```

【范例程序：tuple.py】 元组的交换

```
01    # -*- coding: utf-8 -*-
02
03    x = 10
04    y = 20
05    print('x={},y={}'.format(x,y))
06
07    y,x = x,y
08    print('Swap x={},y={}'.format(x,y))
```

程序的执行结果如图 7-9 所示。

```
x=10,y=20
Swap x=20,y=10
```

图 7-9

程序代码解析：

- 第 07 行：使用解包的特性，变量值的交换变得非常简单，只需要一行程序语句就可以达到交换的目的。

下面的范例程序是将 for 循环结合角包的概念来实现计算购买物品的总价。

云盘下载 【范例程序：tuple_price.py】 元组的解包

```
01    money = [['书籍', 250, 480, 365],
02             ['音乐 CD', 450, 380, 600],
03             ['POLO 上衣', 680, 390, 480]]
04
05    for(product, price1, price2, price3) in money:
06        print('%6s'%product,' 三次购买物品的总价:',
07              (price1 + price2 + price3))
```

程序的执行结果如图 7-10 所示。

```
    书籍  三次购买物品的总价: 1095
  音乐CD  三次购买物品的总价: 1430
POLO上衣  三次购买物品的总价: 1550
```

图 7-10

程序代码解析：

- 第 1~3 行：创建元组，存放商品的名称和三次购买的价格。
- 第 5~7 行：使用解包的功能，用 for 循环读取并输出购买物品的名称，计算三次购买的总价格并输出其值。

7.4 字典

dict（字典）是 dictionary 的缩写，数据放置于大括号“{}”内，每一项数据是一对 key-value，格式如下：

```
{key:value}
```

7.4.1 创建字典

dict 中的 key 必须是不可变的（immutable）数据类型，例如数字、字符串，而 value 则没有限制，可以是数字、字符串、列表、元组等，数据之间必须以逗号“,”隔开，例如：

```
d={'name':'Andy', 'age':18, 'city':'上海'}
```

上面的程序语句共有三项数据，使用每一项数据的key就可以读出代表的值，例如：

```
print(d['name'])  #输出 Andy
print(d['age'])   #输出 18
print(d['city'])  #输出上海
```

创建字典的方式除了使用大括号“{}”产生字典外，也可以使用dict()函数，或者先创建空的字典，而后使用“[]”运算符以键（key）设值（value）。

字典和列表、元组有很大不同，正因为字典存储数据是没有顺序性的，它是使用“键”（key）查询“值”（value）的，所以适用于序列类型的“切片”运算在字典中无法使用。

7.4.2 字典的基础操作

字典中的“键”必须是唯一的，而“值”可以有相同值，字典中如果有相同的“键”却被设置为不同的“值”，那么只有最后面的“键”所对应的“值”有效。

例如，在下面的范例程序语句中，字典中的 'city' 键被设置为两个不同的值，前面一个设置为 '上海'，后面一个设置为 '深圳'，所以前面的会被后面的设置值 '深圳' 覆盖。请参考以下程序代码说明：

```
dic={'name':'Andy', 'age':18, 'city':'上海','city':'深圳'} #设置字典
print(dic['city']) #会输出深圳
```

要修改字典的元素值，必须针对“键”设置新值，才能取代原先的旧值，例如：

```
dic['name']= 'Tom'       #将字典中的“'name'”键的值修改为 'Tom'
print(dic)      #会输出{'name': 'Tom', 'age': 18, 'city': '深圳'}
```

如果要添加字典的“键-值”对，直接加入新的“键-值”即可，语法如下：

```
dic['hobby']= '篮球'     #在字典中添加'hobby'，该键配对的值设为 '篮球'
print(dic) #添加元素后的字典为 {'name': 'Tom', 'age': 18, 'city': '深圳', 'hobby':
'篮球'}
```

如果要删除字典中的特定元素，语法如下：

```
del 字典名称[键]
```

例如：

```
del dic['hobby ']
```

当字典不再使用时，如果想删除整个字典，那么可以使用del指令，

例如：

```
del dic
```

7.4.3 适用于字典的函数

前面介绍的内建函数中的 len()函数适用于字典，它会返回字典中包含几组“key:value”，例如：

```
dic={'name':'Andy', 'age':18, 'city':'上海','city':'深圳'}   #设置字典
print(len(dic)) #会输出 3，表示字典包含 3 组 key:value
```

7.4.4 适用于字典的运算符

由于字典是一种无序的数据类型，因此不支持串接运算符“+”或重复运算符“*”等，在比较运算符中，可以使用“==”和“!=”运算符将字典中的元素逐项进行对比，其他的比较运算符则不能用于字典。序列类型使用“[]”运算符指定下标之后，可以读取元素值。而字典的元素也能使用 [] 、in 及 not in 运算符，例如：

```
del d[key]       #删除字典项目，按指定的 key 进行删除
key in d         #判断键“key”是否在字典中
key not in d     #判断键“key”是否不在字典中
```

7.4.5 适用于字典的处理方法

字典是可变对象，表 7-3 是字典常用的一些方法。

表 7-3

方法	说明
clear()	清空 dict 对象
copy()	复制 dict 对象
get()	以 key 来搜索数据
pop()	弹出元素
update()	合并或更新 dict 对象
keys()	读取 key 以 dict_items 对象类型返回
values()	读取 value 以 dict_items 对象类型返回

下面详细说明字典元素的修改方法。

（1）清除：clear()

clear()方法用于清空整个字典，例如：

```
d1={"name":"Andy", "age":18, "city":"上海"}
d1.clear()
print(d1)
```

上面程序语句的执行结果为：{}。

（2）复制对象：copy()

copy()方法用于复制 dict 对象，例如：

```
d1={"name":"Andy", "age":18, "city":"上海"}
d2={"name":"Brian", "age":25, "city":"深圳"}
d1=d2.copy()
print(d1)
```

上面程序语句的执行结果为：{"name":"Brian", "age":25, "city":"深圳"}。

大家可能会有疑问，可以直接写“d1=d2”吗？我们来看一下两者的差别，使用 copy()方法复制的字典只是将数据复制过去，d1 与 d2 两者没有关联，仍然是两个不同的对象。如果使用“d1=d2”，表示 d2 对象赋值给 d1 对象，在 Python 语言中，此时修改了 d2 的数据，d1 也会跟着更改，这一点和其他程序设计语言的赋值运算不一样，要特别注意。我们举同样的例子来看，d1 对象与 d2 对象如下：

```
d1={"name":"Andy", "age":18, "city":"上海"}
d2={"name":"Brian", "age":25, "city":"深圳"}
```

调用 copy 方法，程序语句与执行结果如下：

```
d1=d2.copy()
d2["name"]="Jennifer"
print(d1["name"])  #输出 Brian
```

使用“d1=d2”，程序语句与执行结果如下：

```
d1=d2
d2["name"]="Jennifer"
print(d1["name"])  #输出 Jennifer
```

（3）搜索元素值：get()

get()方法用于以 key 来搜索对应的 value，格式如下：

```
v1=dict.get(key[, default=None] )
```

例如：

```
d1={"name":"Andy", "age":18, "city":"上海"}
city=d1.get("age")   #输出 18
```

如果指定的 key 不存在，就会返回 default 值，也就是 None，我们也可以改变 default 值，那么当 key 不存在时，就会显示出来，例如：

```
d1={"name":"Andy", "age":18, "city":"上海"}
city=d1.get("home","找不到")  #输出“找不到”
```

（4）弹出元素：pop()

pop()方法用于弹出指定的元素，即从字典中删除了，例如：

```
d1={"name":"Andy", "age":18, "city":"上海"}
d1.pop("city")
print(d1)
```

上面程序语句的执行结果，如图 9-11 所示。

{'name': 'Andy', 'age': 18}

图 7-11

（5）更新或合并元素：update()

update()方法用于将两个字典合并，格式如下：

```
dict1.update(dict2)
```

dict1 会与 dict2 字典合并，如果有重复的值，括号内字典 dict2 的元素就会取代 dict1 的元素，例如：

```
d3={"name":"Joan","height":'180cm'}
d4={"hobby":"dancing", "height":'168cm'}
d3.update(d4)
print(d3)
```

上面程序语句的执行结果如图 7-12 所示。

{'name': 'Joan', 'hobby': 'dancing', 'height': '168cm'}

图 7-12

（6）items()、keys()与 values()

items()方法用于读取字典对象的键（key）与值（value），keys()与 values()两个方法用于分别读取字典对象的键（key）或值（value），返回的类型是 dict_items 对象，例如：

```
d1={"name":"Andy", "age":18, "city":"上海"}
print(d1. items())
print(d1. keys())
print(d1.values())
```

上面程序语句的执行结果如图 7-13 所示。

```
dict_items([('name', 'Andy'), ('age', 18), ('city', '上海')])
dict_keys(['name', 'age', 'city'])
dict_values(['Andy', 18, '上海'])
```

图 7-13

通常 items()、keys()与 values()方法会搭配 for 循环来取值，例如下面的程序语句：

```
d1={"name":"Andy", "age":18, "city":"上海"}
for v in d1.values():
    print(v)
```

下面通过范例程序来练习字典的添加、删除与读取（查找）元素。

云盘下载

【范例程序：dict_example.py】 字典元素的添加、删除与读取

```
01    # -*- coding: utf-8 -*-
02
03    dictStr = {'bird':'鸟', 'cat':'猫', 'dog':'狗', 'pig':'猪'}
04    #添加 wolf
05    dictStr['wolf']="狼"
06
07    #删除 pig
08    dictStr.pop("pig")
09
10    #列出 dictStr 所有的值（value）
11    print("dictStr 当前的元素：")
12    for v in dictStr.values():
13        print(v)
14
15    #查找
16    print("查找 dog==>"+dictStr.get("dog","不在 dictStr"))
```

程序的执行结果如图 7-14 所示。

```
dictStr当前的元素：
鸟
猫
狗
狼
查找dog==>狗
```

图 7-14

程序代码解析：

- 第 05 行：添加字典元素。
- 第 08 行：调用 pop()方法删除指定的元素。
- 第 12、13 行：列出 dictStr 字典所有的值（value）。

- 第 16 行：调用 get()方法以"dog" 键（key）查找对应的值（value）。

7.5 集合

集合（set）与字典（dict）一样都是把元素放在大括号“{}”内，不过集合只有键（key）没有值（value），类似数学里的集合，可以对集合进行并集（|）、交集（&）、差集（-）与异或（^）等运算，集合中的元素具有无序和互异的特性。

7.5.1 创建集合

集合可以使用大括号“{}”或调用 set()方法来创建，使用大括号“{}”创建的方式如下：

```
fruitlist = {"Apple", "Orange", "Lemon"}
```

7.5.2 适用于集合的运算符

两个集合可以进行并集（|）、交集（&）、差集（-）与异或（^）等运算，如表 7-4 所示。

表 7-4

集合运算	范例	说明
并集（|）	A | B	存在集合 A 中或存在集合 B 中
交集（&）	A & B	存在集合 A 中也存在集合 B 中
差集（-）	A - B	存在集合 A 中但不存在集合 B 中
异或（^）	A ^ B	排除相同元素

下面的范例程序用来说明集合的运算方式。

【范例程序：set_operations.py】 集合的运算

```
01    # -*- coding: utf-8 -*-
02    '''
03    集合
04    并集(|)、交集(&)、差集(-)与异或(^)运算
05    '''
06
07    zooA= {"bird", "cat", "dog","pig"}
08    zooB = {"wolf", "cat", "dog","turtle"}
09    print(zooA & zooB)
10    print(zooA | zooB)
11    print(zooA - zooB)
12    print(zooA ^ zooB)
```

程序的执行结果如图 7-15 所示。

```
{'cat', 'dog'}
{'cat', 'turtle', 'pig', 'bird', 'dog', 'wolf'}
{'pig', 'bird'}
{'turtle', 'pig', 'bird', 'wolf'}
```

图 7-15

7.5.3 适用于集合的方法

下面的程序语句是调用 set()方法创建集合，注意，括号“()”中只能有一个可迭代（iterable）对象，也就是字符串（str）、列表（list）、元组（tuple）、字典（dict）等，例如：

```
strObject = set("ABCD")
listObject = set(["Apple", "Orange", "Lemon"])
tupleObject = set(("Apple", "Orange", "Lemon"))
dictObject = set({"name":"Andy", "age":18, "city":"上海"})
```

set()使用字典作为参数时只会保留键（key），所以上面的程序语句产生的集合对象如下：

```
{'A', 'B', 'C', 'D'}
{'Apple', 'Orange', 'Lemon'}
{'Apple', 'Orange', 'Lemon'}
{'age', 'city', 'name'}
```

集合常用的方法如表 7-5 所示。

表 7-5

方法	说明
add()	添加元素
remove()	删除元素
update()	合并或更新集合对象
clear()	清空集合

下面说明这些方法的使用方式。

（1）添加与删除元素：add() / remove()

add()方法一次只能添加一个元素，如果要添加多个元素，可以调用 update()方法。下面是 add 与 remove 方法的调用方式：

```
animal = {"bird", "cat", "dog"}
animal.add("fish")
print(animal)
```

上面的程序语句的执行结果如图 7-15 所示。

{'dog', 'cat', 'bird', 'fish'}

图 7-15

```
animal = {"bird", "cat", "dog"}
animal.remove("cat")
print(animal)
```

上面的程序语句的执行结果如图 7-16 所示。

{'dog', 'bird'}

图 7-16

（2）更新或合并元素 update()

update()方法用于将两个集合合并，格式如下：

```
set1. update(set2)
```

set1 会与 set2 合并，集合不允许重复的元素，如果有重复的元素，就会被忽略，例如：

```
animal = {"bird", "cat", "dog"}
animal.update({"bird","monkey"})
print(animal)
```

上面的程序语句的执行结果如图 7-17 所示。

{'dog', 'bird', 'cat', 'monkey'}

图 7-17

创建集合后，可以使用 in 语句来测试元素是否在集合中，例如：

```
animal = {"bird", "cat", "dog"}
print("fish" in animal)  #输出 False
```

"fish"并不在 animal 集合内，所以会返回 False。

7.6 字典综合范例——简易单词翻译器（图形用户界面）

这个范例将数据存储于字典（dict）结构中，使用字典的特性制作一个简易的单词翻译器。

该范例使用 tkinter 制作图形用户界面（GUI），大家可以打开 dictionary_undone.py 文件（已经将图形用户界面完成），我们可以只练习加入单词翻译器部分的程序语句。如果可以从无到有完成整个范例程序就更好，可以进一步练习图形用户界面的完整制作过程。

7.6.1 范例程序说明

设计一个程序，在用户输入中文或英语单词之后，单击“中翻英”可以显示对应的英语单词，单击“英翻中”则显示对应的中文。

1. 输入说明

范例中已有默认的字典（dict）数据，用户只需在输入框输入查询的中文或英语单词，单击“中翻英”或“英翻中”按钮即可查询。

2. 输出范例

输出范例可参考图 7-18。

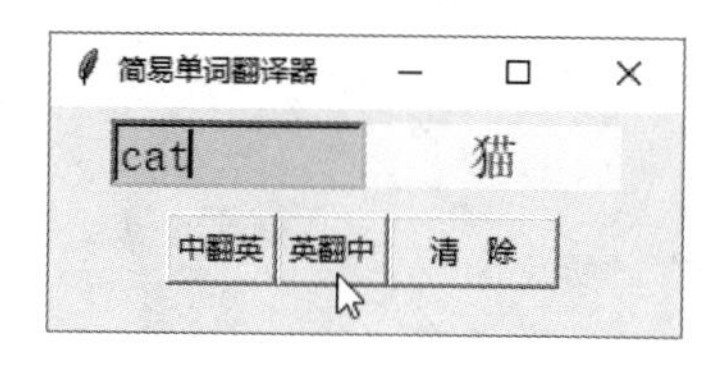

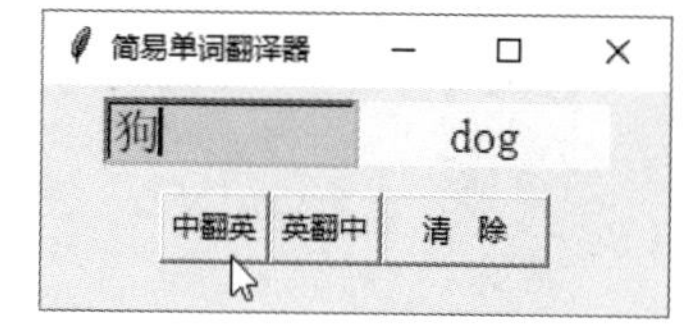

图 7-18

7.6.2 程序代码说明

首先定义一个字典对象，命名为 dictionary，元素数据如下：

```
dictionary = {'bird':'鸟', 'cat':'猫', 'dog':'狗', 'pig':'猪'}
```

其中，键（key）存储了英文单词，值（value）存储了对应的中文。

这个范例程序使用了三个按钮，分别是“中翻英”按钮、“英翻中”按钮与“清除”按钮。单击“中翻英”按钮时会调用 ctoe()函数，单击“英翻中”按钮时会调用 etoc()函数，单击“清除”按钮时会调用 clear()函数。

我们先来看看 ctoe()与 etoc()函数执行了哪些操作：

（1）获取用户输入的内容（entry 控件）。

（2）在 dictionary 中搜索是否与 key 或 value 的英语单词或中文匹配。

（3）在 label 控件显示搜索的结果。

其中 etoc()函数执行的操作为英翻中，所以用键（key）来找对应的值（value）。字典对象本身就有 get()方法可供调用，程序语句如下：

```
def etoc():
    i = entry.get()     #获取 entry 控件输入的内容
    ans = dictionary.get(i,"找不到["+i+"]")
    label.config(text = ans)  #在 label 控件显示文字
```

get()方法直接用键（key）来搜索值（value），找到匹配的中文就传给变量 ans，找不到就将

get()方法的第 2 个参数值传给变量 ans，并显示“找不到”的信息，如图 7-19 所示。

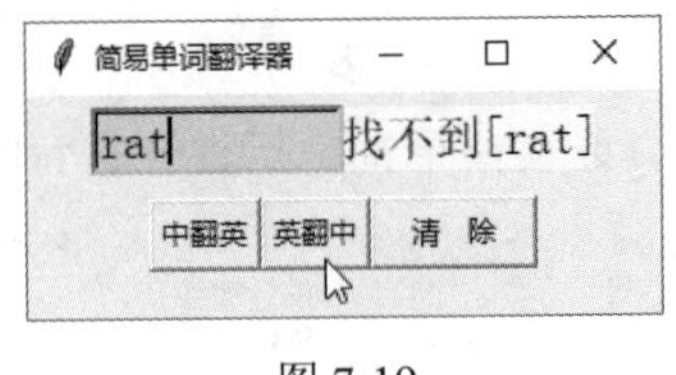

图 7-19

ctoe()函数执行的操作为中翻英，是用值（value）来找对应的键（key），由于字典没有适用的方法可以调用，因此这里使用 for 循环逐一对比值（value），找到适合的就跳离循环，程序如下：

```
i = entry.get()
for k,v in dictionary.items():
    if v == i:
        ans = k
        break

if ans:
  label.config(text = ans)                #在 label 控件显示文字
else:
  label.config(text = "找不到["+i+"]")     #在 label 控件显示文字
```

字典的 items()方法用来取出字典对象的键（key）与值（value），将值（value）与输入的 i 进行比较，找到正确的中文之后就将键（key）传给变量 ans。变量 ans 有值就表示找到了匹配的中文，否则就显示“找不到”的信息，如图 7-20 所示。

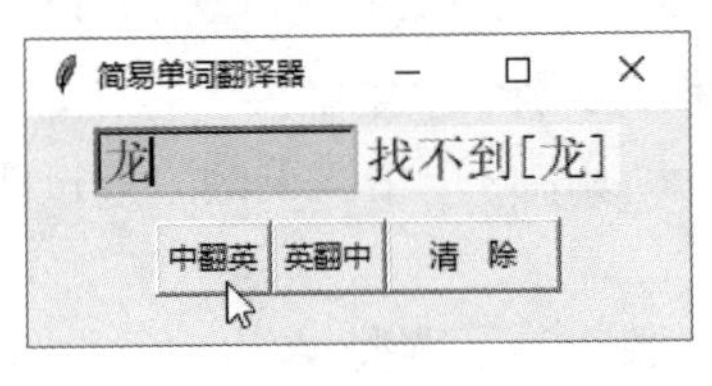

图 7-20

单击“清除”按钮时调用 clear()函数，清除 entry 控件与 label 控件的内容，程序如下：

```
def clear():
    entry.delete(0, "end")
    label.config(text = "")
```

下面为范例程序的完整程序代码。

【范例程序：review_dictionary.py】 简易单词翻译器

```
01    # -*- coding: utf-8 -*-
02    """
03    程序名称：简易单词翻译器
04    题目要求：
```

```
05   让用户输入单词之后，单击“中翻英”显示英文，单击“英翻中”显示中文
06   """
07   def ctoe():
08       i = entry.get()      #获取 entry 控件输入的内容
09       ans=""
10       for k,v in dictionary.items():
11           if v == i:
12               ans = k
13               break
14
15       if ans:
16           label.config(text = ans)  #在 label 控件显示文字
17       else:
18           label.config(text = "找不到["+i+"]")  #在 label 控件显示文字
19
20   def etoc():
21       i = entry.get()      #获取 entry 控件输入的内容
22       ans = dictionary.get(i,"找不到["+i+"]")
23       label.config(text = ans)  #在 label 控件显示文字
24
25   def clear():
26       entry.delete(0, "end")
27       label.config(text = "")
28
29   dictionary = {'bird':'鸟', 'cat':'猫', 'dog':'狗', 'pig':'猪'}
30
31   #GUI 界面
32   import tkinter as tk
33   win = tk.Tk()
34   win.title("简易单词翻译器")
35
36   frame = tk.Frame(win)
37   frame.pack(padx=5, pady=5)
38   frame1 = tk.Frame(win)
39   frame1.pack(padx=5, pady=5)
40
41   entry = tk.Entry(frame, bg="#99ffcc", font = "JhengHei 15" ,borderwidth =
3)
42   entry.config(width=10)
43   entry.grid(column=0,row=0)
44
45   label = tk.Label(frame, bg="#ffffcc", font = "JhengHei 15", text = "")
46   label.config(width=10)
47   label.grid(column=1,row=0)
48
49   btnCtoe = tk.Button(frame1, text="中翻英", command=ctoe)
50   btnCtoe.grid(column=0,row=0)
51   btnEtoc = tk.Button(frame1, text="英翻中", command=etoc)
52   btnEtoc.grid(column=1,row=0)
53   btnClear = tk.Button(frame1, text=" 清 除 ", command=clear)
54   btnClear.grid(column=2,row=0)
55   win.mainloop()
```

↘ 重点回顾

1. 列表、元组、集合和字典是容器类型。

2. 对象可分为可变对象与不可变对象，不可变对象一旦创建后，其内容就不能再改变，容器对象只有元组是不可变对象，其他三种都是可变对象。

3. 列表数据类型类似其他程序设计语言的数组结构，它是一串由逗号分隔的值，用中括号“[]”括起来。

4. 列表可以是空列表，列表中的元素可以包含不同的数据类型或其他的子列表。

5. 列表数据是可变对象，可以修改其元素的值，也可以添加或删除元素。

6. del 语句除了可以删除列表中指定下标的元素外，也可以一次性删除切片运算符所指定的下标范围内的元素。当不再使用列表变量时，也可以通过 del 语句删除该列表变量。

7. 在 Python 中，列表中可以有列表，这种情况被称为二维列表，要读取二维列表的数据，可以通过 for 循环。简单来讲，二维列表就是列表中的元素也是列表。

8. 元组是有序对象，类似列表，差别在于元组是不可变对象，一旦创建之后，元组中的元素不能任意更改其位置，也不能任意更改其值。

9. 元组可以存放不同数据类型的元素。元组元素的下标编号从左到右是从[0]开始的，从右到左则是从[-1]开始的。

10. 元组内的元素不可以用“[]”运算符来改变其元素的值。

11. 使用“+”运算符可以将两个元组的数据内容串接成一个新的元组，而“*”运算符可以将元组的元素复制成多个。

12. 元组是不可变对象，不可以直接修改元组元素的值，因此 append()、insert()等方法不能用于元组。

13. 解包不只限于元组，列表和集合等序列对象都可以用同样的方式来赋值给变量，序列解包的等号左边的变量数量必须与等号右边的序列元素的数量相同。

14. 字典中的键必须是不可变的数据类型，例如数字、字符串，而字典中的值就没有限制，可以是数字、字符串、列表、元组等，数据之间必须以逗号“,”隔开。

15. 创建字典的方式除了使用大括号“{}”来产生字典外，也可以调用 dict()函数，或者先创建空的字典，再使用“[]”运算符以键设值。

16. 正因为字典存储数据是没有顺序性的，它是使用“键”查询“值”，所以适用于序列类型的“切片”运算在字典中无法使用。

17. 字典中如果有相同的“键”却被设置不同的“值”，就只有最后面的“键”所对应的“值”有效。

18. 如果要添加字典的“键-值”对，那么直接加入新的“键-值”即可。

19. 如果想删除整个字典，那么可以使用 del 指令。

20. 字典是一种无序的数据类型，所以不支持串接运算符“+”或重复运算符“*”。

21. 集合只有键没有值，类似数学里的集合，可以进行并集（|）、交集（&）、差集（-）与异或（^）等运算。

22. 调用 set()方法创建集合，括号“()”中只能有一个可迭代对象，也就是字符串、列表、元组、字典等。

↘ 课后习题

一、选择题

（ ）1. 关于容器数据类型的描述，下列哪一个不正确？

A. 集合数据具有无序与互异的特性

B. 集合数据放置在中括号“[]”内

C. 元组是不可变对象

D. 字典是“键”与“值”对应的对象，是可变对象

（ ）2. 关于列表数据类型的描述，下列哪一个不正确？

A. 类似其他程序设计语言的数组结构

B. 一串由逗号分隔的值

C. 不可以包含不同的数据类型

D. Python 提供了生成式，是一种创建列表更快速、更有弹性的做法

（ ）3. range(2, 8)会产生下列哪一个列表？

A. [2,3,4,5,6,7]

B. [2,8]

C. [2,3,4,5,6,7,8]

D. [1,2,3,4,5,6,7]

（ ）4.关于元组数据类型的描述，下列哪一个不正确？

A. 元组可以存放不同数据类型的元素

B. 元组是有序对象

C. 元组内的元素可以用“[]”运算符来改变其元素的值

D. “*”运算符可以将元组的元素复制成多个

（ ）5. 关于字典数据类型的描述，下列哪一个不正确？

A. 数据放置于大括号“{}”内

B. 每一项元素是一对“key:value”

C. 适用于序列类型的“切片”运算在字典中无法使用

D. 字典中的值必须是不可变的数据类型

二、填空题

1. 容器对象只有________是不可变对象，其他三种都是可变对象。
2. 当不再使用列表变量时，也可以通过________语句删除该列表变量。
3. ________运算符可以将两个元组的数据内容串接成一个新的元组，而________运算符可

以将元组的元素复制成多个。

4. 字典数据类型中的________必须是不可变的数据类型，例如数字、字符串，而________就没有限制。

5. 适用于字典的处理方法________会以键查找对应的值。

三、简答题

1. 请编写一个程序统计文件，统计“twisters.txt”中有哪些英文单词，各出现了几次？请以{英文单词：出现次数}的方式来显示，输出结果如下：

```
{'Peter': 4, 'Piper': 4, 'picked': 2, 'a': 3, 'peck': 4, 'of': 4, 'pickled': 4, 'peppers.': 1, 'Did': 1, 'pick': 1, 'peppers': 2, 'If': 1, 'Picked': 1, 'peppers,': 1, "Where's": 1, 'the': 1}
```

技巧

replace()：将不必要的字符“?”和“\n”删除。

split()：分割字符串。

2. 请写出下列程序执行后的输出结果。

```
A0 = {'a': 1, 'b': 3, 'c': 2, 'd': 5, 'e': 4}
A1 = {i:A0.get(i)*A0.get(i) for i in A0.keys()}
print(A1)
```

3. 请简单比较元组、列表、字典、集合4种容器类型。

4.下列列表生成式的执行结果是什么？

```
list1 =[i for i in range(4,11)]
print(list1)
```

5. 请写出下面的程序代码的输出结果。

```
dic={'name':'Andy', 'age':18, 'city':'上海','city':'深圳'}
dic['name']= 'Tom'
dic['hobby']= '篮球'
print(dic)
```

第 8 章 模块与程序包

在 Python 程序中可以轻易地加入许多由其他高手热心设计的模块，使得许多功能复杂的程序只要短短几行程序就可以实现，节省自己开发的时间。在本章中，我们将介绍 Python 的模块与程序包及其特殊的应用。

本章学习大纲

- 模块与程序包的区别
- 将指定模块导入
- 替模块取别名
- 导入程序包中指定的类或函数
- 常见内建模块
- 查看模块的路径与文件名
- 认识第三方程序包集中地
- 常见的第三方程序包
- 程序包在线帮助文件

Python 自发展以来累积了相当完整的标准函数库，这些标准函数库中包含相当多的模块。所谓模块，指的是已经写好的 Python 文件，也就是一个“*.py”文件，模块中包含可执行的程序语句和定义好的数据、函数或类。一般来说，将多个模块组合在一起就形成程序包（Package）。如果说模块是一个文件，那么程序包就是一个目录。目录中除了包含文件外，还可能包含其他的子目录。

在 Python 语言中，拥有“__init__.py”文件的目录会被视为一个程序包，程序包包含许多相关的模块或子程序包，因此可以说程序包是一种模块库、函数库。如图 8-1 所示是 tkinter 程序包文件所在的目录，此目录中可以找到一个名称为“__init__.py”的文件，因此 tkinter 目录会被 Python 视为一个程序包。事实上，tkinter 是一个跨平台的 GUI（图形用户接口）程序包，能够在 Windows、Mac、Linux、UNIX 等操作系统平台上开发 GUI 程序，在安装 Python 时，默认会将这个程序包一起安装进来。

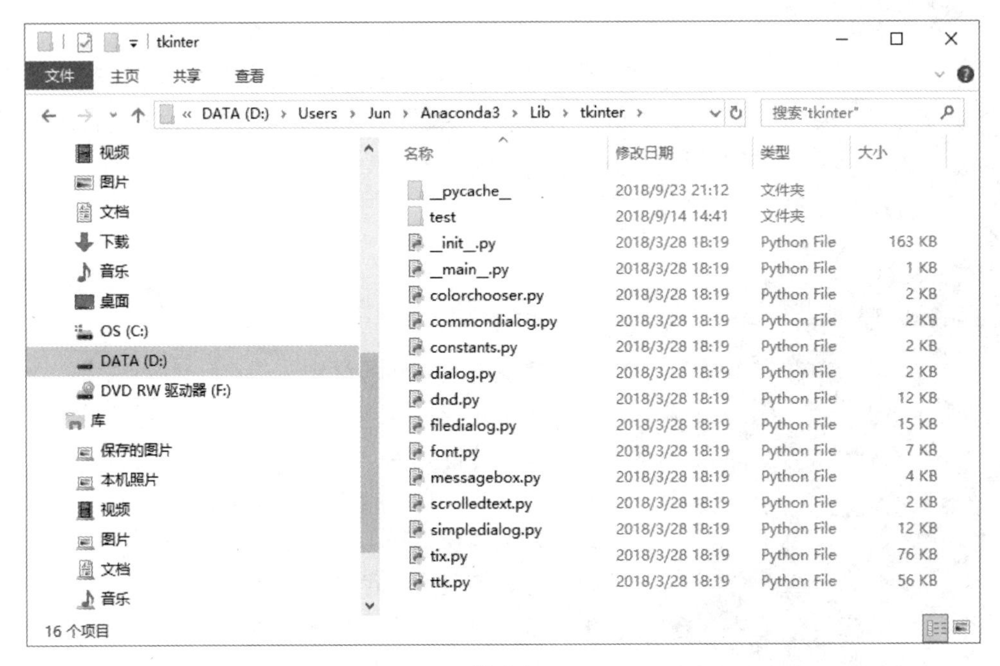

图 8-1

Python 除了本身内建的程序包之外，也支持第三方公司所开发的程序包，这使得 Python 功能更为强大，因此受到许多用户的喜爱。本章将完整说明模块的用法以及如何自定义模块。

8.1 导入模块

使用 Python 现成的模块可以节省许多重复开发的工作，如果需要使用模块，只要使用 import 指令就可以将模块导入。在 Python 语言中，并没有强制 import 语句必须放在什么位置，只要放在调用函数或方法之前即可，习惯上把 import 语句放在程序的最前面。在 Python 中，导入模块基本上有三种用法。

8.1.1 导入整个模块

导入整个模块，使用模块中的函数时要加上模块名称，格式如下：

```
import 模块名称
```

以 Python 内建的 math 模块为例，里面定义了一些与数学有关的常数和函数，只要通过 import 指令将该模块导入，就可以使用该模块中所定义的数学函数，例如：

```
01  >>> import math
02  >>> math.floor(9.5)
    9
03  >>> math.pow(2,3)
    8.0
04  >>> math.gcd(12,18)
    6
    >>>
```

说明如下：

- 第 01 行：导入数学模块。
- 第 02 行：floor 函数可以取小于参数的最大整数，例如此处小于 9.5 的最大整数为 9，所以返回数值 9。
- 第 03 行：pow 函数需要两个参数，第二个参数作为第一个参数的指数，返回指数运算的结果。在本例中第一个参数为 2，第二个参数为 3，所以返回 2 的 3 次方，其结果值为 8。
- 第 04 行：可以用来求两个数的最大公约数，12 和 18 的最大公约数为 6。

如果要一次导入多个程序包，就必须以逗点“,”分隔开不同的程序包名称，语法如下：

```
import 程序包名称 1, 程序包名称 2, ..., 程序包名称 n
```

例如，同时导入 Python 标准模块的数学和随机数模块：

```
import math, random
```

import 指令除了用来导入标准程序包之外，也可以导入用户自行定义的程序包。但是，如果系统没有找到想要导入模块的路径，就会出现 ImportError 的错误。另外，如果要使用第三方公司开发的程序包，必须事先安装，才可以使用“import”指令导入。

以下范例程序调用 random 模块中的 randint 函数来获取随机整数，并调用 shuffle 函数将数列“洗牌”，即打乱数列中各个数的顺序。

【范例程序：import.py】 用 import 关键字导入模块

```
01    import random
```

```
02
03    a = random.randint(0,99)  #使用 randint 函数获取随机整数
04    print(a)
05
06    items = [1, 2, 3, 4, 5]
07    random.shuffle(items)  #使用 shuffle 函数将数列洗牌
08    print(items)
```

程序的执行结果如图 8-2 所示。

```
66
[4, 2, 1, 5, 3]
```

图 8-2

程序代码解析：

- 第 03 行：调用 randint 函数随机取得整数。
- 第 06 行：给定 items 数列的初始值。
- 第 07 行：调用 shuffle 函数将数列洗牌。

8.1.2 替模块取别名

如果模块的名称过长，每次调用模块内的函数还要写上模块的名称，确实会给程序设计人员带来一些不必要的麻烦，而且也有可能在输入模块名称的过程中增加输入错误的可能。为了改善这个问题，当遇到较长的程序包名称时，也可以另外取一个简短、有意义又好输入的别名。为程序包取别名的语法如下：

```
import 程序包名称 as 别名
```

当程序包有了别名之后，就可以使用“别名.函数名”的方式进行调用，例如：

```
import random as r        #给 random 取别名为 r
r.randint(1,100)          #以别名来进行调用
```

下面导入 random 模块并取别名为 r，调用 randint 函数时就可以用 r.randint()。

【范例程序：importAs.py】 import…as 导入模块并指定别名

```
01    # -*- coding: utf-8 -*-
02
03    import random as r
04
05    a = r.randint(0,99)  #调用 randint 函数获取随机整数
06    print(a)
07
08    items = [1, 2, 3, 4, 5]
```

```
09    r.shuffle(items)      #调用 shuffle 函数将数列洗牌
10    print(items)
```


程序的执行结果如图 8-3 所示。

```
9
[4, 5, 2, 1, 3]
```

图 8-3

程序代码解析：

- 第 03 行：导入 random 模块并指定别名为 r。
- 第 05 行：调用 randint 函数获取随机整数。
- 第 08 行：设置 items 数列的初始值。
- 第 09 行：调用 shuffle 函数将数列洗牌。

8.1.3 只导入特定的函数

如果只用到特定的函数，也可以将函数复制到当前模块，这时如果使用模块中的函数，就不需要加上模块名称，直接输入函数名称就可以调用该函数。第一种方式的格式如下：

```
From  模块名称  import  函数名称
```

另外，也可以使用“from 程序包名称 import *”指令，表示导入该程序包的所有函数，例如以下语法就是将 random 程序包的所有函数导入（第二种方式）：

```
from random import *
```

因此，可以将上面的程序语句改写成（第三种方式）：

```
from random import *
randint(1, 10)
```

如果要导入多个函数，那么可以使用逗号“,”分隔。以下范例程序要调用 random 模块中的 randint 函数来获取随机整数以及调用 shuffle 函数将数列洗牌。

【范例程序：fromImport.py】 用 from...import 导入特定函数

```
01    # -*- coding: utf-8 -*-
02
03    from random import randint,shuffle
04
05    a = randint(0,99)   #调用 randint 函数获取随机整数
06    print(a)
07
08    items = [1, 2, 3, 4, 5]
```

```
09    shuffle(items)  #调用 shuffle 函数将数列洗牌
10    print(items)
```

程序的执行结果如图 8-4 所示。

```
79
[1, 5, 2, 4, 3]
```

图 8-4

程序代码解析：

- 第 03 行：导入 random 模块里的 randint 函数来获取随机整数以及调用 shuffle 函数将数列洗牌。
- 第 05 行：调用 randint 函数获取随机整数。
- 第 08 行：设置 items 数列的初始值。
- 第 09 行：调用 shuffle 函数将数列洗牌。

Python 的标准函数库中有非常多实用的模块，可以让我们省下不少程序开发的时间。当程序中同时导入多个模块时，函数名称就有可能重复，不过 Python 语言提供了命名空间（Namespace）的机制，它就像一个容器，将模块资源限定在模块的命名空间内，避免不同模块之间发生同名冲突的问题。

下面通过实际的例子来了解命名空间机制的作用。下面的范例程序使用 random 模块中的 randint 函数，当我们自定义了一个同名的函数时，执行时会各自调用自己的函数来执行，而不用担心执行时会发生冲突。

【范例程序：namespace.py】 命名空间机制

```
01    import random
02
03    def randint():
04        print("执行了自定义的 randint 函数")
05
06    a = random.randint(0,99)   #调用 random 模块中的 randint 函数
07    print("执行了 random 模块中的 randint 函数：{}".format(a))
08
09    randint()  #调用自定义的 randint 函数
```

程序的执行结果如图 8-5 所示。

```
执行了random模块中的randint函数：31
执行了自定义的randint函数
```

图 8-5

程序代码解析：

- 第 03、04 行：自定义 randint 函数。
- 第 06 行：调用 random 模块中的 randint 函数。
- 第 07 行：输出“执行了 random 模块中的 randint 函数”的文字，并输出第 06 行调用 random 模块中的 randint 函数生成的随机数（存储在变量 a 中）。
- 第 09 行：调用自定义的 randint 函数。

因此，我们建议采用第一种方式导入模块，这样除了不会发生同名冲突之外，在函数前面加上模块名称也容易识别该函数来自哪个模块，让程序更易于阅读。

不建议采用第三种方式导入模块，除非是层级较复杂的模块，可以适度使用。因为在使用 from...import 方式遇到同名函数时，Python 程序仍然可以执行，后导入的函数会先被调用，所以一不小心就会导致 Bug（臭虫，即程序错误）的发生。

8.2 自定义模块

累积了大量编写程序的经验之后，必定会有许多自己编写的函数，这些函数也可以自行整理成模块，等到编写下一个程序项目时就可以直接导入以重复使用这些函数。只要将函数放在 .py 文件中，保存之后就可以当作模块被导入使用。

下面来实践看看。先创建一个 Python 文件，在本例中文件命名为 moduleDiy.py，在其中编写好 SplitBill()函数，程序代码如下。

【范例程序：moduleDiy.py】 自定义模块

```
01    def SplitBill(bill,split):
02        '''
03        函数功能：分账
04        Bill：账单金额
05        Split：人数
06        '''
07        tip = 0.1  #10%服务费
08        total = bill + (bill * tip)
09        each_total = total / split
10        each_pay = round(each_total, 0)
11        return each_pay
```

编写好的.py 文件保存在与主文档同一个文件夹就可以当成模块来使用。我们创建一个主程序，导入刚编写好的 moduleDiy 模块，随后就可以调用模块中的函数了，程序代码如下。

【范例程序：use_module.py】 自定义模块的主程序

```
01    # -*- coding: utf-8 -*-
02    import moduleDiy
03
04    pay = moduleDiy.SplitBill(5000,3)  #调用 SplitBill 函数
```

```
05    print(pay)
```

程序的执行结果如图 8-6 所示。

```
moduleDiy
1833.0
```

图 8-6

执行完成之后，我们会发现在文件夹下多了一个“__pycache__”文件夹，这是因为第一次导入 moduleDiy.py 文件时，Python 会将.py 文件编译并保存在“__pycache__”文件夹的 .pyc 文件中（如图 8-7 所示），下次执行主程序时，如果 moduleDiy.py 程序代码没有更改，Python 就会跳过编译，直接执行“__pycache__”文件夹的 .pyc 文件，以加快程序执行的速度。

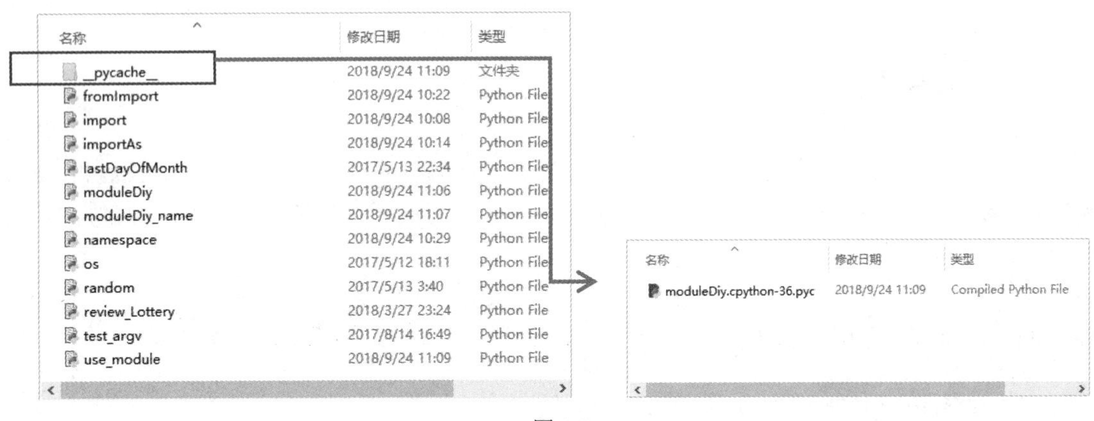

图 8-7

导入所使用的 moduleDiy.py 程序代码，有可能需要修改或测试，如果每次都要在别的文件测试好再复制到 moduleDiy.py 文件中，就未免太麻烦了。我们可以在 moduleDiy.py 中直接编写程序并测试，只要使用 Python 语言提供的__name__属性来判断程序是直接执行还是被 import 当成模块即可。

技巧

在 Python 程序中寻找模块时，会按照 sys.path 所定义的路径来寻找，默认先从当前工作的文件夹寻找，再从环境变量 PYTHONPATH 指定的目录或 Python 的安装路径寻找。

认识 Python 的__name__属性

Python 的文件都有__name__属性，当 Python 的.py 文件的程序代码直接执行的时候，__name__属性会被设置为“__main__”；如果文件被当成模块 import，属性就会被定义为 .py 的文件名。

我们同样使用前面的 moduleDiy.py 文件作为范例来示范__name__属性的用法，请看以下程序代码。

云盘下载 【范例程序：moduleDiy_name.py】 __name__属性的用法

```
01  def SplitBill(bill,split):
02      '''
03      函数功能：分账
04      bill:账单金额
05      split:人数
06      '''
07      print(__name__)    #输出__name__设置值
08  
09      tip = 0.1  #10%服务费
10      total = bill + (bill * tip)
11      each_total = total / split
12      each_pay = round(each_total, 0)
13      return each_pay
14  
15  
16  if __name__ == '__main__':    #判断__name__
17      pay = SplitBill(5000,3)
18      print(pay)
```

当程序代码直接执行的时候，执行结果如图 8-8 所示。

```
__main__
1833.0
```

图 8-8

当 moduleDiy_name.py 被当成模块导入时，执行结果如图 8-9 所示。

```
moduleDiy_name
1833.0
```

图 8-9

当 moduleDiy_name.py 被当成模块导入时，由于__name__属性并不等于__main__，因此第 16 行的 if 条件语句并不会被执行。如此一来，我们自己编写的程序就可以被 import 导入，也可以直接拿来执行。

8.3 实用的内建模块与在线帮助

Python 的标准函数库提供了众多不同用途的模块供程序设计人员使用，在此我们仅列出一些常用的模块。

- math 模块提供了 C 函数库中底层的浮点数运算函数。
- random 模块提供了随机选择的工具。

- datetime 模块有许多与日期和时间有关的函数，并支持时区换算。
- 更具阅读性的 pprint 程序包。
- time 和 calendar 模块可以用于格式化日期和时间，也定义了一些与日期和时间相关的函数。
- os 模块是与操作系统相关的模块。
- sys 模块包含与 Python 解释器相关的属性与函数。

从 8.3.1 小节开始我们将介绍 4 个实用的模块，包括 os 模块、sys 模块、random 模块以及 datetime 模块。我们先来认识 os 模块。

8.3.1 os 模块

os 模块是与操作系统相关的模块，功能包括查询当前工作的文件夹路径、创建文件夹、删除文件夹等。常用的函数如表 8-1 所示。

表 8-1

函数	说明	范例
os.getcwd()	获取当前工作路径	os.getcwd()
os.listdir()	获取指定文件夹里的文件名（包含文件夹）	os.listdir("D:/python")
os.mkdir()	创建文件夹	os.mkdir("D:/python/test")
os.rmdir()	删除文件夹	os.rmdir("D:/python/test")
os.rename()	更改文件夹名称	os.rename("old", "new")
os.path.getsize()	获取文件大小	Os.path.getsize("D:\Python")

云盘下载

【范例程序：os.py】os 模块常用的函数

```
01    # -*- coding: utf-8 -*-
02    import os
03    CF=os.getcwd()
04
05    os.mkdir(CF+"/newFolder")  #创建文件夹
06    os.mkdir(CF+"/newFolder1")  #创建文件夹
07
08    os.rename(CF+"/newFolder1",CF+"/renewFolder") #更名
09
10    CF_listdir=os.listdir( CF )
11
12    print("当前文件夹："+CF)
13    print("文件夹中的文件与文件夹：{}".format(CF_listdir))
```

程序的执行结果如图 8-10 所示。

```
当前文件夹：D:\My Documents\New Books 2018\Python 3.x程序设计从入门到
实战(机工)\范例文件\ch08
文件夹中的文件与文件夹：['fromImport.py', 'import.py', 'importAs.py',
'lastDayOfMonth.py', 'moduleDiy.py', 'moduleDiy_name.py',
'namespace.py', 'os.py', 'random.py', 'review_Lottery.py',
'test_argv.py', 'use_module.py', '__pycache__']
```

图 8-10

程序代码解析：

- 第 03 行：获取当前工作路径。
- 第 05~08 行：创建了两个文件夹 newFolder 与 newFolder1，再调用 os.rename()函数将 newFolder1 文件夹更名为 renewFolder。
- 第 10 行：调用 os.listdir()函数将当前工作路径的文件与文件夹列出。

8.3.2 sys 模块

sys 模块包含与 Python 解释器相关的属性与函数，常用的函数如表 8-2 所示。

表 8-2

函数	说明	范例
sys.argv	获取命令行参数	sys.argv[0]
sys.path	定义 Python 搜索模块路径	print(sys.path)
sys.version	获取当前 Python 的版本	print(sys.version)
sys.platform	获取操作系统平台	print(sys.platform)
sys.modules	获取所有加载的模块	print(sys.modules)
sys.exit(0)	终止程序	sys.exit(0)

sys.modules 是一组字典，包含所有被导入过的程序包模块。我们可以使用下列语句清楚地列出导入的模块：

```
print('\n'.join(sys.modules))
```

如果我们使用像 Anaconda 的 Python IDE 环境，sys.modules 列出的是所有已导入的模块。如果想知道某个模块的文件路径，也可以使用 sys.modules 来查询，例如想查询 random 模块的文件路径，可以这样编写：

```
print(sys.modules["random"])
```

执行之后就会显示文件路径，如图 8-11 所示。

```
<module 'random' from 'C:\\ProgramData\\Anaconda3\\lib\\random.py'>
```

图 8-11

sys.argv 可以用来获取命令行参数，如果希望程序在命令行执行的时候可以接收用户输入的参数，就可以通过 sys.argv 方法来获取，它本身是列表对象，下标 0 是此次执行的 .py 程序对应的文件名，下标 1 之后的参数就是程序所需要的命令行参数。

sys.exit(0)函数则是用来终止程序，括号里的数字是明确定义程序结束时的返回值，通常返回值为 0 表示正常结束，非 0 则代表程序异常结束。当执行 sys.exit(0)时，并不会立刻退出程序，而是会先触发 SystemExit 异常，我们可以捕获这个异常，以便在离开程序之前执行一些相关的处置操作。

下面通过范例来说明 sys.argv 和 sys.exit(0)的用法。

【范例程序：test_argv.py】 练习 sys 模块常用的函数——获取命令行参数

```
01    # -*- coding: utf-8 -*-
02
03    import sys
04
05    print("sys.argv:{}".format(sys.argv))
06    print("文件名{}".format(sys.argv[0]))
07    length = len(sys.argv)
08
09    if len(sys.argv) < 2:
10        try:
11            sys.exit(0)
12        except:
13            tp, val, tb=sys.exc_info()
14            print("exit!..{}:{}".format(tp,val))
15
16
17    for i in range(1,length):
18        n1 = sys.argv[i]
19     print( "第{}个参数是{}".format(i,n1))
```

程序的执行结果如图 8-12 所示（注意这个程序要在命令行环境中执行）。

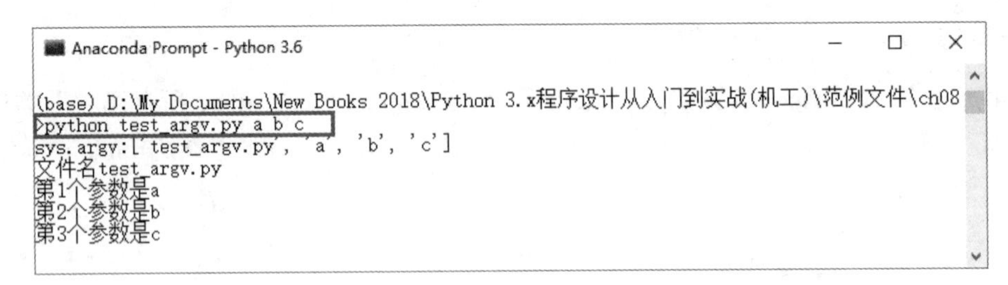

图 8-12

程序代码解析：

- 第 05~07 行：先列出完整的 sys.argv 的列表元素，下标 0 是此次执行的 .py 程序对应的文件名，下标 1 之后的参数就是程序所需要的命令行参数。先调用 len()函数获取 sys.argv 的元素个数，当元素个数小于 2 时，表示没有输入参数，如果输入参数了，就通过 for

循环显示出来，由于第 1 个元素是文件名，所以 range()是从 1 开始的。

- 第 10~14 行：使用 try...except 接收 sys.exit()发出的 SystemExit 异常，except（异常）程序区块是指进行异常处理的程序语句，except 后面如果不接任何异常类型（例如 IOError、ValueError），就表示捕获所有异常。我们调用 sys.exc_info()来获取异常信息，sys.exc_info()会返回三个值的元组，分别是 type（异常类型）、value（异常参数）以及 traceback（回溯对象），其中 value 是在 sys.exit()括号内所设置的返回值。图 8-13 所示是这个范例程序不加任何参数的执行结果。

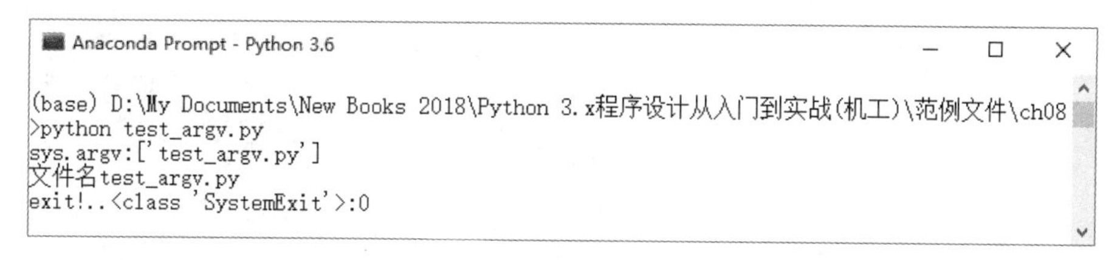

图 8-13

8.3.3 random 模块

随机数是在程序设计中常使用的功能，特别是在制作游戏的时候，像扑克牌的发牌、猜数字游戏等。Python 提供了一个 random 模块，可以用来产生随机数，用法如表 8-3 所示。

表 8-3

函数	说明	范例
random()	产生随机浮点数 n，0≤n＜1.0	random.random()
uniform()	产生指定范围的随机浮点数	random.uniform(5, 10)
randint()	产生指定范围的整数	random.randint(12, 20)
randrange()	从指定范围内，按照递增基数获取一个随机数	random.randrange(0, 10, 2)
choice()	从序列中取一个随机数	random.choice(["A","B","C"])
shuffle(x)	将序列打乱	random.shuffle(["A","B","C"])
sample(population, k)	从序列或集合提取 k 个不重复的元素	random.sample('ABCDEFG',2)

random 模块里的函数都很容易使用，比较特别的是 randrange()与 shuffle()函数。randrange()函数是在指定的范围内按照递增基数随机获取一个数，所以取出的数一定是递增基数的倍数，相当于 range(start, stop[, step])。例如，下面的程序语句表示从 1~100 取一个奇数：

```
print ( random.randrange(1, 100, 2) )
```

下面的程序语句则表示从 0~100 获取一个随机数：

```
print ( random.randrange(100) )
```

shuffle(x)函数是直接将序列 x 进行“洗牌”（打乱），并返回 None，所以不能直接调用 print()

函数来输出它。下面来看一个 random 模块的操作范例。

【范例程序：random.py】random 模块常用的函数

```
01    # -*- coding: utf-8 -*-
02
03    import random
04
05    print( random.random() )
06    print( random.uniform(1, 10) )
07    print( random.randint(1, 10) )
08    print( random.randrange(0, 50, 5) )
09    print( random.choice(["真真", "小宇", "大凌"]) )
10
11    items = [1, 2, 3, 4, 5, 6, 7]
12    random.shuffle(items)
13    print( items )
14
15    print( random.sample('ABCDEFG', 2) )
```

程序的执行结果如图 8-14 所示。

```
0.9821372040701877
8.411611655690864
2
45
小宇
[7, 2, 1, 6, 4, 5, 3]
['A', 'D']
```

图 8-14

程序代码解析：

- 第 05 行：产生随机浮点数 n，0≤ n < 1.0。
- 第 06 行：产生 1~10 之间的随机浮点数。
- 第 07 行：产生 1~10 之间的随机整数。
- 第 08 行：从 0~50 之间按照递增基数 5 获取一个随机数。
- 第 09 行：随机选择一个字符串输出。
- 第 12 行：将 items 序列打乱。
- 第 15 行：从序列或集合提取两个不重复的元素。

8.3.4 datetime 模块

日期与时间也是程序开发中经常用到的功能，Python 提供了 time 模块和 datetime 模块。datetime 模块除了显示日期和时间之外，还可以进行日期和时间的运算以及格式化，常用的函数如表 8-4 所示。

表 8-4

函数	说明	范例
datetime.date(年,月,日)	获取日期	datetime.date(2017,4,10)
datetime.time(时,分,秒)	获取时间	datetime.time(18, 30, 45)
datetime.datetime(年,月,日[,时,分,秒,微秒,时区])	获取日期时间	datetime.datetime(2017,2,4,20,44,40)
datetime.timedelta()	获取时间间隔	datetime.timedelta(days=1)

datetime 模块可以单独获取日期对象（datetime.date），也可以单独获取时间对象（datetime.time），或者两者一起使用（datetime.datetime）。

1. 日期对象：datetime.date(year, month, day)

日期对象包含年、月、日。常用的方法如表 8-5 所示。

表 8-5

date 方法	说明
datetime.date.today()	获取今天的日期
datetime.datetime.now()	获取现在的日期时间
datetime.date.weekday()	获取星期数，星期一返回 0，星期天返回 6，例如 datetime.date(2017,5,10).weekday()返回 2
datetime.date.isoweekday()	获取星期数，星期一返回 1，星期天返回 7，例如 datetime.date(2017,5,10).isoweekday()返回 3
datetime.date. isocalendar()	返回 3 个元素的元组(年,周数,星期数)，例如 datetime.date(2017,5,10).isocalendar()返回(2017, 19, 3)

日期对象常用的属性如表 8-6 所示。

表 8-6

date 属性	说明
datetime.date.min	获取支持的最小日期（0001-01-01）
datetime.date.max	获取支持的最大日期（9999-12-31）
datetime.date().year	获取年份，例如 datetime.date(2017,5,10).year
datetime.date().month	获取月份，例如 datetime.date(2017,5,10).month
datetime.date().day	获取日期，例如 datetime.date(2017,5,10).day

2. 时间对象：datetime.time(hour=0,minute=0,second=0,microsecond=0,tzinfo=None)

时间对象允许的值范围如下：

0 <= hour < 24
0 <= minute < 60
0 <= second < 60

0 <= microsecond < 1000000

时间常用的属性如表 8-7 所示。

表 8-7

date 属性	说明
datetime.time.min	获取支持的最小时间（00:00:00）
datetime.time.max	获取支持的最大时间（23:59:59.999999）
datetime.time().hour	获取小时，例如 datetime.time(15,30,59).hour
datetime.time().minute	获取分，例如 datetime.time(15,30,59). minute
datetime.time().second	获取秒，例如 datetime.time(15,30,59). second
datetime.time().microsecond	获取微秒，例如 datetime.time(15,30,59, 26164).microsecond

另外，datetime 模块提供了 timedelta 对象，可以计算两个日期或时间的差距。例如想要获取明天的日期，可以编写如下语句：

```
datetime.date.today() + datetime.timedelta(days=1)
```

timedelta 对象括号里的参数可以是 days、seconds、microseconds、milliseconds、minutes、hours 以及 weeks，参数值可以是整数或浮点数，也可以是负数。

下面使用 datetime 模块让用户输入年、月，判断当月最后一天的日期。

【范例程序：lastDayOfMonth.py】 求某月最后一天的日期

```
01    # -*- coding: utf-8 -*-
02
03    import datetime
04
05    def lastDayOfMonth(y,m):
06        d=datetime.date(y,m,1)
07        yy = d.year
08        mm = d.month
09
10        if mm == 12 :
11            mm = 1
12            yy += 1
13        else:
14            mm += 1
15
16        return datetime.date(yy,mm,1)+ datetime.timedelta(days=-1)
17
18
19    if __name__ == '__main__':
20        isYear=int(input("请输入年份: "))
```

```
21        isMonth=int(input("请输入月份: "))
22        lastDay=lastDayOfMonth(isYear,isMonth)
23        print(lastDay)
```

程序的执行结果如图 8-15 所示。

```
请输入年份：2018

请输入月份：9
2018-09-30
```

图 8-15

程序设计常常需要知道某个月份最后一天的日期。每个月最后一天的日期并不是固定不变的，小月是 30 号，大月是 31 号，二月份一般是 28 号，遇到闰年就是 29 号。程序除了要判断大月外、小月，还得去判断是否为闰年。

思考方式转个弯，就会发现其实不难，既然直接计算最后一天不容易，那么我们就利用下个月的第一天减一天，同样可以得到答案。

这样的编程方法需要注意的是：当用户输入的月份是 12 月时，就必须将年份+1，月份改为 1 月，再使用 datetime.timedelta(days=-1)将日期减一天。

8.3.5 查看模块的路径与文件名

如果要查询模块的路径与文件名，那么可以使用__file__属性。例如通过以下程序语句可以清楚地知道 math 模块所在位置的路径与文件名：

```
>>> import string
>>> print(string.__file__)
D:\Users\Jun\Anaconda3\lib\string.py
```

我们可以根据文件所显示的路径与文件名打开该文件，可以看到有关 string.py 文件的相关内容，包括这个模块内的所有定义及函数，如图 8-16 所示。

```
Editor - D:\Users\Jun\Anaconda3\Lib\string.py
string.py
13 printable -- a string containing all ASCII characters considered printable
14
15 """
16
17 __all__ = ["ascii_letters", "ascii_lowercase", "ascii_uppercase", "capwords",
18            "digits", "hexdigits", "octdigits", "printable", "punctuation",
19            "whitespace", "Formatter", "Template"]
20
21 import _string
22
23 # Some strings for ctype-style character classification
24 whitespace = ' \t\n\r\v\f'
25 ascii_lowercase = 'abcdefghijklmnopqrstuvwxyz'
26 ascii_uppercase = 'ABCDEFGHIJKLMNOPQRSTUVWXYZ'
27 ascii_letters = ascii_lowercase + ascii_uppercase
28 digits = '0123456789'
29 hexdigits = digits + 'abcdef' + 'ABCDEF'
30 octdigits = '01234567'
31 punctuation = r"""!"#$%&'()*+,-./:;<=>?@[\]^_`{|}~"""
32 printable = digits + ascii_letters + punctuation + whitespace
33
34 # Functions which aren't available as string methods.
35
36 # Capitalize the words in a string, e.g. " aBc  dEf " -> "Abc Def".
37 def capwords(s, sep=None):
38     """capwords(s [,sep]) -> string
39
40     Split the argument into words using split, capitalize each
41     word using capitalize, and join the capitalized words using
42     join.  If the optional second argument sep is absent or None,
43     runs of whitespace characters are replaced by a single space
44     and leading and trailing whitespace are removed, otherwise
45     sep is used to split and join the words.
46
47     """
48     return (sep or ' ').join(x.capitalize() for x in s.split(sep))
```

图 8-16

8.3.6 程序包在线帮助文件

各个模块提供的函数很多，因为篇幅的限制，本书仅能针对常用的函数进行介绍，无法逐一说明每个函数的用法。大家可以执行 help(模块名称)来查询帮助文件。例如，要查询 os 模块的帮助信息，我们可以输入 help("os")，随后就会看到 os 模块的帮助信息，如图 8-17 所示。

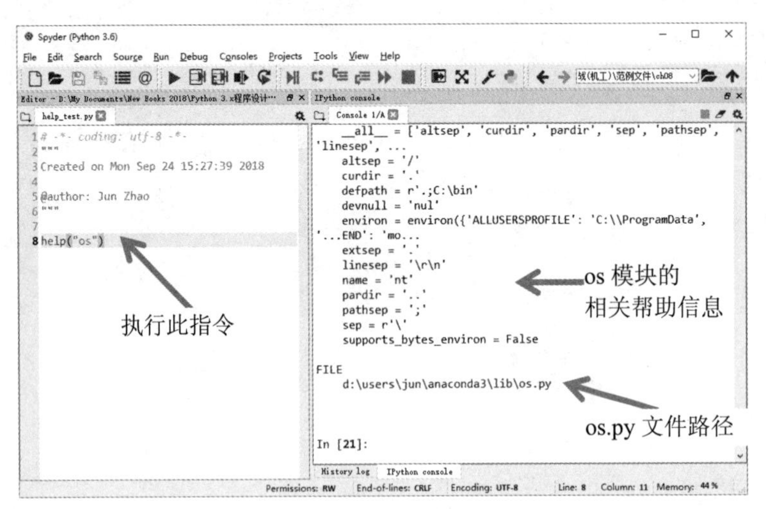

图 8-17

另外，也可以打开模块的在线帮助文件，在 Spyder 中可以依次选择菜单选项 Help→Online documentation→Python3 documentation，随后就会进入浏览器，看到如图 8-18 所示的页面，单击 Global Module Index 链接。

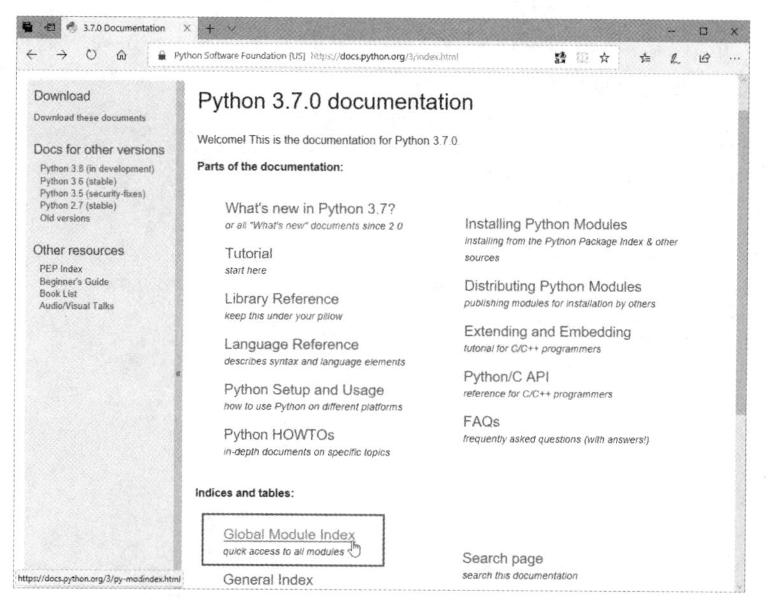

图 8-18

随后就会出现 Python 模块索引（Python Module Index）的页面，如图 8-19 所示。Python 的每一个模块都是一个 Python 文件，在文件内定义了该模块相关功能的数据、属性、函数或类，例如 time 模块提供了一些与时间有关的常数和数学函数。图 8-19 所示的页面为 Python 模块的在线索引系统，这个在线帮助网页可以有效帮助用户了解各种模块的使用说明。如果我们要查询数学模块（math），可以单击“m”索引。

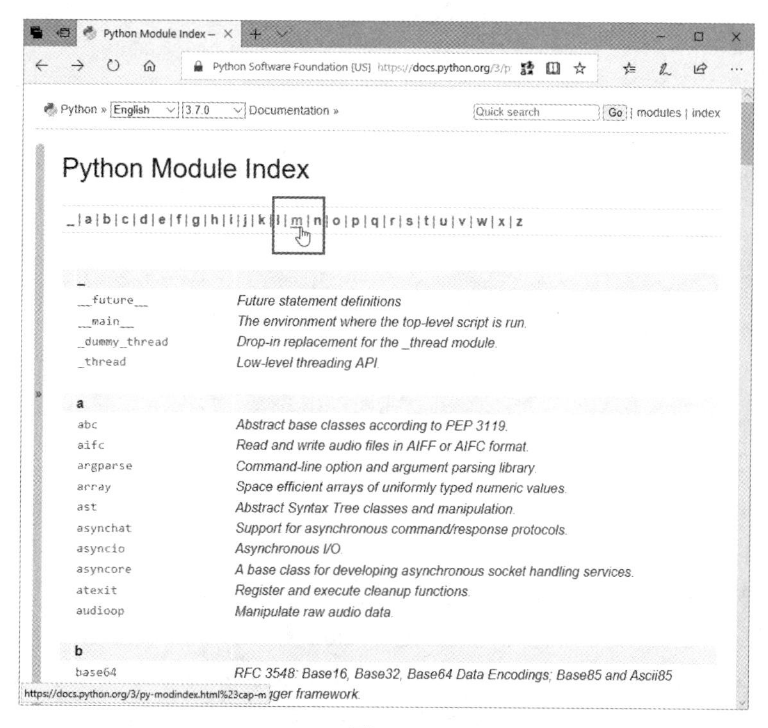

图 8-19

网页显示出“m”字母开始的模块列表，如果想进一步查看 math 模块的使用方法，可以直接单击 math 超链接，如图 8-20 所示。

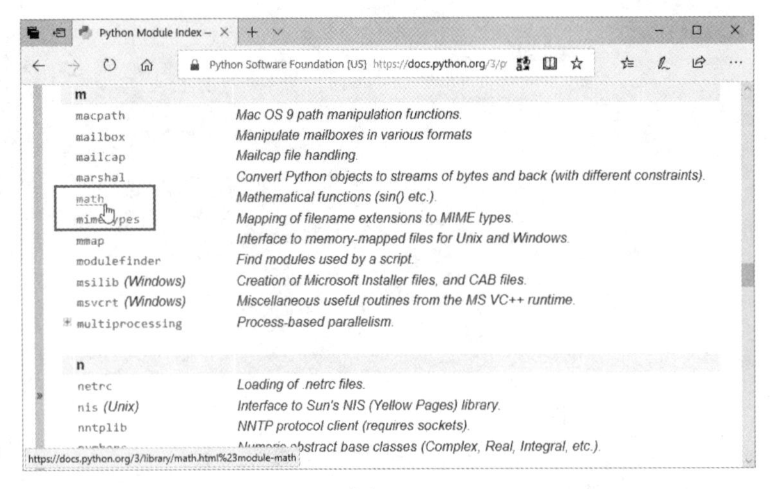

图 8-20

与数学函数相关的在线帮助页面便显示出来了，如图 8-21 所示。在这个在线帮助页面中可以清楚地看到该模块内各种函数的使用方式及其定义的数据。

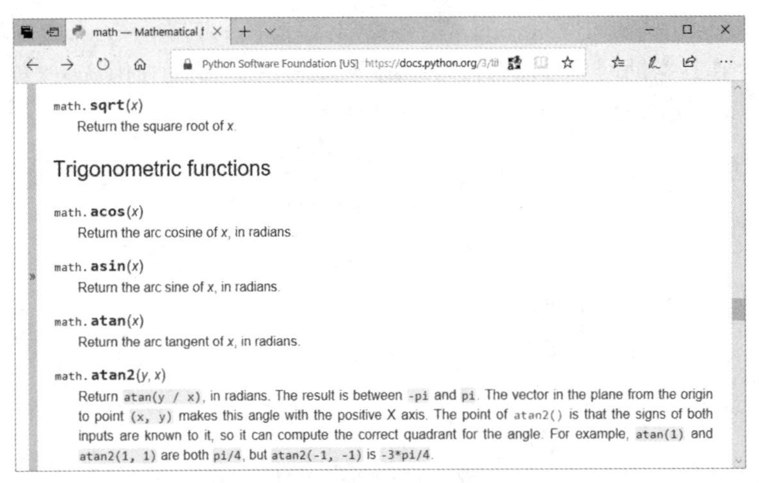

图 8-21

8.4 第三方程序包

有别于内建的模块与程序包在安装 Python 时会一并安装，第三方程序包是指在安装 Python 时不会被安装进来，必须另外安装的程序包。

PyPI 是 Python Package Index 的缩写，这是 Python 的第三方程序包的集中地，目前收集了超过数万个第三方程序包。图 8-22 所示为 the Python Package Index 网站首页，这个网站可以说是第三方程序包的大本营，几乎所有能想象到的功能都可以在这个网站找到合适的程序包，网站地址为 https://pypi.org/。

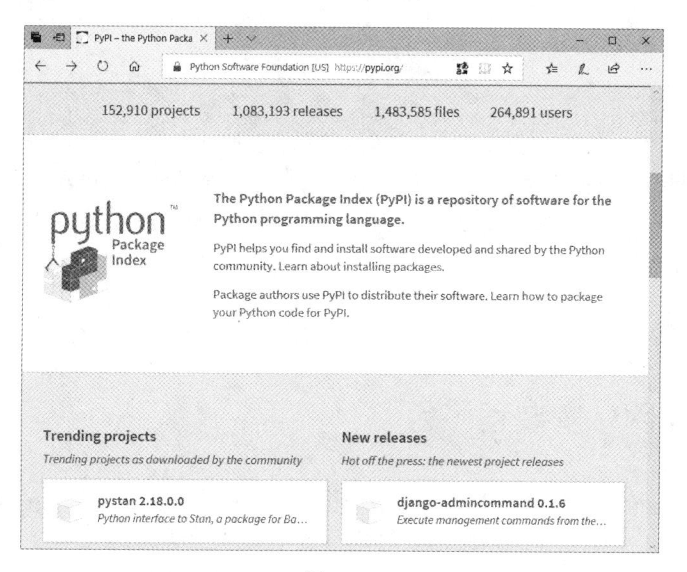

图 8-22

8.4.1 使用 pip 管理程序安装程序包

Python 中提供了一个便捷且强大的程序包管理程序——pip，它综合了下载、安装、升级、管理、删除程序包等功能。只要通过简单的指令和步骤，它就可以帮助我们从 PyPI 下载想要的程序包，并进行妥善的安装与管理。通过统一的管理，除了事半功倍外，还避免了手动执行上述任务时会发生的种种错误。

如果是在 Windows 平台安装 Python 3.6，可以在安装文件夹内的 Scripts 文件夹内找到 pip 程序。如果我们的计算机没有安装 pip 程序，也可以访问 pip 的官方网站，网址为 http://pip.readthedocs.io/en/latest/installing/。

这个网站的网页如图 8-23 所示。

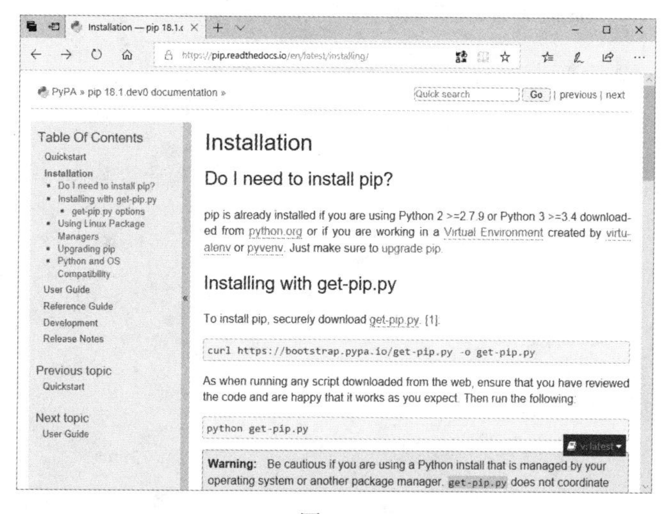

图 8-23

或者直接参考以下网页提供的步骤说明：

```
https://pip.readthedocs.io/en/latest/installing/#installing-with-get-pip-py
```

在图 8-2 所示的有关 install pip 的段落中可以找到一个名为 get-pip.py 的文件，下载该文件，获得 get-pip.py 文件后，在“命令提示符”窗口切换到 get-pip.py 的目录并输入如下指令，就可以轻松完成安装 pip 程序的工作：

```
>python get-pip.py
```

8.4.2 从 PyPI 网站安装程序包

除了上述方式之外，我们也可以直接连接到网站 https://pypi.python.org/pypi，这个第三方程序包的“集中地”，在该网站中输入要搜索的程序包名称，例如 XXX.py，在找到要安装的程序包后，就可以将该文件下载并安装到自己的计算机中。完整的操作过程可参阅图 8-24~图 8-26。

图 8-24

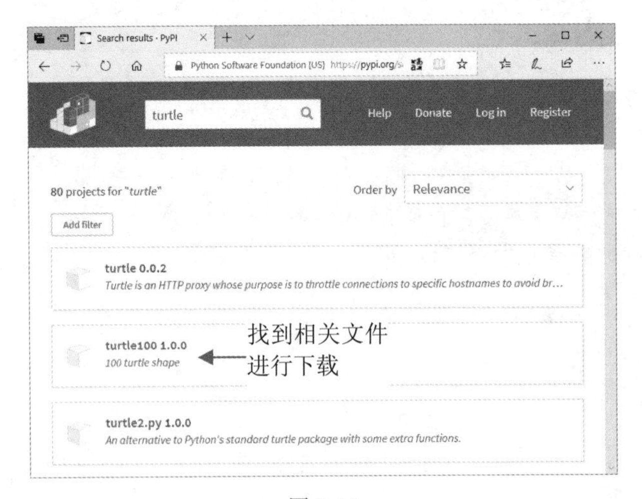

图 8-25

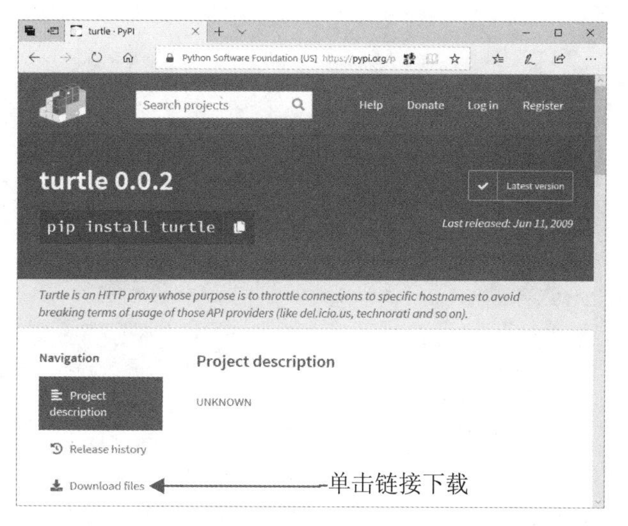

图 8-26

找到相关文件后，就可以下载该文件下载，再使用 pip 工具将其安装在计算机。

8.5 上机实践演练——乐透投注游戏程序

在本章中，我们学习了 Python 的 Random 模块，下面使用它来实现一个乐透投注游戏程序。

8.5.1 范例程序说明

模拟乐透投注游戏，投注者必须从 1~39 的号码中任选 5 个不同的号码进行投注。使用程序产生开奖号码，并与投注者的 5 个号码对比，看看选中几个号码。

1. 输入说明

投注者输入 5 个不重复的号码，每个号码以逗号“,”隔开。由程序随机产生 5 个开奖号码。

2. 输出范例

输出需包含开奖号码的开出顺序、大小顺序，投注者选的号码、匹配的号码，如果没有匹配的号码，就显示“不匹配!”。

程序执行时屏幕显示的结果如图 8-27 所示。

```
请从1~39个号码任选5个不同号码，每个号码请以逗号(,)隔开：27,18,5,9,36
开出顺序：[27, 33, 31, 20, 39, 16]
大小顺序：[16, 20, 27, 31, 33, 39]
您选的号码：[5, 9, 18, 27, 36]
匹配：{27}
```

图 8-27

3. 流程图

流程图可参考图 8-28。

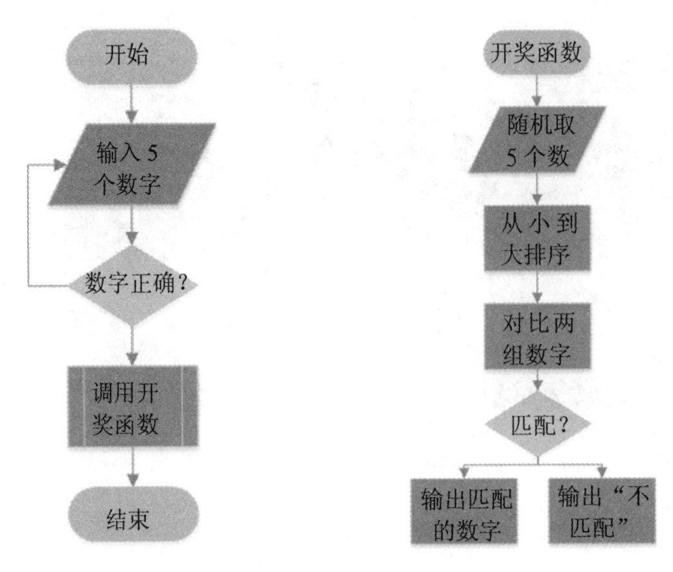

图 8-28

8.5.2 程序代码说明

这个范例程序主要可分为以下三部分。

（1）投注者输入 5 个数字，并检查是否符合规则。

（2）随机产生 5 个不重复的开奖数字。

（3）对比两组数字是否匹配。

首先来看投注者输入 5 个数字的程序结构：

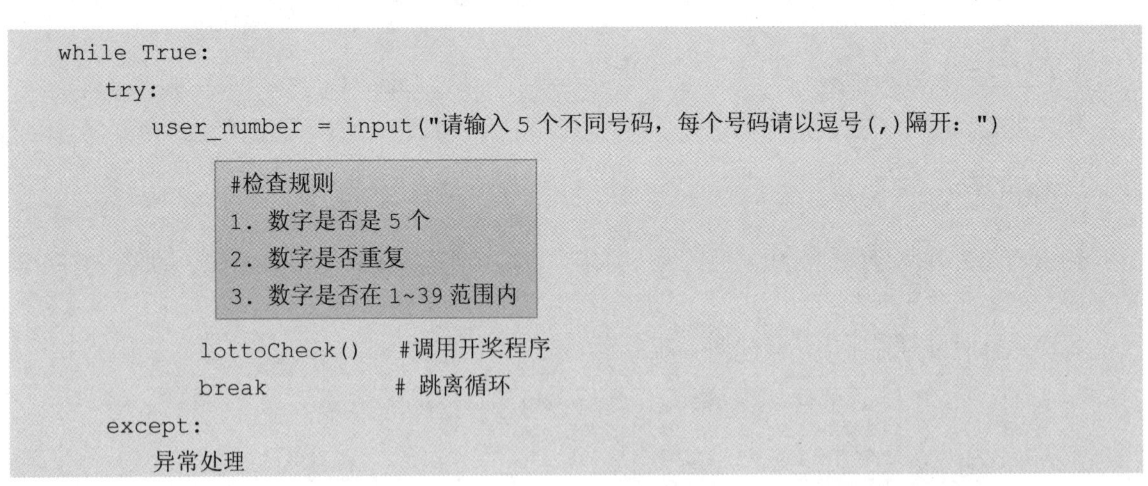

```
while True:
    try:
        user_number = input("请输入 5 个不同号码，每个号码请以逗号(,)隔开：")
            #检查规则
            1. 数字是否是 5 个
            2. 数字是否重复
            3. 数字是否在 1~39 范围内
            lottoCheck()    #调用开奖程序
            break           # 跳离循环
    except:
        异常处理
```

用户输入数字时有可能不符合规则，所以这里使用 while 循环，直到数字完全符合规则才跳离循环，while 循环的离开条件判断表达式设为 True，表示循环会不断执行，直至遇到 break 才会跳离循环。

用户输入数字时出错的情况难以预料，例如输入英文字母、特殊符号或空格等，这里先使用

try…except 来捕获异常。

由于用户输入的数字是以逗号“,”分隔的，因此要先将字符串用 split()方法分割，再使用 for 循环对比数字是否符合规则，程序代码如下：

```
n1=[]  #声明空列表
for n in user_number.split(","):
    n = int(n)
    if n in n1:
        print("重复输入，",end="")
        raise ValueError  #触发异常
    elif n not in range(1,40):
        print("超出范围!数字必须是 1~39，",end="")
        raise ValueError  #触发异常
    else:
        n1.append(n)    #将数字加入列表
    lottoCheck(n1)      #调用开奖程序
    break  #跳离循环
```

从上面的程序可以看到，当数字不符合规则时，就使用 raise 语句来触发异常；当数字完全符合规则时，就可以调用开奖函数（lottoCheck）来对奖了。这里我们只让程序执行一次，所以加上 break 语句来跳离循环；如果我们想要让程序不断执行，只要将 break 拿掉就可以了，不过别忘了要另外加上跳离循环的程序，否则程序就会陷入死循环而不断执行。

lottoCheck 函数一开始先调用 generate_num 函数随机产生 5 个开奖号码，我们先来看产生 generate_num 函数的程序代码：

```
def generate_num():
    auto_num = []   #声明空列表
    while len(auto_num)<5:
        x = random.randint(1, 40)   #随机取一个数字
        if x not in auto_num:        #检查数字是否重复
            auto_num.append(x)
    return auto_num
```

上面的程序语句使用 while 循环来产生 5 个数字，调用 len()函数来检查列表的元素个数，当小于 6 时就会不断循环，直到满 5 个数字才跳离循环。

投注者与开奖数字都成功产生之后，必须对比两组数字是否有匹配的数字：

```
def lottoCheck(a):
    b=generate_num()   #调用 generate_num 函数
    b_sort=sorted(b)   #将数字排序
    print("开出顺序：{}".format(b))
    print("大小顺序：{}".format(b_sort))
    print("您选的号码：{}".format(sorted(a)))
    ans = set(a) & set(b_sort)  #比对两组数字
    if len(ans):
```

```
        print("匹配：{}".format(ans))
    else:
        print("不匹配！")
```

对比两组数字是否匹配的程序重点在下面这一行：

```
ans = set(a) & set(b_sort)
```

set()函数是将列表转成集合，集合可以执行并集、交集、差集的运算。想想看，对比元素同时存在集合 A 和集合 B，应该执行哪一种运算？只要进行交集（&）运算就可以轻松找出匹配的数字。

下面列出完整的程序代码供大家参考。

【范例程序：review_Lottery.py】 乐透系统

```
01    # -*- coding: utf-8 -*-
02    """
03    乐透开奖与对奖程序
04    题目要求：
05    1.让投注者输入 5 个不重复的号码，每个号码以逗号(,)隔开。
06    2.随机产生开奖号码。
07    3.计算投注者的 5 个号码有几个号码开出。
08    4.输出需包含开奖号码的开出顺序、大小顺序，投注者选的号码以及匹配的号码。
09    如果没有匹配的号码，就显示“不匹配！”。
10    """
11
12    import random
13
14    def generate_num():
15        auto_num = []
16        while len(auto_num)<5:
17            x = random.randint(1, 40)
18            if x not in auto_num:
19                auto_num.append(x)
20        return auto_num
21
22    def lottoCheck(a):
23        b=generate_num()
24        b_sort=sorted(b)
25        print("开出顺序：{}".format(b))
26        print("大小顺序：{}".format(b_sort))
27        print("您选的号码：{}".format(sorted(a)))
28        ans = set(a) & set(b_sort)
29        if len(ans):
30            print("匹配：{}".format(ans))
```

```
31        else:
32            print("不匹配！")
33
34
35
36    if __name__ == "__main__":
37        while True:
38            try:
39                user_number = input("请从1~39个号码任选5个不同号码，每个号码请以逗号
(,)隔开：")
40
41                if user_number.count(",")<4:
42                    print("号码不足，",end="")
43                    raise ValueError
44                else:
45                    n1=[]
46                    for n in user_number.split(","):
47                        n = int(n)
48                        if n in n1:
49                            print("重复输入，",end="")
50                            raise ValueError
51                        elif n not in range(1,40):
52                            print("超出范围！数字必须是1~39，",end="")
53                            raise ValueError
54                        else:
55                            n1.append(n)
56                    lottoCheck(n1)
57                    break
58            except ValueError:
59                print("请再输入一次！")
```

重点回顾

1. 模块指的是已经编写好的 Python 文件，模块中包含可执行的程序语句和定义好的数据、函数或类。

2. 在 Python 语言中拥有“__init__.py”文件的目录就会被视为一个程序包。

3. 若需要使用模块，则需使用 import 指令导入模块。

4. 当遇到较长的程序包名称时，也可以另外取一个简短、有意义又好输入的别名。

5. “from 程序包名称 import *”指令表示导入该程序包的所有函数。

6. 如果要导入多个函数，就要用逗号“,”分隔开。

7. Python 提供了命名空间机制，将模块资源限定在模块的命名空间内，避免不同模块之间发生同名冲突的问题。

8. Python 寻找模块时，会按照 sys.path 所定义的路径来寻找，默认先从当前工作文件夹寻找，再从环境变量 PYTHONPATH 指定的目录或 Python 安装路径进行寻找。

9. 当 Python 的.py 中的程序代码直接执行时，__name__属性会被设置为“__main__”；如果文件被当成模块导入，属性就会被定义为 .py 的文件名。

10. datetime 模块有许多与日期和时间有关的函数，并支持时区换算。

11. os 模块功能包括查询当前工作的文件夹路径、创建文件夹、删除文件夹等。

12. sys.modules 是一组字典，包含所有被导入过的程序包模块。

13. 如果希望程序在命令行执行的时候可以接收用户输入的参数（命令行参数），就可以通过 sys.argv 方法来获取。

14. Except（异常）除了由解释器自动触发外，我们也可以使用 raise 语句来触发。

15. randrange()函数是在指定的范围内按照递增基数随机取一个数。

16. datatime 模块可以单独获取日期对象（datetime.date），也可以单独获取时间对象（datetime.time），或者两者一起使用（datetime.datetime）。

17. 如果要查询模块的路径与文件名，那么可以使用__file__属性。

18. 我们可以通过执行 help(模块名称)来查询帮助文件。

19. PyPI 是 Python Package Index 的缩写，存储它的网站是 Python 的第三方程序包集中地。

20. 程序包管理程序——pip 综合了下载、安装、升级、管理、删除程序包等功能。

课后习题

一、选择题

（ ）1. 关于模块与程序包的说明，下列哪一个有误？

A. 模块是一个“*.py”文件

B. 将多个模块组合在一起就会形成程序包

C. 拥有“__init__.py”文件的目录就会被视为一个程序包

D. 如果要一次导入多个程序包，就必须以分号“;”分隔不同的程序包名称

（ ）2. 如何避免不同模块之间发生同名冲突的问题？

A. 将模块资源限定在模块的命名空间内

B. 绝对不能有同名的模块

C. 将模块按字母大小写区分

D. 下达不同的导入指令

二、填空题

1. 将多个模块组合在一起就形成________。

2. 在 Python 语言中，拥有________文件的目录就会被视为一个程序包。

3. 若要使用模块，则要使用________指令来导入。

4. 当程序包名称有了别名之后，就可以使用________的方式进行调用。

5. 当 Python 的.py 中的程序代码直接执行时，__name__属性会被设置为________。

三、简答题

1. 请编写一个函数，具有年、月、日三个参数，例如 isVaildDate(yy, mm, dd)，检查传入的年月日是否为合法日期，如果是，就输出此日期，否则输出“日期错误”。

例如：

```
isVaildDate(2017, 3, 30)，输出“2017-03-30”
isVaildDate(2017, 2, 30)，输出“日期错误”
```

2. 如何才能一次导入多个程序包？

3. 给程序包名称取别名的语法是什么？

4. Python 的标准函数库中有众多实用的模块，这些模块内的函数难免会有重复，试问 Python 如何避免不同模块之间发生同名冲突的问题？

5. 试举出至少 5 种 Python 的常用模块。

第 9 章 文件的存取与处理

当程序执行完毕之后，所有存储在内存中的数据都会消失，这时如果需要将执行结果存储在不会挥发的存储介质上（如磁盘等），就必须通过文件模式来加以保存。在本章中，我们介绍 Python 的文件与数据流的应用，以及通过文件操作来存取数据的方式。

本章学习大纲

- 认识文件
- 文件的种类
- 文件与目录
- 绝对路径与相对路径
- 文件的写入
- 文件的读取
- 文件的复制
- 二进制数据

文件（File）是计算机中数字、数据和信息的集合，是一种存储数据的单位，也是在磁盘驱动器上存储数据的重要形式，这些数据以字节的方式存储，可以是一份报告、一张图片或一个执行程序，因而包括数据文件、程序文件或可执行文件等格式。使用文件存取数据是数据加工、处理和存储中非常重要的一环。

9.1 认识文件

在程序的运行过程中，所有的数据都存储在内存中，一旦程序结束，之前输入的数据就会全部消失。在程行执行的过程中，如果要将加工、处理或计算得到的数据永久保存下来，就必须将数据写入文件并存放在非挥发性（Non-Volatile）的存储介质中，例如硬盘。每个文件都必须有文件名（File Name），文件名分为“主文件名”与“扩展名”，中间以句点“.”分隔，“扩展名”的功能在于记录文件的类型，例如 .cpp 表示是 C++的源代码程序文件，.py 表示是 Python 语言的源代码程序文件。通过这样的命名方式可以让我们清楚地分辨出文件名及其文件类型，如下所示：

```
主文档名.扩展名
```

9.1.1 文件的种类

文件如果按存储方式来分类，可以分文本文件（text file）与二进制文件（binary file）两种。分别说明如下：

1. 文本文件

文本文件是以字符编码的方式进行存储的，在 Windows 操作系统的记事本程序中，默认是以 ASCII 编码来存储文本文件的，每个字符占 1 字节。例如，在文本文件中存入一个 10 位的整数 1234567890，由于是以字符按序存入的，因此总共需要 10 个字节来存储这个整数。

2. 二进制文件

所谓二进制文件，就是以二进制格式进行存储的文件，也就是将内存中的数据原封不动地保存到文件中，这种存储方式适用于非字符为主的数据。如果用记事本程序打开这类文件，我们只会看到一堆乱码。

其实，除了以字符为主的文本文件外，所有的数据都可以说是二进制文件，例如编译过后的程序文件、图像或视频文件等。二进制文件的最大优点在于访问速度快、占用空间小以及可随机存取，在数据库应用上比文本文件更加适合。

9.1.2 认识文件与目录

在计算机或移动设备中，一个“目录”或“文件夹”中存储着一组文件和其他一些目录（文件夹）。一个文件系统可能包含成千上万个文件和目录（文件夹），并以一种有组织的方式进行管理，以达到有效存储文件的目的。在一个目录（文件夹）中的另一个目录（文件夹）被称作它的子目录（子文件夹）。这些目录（文件夹）构成了层级（hierarchy）或树形结构。如图 9-1 所示为文件资源管理器。

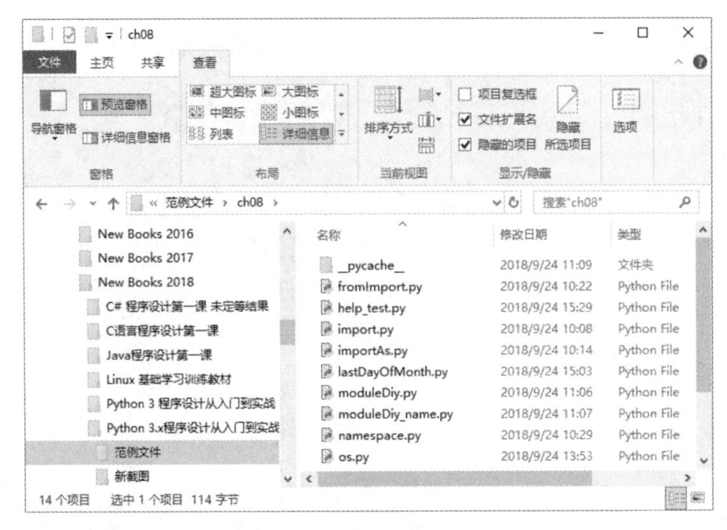

图 9-1

也就是说，文件系统是一种存储和组织计算机数据的方法，通过文件系统的管理工具（例如 Windows 操作系统中的“文件资源管理器”）可以帮助用户在存取文件时变得更为直觉和便捷。事实上，在文件系统中，使用文件和目录（或称为文件夹）的抽象逻辑概念代替了硬盘和光盘等物理设备使用数据块的概念，这样用户存储数据时不必关心数据存储在硬盘（或者光盘）的实际地址及占用多少地址空间，只需要记住这个文件的所属目录和文件名即可。

不同的操作系统所采用的文件系统会有所不同，例如早期 MS-DOS 采用的文件系统为 FAT（File Allocation Table，文件分配表），而现今较常见的操作系统 Windows 7/8/10 的文件系统则有 FAT32、NTFS（New Technology File System，新技术文件系统）或 exFAT（Extended File Allocation Table，扩展文件分配表）。

9.1.3 绝对路径与相对路径

首先说明“绝对路径”和“相对路径”的差异。简单地说，“绝对路径”指的是一个绝对的位置，并不会随着当前目录的改变而改变，例如：

```
C:\Windows\system\
```

“相对路径”是相对于当前目录的路径表示法，因此“相对路径”所指向的文件或目录会随着当前目录的不同而改变。通常我们用“.”代表当前目录，而用“..”代表上一级目录。

9.2 文件的读与写

当程序执行完毕之后，所有存储在内存的数据都会消失，如果要将执行的结果存储在硬盘等非挥发的存储介质上，就必须将执行的结果以文件形式存储在硬盘等存储设备中。

9.2.1 文件的写入

Python 在处理文件的读取与写入时都是通过文件对象，因此，无论是进行文件的写入或读取操作，第一项工作就是调用 Python 的内部函数 open()来创建文件对象。所谓文件对象（File Object），就是一个提供存取文件的接口，它并非实际的文件。当打开文件之后，必须通过“文件对象”执行读（Read）或写（Write）的操作。

open()函数的语法如下：

```
open(file, mode)
```

- file：以字符串来指定想要打开文件的路径和文件名。
- mode：以字符串指定打开文件的存取模式。表 9-1 所示为用于设置文件的存取模式。

表 9-1

mode	说明
"r"	读取模式（默认值）
"w"	写入模式，创建新文件或覆盖旧文件（覆盖旧有数据）
"a"	附加（写入）模式，创建新文件或附加到旧文件的末尾
"x"	写入模式，文件不存在时就创建新文件，文件存在则有错误
"t"	文本模式（默认）
"b"	二进制模式
"r+"	更新模式，可读可写，文件必须存在，从文件开头进行读写
"w+"	更新模式，可读可写，创建新文件或覆盖旧文件的内容，从文件开头进行读写
a+	更新模式，可读可写，创建新文件或从旧文件末尾进行读写

如果调用 open()创建文件对象的操作成功了，就会返回文件对象；如果创建文件失败了，就会发生错误。当以读取模式 "r" 打开文件时，如果该文件不存在，就会发生错误。

例如，下面的程序语句是以读取模式打开一个名称为 C:\test.txt 的文件，如果通过这个文件的路径找不到这个文件，就会发生 FileNotFoundError 的错误信息，这个信息告知用户所打开的文件或目录不存在：

```
file1=open("C:\\test.txt","r")
FileNotFoundError: [Errno 2] No such file or directory: 'C:\\test.txt'
```

刚才谈到的情况是以读取模式打开文件，当文件不存在时会发生错误。如果以写入模式打开文件，第一次打开该文件，而该文件不存在，这个时候系统就会自动以该名称创建新文件，而不会发生类似于读取模式找不到文件的错误。

例如，以下程序语句是以写入模式打开一个名称为 C:\test.txt 的文件，如果通过这个文件路径找不到这个文件，就会以该名称创建文件，并创建一个文件对象，再赋值给变量 file1：

```
file1=open("C:\\test.txt","w")
```

大家要特别留意，调用 open()函数打开文件时，所指定的文件路径必须以转义字符“\\”来表示“\”，例如：

```
>>> file1=open("C:\\lab\\test.txt"."r")
```

如果我们觉得上述路径表示方式不实用，也可以在绝对路径前面加 r，来告知编译程序系统 r 后随的路径字符串是原始字符串，如此一来，原先用“\\”来表示“\”的方式就可以简化为如下表示方式：

```
>>> file1=open(r"C:\lab\test.txt"."r")
```

也就是说，对于文本文件而言，要将数据写入文件中，必须事先调用 open()方法创建新文件，再使用文件对象所提供的 write()方法将文字写入文件，最后调用 close()方法关闭文件。

注意写入文件时会从文件指针当前所在的位置开始，因此写入文件时，必须指定存取模式。文件指针用来记录文件当前写入或读取到了哪一个位置。

【范例程序：openfile.py】 调用 open()方法打开文件

```
01    yeats = '''
02    若问前世因
03        今生受者是
04    若问来世果
05        今生作者是
06    '''
07    #创建新文件，以文本模式写入
08    fn = open('phrase.txt', 'wt')
09    fn.write(yeats)   #将字符串写入文件
10    fn.close()        #关闭文件
```

程序代码解析：

- 第 01~06 行：程序代码先以长文字（使用 3 个单引号或双引号）创建字符串内容。
- 第 08 行：调用 open()函数时必须把文件对象赋值给变量 fn，以便进行文件的存储。第一个参数是要创建文件使用的文件名，此处创建文本文件，第二个参数 mode 为 wt，即以字符串方式表示“以文本格式写入”。
- 第 09 行：以 fn（文件对象）调用 write()方法并传入参数。
- 第 10 行：以 fn 调用 close()方法关闭文件，如此才能将位于缓冲区的内容全部写入文件，未使用此方法会让创建的文件是空的。

我们可以用 Windows 文件资源管理器找到这个新创建的文件，再以“记事本”程序打开该文件，可以看到所写入的文字是按我们指定的字符串呈现方式写入的，如图 9-2 所示。

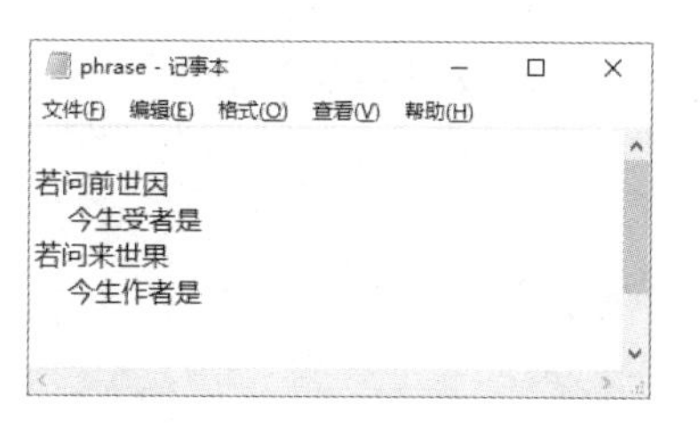

图 9-2

学习小教室

请编写一个 Python 程序，该程序可以在所在位置的上一层目录下创建一个名称为 resume.txt 的文本文件，其内容如图 9-3 所示：

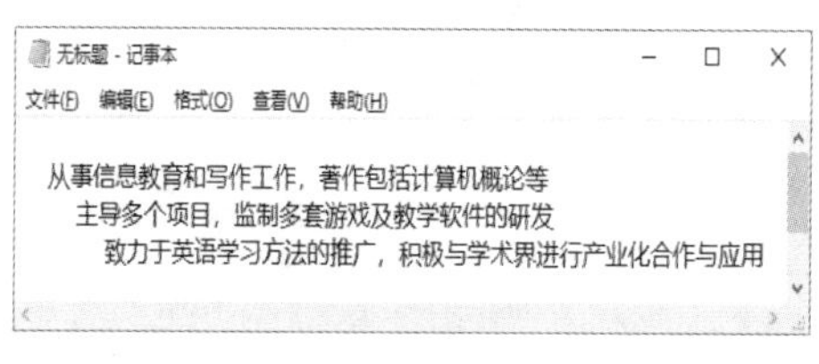

图 9-3

参考解答如下。

【范例程序：openfile1.py】 调用 open()方法打开文件

```
01  content = '''
02
03      从事信息教育和写作工作，著作包括计算机概论等
04          主导多个项目，监制多套游戏及教学软件的研发
05              致力于英语学习方法的推广，积极与学术界进行产业化合作与应用
06
07  '''
08  #创建文件，以文本模式写入
09  fn = open('..\\resume.txt', 'wt')
10  fn.write(content)   #将字符串写入文件
11  fn.close()          #关闭文件
```

9.2.2 文件的读取

相对于写入文件的步骤，要读取文件的数据，首先必须调用 open()方法打开指定的文件，接着使用文件对象所提供的 read()、readline()或 readlilnes()方法从文件读取数据，最后调用 close()方法关闭文件。

前面曾提醒大家，读取文件和写入文件有不同之处，如果以读取模式打开文件，当文件不存在时，会发生找不到文件的错误。为了避免这类错误的发生，可以在打开文件之前以 os.path 模块所提供的 isfile(file)函数来检查指定文件名的文件是否存在。如果文件存在，就返回 True，否则返回 False。

下面的范例程序会先行判断文件是否存在，如果存在，就打印出文件中的所有内容。

【范例程序：isfile.py】 先行判断文件是否存在

```
01    import os.path #导入 os.path
02
03    #调用 isfile()方法先行判断文件是否存在
04    #如果文件存在，就打印出文件的内容
05    if os.path.isfile("resume.txt"):
06        fb=open("resume.txt","r")
07        for word in fb:
08            print(word)
09    #如果文件不存在，就输出文件不存在的提示信息
10    else:
11        print("指定要打开的文件不存在！")
```

程序的执行结果如图 9-4 所示。

```
指定要打开的文件不存在！
```

图 9-4

程序代码解析：

- 第 05~08 行：调用 isfile()方法先行判断文件是否存在，如果文件存在，就打印出文件的内容。
- 第 10、11 行：如果文件不存在，就输出文件不存在的提示信息。

当文件创建之后，就可以调用 read()、readline()或 readlines()方法来读取文件。下面来认识这三个方法。

1. read()方法

调用 read()方法读取数据会从文件当前指针所在的位置一个字符一个字符去读取，读取完指定个数的字符之后，就返回该字符串，其语法如下：

```
read(n)
```

如果将参数 n 省略，就会以字符串类型返回文件的所有数据。特别注意，调用 read()方法时，如果没有指定读取的字符数，当文件很大时，就会消耗大量系统资源。

在下面的范例程序中，会以 "r" 的文件存取模式打开文件，文件指针会指向文件的起始处，从文件的开头读取文件的所有数据内容，再以字符串的数据类型赋值给变量 text，这个时候系统会将文件指针从原先的文件起始处移到文件的结尾处。接下来，程序设计人员就可以调用 print 函数将所读取的文件内容打印输出，最后调用 close()方法关闭文件。

【范例程序：readfile.py】 调用 read()方法的实践

```
01    #调用 open()方法打开指定的文本文件
02    fb=open("introduct.txt","r")
03    #调用 read()方法读取文件的内容
04    text=fb.read()
```

```
05    #输出字符串变量 text 的内容
06    print(text)
07    #调用 close()方法关闭文件
08    fb.close()
```

程序的执行结果如图 9-5 所示。

```
Word全方位排版实践：纸质书与电子书制作一次搞定

Word排版技巧大全
轻松活用Word进行专业文件的排版
做出俱佳的视觉效果、易于阅读的专业质感文件
```

图 9-5

上面的 read()方法没有指定要读取的字符数，其实我们也可以在 read()方法中传入一个参数来告知要读取几个字符。

接下来的范例程序仍以上述文本文件为例，一开始文件指针指向文件的起始处，在读取所指定的 12 个字符后，文件指针会移到文件的该 12 个字符之后，接着读取下一条程序语句所指定的字符数，一旦不再需要读取文件，就可以使用 close()方法关闭文件。

【范例程序：readnfile.py】 read(n)方法的实践

```
01    #调用 open()方法打开指定的文本文件
02    fb=open("introduct.txt","r")
03    #调用 read(n)方法读取文件的内容
04    text=fb.read(12)
05    #输出字符串变量 text 的内容
06    print(text)
07    #调用 read(n)方法读取文件的内容
08    text=fb.read(13)
09    #输出字符串变量 text 的内容
10    print(text)
11    #调用 close()方法关闭文件
12    fb.close()
```

程序的执行结果如图 9-6 所示。

```
Word全方位排版实践：
纸质书与电子书制作一次搞定
```

图 9-6

我们知道文件指针指向文件当前要写入或读取的位置，前面两个范例程序中的文件指针的移动都是由系统自行移动的，如果程序设计人员想要通过程序指令把文件指针移到指定的位置，就需要调用 seek(offset)方法，这个方法的功能是将文件指针移到第 offset+1 个字节，例如 seek(0)表示将文件指针移到文件的第一个字节位置，也就是文件的起始处。在下面的范例程序中，我们来看一看 seek()的主要作用。

【范例程序：seek.py】 seek()方法的实践

```
01    #调用 open()方法打开指定的文本文件
02    fb=open("introduct.txt","r")
03    #将文件指针移到文件的起始处
04    fb.seek(0)
05    #调用 read(n)方法读取文件的内容
06    text=fb.read(4)
07    #输出字符串变量 text 的内容
08    print(text)
09    #将文件指针往前移动 20 个字节
10    fb.seek(20)
11    #调用 read(n)方法读取文件的内容
12    text=fb.read(13)
13    #输出字符串变量 text 的内容
14    print(text)
15    #调用 close()方法关闭文件
16    fb.close()
```

程序的执行结果如图 9-7 所示。

```
Word
纸质书与电子书制作一次搞定
```

图 9-7

综合上述所介绍的各种方法，接下来将示范如何进行文件的复制。

【范例程序：copyfile.py】 先行判断文件是否存在

```
01    import os.path #导入 os.path
02    import sys
03    
04    #调用 isfile()方法先行判断文件是否存在
05    #如果文件存在，就取消复制工作
06    if os.path.isfile("introduct1.txt"):
07        print("指定要打开的文件已存在，不要进行复制。")
08        sys.exit()
09    else:
10        #调用 open()方法打开指定的文件,文件打开模式为"r"
11        fb1=open("introduct.txt","r")
12        #调用 open()方法打开指定的文件,文件打开模式为"w"
13        fb2=open("introduct1.txt","w")
14        text=fb1.read()  #调用 read()方法读取文件的内容
15        text=fb2.write(text) #调用 write()方法写入文件
16        print("文件复制工作完成,请打开 introduct1.txt 进行查看。")
17        fb1.close()  #调用 close()方法关闭文件
```

```
18        fb2.close() #调用 close()方法关闭文件
```

程序的执行结果如图 9-8 所示。

文件复制工作完成，请打开introduct1.txt进行查看。

图 9-8

复制好的文件内容如图 9-9 所示。

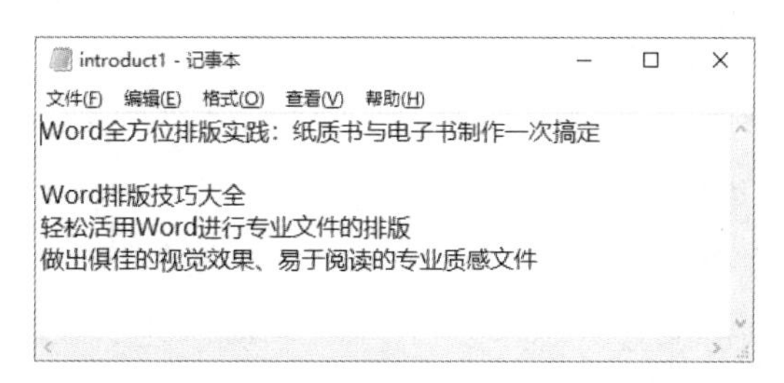

图 9-9

如果文件已存在，就会出现如图 9-10 所示的执行结果。

指定要打开的文件已存在，不要进行复制。

图 9-10

2. readline()方法

read()方法是一次读取一个字符，但是 readline()方法可以整行读取，并将整行的数据内容以字符串的方式返回，如果所返回的是空字符串，就表示已读到文件的末尾。以下程序语句就是调用 readline()方法以一次一次读取的方式将文件内容逐笔读取再输出。

```
obj=open("chapter.txt",r)
line=obj.readline()
while True:
    print(line)
    line=obj.readline()
obj.close()
```

上面的程序语句也可以使用 for 循环来改写，可以得到相同的输出结果。

```
obj=open("chapter.txt",r)  #打开文件
for line in obj:
    print(line)
obj.close()
```

3. readlines()方法

还有一个 readlines()方法可以帮助用户读取文件，这个方法会一次读取文件的所有行，再以列表类型返回所有行。下面用简单的例子进行说明。

【范例程序：readlines.py】 readlines()方法的实践

```
01    with open('introduct.txt', 'rt') as foin:
02        total = foin.readlines()#一次读取所有行
03
04    #获取行数，再用 for 循环读取并输出
05    print('行数：', len(total))
06    for line in total:
07        print(line, end = '')
```

程序的执行结果如图 9-11 所示。

```
行数： 5
Word全方位排版实践：纸质书与电子书制作一次搞定

Word排版技巧大全
轻松活用Word进行专业文件的排版
做出俱佳的视觉效果、易于阅读的专业质感文件
```

图 9-11

其中，readlines()方法获取文件的总行数，再用 for 循环一行一行读取并输出。

9.3 二进制文件

计算机上的数据并非只有文本类型，常见的数据格式还有图像、音乐或者经过编译的 EXE 文件等，这些数据无法以文本类型的方式来处理，而必须以其他的数据格式来处理。如果要创建二进制文件，就在 open()方法的 mode 参数中加入“b”，即表示二进制，否则会引发错误，而内部函数 bytearray()用于读取二进制数据。

【范例程序：binary.py】 存取二进制数据文件

```
01    tmp = bytearray(range(8))
02    #二进制数据的写入
03    with open('bytedata', 'wb') as fob:
04        fob.write(tmp)
05    #二进制数据的读取
06    with open('bytedata', 'rb') as fob:
07        fob.read(3)
08        print(type(tmp))
09        print('二进制：', tmp)
```

程序的执行结果如图 9-12 所示。

```
<class 'bytearray'>
二进制： bytearray(b'\x00\x01\x02\x03\x04\x05\x06\x07')
```

图 9-12

程序代码解析：

- 第 03、04 行：调用 open()方法创建二进制文件，mode 设置为“wb”，调用 write()方法写入二进制数据。
- 第 06~09 行：进行二进制数据的读取，并将所读取的数据输出。

9.4 综合范例程序——统计历年英语考试中的高频率单词

许多英文考试参考书都标榜收录历年考试出现频率较高的单词，而收录这些考试前冲刺的 1000 个单词，其做法就是将所收录的考题进行适当的文本文件的整理，再编写程序，将该文件中每个单词出现的次数加以统计。

下面我们使用 Python 语言及本章所学习的文件操作技巧来实际统计一个文件中每个单词出现的次数。

程序一开始将所收集的文本文件以只读的方式打开，并将读取文件的内容存入 text 变量中，最后关闭文件。

接着程序会调用这个范例程序中事先定义的一个函数，这个函数的功能是用来计算所传入的字符串中相同单词出现的次数，接着字符串对象中的 split()方法可以根据指定分隔符将字符串分割为子字符串，并返回子字符串的列表。格式如下：

```
字符串.split(分隔符, 分割次数)
```

默认的分隔符为空字符串，分隔符包括空格、换行符“\n”、制表符“\t”。调用 split()方法分割字符串时，会将分割后的字符串以列表返回。

为了避免因为字母大小写的不同而误判为不同的单词，在进行各个单词出现次数的统计时，还必须先行将单词以 lower()函数转换成小写，这样就可以在这份文件中不区分字母大小写而顺利进行单词出现次数的统计工作。

这个范例程序的执行结果如图 9-13 所示。

```
英语单词 abrupt 出现 1 次
英语单词 advertiser 出现 6 次
英语单词 advertising 出现 6 次
英语单词 agent 出现 5 次
英语单词 assembly 出现 5 次
英语单词 assurance 出现 5 次
英语单词 auction 出现 5 次
英语单词 automaker 出现 4 次
英语单词 automate 出现 4 次
英语单词 automatic 出现 3 次
英语单词 automaton 出现 3 次
英语单词 backlog 出现 3 次
英语单词 barren 出现 3 次
英语单词 batch 出现 3 次
英语单词 board 出现 3 次
英语单词 bonus 出现 3 次
英语单词 brand 出现 3 次
```

图 9-13

完整的程序代码如下。

【范例程序：countword.py】 计算文件中每个单词出现的次数

```
01    #定义函数用来计算所传入字符串中相同单词出现的次数
02    def check(string):
03        wordlist = string.split()
04        for word in wordlist:
05            if word.lower() in mydict:
06                mydict[word.lower()] = mydict[word.lower()] + 1
07            else:
08                mydict[word.lower()] = 1
09
10    fb= open("exam.txt", "r")
11    text = fb.read()
12    fb.close()
13
14    mydict = {}
15    check(text)
16
17    for key in mydict:
18        print("英语单词",key,"出现",mydict[key],"次")
```

程序代码解析：

- 第 02~08 行：定义一个函数，这个函数的功能是用来计算所传入字符串中相同单词出现的次数。
- 第 05~08 行：使用 for 循环计算列表中出现相同单词的次数，其中 mydict 是一个全局变量，是用来存放每个单词出现次数的字典类型。不过，在计算各个单词的出现次数之前，必须先将该单词以 lower()函数转换成小写，这样就可以在这份文件中不区分字母大小写而顺利进行单词出现次数的统计工作。

重点回顾

1. 文件是计算机中数字、数据和信息的集合，是一种存储数据的单位，也是在磁盘驱动器上存储数据的重要形式，这些数据以字节的方式存储，可以是一份报告、一张图片或一个执行程序，因而包括数据文件、程序文件或可执行文件等格式。

2. 文件名分为"主文档名"与"扩展名"，中间以句点"."分隔。通过这样的命名方式，我们可以清楚地分辨文件名及文件类型。

3. 文件如果按存储方式来分类，可以分为文本文件与二进制文件两种。

4. 文本文件是以字符编码的方式进行存储的，Windows 操作系统的"记事本"程序就默认以 ASCII 编码来存储文本文件，每个字符占有 1 字节。

5. 所谓二进制文件，就是以二进制格式来存储文件，这种存储方式适用于非字符为主的数据。

6. 在一个目录（文件夹）中的另一个目录（文件夹）被称作是前者的子目录（子文件夹）。这些目录（文件夹）就构成了层级或树形结构。

7. 文件系统是一种存储和组织计算机数据的方法，例如 Windows 操作系统中的文件资源管理器可以帮助用户在存取文件时，变得更为直觉和便捷。

8. 常见的操作系统 Windows 7/8/10 的文件系统有 FAT32、NTFS 或 exFAT。

9. “绝对路径”指的是一个绝对的位置，并不会随着当前目录的改变而改变。

10. “相对路径”是相对于当前目录的路径表示法，因此“相对路径”所指向的文件或目录会随着当前目录的不同而改变。通常我们用“.”代表当前目录，而用“..”代表当前目录的上一级目录。

11. 对于文件的写入或读取操作，第一项工作是调用 Python 内建的 open()函数创建文件对象，文件对象是一个提供文件存取的接口，打开文件之后，必须通过“文件对象”执行读或写的操作。

12. 调用 open()创建文件对象的操作成功之后，就会返回文件对象；如果创建文件失败，就会发生错误。

13. 如果以写入模式打开文件，第一次打开该文件，该文件不会存在，系统就会自动创建该名称的新文件。

14. 调用 open()函数打开文件时，所指定的文件路径必须以转义字符“\\”来表示“\”。

15. 可以在绝对路径前面加 r，用以告知编译程序系统 r 后随的路径字符串是原始字符串。

16. 对于文本文件而言，要将数据写入文件，必须事先调用 open()方法创建新文件，再使用文件对象所提供的 write()方法将文字写入文件，最后调用文件对象所提供的 close()方法关闭文件。

17. 相对于写入文件的步骤，要读取文件的数据，首先必须调用 open()方法打开指定的文件，接着调用文件对象所提供的 read()、readline()或 readlines()方法从文件读取数据，最后调用 close()方法关闭文件。

18. 为了避免找不到文件的错误，可以在打开文件之前事先调用 os.path 模块所提供的 isfile(file)函数来检查指定文件名对应的文件是否存在。

19. 当文件创建之后，就可以调用 read()、readline()或 readlines()方法来读取文件。

20. read()方法读取数据会从文件当前指针所在的位置一个字符一个字符去读取，读取指定个数的字符之后，就返回该字符串。

21. 如果程序设计人员想要自行通过程序语句把文件指针移到指定的位置，就可以调用 seek(offset)方法，这个方法的功能是将文件指针移到第 offset+1 个字节。

22. readline()方法可以整行读取，并将整行的数据内容以字符串的方式返回，如果所返回的是空字符串，就表示已读取到文件的末尾。

23. readlines()方法可以帮助用户读取文件，这个方法会一次读取文件所有的行，再以列表的类型返回所有的行。

24. 要创建二进制文件，就要在 open()方法的 mode 参数中加入“b”，表示是二进制，否则会引发错误。

课后习题

一、选择题

（　）1. 有关文件的描述，下列哪一个有误？

A. 文件名分为“主文件名”与“扩展名”

B. 调用 open()函数打开文件时，文件路径必须以转义字符“\\”来表示“\”

C. “相对路径”是相对于当前目录的路径表示法

D. 通常我们用“..”代表当前目录，而用“.”代表上一级目录

（　）2. 调用文件对象所提供的方法从文件读取数据不包括？

A. readlines()方法　　B. readline()方法

C. read()方法　　D. seek()方法

（　）3. 要创建二进制文件，就要在 open()方法的 mode 参数加入哪一个参数？

A. t　　B. m

C. b　　D. h

二、填空题

1. ________是以二进制格式存储的，这种存储方式适用于非字符为主的数据。

2. ________是一种存储和组织计算机数据的方法。

3. 调用 open()函数打开文件之后，必须通过________执行读或写的操作。

4. 可以在绝对路径前面加________，用以告知编译程序系统________后随的路径字符串是原始字符串。

5. ________方法可以整行读取文件内容，并将整行的内容以字符串的方式返回。

6. 要创建二进制文件，就要在 open()方法的 mode 参数中加入________，表示是二进制，否则会引发错误。

三、简答题

1. 文件如果按存储方式来分类，可以分为哪几种类型？

2. 试简述绝对路径与相对路径的差别。

3. 请简述文件读取的步骤。

第 10 章 错误与异常处理

当我们在编写应用程序的过程中，通常都会遇到一些错误或者异常（Exception，也称为例外），也就是程序中需要特别处理的情况。一个设计良好的程序应该能够事先考虑所有可能发生的情况，把这些异常的情况都拦截下来，并加以适当的处理。在本章中，我们介绍 Python 程序设计时会遇到的错误种类以及异常处理的功能，相关内容如下：

本章学习大纲

- 语法错误
- 运行时错误
- 逻辑错误
- 异常的类型
- 异常处理的时机
- 异常处理的语法
- 用 raise 抛出指定的异常

在程序运行的过程中，可能会碰到许多错误，如果可以清楚地知道各种错误的类型，将便于程序设计人员进行调试和纠错。另外，在错误发生时的异常处理机制可以确保程序正常地运行与结束，而不会因为错误的发生导致程序异常中断。

10.1 程序的错误类型

编写程序的过程中，有可能因为对语法不熟悉、指令的误用或设计逻辑有误而导致程序发生错误或产生了不是原先预期的结果。因此，一个设计良好的程序，从小至一些简易计算任务的程序到大型应用程序、数据库程序或游戏的开发，都必须经过严谨和细心的调试工作，反复测试各种可能出现错误的检查点。唯有遵循这些严谨的操作流程，才可以提高程序的正确性，降低程序发生错误的概率。通常程序的错误类型可以分为三种：语法错误、运行时错误、逻辑错误。

10.1.1 语法错误

语法错误是最常见的错误，这种错误有可能是编写程序时不小心写错语法所致。例如，定义函数或使用流程结构指令时忘记加“:”来形成程序区块（在 Python 语言中也叫 suite）。以下面的范例程序来说，就会显示如图 10-1 所示的“SyntaxError: invalid syntax”语法错误提示信息。

```
    if 2<=month and month<=4
                            ^
SyntaxError: invalid syntax
```

图 10-1

下面的程序代码会出现如图 10-1 所示的语法错误（SyntaxError）信息：

```
01    month=int(input('请输入月份: '))
02    if 2<=month and month<=4
03        print('充满生机的春天')
04    elif 5<=month and month<=7:
05        print('热力四射的夏季')
06    elif month>=8 and month <=10:
07        print('落叶缤纷的秋季')
08    elif month==1 or (month>=11 and month<=12):
09        print('寒风刺骨的冬季')
10    else:
11        print('很抱歉没有这个月份!!!')
```

我们可以发现在上述程序代码中的第 2 行少了冒号，只要进行语法修改，就可以正常执行程序代码。

```
01    month=int(input('请输入月份: '))
02    if 2<=month and month<=4:
03        print('充满生机的春天')
04    elif 5<=month and month<=7:
```

```
05        print('热力四射的夏季')
06    elif month>=8 and month <=10:
07        print('落叶缤纷的秋季')
08    elif month==1 or (month>=11 and month<=12):
09        print('寒风刺骨的冬季')
10    else:
11        print('很抱歉没有这个月份!!!')
```

程序的执行结果如图 10-2 所示。

```
请输入月份: 6
热力四射的夏季
```

图 10-2

10.1.2 运行时错误

运行时错误是指程序在运行期间遇到的错误，这类错误可能是逻辑上的错误，也可能是系统资源不足所造成的错误。例如，下面的代码段打算要读取列表的数据，但却发生“IndexError: list index out of range”超出下标范围的错误：

```
01    data=[[1,2],[2,1],[1,5],[5,1], \
02          [2,3],[3,2],[2,4],[4,2], \
03          [3,4],[4,3]]
04    arr = [[0] * 6 for j in range(6)]
05    for i in range(14):  #读取图形数据
06        for j in range(6):  #填入 arr 矩阵
07            for k in range(6):
08                tmpi=data[i][0]     #tmpi 为起始顶点
09                tmpj=data[i][1]     #tmpj 为终止顶点
10                arr[tmpi][tmpj]=1   #有边的点填入 1
```

这个错误告诉用户的信息是：在读取列表内的元素时发生超出下标范围的错误。遇到这种错误的正确解决方法是详细检查所声明的列表元素的个数，再对比在循环中存取列表的元素时是否超出下标值所设置的范围。

从这个范例程序来看，我们只要仔细检查就可以发现 for 循环中控制数字范围的上限出了问题，因此只要修改成如下程序代码，就可以解决这个错误。

```
01    data=[[1,2],[2,1],[1,5],[5,1], \
02          [2,3],[3,2],[2,4],[4,2], \
03          [3,4],[4,3]]
04    arr = [[0] * 6 for j in range(6)]
05    for i in range(10):  #读取图形数据
06        for j in range(2):  #填入 arr 矩阵
07            for k in range(6):
```

```
08              tmpi=data[i][0]     #tmpi 为起始顶点
09              tmpj=data[i][1]     #tmpj 为终止顶点
10              arr[tmpi][tmpj]=1  #有边的点填入 1
```

下面的程序代码并没有将输入的字符串转换成整数类型的处理操作，表面上在编译过程中并没有任何语法错误，但是在实际运行过程中发生了非预期的错误。

下面的程序原先设计的逻辑是当输入“-1”时，执行 break 指令跳离循环体，但是实际情况是：下面的程序代码运行时即使输入了-1，却始终无法跳离循环体。

【尚未调试的程序片段】

```
01    while(True):
02        print('如输入的编号不在此列表中，请输入要插入其后的员工编号，')
03        position=input('新输入的员工节点将视为此列表的列表首,要结束插入过程,请输入-1: ')
04        if position ==-1:
05            break
06        else:
07
08            ptr=findnode(head,position)
09            new_num=int(input('请输入新插入的员工编号: '))
10            new_salary=int(input('请输入新插入的员工薪水: '))
11            new_name=input('请输入新插入的员工姓名: ')
12            head=insertnode(head,ptr,new_num,new_salary,new_name)
13        print()
```

这个程序片段调试的关键点在于 input()函数所输入的-1 事实上是字符串类型，所以“position==-1”这样的比较运算指令永远不会是 True 的结果，因此就造成了程序无法跳离循环体的错误，所以只要针对程序做如下修正，就可以让程序正确运行了。

```
01    while(True):
02        print('如输入的编号不在此列表中，请输入要插入其后的员工编号，')
03        position=int(input('新输入的员工节点将视为此列表的列表首,要结束插入过程,请输
入-1: '))
04        if position ==-1:
05            break
06        else:
07
08            ptr=findnode(head,position)
09            new_num=int(input('请输入新插入的员工编号: '))
10            new_salary=int(input('请输入新插入的员工薪水: '))
11            new_name=input('请输入新插入的员工姓名: ')
12            head=insertnode(head,ptr,new_num,new_salary,new_name)
10        print()
```

10.1.3 逻辑错误

逻辑错误是三种错误中最不容易被发现的错误，逻辑错误常会产生出乎我们意料的输出结果。与语法错误不同的是，逻辑错误从程序语法上来看是一段正确的程序代码，但其执行结果却与预期不符。

例如，下面的程序代码原先预期两个数的平均值是 7，但执行结果却是 10。这是因为第 2 行中要计算两个数的平均值，所以必须先用括号来优先计算两个数的总和，得到两个数的总和之后再除以 2，这样才可以得到最后正确的结果。

下面的程序代码没有考虑到运算符的执行优先级，因而导致了所得到的运算结果不是原先预期的。

```
01    def average(a,b):
02        return a+b/2 #此表达式的正确写法应该为 (a+b)/2
03
04    print("两个数的平均值: ",average(6,8))
```

上面所示范的程序是简短的程序，通过细心的调试可以比较容易地找到逻辑错误的原因。如果程序代码比较长，逻辑错误的真正原因是很不容易被发现和定位的，在程序调试过程中，如果运气比较差，就可能花费程序设计人员很长的时间才能找到逻辑错误。

10.2 认识异常

什么是异常（Exception）情况？当程序运行时，产生了不是程序设计人员原先预期的结果，也就是在程序运行过程中发生了“不可预期”的特殊情况。在这种情况下，Python 解释器会“接手”进行管理，并终止程序的运行。也就是说，当发生异常情况时，如果所编写的程序没有进行任何处置，程序就会发出错误信息，同时中止程序的运行。

假如要求用户连续输入两个数字进行相除运算，第二个数字不可以为 0，如果程序代码中没有编写异常处理的程序代码，用户不小心将第二个数字输入为 0，就会发生除零的错误，并造成程序的中断，这当然不是一种好的处理方式。正确的做法是，一旦用户不小心在第二个数字输入了 0，程序就会捕获到这个错误，然后要求用户重新输入一个非零的数字，如此一来，程序就不会因为除零这个异常情况而中止。

在示范如何使用 Python 提供的“异常处理机制”（Exception Handling）来捕获程序的错误之前，我们先来看看异常的类型。

10.2.1 异常的类型

系统会根据不同的错误情况抛出不同的异常。有关各种异常类型的详细说明，我们可以参考 Python 的在线帮助文件。下面只针对几种常见的异常类型进行说明。

- LookupError：当映像或序列类型的键或下标无效时引发，所以它有两个派生类：IndexError 和 KeyError。其中 IndexError 是指下标运算符的错误。
- NameError：是指名称没有定义的错误，例如下面的程序代码在调用函数时，函数的名称并未定义，于是引发 NameError: name 'inpu' is not defined 的错误，其中的关键原因是漏了一个字母 t，因此将函数名称修改成 input 即可修正这个错误。

```
01    print('1.80 以上,2.60~79,3.59 以下')
02    ch=inpu('请输入一组分数: ')
```

```
03    #条件语句开始
04    if ch=='1':
05       print('继续保持！')
06    elif ch=='2':
07       print('还有进步空间！！')
08    elif ch=='3':
09       print('请多加努力！！！')
10    else:
11       print('error')
```

或者这种情况，假如 total 变量是在 for 循环内使用的局部变量，却在 for 循环体之外输出 total 累加的结果，也会引发异常。

- OSError：由操作系统函数发生错误时引发。
- RuntimeError：运行时错误。
- SyntaxError：从字面上来解释就是“语法错误”。Python 解释器无法理解要解释的程序代码语法，就会引发此异常。
- ValueError：调用内建函数时，参数中的类型正确，可是值却不正确，就会引发此异常。例如，调用 input()函数来接收数据，并用 int()函数转为数值，但是所输入的参数却是字符串，就会引发这类异常。
- ZeroDivisionError：除零错误，当两个数相除时，如果除数不小心设置为 0，就会引发除零的错误。
- FileNotFoundError：这是指程序中要打开或写入的文件不存在，有可能是因为存储文件的目录位置改变了或者尚未创建该文件，还有可能是用户输入的文件名错误，造成程序找不到该指定名称的文件，于是抛出这种找不到文件的异常错误。
- FileExistsError：这种错误通常发生在程序设计人员想在已存在的文件上重复创建新文件。
- TypeError：无论是表达式中还是函数中的参数，当所输入的或指定的数据类型与该表达式或函数指定的类型不相符时，就会引发这类错误。
- OverflowError：进行算术运算所得结果的数值超出该对象类型所能表示的范围，也就是通常我们所称的“溢出”错误。
- MemoryError：内存错误。表示程序将内存耗尽了，这意味着你的程序创建了太多对象而造成内存不足的错误。

10.2.2 异常处理的时机

对这些常见异常类型有了基本的认识后，我们可能会想：在哪一种情况下必须加入异常处理程序呢？其实当程序与外部人员或设备进行输入输出（I/O）的互操作时，就是常见的异常处理时机。

例如，当要求用户输入数字、输入字符串或与外部数据库连接时，即使所编写的程序代码完全正确，但也有可能因为网络线路不稳定或网络中断，或者数据库连接过程发生异常，而造成程序发生错误，在这类情况下都会引发系统抛出异常，并强迫中断程序的执行。为了避免这种错误情况的发生，程序设计人员可以适当加入异常处理的程序代码，向用户输出解决步骤的提示信息或错误提示信息，并要求用户修正错误后再度尝试。在程序加入完善的异常处理机制之后，就不会因为异常的发生而提前强制中断程序的执行。

10.3 异常处理方式

清楚了解了各种常见的异常类型及异常处理的时机后，接下来我们将说明如何在 Python 中捕获异常。

10.3.1 异常处理的语法

在 Python 中处理异常可以使用 try/except 指令，下面先来了解它的完整语法。

```
try:
    可能发生异常的程序语句
except 异常类型名:  #只处理所列出的异常情况
    处理情况一
except (异常类型名1, 异常类型名2, ...):
    处理情况二
except 异常类型名 as 名称:
    处理情况三
except :   #处理所有异常情况
    处理情况四
else :
    #未发生异常情况时相关的处理
finally :
    #无论如何，最后一定要执行 finally 部分的程序语句
```

- try 指令之后要有冒号“:”来形成程序区块（suite），并在此程序区块中加入可能引发异常的程序语句。
- except 指令配合“异常类型”用来截取或捕获 try 程序区块内引发的异常，而后进行相关的处理。同样的，except 指令之后要用冒号“:”形成程序区块。
- else 指令则是未发生异常时所对应的程序区块。else 指令是可选的，可以加入，也可以省略。
- 无论有无异常发生，finally 指令所形成的程序区块一定会被执行。finally 指令为选择性指令，可以加入，也可以省略。

下面的范例程序要求用户输入总分 score 和总人数 total，然后计算所有人员的平均分，接着令变量 ave=score / total，再打印输出所有人员的分数平均值。如果输入的数值类型符合程序的需求，就不会引发异常错误，并可以正确求得所有分数的平均值。

【范例程序：except01.py】 计算平均值

```
01    score=eval(input("请输入数字总和: "))
```

```
02    total=eval(input("请输入要求平均值的数字个数: "))
03    ave=score/total
04    print("所有数字的平均值=", ave)
```

但是，针对上述程序代码，如果在输入过程中不小心输入了不正确类型的数据，就会产生各种情况的错误。图 10-3 图 10-5 所示为各种不正确的输入导致的执行结果。

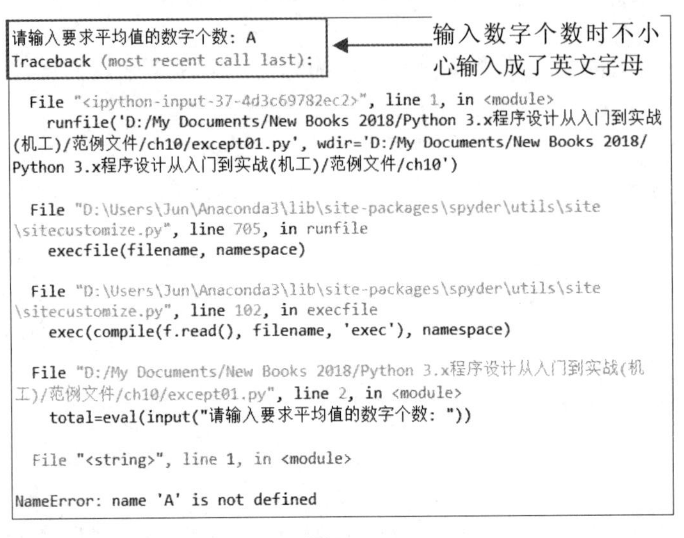

图 10-3

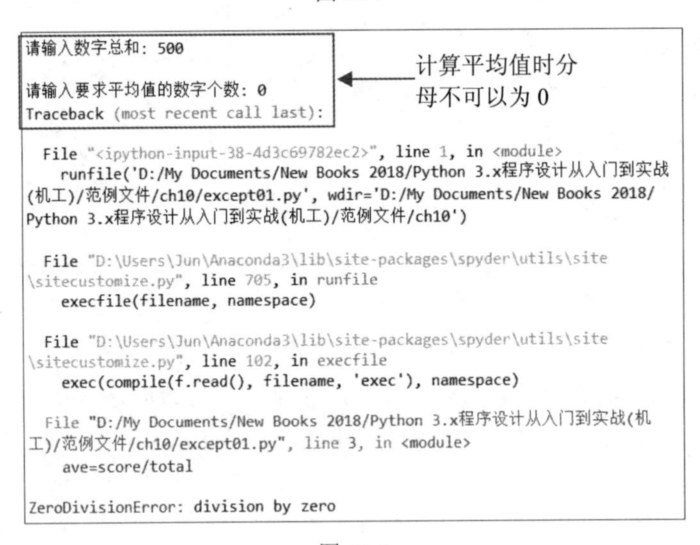

图 10-4

```
请输入数字总和: 500\
Traceback (most recent call last):

  File "D:\Users\Jun\Anaconda3\lib\site-packages\IPython\core
\interactiveshell.py", line 2963, in run_code
    exec(code_obj, self.user_global_ns, self.user_ns)

  File "<ipython-input-40-4d3c69782ec2>", line 1, in <module>
    runfile('D:/My Documents/New Books 2018/Python 3.x程序设计从入门到实战
(机工)/范例文件/ch10/except01.py', wdir='D:/My Documents/New Books 2018/
Python 3.x程序设计从入门到实战(机工)/范例文件/ch10')

  File "D:\Users\Jun\Anaconda3\lib\site-packages\spyder\utils\site
\sitecustomize.py", line 705, in runfile
    execfile(filename, namespace)

  File "D:\Users\Jun\Anaconda3\lib\site-packages\spyder\utils\site
\sitecustomize.py", line 102, in execfile
    exec(compile(f.read(), filename, 'exec'), namespace)

  File "D:/My Documents/New Books 2018/Python 3.x程序设计从入门到实战(机
工)/范例文件/ch10/except01.py", line 1, in <module>
    score=eval(input("请输入数字总和: "))

  File "<string>", line 1
    500\
       ^
SyntaxError: unexpected character after line continuation character
```

输入数字总和时不心小碰到了键盘上其他的按键

图 10-5

- 第 1 个错误（见图 10-3）：当用户输入数字总和之后，把“求取平均值的数字个数”输入成英文字母 A，系统于是抛出了 NameError 的异常信息，并马上终止了程序的运行。
- 第 2 个错误（见图 10-4）：用户输入数字总和为 500，但是把“求取平均值的数字个数”输入为 0，系统于是抛出 ZeroDivisionError 的异常信息，并马上终止了程序的运行。
- 第 3 个错误（见图 10-5）：用户输入数字总和为“500\”，系统会抛出 SyntaxError 异常情况的提示信息，并马上终止程序的运行。

为了避免类似上述三种情况的错误输入行为而造成程序运行中止，我们可以使用异常处理机制将上面的程序代码改写成下面的范例程序。这个范例程序会捕获输入数字为 0 的错误和其他的异常，并在程序中输出如何处理各种异常情况，当在程序中加入了完善的异常处理机制后，就可以让程序正确执行，而不会出现上一个例子中的各种错误提示信息。

【范例程序：except02.py】 在计算平均值的程序中加入异常处理机制

```
01    try:
02        score=eval(input("请输入数字总和: "))
03        total=eval(input("请输入要求平均值的数字个数: "))
04        ave=score/total
05    except ZeroDivisionError:
06        print("所输入的数字总数不可以为 0。")
07    except Exception as e1:
08        print("错误信息",e1.args)
09    else:
10        print("没有捕获到异常, 所有数字的平均值= ", ave)
11    finally:
12        print("成功离开此异常处理的程序区块。")
```

程序的执行结果如图 10-6 所示。

```
请输入数字总和：500
没有捕获到异常，所有数字的平均值=  25.0
成功离开此异常处理的程序区块。

请输入要求平均值的数字个数：20
```

图 10-6

程序代码解析：

- 第 05、06 行：程序中使用了 except 指令来捕获 ZeroDivisionError 异常情况，如果程序捕获到这种除零错误的异常情况，就会打印输出“所输入的数字总数不可以为 0。”
- 第 07、08 行：程序中使用了 except 指令来捕获其他异常情况。如果程序捕获到其他异常，就会执行第 8 行的输出指令，打印输出变量 e1 的 args 属性，该属性值可获得此异常情况的相关信息。
- 第 09、10 行：如果 try 程序区块没有发生异常情况，就会直接执行 else 指令内的程序区块，并执行第 10 行程序语句，要求打印出字符串及 ave 的计算结果。
- 第 11、12 行：无论程序运行过程中有没有发生异常情况，当要离开 try...except 时，都会执行 finally 程序区块内的程序语句，在此范例程序中是打印输出“成功离开此异常处理的程序区块”。

10.3.2 用 raise 抛出指定的异常

除了由 Python 系统抛出异常情况外，在程序中还可以使用 raise 指令自行抛出指定的异常情况。例如下面的程序语句会抛出一个除零的异常情况：

```
>>> raise Exception(12/0)
Traceback (most recent call last):
  File "<pyshell#0>", line 1, in <module>
    raise Exception(12/0)
ZeroDivisionError: division by zero
```

在程序捕获到异常情况后会进行处理，而程序设计人员不希望中断程序的运行，这个时候就可以使用 try/except 来捕获 raise 语句抛出的异常情况。下面用简单的范例程序来说明。

【范例程序：except03.py】 使用 try/except 来捕获 raise 抛出的异常情况

```
01  def show(data, index):
02      try:
03          data[index]
04      except IndexError as err:
05          print(err)
06          raise IndexError('下标超出边界')
07      else:
08          print(data[index])
09  number = [15, 20, 60, 100] #List
10  show(number, 0)
11  show(number, 1)
```

```
12    show(number, 2)
13    show(number, 3)
14    show(number, 4)
```

程序的执行结果如图 10-7 所示。

```
15
20
60
100
list index out of range
Traceback (most recent call last):

  File "<ipython-input-42-6d5c40de767f>", line 1, in <module>
    runfile('D:/My Documents/New Books 2018/Python 3.x程序设计从入门到实战(机工)/范例文件/ch10/except03.py', wdir='D:/My Documents/New Books 2018/Python 3.x程序设计从入门到实战(机工)/范例文件/ch10')

  File "D:\Users\Jun\Anaconda3\lib\site-packages\spyder\utils\site\sitecustomize.py", line 705, in runfile
    execfile(filename, namespace)

  File "D:\Users\Jun\Anaconda3\lib\site-packages\spyder\utils\site\sitecustomize.py", line 102, in execfile
    exec(compile(f.read(), filename, 'exec'), namespace)

  File "D:/My Documents/New Books 2018/Python 3.x程序设计从入门到实战(机工)/范例文件/ch10/except03.py", line 14, in <module>
    show(number, 4)

  File "D:/My Documents/New Books 2018/Python 3.x程序设计从入门到实战(机工)/范例文件/ch10/except03.py", line 6, in show
    raise IndexError('下标超出边界')

IndexError: 下标超出边界
```

图 10-7

如果要触发输入错误（ValueError），可以如下编写：

```
try:
    n = int(input('请输入 0~10 的整数：'))
    if n not in range(0,11):
        raise ValueError  #自己触发异常情况
    else:
        print(n)
except ValueError:
    print('必须是 0~10 的整数.')
```

如果用户输入的不是数字，在 int()转换时就会引发错误，这是解释器触发的错误。而如果用户输入的数字不是介于 0~10 之间，我们可以自己使用 raise 指令来触发异常情况。

10.4 综合范例程序——用异常处理来控制用户输入的数值

编写一个 Python 程序，将 try/exception/finally 指令搭配在一起使用，要求用户输入两个数值，并用逗点隔开，如果所输入的数值格式不是一个符合要求的数值格式，就要求重新输入，直到输入正确的数值格式为止。这个范例程序的执行结果可参考图 10-8。

```
请输入两个数值，用逗点隔开：19,0
错误 integer division or modulo by zero
完成计算

请输入两个数值，用逗点隔开：19,3
计算结果 (6, 1)
完成计算
```

图 10-8

参考解答如下。

【范例程序：except04.py】 try/exception/finally 上机实践

```
01    while True:
02        one, two = eval(
03                input('请输入两个数值，用逗点隔开：'))
04        try:
05            result = divmod(one, two)
06        except ZeroDivisionError as err:
07                print('错误', err)
08        else:
09                print('计算结果', result)
10                break
11        finally:
12                print('完成计算')
```

重点回顾

1. 程序错误的三种类型：语法错误、运行时错误、逻辑错误。

2. 语法错误是最常见的错误，这种错误有可能是编写程序时不小心写错语法所致。

3. 运行时错误是指程序在运行期间遇到错误，可能是逻辑上的错误，也可能是系统资源不足所造成的错误。

4. 逻辑错误是最不容易被发现的错误，逻辑错误会产生意外的输出或结果。与语法错误不同的是，逻辑错误从程序语法上来说是正确的，但其执行结果却与预期不符。

5. 当异常情况发生时，如果所编写的程序没有进行任何处置，程序就会发出错误信息并中止程序的运行。

6. 常见的异常类型如下。

（1）ArithmeticError：未将数值运算进行妥善处理所引发的错误。

（2）NameError：名称没有定义的错误。

（3）RuntimeError：运行时错误。

（4）ZeroDivisionError：除零错误。

（5）FileNotFoundError：打开或写入的文件不存在。

（6）TypeError：输入的或指定的数据类型与该表达式或函数指定的数据类型不符。

（7）OverflowError：数值超出该对象类型所能表示的范围。

7. 较常见的异常处理时机为程序与外部人员或设备进行输入输出（I/O）的互操作时。

8. 在 Python 语言中，处理异常情况可以使用 try/except 指令，try 指令之后要有冒号“:”来形成程序区块，并在此程序区块中加入可能引发异常的程序语句。except 指令配合“异常类型”可用来截取或捕获 try 程序区块内引发的异常，而后进行相关的处理。

9. 除了由 Python 系统抛出的异常情况外，在程序中也可以使用 raise 指令来抛出指定的异常情况。

课后习题

一、选择题

（　）1. 当数据的类型输入错误时，系统会抛出下面哪一种异常情况？

A. IndexError　B. TypeError　C. OverflowError　D. SystemError

（　）2. 当运算所得结果的数值超出该类型所能表示的范围时，系统会抛出哪一种异常情况？

A. IndexError　B. TypeError　C. OverflowError　D. SystemError

（　）3. 当所要打开或写入的文件不存在时，系统会抛出下面哪一种异常情况？

A. FileNotFoundError　B. TypeError　C. OverflowError　D. SystemError

（　）4. 调用内建函数时，参数的类型正确，但值不正确，系统会抛出哪一种异常情况？

A. IndexError　B. TypeError　C. OverflowError　D. SystemError

（　）5. 当下标界值发生异常时，可使用哪一个内建类型来捕获异常情况？

A. NameError　B. ValueError　C. IndentationError　D. IndexError

（　）6. 对于 try/except 的描述，哪一个正确？

A. 无论有无异常情况，都会将程序执行完毕

B. try 语句用来捕获异常情况

C. except 指令只能指定一个异常类型

D. 无论有无引发异常情况，else 指令所形成的程序区块一定会被执行

（　）7. 对于 finally 指令的描述，哪一个正确？

A. 捕获异常情况

B. 引发异常情况

C. 处理异常情况

D. 无论有无引发异常情况，finally 程序区块中的程序语句都会被执行

二、填空题

1. ________错误是最常见的错误，可能是编写程序时不小心造成的语法或指令的输入错误。

2. ________是指程序在运行期间遇到的错误，可能是逻辑上的错误，也可能是系统资源不足所造成的错误。

3. ________是最不容易被发现的错误，这种错误常会产生意外的输出或结果。

4. total 变量是在 for 循环体内使用的局部变量，却在 for 循环体之外输出 total 累加的结果，会引发________异常情况。

5. 在 Python 语言中处理异常无论有无引发异常情况，________指令所形成的程序区块中的程序语句一定会被执行。

6. 请填写错误所引发的异常类型。

________：当映射或序列类型的键或下标无效时引发。

________：操作系统函数发生错误时引发。

________：是指名称没有定义的错误。

________：运行时错误。

三、简答题

1. 程序的错误类型可以分为哪三种？

2. 什么是异常或异常情况？

3. 请问哪一种情况下是比较常见的异常处理的时机？

第 11 章 面向对象程序设计

在 Python 世界中，所有东西都是对象，面向对象的概念已经倡导多年，最早的雏形源于 1960 年的 Simula 语言，它引入了“对象”（object）有关的概念。一直到 20 世纪 70 年代 SmallTalk 语言出现，它除了汇集 Simula 的特性之外，还引入了“消息”（message），于是第一个面向对象程序设计（Object-Oriented Programming，OOP）语言才真正诞生了。面向对象程序设计的重点是强调软件的可读性（Readability）、可重复使用性（Reusability）与扩展性（Extension）。在本章中，我们将探讨 Python 的面向对象程序设计的主题。

本章学习大纲

- 类与对象
- 面向对象的特点
- 定义类
- 类实例化
- 对象初始化
- 匿名对象
- 私有属性与方法
- 单一继承与多重继承
- 覆盖
- 继承相关函数
- 多态
- 组合

面向对象程序设计（Object-Oriented Programming，OOP）的主要设计思想是将存在于日常生活中随处可见的对象（object）概念应用在软件开发模式（Software Development Model）。面向对象程序设计让我们在设计程序时能以一种更生活化、可读性更高的设计思路来进行程序的开发和设计，并且所开发出来的程序更易于扩展、修改及维护，弥补了“结构化程序设计”的不足，如 Python、C++、Java 等都是面向对象的程序设计语言。

11.1 认识面向对象

现在许多程序设计语言中让人津津乐道的创新功能就是“面向对象程序设计”，这也是程序设计领域的一大创新。因为在传统程序设计的方法中，主要以“结构化程序设计”为主，它的核心是“自上而下”与“模块化”的设计模式，也就是将整个程序需求自上而下、从大到小逐步分解成较小的单元，或称为“模块”（module）。这样使得程序员可针对各个模块分别开发，不但减轻了设计者的负担，提高了程序的可读性，对于日后的维护也容易许多。不过问题也来了，在“结构化程序设计”中，每一个模块都有其特定的功能，主程序在组合每个模块后，完成最后要求的功能。一旦主程序要求功能变动，许多模块内的数据与程序代码都可能需要同步变动，这也正是“结构化程序设计”无法有效使用程序代码的主要原因。

11.1.1 类与对象

什么是对象（object）？在现实生活中充满了各种形形色色的物体，每个物体都可视为一种对象，例如正在阅读的书是一个对象，手上的笔也是一个对象。任何面向对象程序设计语言中，最基本的单元就是对象，面向对象程序设计模式就是将问题实体分解成一个或多个对象，再根据需求加以组合。这些对象都各自拥有状态（state，或称为特征、属性）和行为（behavior，或称为方法）。状态代表了对象所属的特征，行为则代表对象所具有的功能，用户可根据对象的使用方法来操作对象，进而获取或改变对象的状态数据或信息。

举例来说，如果用户想要购买一台计算机，品牌、屏幕尺寸、CPU 等级、内存大小和硬件容量等可能都是购买时要考虑的因素。品牌、屏幕尺寸、CPU 等级、内存大小和硬件容量都可以用来描述计算机的特征。以对象的观点来看，它具有“属性”（Attribute，或称为成员变量）。对象除了属性之外，还包含“行为”，“行为”是一种动态的表现。以计算机来说，就是它具有的功能，随着科技的普及，有系统启动、实时通信、人脸识别等相关功能，以对象的观点来看，就是方法（或称为成员函数）。

在面向对象设计的理念中，认定每一个对象是一个独立的个体，而每个独立个体有其特定的功能，对我们而言，根本不需理解这些特定功能是如何具体实现的，只需将需求告诉这个独立个体，如果此个体能独立完成，便可以直接将此任务完成的结果交付给发号施令者。

对象除了具有属性和方法外，还要有沟通方式。人与人之间通过语言的沟通来传递信息。那么对象之间如何进行信息的传递呢？以自动取款机 ATM 来说，插入银行卡并输入密码才能跟 ATM 进一步沟通。如果将 ATM 视为对象，输入密码就是与 ATM 沟通的方法。

由于对象并不会无端凭空产生，每一个对象在程序设计语言中的实现都必须通过类（class）

来声明。简单来说，对象必须有一个可以依据的原型（Prototype），也就是创建一个具有相同特性和行为的对象集合。

初学者刚接触到“类”与“对象”时，往往会搞不清楚这两个名词之间的差别。其实如果我们将“类”当成是“自定义的数据类型”，而将“对象”当成“变量”，就容易理解多了。

类其实是从类似于C/C++语言的结构类型演变而来的，二者的差别在于结构类型只能包含数据变量，而类类型则可扩充到包含处理数据的函数（类的行为或类的方法）。

在以往的结构化程序设计中，我们着重于把程序分解成许多函数来加以执行，其中数据变量与处理数据变量的函数是互相独立的，因此一旦主程序要求功能变动，许多函数内的数据与程序代码都可能需要同步变动，当开发的程序规模较大时，程序的开发及维护就变得非常困难。不过，在面向对象程序设计中，类类型是将函数与数据结合在一起，形成独立的模块，除了可以加速程序的开发外，也使得程序的维护变得容易多了。

11.1.2 面向对象的特点

若要模拟真实世界，则必须把真实世界的东西抽象化为计算机系统的数据。在面向对象的世界中，是以各个对象自行分担的功能来产生模块化的，它基本上包含三个基本元素：数据抽象化（封装）、继承和多态（动态绑定），如图11-1所示。

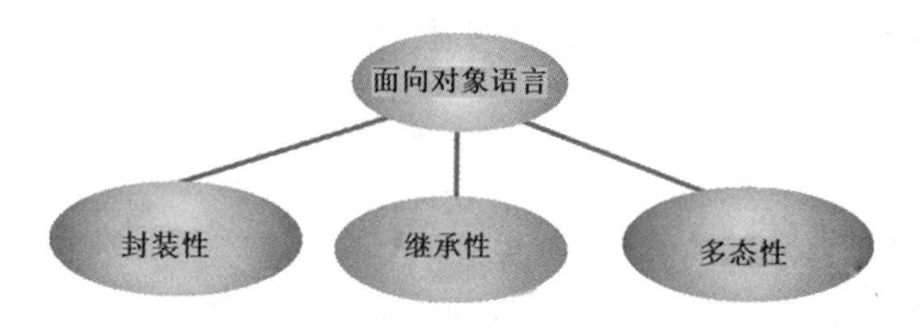

图11-1 面向对象程序设计的三个基本元素

1. 封装

封装（Encapsulation）就是利用“类”来实现“抽象数据类型”（ADT）。类是一种用来具体描述对象状态与行为的数据类型，也可以看成是一个模型或蓝图，按照这个模型或蓝图所产生的实例（Instance）就被称为对象。类和对象的关系如图11-2所示。

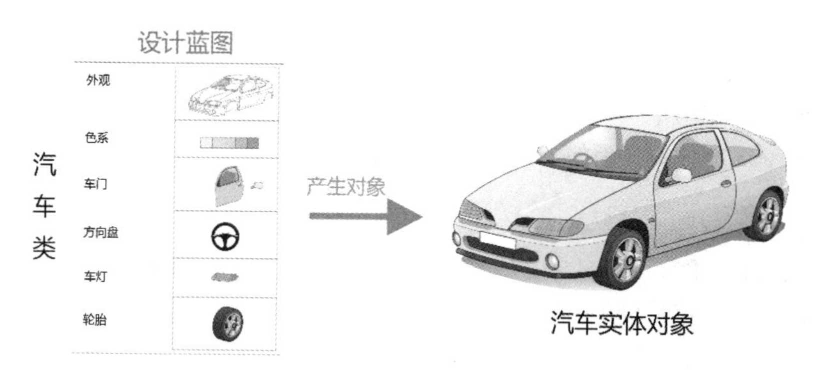

图11-2 类与对象的关系

所谓“抽象”，就是将代表事物特征的数据隐藏起来，并定义一些方法作为操作这些数据的接口，让用户只能接触到这些方法，而无法直接使用数据，也符合信息隐藏的要求，而这种自定义的数据类型就称为“抽象数据类型”。

2. 继承

继承（Inheritance）是面向对象程序设计语言强大的功能，因为它允许程序代码的重复使用（Code Reusability，即代码可重复使用性），同时可以表达树形结构中父代与子代的遗传现象。“继承”类似现实生活中的遗传，允许我们定义一个新的类来继承现有的类，进而使用或修改继承而来的方法，并可在子类中加入新的数据成员与函数成员。

3. 多态

多态（Polymorphism）也是面向对象设计的重要特性，可让软件在开发和维护时达到充分的延伸性。多态，按照英文单词字面的解释，就是一样东西同时具有多种不同的类型。在面向对象程序设计语言中，多态的定义简单来说就是利用类的继承结构先建立一个基类对象。用户可通过对象的继承声明将此对象向下继承为派生类对象，进而控制所有派生类的“同名异式”成员方法。简单地说，多态最直接的定义就是让具有继承关系的不同类的对象可以调用相同名称的成员函数，并产生不同的反应结果。

11.1.3 面向对象程序设计中的关键术语

1. 对象

对象（Object）可以是抽象的概念或一个具体的东西，包括“数据”（Data）及其所相应的“操作”或“运算”（Operation），或称为方法（Method），它具有状态（State）、行为（Behavior）与标识（Identity）。

每一个对象均有其相应的属性（Attribute）及属性值（Attribute Value）。例如，有一个对象称为学生，“开学”是一条信息，可传送给这个对象。而学生有学号、姓名、出生年月日、住址、电话等属性，当前的属性值便是其状态。学生对象的操作或运算行为则有注册、选修、转系、毕业等，学号是学生对象的唯一识别编号（对象标识，OID）。

2. 类

类（Class）是具有相同结构及行为的对象集合，是许多对象共同特征的描述或对象的抽象化。例如，小明与小华都属于人这个类，他们都有出生年月日、血型、身高、体重等等类的属性。类中的一个对象有时就称为该类的一个实例（Instance）。

3. 属性

属性（Attribute）用来描述对象的基本特征及其所属的性质，例如一个人的属性可能包括姓名、住址、年龄、出生年月日等。

4. 方法

方法（Method）是面向对象数据库系统中对象的动作与行为，我们在此以人为例，不同的职业，其工作内容也会有所不同，例如：学生的主要工作为学习，而老师的主要工作为教书。

有了这些面向对象的基本概念，接下来将以 Python 语言配合面向对象程序设计的概念，深入探讨类和对象的实现。

Python 语言的类机制主要包括以下特性：

1. 默认所有的类与其包含的成员都是公有的，可以不用 public 关键字来声明该类的类型。
2. 采用多重继承，派生类和基类的方法可以有相同的名称，也能覆盖其所有基类的任何方法。

11.2 Python 的类与对象

简单来说，类提供了实现对象的模型，类就如同盖房屋之前的规划蓝图，也可以把类看成是一种“数据类型”，但没有实例。编写程序时，必须先定义类，并定义成员的属性和方法。

创建类之后，还要具体化对象，这个过程称为“实例化”，经过实例化的对象称为“实例”（Instance，或实体）。也就是说，创建对象之前，必须定义类，如此一来，才可以通过该类实现对象的实例。

11.2.1 定义类

类是由类成员（Class Member）组成的，类在使用之前要进行声明，语法如下：

```
class 类名称():
    # 定义初始化内容
    # 定义方法
```

- class：创建类的关键字，但必须配合冒号“:”产生程序区块。
- 类名称：用来指定所要创建类的名称，类名称同样必须遵守标识符的命名规范。
- 定义方法时，与先前介绍过的自定义函数一样，必须使用 def 语句。

以下语句是最简单的定义类的方式，用来创建一个空类：

```
class nothing:
    pass
```

上面的语句用来创建 nothing 类，使用 pass 语句表示什么事都不做。

在定义类的过程中可以加入属性和方法，再以对象来存取其属性和方法。

11.2.2 类实例化

将类实例化就是创建对象，有了对象才可以进一步存取类中所定义的属性和方法。类实例化的语法如下：

```
对象 = 类名称(参数列表)
```

```
对象.属性
对象.方法()
```

其中的对象名称同样要遵守标识符的规范。参数列表可根据对象初始化进行选择。下面的程序语句可生成或创建两个对象：boy1 和 boy2。

```
boy1 = Person()
boy2 = Person()
```

上面的程序语句可视为“创建 Person 类的实例，并将该对象赋值给变量 boy1 和 boy2”。

Python 定义方法的第一个参数必须是自己，习惯上使用 self 来表示，它代表创建类后实例化的对象。这是一个相当重要的特性，和其他程序设计语言有所不同。self 有点类似其他语言中的 this，指向对象本身，在定义类的所有方法中都必须声明它。下面以一个简单的范例程序来说明在 Python 语言中定义类的用法。

【范例程序：define_class.py】 定义类

```
01    class Person:
02        #定义方法一：获取姓名和年龄
03        def setData(self, name, age):
04            self.name = name
05            self.age = age
06        #定义方法二：输出姓名和年龄
07        def showData(self):
08            print('姓名:{0:6s}, 年龄:{1:4s}'.format(
09                self.name, self.age))
10    # 创建对象
11    boy1=Person()#对象 1
12    boy1.setData('John', '16')
13    boy1.showData() #调用方法
14    boy2=Person()#对象 2
15    boy2.setData('Andy', '14')
16    boy2.showData()
```

程序的执行结果如图 11-3 所示。

```
姓名:John  , 年龄:16
姓名:Andy  , 年龄:14
```

图 11-3

程序代码解析：

- 第 01~09 行：创建 Person 类，定义了两个方法。
- 第 03~05 行：定义第一个方法，用来获取对象的属性。与定义函数相同，要使用 def 语句作为开头，方法中的第一个参数必须是 self 语句，它类似其他程序设计语言的 this。

如果未加 self 语句，通过对象调用此方法时就会发生 TypeError 错误。

- 第 04、05 行：将传入的参数通过 self 语句作为对象的属性。
- 第 07~09 行：定义第二个方法，用它来输出对象的相关属性。
- 第 11~13 行：创建 boy1 对象并调用其方法。
- 第 14~16 行：创建 boy2 对象并调用其方法。

此外，再次强调一下这个范例中使用的特别关键字 self（此处我们以 self 语句来称呼它）。通常 name 和 age 只是变量，它们定义于方法内，属于局部变量，离开作用域，它们的“生命周期”就结束了。self 不进行任何参数的传递，通过 self 语句的加入，它们成了对象变量，于是可以让方法之外的对象来存取。

```
def setData(self, name, age):
    self.name = name
    self.age = age
```

所以将参数 name 的值传给 self.name 会让一个普通的变量转变成对象变量（也就是属性），并可由对象来存取。定义类之后，还可以根据需求传入不同类型的数据。下面通过一个简单的范例程序来说明。

云盘下载 **【范例程序：define_class1.py】 在类中根据需求传入不同类型的数据**

```
01    class Money:
02        def setValue(self,amount): #第一种方法
03            self.amount =amount
04        def showValue(self): #第二种方法
05            print("钱的总数为:",self.amount)
06    s1 = Money()#第一个对象
07    s1.setValue("叁万捌仟元整")#调用方法时传入字符串
08    s1.showValue()
09    s2 = Money()#第二个对象
10    s2.setValue(34500)#调用方法时传入浮点数
11    s2.showValue()
```

程序的执行结果如图 11-4 所示。

```
钱的总数为: 叁万捌仟元整
钱的总数为: 34500
```

图 11-4

程序代码解析：

- 第 02~03 行：定义 setValue()方法，通过 self 将传入的参数 value 设为对象的属性。
- 第 04~05 行：定义 showValue ()方法，输出此对象的属性。
- 第 06~11 行：第一个对象 s1 是以字符串进行传递的，第二个对象 s2 以浮点数为参数值。这两个不同的对象传入不同类型的数据，这是因为 Python 语言采用的是动态数据类型。

还有一种技巧要加以说明，定义类时，也可以通过该类中的方法来传入参数，完成计算后，将所计算的结果值返回。请看以下范例程序：

【范例程序：return.py】 在类的方法中传入参数计算值

```
01    class MySum():
02        def add(self,n1,n2,n3): #第一种方法
03            return n1+n2+n3
04
05    b1=MySum()
06    print("三个数的总和=",b1.add(104,55,73))
```

程序的执行结果如图 11-5 所示。

```
三个数的总和= 232
```

图 11-5

程序代码解析：

- 第 01~03 行：创建 MySum 类，这个类只定义了一个方法，该类可以传入 3 个参数值，把 3 个数相加求和并把求和的结果返回。
- 第 05 行：创建新对象，调用 MySum()方法传入 3 个参数。

11.2.3 将对象初始化的__init__()方法

前面的几节介绍了对象的属性与方法，接下来介绍可以初始化对象的__init__()方法。当创建对象时，这个特殊方法会初始化对象，例如设置初值或进行数据库连接等。这个方法的第一个参数是 self，指向刚创建的对象本身。创建对象之后，良好的习惯是调用__init__()方法设置初值。此处以计算 Rectangle 类为例，通常先创建 Rectangle 对象，并设置其长与宽的初值，再于程序中将长与宽设置成要计算的值。虽然这种方式也可以将长与宽设置成要计算的值，但比较好的做法是在创建对象时，就通过__init__()方法为该对象设置好长与宽的初值。以下范例程序将为大家说明如何通过__init__()方法为对象设置初值：

【范例程序：init.py】 通过__init__()方法为对象设置初值

```
01    class Rectangle:
02        def __init__(self, length=10, width=5):
03            self.length=length
04            self.width=width
05
06        def getArea(self):
07            return self.length* self.width
08
09    R1=Rectangle()
10    print("通过 init()方法初始化设置的默认面积：",R1.getArea())
11
12    R2= Rectangle(125,6)
13    print("通过传入参数值计算的面积：",R2.getArea())
```

程序的执行结果如图 11-6 所示。

```
通过init()方法初始化设置的默认面积：  50
通过传入参数值计算的面积：  750
```

图 11-6

程序代码解析：

- 第 02~04 行：定义一个 init()方法，并设置默认值。但是如果有参数传入，还是可以通过__init__()方法设置实际的长与宽，最后计算出实际参数对应的面积。

11.2.4 匿名对象

通常声明类后，会将类实例化为对象，并将对象赋值给变量，再通过这个变量来存取对象。在 Python 中有一项重要特性，就是每个东西都是对象，所以在编写程序时，也可以在不把对象赋值给变量的情况下使用对象，这就是一种被称为匿名对象（Anonymous Object）的程序设计技巧。

下面的范例程序是从 11.2.3 小节的范例程序改写而来的，直接以匿名对象的方式存取对象，不用像上一个例子那样，还要先将对象赋值给一个变量，再通过变量来存取该对象。

【范例程序：anonymous.py】 匿名对象的实现

```
01    class Rectangle:
02        def __init__(self, length=10, width=5):
03            self.length=length
04            self.width=width
05
06        def getArea(self):
07            return self.length* self.width
08
09    print("通过 init()方法初始化设置的默认面积: ",Rectangle().getArea())
10
11    print("通过传入参数值计算的面积: ",Rectangle(125,6).getArea())
```

程序的执行结果如图 11-7 所示。

```
通过init()方法初始化设置的默认面积：  50
通过传入参数值计算的面积：  750
```

图 11-7

程序代码解析：

- 第 09 行：直接以匿名对象的方式存取对象，此处是求取 init()方法初始化设置的默认面积。
- 第 11 行：直接以匿名对象的方式存取对象，通过 init()方法传入参数计算出的面积。

11.2.5 私有属性与方法

在前面的范例程序中，类外部的指令可以直接存取类内部的数据，这种做法具有风险，容易造成内部数据被不当修改。如果某些类内部的重要数据不希望被任何人擅自修改，目前这种编写程序的方式就存在问题。

为了达到保护类内部数据的目的，我们可以将这些重要数据设置为私有属性，如此一来，就可以限定该数据只能由类内部的指令或语句来存取。当类外部想要存取这些私有的属性数据时，就不能够直接从类外部进行存取，必须通过该类所提供的公有方法。这种做法较为安全，可以有效保护一些不想被修改的重要数据。

想要把属性指定为私有的，只要在该属性名称前面加上两个下画线“__”即可，就代表该属性为私有属性。不过要特别注意，在名称后面不能有下画线，例如__age 是私有属性，但是__age__就不是私有属性。下面的范例程序为私有属性的应用例子，其中__rate 是私有属性，当类外部想要存取__rate 私有属性的数据时，并不能够直接从类外部进行存取，必须通过该类所提供的getRate()公有方法。

【范例程序：private.py】 私有属性的应用例子

```
01    class Discount:
02        def __init__(self, r=0.9):
03            self.__rate=r
04
05        def getRate(self):
06            return self.__rate
07
08        def howMuch(self):
09            return money*self.__rate
10    money=10000
11    obj1=Discount(0.7)
12    print("此件商品的原有价格为",money,"元")
13    print("这件商品的折扣为", obj1.getRate())
14    print("打折扣后商品的价格为", obj1.howMuch(),"元")
```

程序的执行结果如图 11-8 所示。

```
此件商品的原有价格为 10000 元
这件商品的折扣为 0.7
打折扣后商品的价格为 7000.0 元
```

图 11-8

从上面的执行结果中可以看到，由于__rate 是一个私有属性，因此类外部的指令无法直接存取该私有属性，必须通过类中定义的 getRate()方法才能取得实际的年龄。如果我们尝试将上面程序代码中的第 13 行改写成直接存取私有属性__rate，如以下程序代码所示，看看结果如何。

【范例程序：private1.py】 应用私有属性的范例

```
01    class Discount:
02        def __init__(self, r=0.9):
03            self.__rate=r
```

```
04
05        def getRate(self):
06            return self.__rate
07
08        def howMuch(self):
09            return money*self.__rate
10    money=10000
11    obj1=Discount(0.7)
12    print("此件商品的原有价格为",money,"元")
13    print("这件商品的折扣为", obj1.__rate)
14    print("打折扣后商品的价格为", obj1.howMuch(),"元")
```

修改这个程序后的执行结果会出现AttributeError: 'Discount' object has no attribute '__rate'的错误信息，如图 11-9 所示。

```
    print("这件商品的折扣为", obj1.__rate)

AttributeError: 'Discount' object has no attribute '__rate'
```

图 11-9

除了属性成员可以设置为“私有的”之外，类的方法成员如果要设置为“私有的”，在程序中设置的方式和指定私有属性类似，只要在方法名称前加上两个下画线“__”即可，而且名称之后不能再有下画线。一旦被声明为私有方法后，该方法只能被类内部的语句调用，在类外部就不能直接调用该私有方法了。其实无论是私有属性还是私有方法，其目的就是帮助程序设计人员为需要保护的属性与方法加上一道保护措施，以达到信息隐藏的目的。

11.3 继承

前面提过，基本上继承就类似遗传的概念，例如父母生下子女，如果没有异常情况，那么子女一定会遗传父母的某些特征。当面向对象技术以这种生活实例定义其功能时，就称为继承。

继承是面向对象程序设计的核心概念之一，可以根据现有的类通过继承的机制派生出新类，这种程序代码重复使用的概念可以省去重复编写相同程序代码的大量时间。

如果从程序设计语言的观点来解释，继承就是一种“承接基类的变量和方法”的概念，更严谨的定义则是：“类之间具有层级关系，基类（Base Class）就是创建好的通用类，而从基类继承而来的派生类（Derived Class）接收了基类的类成员，并在派生类的基础上发展出不同的类成员”。

继承除了可重复使用已开发的类之外，另一项好处在于维持对象封装的特性。这是因为继承时不容易改变已经设计好的类，于是降低了类设计发生错误的机会。

在 Python 中，已创建好的类被称为“基类”（Base Class），而经由继承所产生的新类被称为“派生类”（Derived Class）。通常会将基类称为父类（Parent Class）或超类（Super Class），而将派生类称为子类（Child Class）。类之间如果要有继承（Inheritance）的关系，就必须先创建好基类。

从另一个思考角来看，我们可以把继承单纯地视为一种复制（Copy）操作。换句话说，当开发人员以继承机制声明新类时，会先将所参照的原始类中的所有成员完整地写入新建类之中。就如同图 11-10 所示的类继承关系。

在新建类中完整地包含了所参照的原始类的所有类成员，用户可直接在新建类中针对这些成员进行调用或存取操作。当然除了原始类的各个成员外，也可以在新建类中根据需求来添加必要的数据与方法，如图 11-11 所示。

图 11-10　　　　图 11-11

简单来说，继承有两个优点：

- 提高软件的重复使用性。
- 程序设计人员可以继承标准函数库及第三方函数库。

程序设计人员花了许多时间进行调试，好不容易完成了父类的功能，但是在一些特殊的情况下，这个父类还是无法处理，一种方式是直接修改父类的功能，但这种做法的风险是有可能更改原先已设计好的功能，一不小心又得花上不少时间进行调试。

继承并不是一种很难理解的概念，但是许多程序设计人员在实现继承的程序代码时，不知道如何规划类之间的继承关系。也就是说，大部分初学者对如何区分哪些功能该纳入父类，哪些功能该纳入子类，往往找不到一种好的设计方式，因而造成在使用继承时，无法很贴切地表达一种完善的继承结构。下面我们将列出一些参考原则，大家在设计继承结构的程序时可以作为参考的依据。

原则上，父类定义较广义的功能，而子类则定义较狭义的功能，例如父类 Biology 泛指生物，而其子类 Animal、Plant 分别表示动物与植物。这是因为无论是动物还是植物，都属于生物的一种，所以子类 Animal、Plant 均继承了父类 Biology 的非私有属性或方法。在子类中，除了继承这些成员外，还可以加入新的成员或覆盖继承自父类的方法。

11.3.1　单一继承与多重继承

单一继承（Single Inheritance）是指派生类只继承单独一个基类。在 Python 中，使用继承机制定义子类的语法格式如下：

```
class ChildClass(ParentClass):
    程序语句
```

或

```
class ChildClass(ParentClass1, ParentClass2,…):
    程序语句
```

第一种语法子类只继承单一父类，这是单一继承的语法格式；第二种语法子类继承一个以上的父类，这是一种多种继承的语法格式。下面我们先来看单一继承的实例，这个范例程序会先定义 Vehicle 基类，接着以继承的语法格式定义 Bike 派生类，程序代码如下。

【范例程序：single.py】 单一继承

```
01    #类的继承
02
03    class Vehicle: #基类
04        def move(self):
05            print('我是可以移动的交通工具')
06
07    class Bike(Vehicle): #派生类
08        pass
09
10    #创建子类的实例
11    giant = Bike()
12    giant.move()
```

程序的执行结果如图 11-12 所示。

```
我是可以移动的交通工具
```

图 11-12

程序代码解析：

- 第 03~05 行：定义 Vehicle 基类。
- 第 07、08 行：定义 Bike 派生类。
- 第 11 行：创建子类实例 giant。
- 第 12 行：giant 子类实例调用继承自 Vehicle 基类的 move()方法。

其实子类还可以扩展父类的方法而不是完全取代它，我们可以将上面的范例程序修改如下，除了调用父类的方法外，还根据自己的需求扩展了子类的方法。

【范例程序：single1.py】 在子类中扩展父类的方法

```
01    #类的继承
02
03    class Vehicle: #基类
04        def move(self):
05            print('我是可以移动的交通工具')
06
07    class Bike(Vehicle): #派生类
08        def move(self):
09            Vehicle.move(self)
```

```
10            print('但我必须以脚踏的方式来移动')
11
12    #创建子类的实例
13    giant = Bike()
14    giant.move()
```

程序的执行结果如图 11-13 所示。

```
我是可以移动的交通工具
但我必须以脚踏的方式来移动
```

图 11-13

程序代码解析：

- 第 03~05 行：定义 Vehicle 基类。
- 第 07~10 行：定义 Bike 派生类，但在这个派生类中扩展了父类的方法。
- 第 13 行：创建子类实例 giant。
- 第 14 行：giant 子类实例调用继承自 Vehicle 基类的 move()方法。

另外，Python 支持链式继承，例如在下面的范例程序中，类 Father 继承类 GrandFather，而类 Son 继承类 Father。

【范例程序：chain.py】 在子类中扩展父类的方法

```
01    #类的继承
02
03    class Vehicle: #基类
04        def move(self):
05            print('我是可以移动的交通工具')
06
07    class Bike(Vehicle): #派生类
08        def move(self):
09            Vehicle.move(self)
10            print('但我必须以脚踏的方式来移动')
11
12    class Child_Bike(Bike): #孙类
13        def move(self):
14            Bike.move(self)
15            print('为了小朋友的安全，我特别加上辅助轮')
16
17    #创建孙类的实例
18    small_giant = Child_Bike()
19    small_giant.move()
```

程序的执行结果如图 11-14 所示。

我是可以移动的交通工具
但我必须以脚踏的方式来移动
为了小朋友的安全，我特别加上辅助轮

图 11-14

程序代码解析：

- 第 03~05 行：定义 Vehicle 基类。
- 第 07~10 行：定义 Bike 派生类，但在这个派生类中扩展了父类的方法。
- 第 12~15 行：定义 Child_Bike 孙类，但在这个孙类中进一步扩展了自己的父类的方法。
- 第 18 行：创建孙类实例 small_giant。
- 第 19 行：small_giant 孙类实例调用 move()方法。

不仅如此，一个子类可以同时继承多个父类，我们以一个简单的范例程序来示范 Python 的多重继承。

【范例程序：multiple.py】 多重继承

```
01    #类的继承
02
03    class Animal: #基类一
04        def feature1(self):
05            print('动物是多细胞真核生命体中的一大类群')
06
07    class Human: #基类二
08        def feature2(self):
09            print('人类是一种具有情感的高等智能动物')
10
11    class Boy(Animal, Human): #派生类
12        pass
13
14    #创建子类的实例
15    Andy = Boy()
16    Andy.feature1()
17    Andy.feature2()
```

程序的执行结果如图 11-15 所示。

动物是多细胞真核生命体中的一大类群
人类是一种具有情感的高等智能动物

图 11-15

程序代码解析：

- 第 03~05 行：定义基类一 Animal。

- 第 07~09 行：定义基类二 Human。
- 第 11、12 行：子类 Boy 同时继承 Animal 父类和 Human 父类。
- 第 15 行：创建 Andy 子类的实例。
- 第 16 行：调用继承自基类一 Animal 的 feature1()方法。
- 第 17 行：调用继承自基类二 Human 的 feature2()方法。

11.3.2 覆盖

覆盖（Override）是重新定义从父类中继承而来的方法，虽然在子类中重新改写从父类继承过来的方法，但并不会影响父类中对应的这个方法。先以一个范例程序说明如何在子类覆盖父类的方法。

【范例程序：override.py】 覆盖的实现

```
01    #子类覆盖父类的方法
02    class Discount(): #父类
03        def rate(self, total):
04            self.price = total
05            if self.price >= 20000:
06                print('平时假日的折扣为 9 折：', end = ' ')
07                return total * 0.9
08
09    class Festival(Discount): #子类
10        def rate(self, total): #覆盖 rate 方法
11            self.price = total
12            if self.price >= 50000:
13                print('节庆特优惠的折扣为 5 折：', end = ' ')
14                return total * 0.5
15
16    Jane = Discount()#创建父类对象
17    print(Jane.rate(78000))
18
19    Mary = Festival()#创建子类对象
20    print(Mary.rate(78000))
```

程序的执行结果如图 11-16 所示。

```
平时假日的折扣为9折：  70200.0
节庆特优惠的折扣为5折：  39000.0
```

图 11-16

程序代码解析：

- 第 02~07 行：定义 Discount 父类。
- 第 09~14 行：定义 Festival 子类，这个子类会覆盖 rate()方法。

- 第16、17行：创建Jane父类对象，并调用父类中的rate()方法，再将其结果输出。
- 第19、20行：创建Mary子类对象，并调用子类中覆盖的rate()方法，再将其结果输出。

11.3.3 继承相关函数

在Python中与继承相关的函数有isinstance()和issubclass()。

1. isinstance()

isinstance()是Python中的一个内建函数，其语法如下：

```
isinstance(object, classinfo)
```

这个内建函数的功能是：如果参数object是参数classinfo类的对象（或实例），或者参数object是参数classinfo类的子类的一个对象，就返回True，否则返回False。

例如：

```
>>> num = 8  #把数值8赋值给变量num
>>> isinstance (num,int)  #数值8是int类的对象
True
>>> isinstance (num,str)  #数值8不是str类的对象
False
>>> num = "Happy"
>>> isinstance(num,str)
True
>>> isinstance(num,int)
False
```

2. issubclass()

issubclass()是Python中的一个内建函数，其语法如下：

```
issubclass(object, classinfo)
```

这个内建函数的功能是：如果参数object是参数classinfo类的子类，就返回True，否则返回False。请看下面范例程序的说明。

云盘下载

【范例程序：issubclass.py】 继承函数issubclass()

```
01  class Parents:
02      def hello(self):
03          print("I am in Parents")
04
05  class Child(Parents):
06      def hello(self):
07          print("I am in Child")
08
```

```
09    print(issubclass(Child, object))
11    print(issubclass(Child, Parents))
```

程序的执行结果如图 11-17 所示。

```
True
True
```

图 11-17

程序代码解析：

- 第 09 行：判断 Child 是否为 object 的子类，并将判断的结果输出。
- 第 10 行：判断 Child 是否为 Parents 的子类，并将判断的结果输出。

11.3.4 多态

在程序中，常常会在基类或派生类中声明相同名称但不同功能的 public 成员函数。这时可以把这些函数称为同名异式或多态（Polymorphism）。例如，我们已创建了某个基类的成员函数 open()，并创建了多个由基类派生出来的成员函数 open()。当程序开始执行时，可根据打算打开物品的编号来指定要使用哪个派生类的 open()成员函数来打开该物品。多态是面向对象程序设计语言的一个主要特性，简单来说，Python 多态可以让子类的对象以父类来处理。如何实现多态呢？可参考下面的范例程序及其说明。

【范例程序：polymorphism.py】 多态的实现

```
01    #定义多态
02    class Product(): #父类
03        def __init__(self, name, price):
04            self.name = name
05            self.price = price
06
07        def profit(self):
08            return self.price
09
10        def show(self):
11            return self.name
12
13    class Book(Product):#子类
14        def profit(self):
15            return self.price * 1.2
16
17    class Software(Product): #子类
18        def profit(self):
19            return self.price *1.5
20
21    obj1 = Product('一般商品', 20000) #父类对象
22    print('{:8s} 利润 {:,}'.format(obj1.show(), obj1.profit()))
23
24    obj2 = Book('百科全书', 48000) #子类对象
```

```
25    print('{:8s} 利润 {:,}'.format(obj2.show(), obj2.profit()))
26
27    obj3 = Software('计算机软件', 120000) #子类对象
28    print('{:7s} 利润 {:,}'.format(obj3.show(), obj3.profit()))
```

程序的执行结果如图 11-18 所示。

```
一般商品      利润 20,000
百科全书      利润 57,600.0
计算机软件    利润 180,000.0
```

图 11-18

程序代码解析：

- 第 02~11 行：定义 Product 父类，其中定义的 profit()方法会返回 price 的值。
- 第 13~15 行：定义 Book 子类，其中定义的 profit()方法会返回 price * 1.2 的值。
- 第 17~19 行：定义 Software 子类，其中定义的 profit()方法会返回 price *1.5 的值。

11.3.5 合成

合成（Composition，或称为组合）在继承机制中是 has_a 的关系，例如公司这个类是由会议日期、会议成员和开会地点组合而成的。下面利用这个概念配合 Python 的程序代码为大家示范如何编写一个合成的程序。

【范例程序：composition.py】 合成程序的实现

```
01    from datetime import date
02
03    #合成的简易做法
04    class Employee: #公司员工
05        def __init__(self, *title):
06            self.title = title
07
08    class Meeting: #会议
09        def __init__(self, topic, tday):
10            self.topic = topic
11            self.today = tday
12            print('开会日期：', self.today)
13            print('开会地点：', self.topic)
14
15    class Company: #公司
16        def __init__(self, Employee, Meeting):
17            self.Employee = Employee
18            self.Meeting = Meeting
19
20        def show(self):
21            print('参会人员:', self.Employee.title)
22
23    tday = date.today()#获取今天的日期
24    #Employee 对象
25    member = Employee('研发部主管','会计部主管','业务部主管','营销部主管')
```

```
26    place = Meeting('公司总部 805 会议室', tday)#开会地点
27    obj = Company(member, place)#Company 实例
28    obj.show()#
```

调用方法程序的执行结果如图 11-19 所示。

```
开会日期： 2018-09-26
开会地点： 公司总部805会议室
参会人员：('研发部主管', '会计部主管', '业务部主管', '营销部主管')
```

图 11-19

程序代码解析：

- 第 04~06 行：定义 Employee 公司员工类。
- 第 08~13 行：定义 Meeting 会议类。
- 第 15~21 行：定义 Company 公司类，Company 公司类是由 Employee 公司员工类和 Meeting 会议类组合而成的。

11.4 上机实践演练——设计“选课和退课”程序

实现一个 Python 程序，该程序具有选课和退课功能，要求用面向对象程序设计的方式来实现学生的选课和退选，最后列出该学生的姓名以及所有选课程的清单。这个程序必须先定义 ElectiveCourses 类，在这个类中，除了以__init__()方法设置姓名 name 和课程 course 的初始值外，还要定义以下几个方法。

- def get_name(self)：用来返回学生的姓名。
- def addcourse(self, course)：用来将传入的参数内容加入选课（course）列表中。
- def dropcourse(self, course)：用来将传入的参数内容从选课（course）列表中删除。
- def getcourse(self)：用来返回选课列表的内容。

这个程序的执行结果可参考如图 11-20 所示的样式。

```
本学期 陈元俊 同学的选修课程有：
['机器学习', '人工智能', '大数据', '自动控制', 'Python程序设计']
```

图 11-20

参考解答：

【范例程序：add_drop.py】 “选课和退课”程序的实现

```
01    class ElectiveCourses():
02        def __init__(self, name):
03            self.__name = name
04            self.__course = []
05
06        def get_name(self):
07            return self.__name
```

```
08
09        def addcourse(self, course):
10            self.__course.append(course)
11
12        def dropcourse(self, course):
13            self.__course.remove(course)
14
15        def getcourse(self):
16            return self.__course
17
18    student = ElectiveCourses("陈元俊")
19    student.addcounse("机器学习")
20    student.addcounse("人工智能")
21    student.addcounse("大数据")
22    student.addcounse("电子商务")
23    student.addcounse("物联网")
24    student.addcounse("自动控制")
25    student.addcounse("Python 程序设计")
26    student.dropcourse("物联网")
27    student.dropcourse("电子商务")
28    print("本学期 {0} 同学的选修课程有：".format(student.get_name()))
29    print(student.getcourse())
```

重点回顾

1. 面向对象程序设计让我们在设计程序时能以一种更生活化、可读性更高的设计思路来进行程序的开发和设计，并且所开发出来的程序更易于扩展、修改及维护。

2. 在传统程序设计的方法中，主要以“结构化程序设计”为主，就是“自上而下”与“模块化”的设计模式。

3. 对象拥有状态（State，或称为特征、属性）和行为（Behavior，或称为使用方法）。状态代表对象所属的特征，行为则代表对象所具有的功能。

4. 每一个对象在程序设计语言中的实现都必须通过类（Class）来声明。

5. 结构类型只能包含数据变量，而类类型则可扩充到包含处理数据的函数。

6. 面向对象的特点包含三个基本元素：数据抽象化（封装）、继承和多态（动态绑定）。

7. 封装是使用“类”来实现“抽象化数据类型”。所谓“抽象化”，就是让用户只能接触到类的方法（函数），而无法直接使用类的数据成员。

8. 继承允许我们定义一个新的类来继承现有的类，进而使用或修改继承而来的方法，并可在子类中加入新的数据成员与函数成员。

9. 多态最直接的定义是让具有继承关系的不同类对象可以调用相同名称的成员函数，并产生不同的响应结果。

10. Python 默认所有的类与其包含的成员都是公有的，可以不用 public 关键字来声明该类的类型。

11. Python 采用多重继承，派生类可以和基类的方法同名，也可以覆盖其所有基类的任何方法。

12. 创建类之后，还要具体化对象，这个过程被称为“实例化”，经由实例化的对象被称为“实例”（或实体）。

13. Python 语言定义方法的第一个参数必须是自己，习惯上使用 self 来表示，它代表创建类后实例化的对象。

14. __init__()方法会初始化对象，例如设置初值，这个方法的第一个参数是 self，用来指向刚创建的对象本身。

15. 在 Python 语言中有一个重要特性，就是每个东西都是对象，我们可以在不把对象赋值给变量的情况下使用对象，这是一种被称为匿名对象的程序设计技巧。

16. 要指定属性为“私有的”，必须在属性名称前面加上两个下画线“__”，但要特别注意，在名称后面不能有下画线，例如__age 是私有属性，但是__age__不是私有属性。

17. 无论是私有属性还是私有方法，其目的都是帮助程序设计人员为需要保护的属性与方法加上一道保护措施，以达到信息隐藏的目的。

18. 继承是面向对象程序设计的核心概念之一，可以根据现有的类通过继承的机制派生出新类，这种程序代码重复使用的概念可以省去重复编写相同程序代码的大量时间。

19. 已创建好的类被称为“基类”，而经由继承所创建的新类被称为“派生类”。

20. 继承的优点是提高软件的重复使用性，程序设计人员可以继承标准函数库及第三方函数库。

21. 单一继承是指派生类只继承单独一个基类。

22. 覆盖可以在子类中重新改写所继承的父类的方法，但并不会影响父类中对应的方法。

23. 在 Python 中与继承相关的函数有 isinstance()和 issubclass()。

24. 合成（或称为组合）在继承机制中是 has_a 的关系。

课后习题

一、选择题

（ ）1. 关于面向对象的描述，下列哪一个不正确？

A. 最早的雏形源于 1960 年的 Simula 语言

B. SmallTalk 语言引入了“消息”

C. 是一种“自上而下”与“模块化”的设计模式

D. 以一种更生活化、可读性更高的设计思路来进行程序的开发和设计

（ ）2. 关于类与对象的描述，下列哪一种不正确？

A. 对象拥有状态（State，或称为特征、属性）和行为（Behavior，或称为使用方法）

B. 对象除了具有属性和方法外，还要有沟通方式

C. 对象必须有一个可以依据的原型

D. 类外部的指令能存取类内部私有的数据成员与方法

（ ）3. 关于 Python 面向对象特点的描述，下列哪一个不正确？

A. 封装也符合信息隐藏的要求

B. Python 默认所有的类与其包含的成员都是公有的

C. 采用多重继承

D. 创建对象之后，还要具体化对象，这个过程被称为“实例化”

二、填空题

1. 结构化程序设计是________与________的设计模式。
2. 每一个对象在程序设计语言中的实现都必须通过________来声明。
3. 面向对象的三个主要特点：________、________和________。
4. Python 默认所有的类与其包含的成员都是________。
5. 创建类之后，还要具体化对象，这个过程被称为________。
6. __init__()方法的第一个参数是________，用来指向刚创建的对象本身。
7. 要指定属性为私有的，要在属性名称前面加上________。
8. 经由继承所产生的新类被称为________。
9. ________可以在子类中重新改写所继承的父类的方法，但并不会影响父类中对应的方法。
10. 合成（或称为组合）在继承机制中是________的关系。

三、简答题

1. 简述传统结构化程序设计与面向对象程序设计的不同。

2. 简述面向对象程序设计封装的特点。

3. 简述多态的定义。

4. 简述__init__()方法在 Python 语言的面向对象程序设计中所扮演的角色。

5. 简述匿名对象的程序设计技巧。

第 12 章 开发图形用户界面的窗口程序

现在所有程序设计都脱离不了窗口程序设计，身为一位 Python 设计者，我们迟早都会用到图形用户界面来开发应用程序。进行图形用户界面设计的步骤并不复杂，Python 提供了多种程序包来支持图形用户界面的编写，因而创建完整与功能齐全的图形用户界面非常快捷。在本章中，我们将介绍使用 Python 开发图形用户界面的窗口程序的完整过程。

本章学习大纲

- 创建主窗口
- 布局方式
- 标签控件
- 按钮控件
- 文本编辑控件
- 多行文本控件
- 单选按钮控件
- 复选按钮控件
- 滚动条控件
- 对话框
- 菜单
- 绘制图形

Python 提供了多种程序包来支持图形用户界面（Graphical User Interface，GUI）的编写，本章的内容以 GUI tkinter 程序包为主，除了主窗口对象之外，还有其他图形用户界面的窗口程序控件，例如 Label、Entry、Text、Button、Checkbutton、Radiobutton。另外，还包含标准对话框、以 Menu 控件制作菜单和快捷菜单以及用 Canvas 控件绘制图形。本章最后将使用图形用户界面来实现一个具有简易计算器功能的程序。

12.1 GUI tkinter 程序包

图形用户界面是指使用图形方式显示用户操作的界面。图形界面和命令行界面相比，前者无论是在操作上还是视觉上都更容易被用户接受。tkinter 是 Tool Kit Interface 的缩写，tkinter 程序包是一种内建的标准模块，在安装 Python 3 时会被一同安装到系统中。另外，tkinter 允许用户在不同的操作平台下构建图形用户界面，下面先来看看它的用法。

12.1.1 导入 tkinter 程序包

与前面所介绍的模块一样，使用前必须先导入这个模块。

```
import tkinter
```

我们也可以替它取一个别名，使用时更为方便。例如想以 tk 作为 tkinter 的别名，可以使用如下导入语句：

```
import tkinter as tk
```

如果所导入的模块设置了别名，当调用 tkinter 提供的函数时，可以直接使用别名来调用，格式如下：

```
tk.函数名称()
```

12.1.2 创建主窗口

图形用户界面的最外层是一个窗口对象，我们称之为主窗口，创建好主窗口之后，就可以在主窗口加入标签、按钮等窗口内部的控件。创建主窗口的语法如下：

```
主窗口名称 = tk.Tk()
```

例如窗口名称为 win，创建主窗口的语句如下：

```
win = tk.Tk()
```

主窗口常用的方法如表 12-1 所示。

表 12-1

方法	说明	实例
geometry("宽 x 高")	设置主窗口尺寸（“x”是小写字母 x）	win.geometry("300x100")表示把窗口大小设置为宽度 300 像素，高度 100 像素
title(text)	将参数 text 所指定的文字设置为主窗口标题栏的文字，例如右边的实例会在窗口的标题栏显示“窗口标题”的文字	win.title("窗口标题")

窗口的大小并不是一定要设置，如果没有提供主窗口大小的信息，就默认以窗口内部的控件来决定窗口的宽与高。另外，如果没有设置窗口的标题，就默认为“tk”。

当主窗口设置完成之后，还必须在程序最后调用 mainloop()方法，让程序进入循环监听模式来监听用户触发的“事件（Event）”，一直到关闭窗口为止。语法如下：

```
win.mainloop()
```

技巧

所谓“事件”，是由用户的操作或系统所触发的信号。举例来说，当用户单击时会触发 click 事件，这个时候系统会调用指定的事件处理函数来响应这一事件。

前面已经完整说明了创建一个空窗口的流程，下面列出创建窗口的完整程序。

【范例程序：tk_main.py】 创建窗口的第一个程序

```
01    # -*- coding: utf-8 -*-
02
03    import tkinter as tk
04    win = tk.Tk()
05    win.geometry("300x100")
06    win.title("窗口标题")
07    win.mainloop()
```

执行这个 tk_main.py 程序，就能看到如图 12-1 所示的窗口，窗口右上角有标准窗口的缩小、放大以及关闭按钮，还能够通过拖曳边框来调整窗口大小。

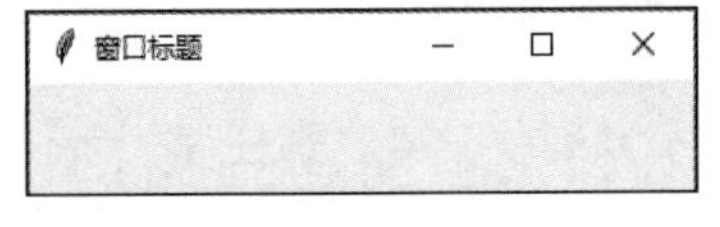

图 12-1

12.1.3 布局方式

前面创建的窗口是空的窗口，还必须放入与用户互动的控件，这些控件并不能随意乱放，必须按照 tkinter 的布局方式。一共有 3 种布局方式，对应的布局方法是 pack、grid 以及 place。

1. pack 方法

pack 方法默认以自上而下的方式摆放控件。pack 方法常用的参数如表 12-2 所示。

表 12-2

参数	说明
padx	设置水平间距
pady	设置垂直间距
side	设置位置，设置值有 left、right、top、bottom
expand	左右两端对齐，参数值为 0 和 1：0 表示不要分散；1 表示平均分配
fill	是否填充。参数值有 x、y、both、none，其中 x 表示填充的宽度，y 表示填充的高度

位置和长宽的单位都是像素。下面的范例程序通过调用 pack 方法将 3 个按钮加入窗口中，按钮控件中的 width 属性是指按钮控件的宽度，而 text 属性为按钮上的文字。

【范例程序：pack.py】 调用 pack 方法把按钮控件加入窗口

```
01    # -*- coding: utf-8 -*-
02
03    import tkinter as tk
04    win = tk.Tk()
05    win.geometry("300x100")
06    win.title("pack")
07
08    btn1=tk.Button(win, width=25, text="这是按钮 1")
09    btn1.pack()
10    btn2=tk.Button(win, width=25, text="这是按钮 2")
11    btn2.pack()
12    btn3=tk.Button(win, width=25, text="这是按钮 3")
13    btn3.pack()
14
15    win.mainloop()
```

程序执行后，可以看到窗口版面布局的结果如图 12-2 所示。

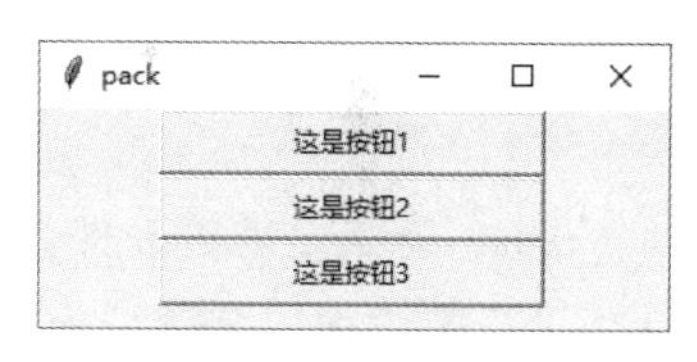

图 12-2

2. grid 方法

grid 方法用于以表格方式摆放控件，常用的参数如表 12-3 所示。

表 12-3

参数	说明
column	设置放在哪一列
columnspan	左右栏合并的数量
row	设置放在哪一行
rowspan	上下栏合并的数量
padx	设置水平间距
pady	设置垂直间距
sticky	设置控件排列方式，参数值有 4 种：n、s、e、w，即靠上、靠下、靠右、靠左

下面的范例程序调用 grid 方法将 4 个按钮加入窗口。

【范例程序：grid.py】 调用 grid 方法把按钮加入窗口

```
01    # -*- coding: utf-8 -*-
02
03    import tkinter as tk
04    win = tk.Tk()
05    win.geometry("300x100")
06    win.title("grid")
07
08    btn1=tk.Button(win, width=20, text="这是按钮 1")
09    btn1.grid(column=0,row=0)
10    btn2=tk.Button(win, width=20, text="这是按钮 2")
11    btn2.grid(column=0,row=1)
12    btn3=tk.Button(win, width=20, text="这是按钮 3")
13    btn3.grid(column=1,row=0)
14    btn4=tk.Button(win, width=20, text="这是按钮 4")
15    btn4.grid(column=2,row=1)
16    win.mainloop()
```

程序的执行结果如图 12-3 所示。

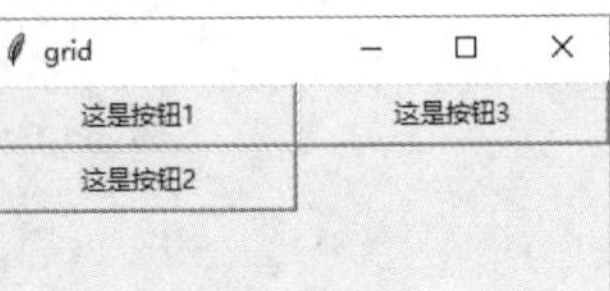

图 12-3

调用 grid 方法设置版面布局时很容易混淆行与列，想象一下版面被分割成表 12-4 所示的行列表格，单元格内的数字分别代表(row, column)，可以轻易填入 row 与 column 的数值。

表 12-4

	column：0	column：1	column：2
row：0	0, 0	1, 0	2, 0
row：1	0, 1	1, 1	2, 1
row：2	0, 2	1, 2	2, 2

3. place 方法

place 方法是通过控件在窗口中的绝对位置与相对位置来指定控件的摆放位置。相对位置的方法是将整个窗口宽度视为“1”，窗口中间的位置对应的参数 relx 是 0.5，高度是一样的，以此类推。常用参数如表 12-5 所示。

表 12-5

参数	说明
x	水平绝对位置
y	垂直绝对位置
relx	相对水平位置，值为 0~1
rely	相对垂直位置，值为 0~1
anchor	定位基准点，参数值有下列 9 种。 center：正中心 n、s、e、w：上方中间、下方中间、右方中间、左方中间 ne、nw、se、sw：右上角、左上角、右下角、左下角

下面的范例程序调用 place 方法将 3 个按钮加入窗口。

【范例程序：place.py】 调用 place 方法把按钮加入窗口

```
01    # -*- coding: utf-8 -*-
02
03    import tkinter as tk
04    win = tk.Tk()
05    win.geometry("300x100")
06    win.title("place")
07
08    btn1=tk.Button(win, width=20, text="这是按钮 1")
09    btn1.place(x=0, y=0)
10    btn2=tk.Button(win, width=20, text="这是按钮 2")
11    btn2.place(relx=0.5, rely=0.5, anchor="center")
12    btn3=tk.Button(win, width=20, text="这是按钮 3")
13    btn3.place(relx=0.5, rely=0.7)
14
15    win.mainloop()
```

程序执行后，窗口的版面布局结果如图 12-4 所示。

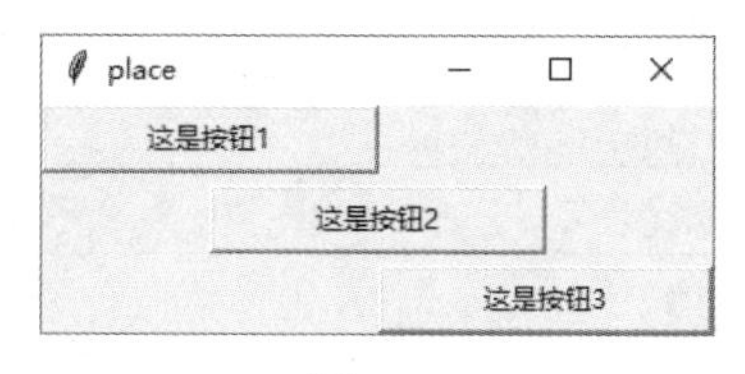

图 12-4

其中按钮 2 与按钮 3 使用相对位置定位，因此当窗口缩放时，控件位置仍会在相对比例的位置上。

12.2 图形用户界面控件

前面示范了如何创建一个窗口及 tkinter 的布局方式，接下来在窗口上加入图形用户界面控件，从常用的控件（Widget，或称为窗口小部件）开始介绍。

12.2.1 标签控件

要编写好具有图形用户界面的窗口程序，文字的输入输出部分是不可或缺的一环。在 tkinter 中，用于文字输出的常用基本控件是标签（Label），即所谓的“文字标签”。文字标签主要的功能是用来显示用户所要了解的文字和语句，例如文字输入框（TextField）、按钮（Button）说明，甚至可以直接使用标签控件来显示文字。标签控件是一个非交互式的控件，只能显示文字，用鼠标单击它并不会触发任何事件。创建标签控件的语法如下：

```
控件名称 = tk.Label(容器名称, 参数)
```

容器名称是指父类的容器，也就是上一层容器的名称。当创建了一个控件后，就可以指定前景颜色、字体以及宽和高等参数，参数之间用逗号“,”分隔，常用的参数如表 12-6 所示。

表 12-6

参数	说明
height	设置高度
width	设置宽度
text	设置标签上要显示的文字
font	设置字体及字体大小
fg	设置文字颜色
bg	设置背景颜色
padx	与容器边框的水平间距
pady	与容器边框的垂直间距
anchor	文字位置，设置值有下列 9 种。 center：正中心 n、s、e、w：上方中间、下方中间、右方中间、左方中间 ne、nw、se、sw：右上角、左上角、右下角、左下角
borderwidth	设置边框线的宽度，可以“bd”代替
bitmap	标签指定的位图图像
image	标签指定的图像或图片
justify	标签有多行文字的对齐方式

一般来说，要设置字体，会以元组来表示 font 元素。下面以简单的例子来说明。

```
font =('Verdana', 14, 'bold', 'italic')
```

元组包括字体名称、字体的大小（以数值表示）、字体是否要加入粗体（bold）或斜体（italic）效果。除了字体的大小之外，其他参数都要以字符串形式来进行设置。

指定颜色可以使用颜色名称（例如 red、yellow、green、blue、white、black），或使用十六进制值颜色代码，例如红色为#ff0000、黄色为#ffff00。

创建控件的同时必须指定布局方式，例如要将标签控件指定按 pack 方法排列，可以采用下面的范例程序中的编写方式。

【范例程序：label.py】 将标签控件指定按 pack 方法排列

```
01    # -*- coding: utf-8 -*-
02
03    import tkinter as tk
04    win = tk.Tk()
05    win.geometry("200x100")
06    win.title("常用控件")
07
08    label=tk.Label(win, bg="#ffff00", fg="#ff0000", font="Helvetica 15 bold", padx=20, pady=5, text = "这是标签控件")
09    label.pack()
```

```
10
11    win.mainloop()
```

程序的执行结果如图 12-5 所示。

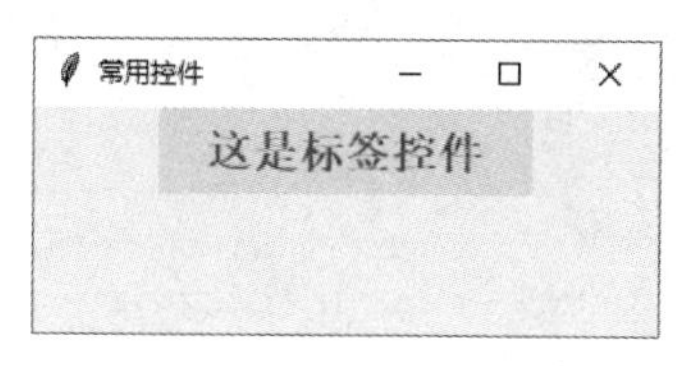

图 12-5

12.2.2 按钮控件

按钮控件是与用户互动不可或缺的控件，按钮控件主要应用于指令的下达或功能的区分。由于按钮控件可以带给用户直觉式的命令下达操作感，因此广泛用于窗口应用程序中，当用户单击按钮时会触发 click 事件，接着系统就会调用对应的事件处理函数。创建按钮控件的语法如下：

```
控件名称 = tk.Button(容器名称, 参数)
```

常用的参数与标签控件一样，都具有颜色与字体等外观设置，按钮控件多了一个 command 参数，这个参数用来设置单击按钮时要调用的事件处理函数。按钮控件常用的参数如表 12-7 所示。

表 12-7

参数	说明
height	设置高度
width	设置宽度
text	设置按钮上的文字
font	设置字体及字体大小
textvariable	设置文字变量
fg	设置文字颜色
bg	设置背景颜色
padx	与容器边框的水平间距
pady	与容器边框的垂直间距
command	事件处理函数

每一个按钮控件同样要指定它的版面布局方式。下面的范例程序放置了两个按钮，当单击按钮 1 时会更换按钮上显示的文字，单击按钮 2 时会更换按钮上文字的颜色。

【范例程序：button.py】图形用户界面——按钮

```
01    # -*- coding: utf-8 -*-
02
03    def btn_click():
04        btnvar.set("单击了按钮 1")
```

```
05
06    def btn1_click():
07        btn1.config(fg = "red")
08
09    import tkinter as tk
10    win = tk.Tk()
11    win.title("Button")
12
13    btnvar = tk.StringVar()
14    btn = tk.Button(win, textvariable=btnvar, command=btn_click)
15    btnvar.set("这是按钮 1")
16    btn.pack(padx=20, pady=10)
17
18    btn1 = tk.Button(win, text="这是按钮 2", command=btn1_click)
19    btn1.pack(padx=20, pady=10)
20
21    win.mainloop()
```

程序的执行结果如图 12-6 所示。

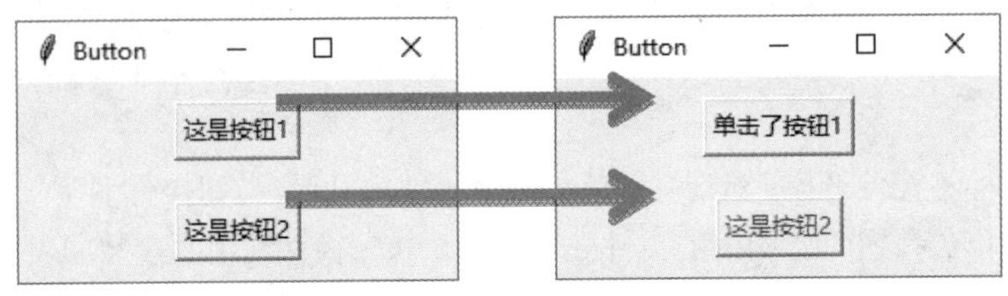

图 12-6

按钮 1 的 command 参数指定的函数是“btn_click”，按钮 2 的 command 参数指定的函数是“btn1_click”，因此当单击按钮时会调用指定的函数。

当需要改变控件上的文字内容或变更属性（文字颜色、背景色、宽、高、字体等）时，有两种做法，以上面的范例程序中的按钮为例，说明如下。

（1）通过 textvariable 参数指定文字变量

如果想变更控件的文字，我们可以把文字变量赋值给 textvariable 属性，这样 textvariable 属性就会建立文字变量与 text 属性的连接，当文字变量变更时，控件上的文字也就跟着变更了。不过，文字变量的值必须是 tkinter 的 IntVar（整数）、DoubleVar（浮点数）或 StringVar（字符串）对象，再通过对象的 get()与 set()方法存取文字变量的内容。

下面的程序语句会创建 StringVar 对象，并调用 set 方法设置按钮上的文字：

```
#创建 StringVar 字符串对象 btnvar
btnvar = tk.StringVar()
#将 btnvar 赋值给 textvariable
btn = tk.Button(win, textvariable=btnvar, command=btn1_click)
#设置 btnvar 文字
btnvar.set("这是按钮 1")
```

（2）调用 config 方法更改文字的内容或属性值

config 方法可用于修改控件的属性值，格式如下：

```
控件名称.config(属性名称 = 属性值)
```

例如：

```
btn1.config(fg = "red")
```

表示将 btn1 控件的文字颜色改为红色。

想要改变按钮文字，也可以调用 config 方法更改 text 属性，语法如下：

```
btn1.config(text = "这是按钮 1")
```

如果想要设置某些属性，又不知道该使用什么参数，可以调用 config()方法将控件当前的属性值打印出来查看，如下所示：

```
print(btn1.config())
```

当控件通过 textvariable 属性设置了文字变量，text 属性就与文字变量建立了连接，在这种情况下，无法通过 config()方法修改 text 属性值。

12.2.3 文本编辑控件

文本编辑（Entry）控件可用于让用户输入文字，它是单行模式，想要输入多行文字，就要使用 Text 控件。创建 Entry 控件的语法如下：

```
控件名称 = tk.Entry(容器名称, 参数)
```

Entry 控件的常用参数如表 12-8 所示。

表 12-8

参数	说明
height	设置高度
width	设置宽度
font	设置字体及字体大小
fg	设置文字颜色
bg	设置背景颜色
padx	与容器边框的水平间距
pady	与容器边框的垂直间距
borderwidth	设置边框宽度
relief	设置边框的浮雕效果，设置值有 flat、groove、raised、ridge、sunken、solid
justify	文字对齐方式，设置值有 left、right、center，默认为 left
state	Entry 控件的状态，设置值有 normal（常规）、readonly（只读）、disabled（禁用）

如果要输入 Entry 控件的默认值，可以调用 insert 方法：

```
entry.insert(下标值, 默认文字)
```

下标值是指字符串中的下标位置，可以数字或是字符串“end”。下标从 0 开始，假如 Entry 控件中有文字“beauty”，那么字母 b 的下标值就是 0，字母 a 的下标值为 2。当下标值小于或等于 0 时，插入点就在开始处；如果下标值大于或等于当前的字符数，插入点就在字符串的末尾。如果要获取字符串最末端的位置，可以使用值“end”。

接下来，通过以下范例程序，我们可以更清楚地了解 insert 方法和下标值的妙用。

【范例程序：entry.py】 图形用户界面——Entry 控件

```
01    # -*- coding: utf-8 -*-
02
03    import tkinter as tk
04    win = tk.Tk()
05    win.title("Entry")
06
07    entry=tk.Entry(win, bg="#ffccff", font = "Helvetica 15 bold" ,borderwidth = 3)
08    entry.insert(0,"这是 Entry")
09    entry.insert("2","实用的")
10    entry.insert("end",",真好玩")
11    entry.pack(padx=20, pady=10)
12
13    win.mainloop()
```

程序的执行结果如图 12-7 所示。

图 12-7

程序代码解析：

- 第 08 行：插入字符串“这是 Entry”。
- 第 09 行：将字符串“实用的”插入下标 2 的位置，所以 Entry 控件中的文字变成“这是实用的 Entry”。
- 第 10 行：将“,真好玩”字符串位置指定为“end”，表示插入字符串末尾，所以 Entry 控件的文字最终变成了“这是实用的 Entry, 真好玩”。

如果要删除 Entry 控件中的文字，可以调用 delete 方法，格式如下：

```
entry.delete(起始下标值, 结束下标值)
```

例如：

```
entry.delete(0, 2)        #删除前面两个字符
entry.delete(3, "end")  #删除第 3 个字符之后的字符
entry.delete(0, "end")  #删除全部
```

12.2.4 多行文字控件

多行文字（Text）控件用来存储或显示多行文字，属性和 Entry 控件大多相同。Text 控件支持纯文本或格式文件，也可用于文本编辑器。创建 Text 控件的语法如下：

```
控件名称=tk.Text(容器名称, 参数1, 参数2,….)
```

Text 控件的常用参数如表 12-9 所示。

表 12-9

参数	说明
height	设置高度
width	设置宽度
font	设置字体及字体大小
fg 或 foreground	设置文字颜色
bg 或 background	设置背景颜色
padx	与容器边框的水平间距
pady	与容器边框的垂直间距
borderwidth	设置边框宽度
state	设置控件的文字内容是否允许编辑，默认值为“tk.NORMAL”，表示可以编辑控件的文字内容；如果参数值为“tk.DISABLED”，表示禁止编辑控件的文字内容

如果想在已创建的文本框中设置文字内容，就必须调用 insert()方法，语法如下：

```
insert(下标值, 默认文字)
```

- index：按照下标值插入字符串。有三个常数值可用：INSERT、CURRENT（当前位置）和 END（将字符串加入文本框，并结束文本框的内容）。
- text：要插入的字符串。

在创建 Text 控件之后，如果要变更控件的参数设置，可以调用 config 方法，语法如下：

```
控件名称.config(参数1, 参数2, …)
```

在默认情况下，可以编辑控件的文字内容。如果要禁止用户编辑控件的文字内容，那么将 state 参数值设置为“tk.DISABLED”。一旦设置了禁止编辑，控件的文字内容就无法被修改，也不能插入新的文字。

【范例程序：tktext.py】 图形用户界面——Text 控件

```
01    import tkinter as tk
02    win = tk.Tk()
03    text=tk.Text(win)
04    text.insert(tk.INSERT, "Python的tk程序包真好玩\n")
05    text.insert(tk.END, "结束文本框的内容")
```

```
06    text.pack()
07    text.config(state=tk.DISABLED)
08    win.mainloop()
```

程序的执行结果如图 12-8 所示。

图 12-8

程序代码解析：

- 第 03 行：创建 Text 控件。
- 第 04 行：在已创建的文本框中设置“Python 的 tk 程序包真好玩”文字。
- 第 05 行：把“结束文本框的内容”的文字内容插入文本框中，并结束文本框的内容。
- 第 07 行：将 state 参数值设置为“tk.DISABLED”，一旦设置了禁止编辑，控件的文字内容就无法被修改，也不能插入新的文字。

12.2.5 单选按钮控件

选项控件有两种：Checkbutton（复选按钮）和 Radiobutton（单选按钮）。Checkbutton 提供了多选的功能，而 Radiobutton 只能从多个选项中选择其一，不能多选。创建 Radiobutton 的语法如下：

```
控件名称=tk.Radiobutton(容器名称,参数 1,参数 2,…)
```

Radiobutton（单选按钮）控件常用的参数如表 12-10 所示。

表 12-10

属性	说明
background	设置背景色，可以用“bg”替代
foreground	设置前景色，可以用“fg”替代
borderwidth	设置边框的粗细，可以用“bd”替代
font	设置字体
height	控件高度
width	控件宽度
justify	有多行文字时的对齐方式
text	控件中的文字
variable	控件所连接的变量
padx	控件与容器间的水平距离
pady	控件与容器间的垂直距离
value	设置用户单击后的选择值
command	设置单击后要执行的函数

【范例程序：tkRadiobutton.py】 图形用户界面——Radiobutton 控件

```
01    from tkinter import as tk
02    wnd = tk.Tk()
03    wnd.title('Radiobutton')
04    def myOptions():
05       print('你的选择是 :', var.get())
06    ft = ('宋体', 14)
07    tk.Label(wnd,
08          text = "选择喜爱的颜色", font = ft,
09          justify = tk.LEFT, padx = 20).pack()
10    color = [('红色', 1), ('绿色', 2),
11             ('蓝色', 3)]
12    var = tk.IntVar()
13    var.set(1)
14    for item, val in color:
15       tk.Radiobutton(wnd, text = item, value = val,
16          font = ft, variable = var, padx = 15,
17          command = myOptions).pack(anchor = tk.W)
18    tk.mainloop()
```

程序的执行结果如图 12-9 所示。

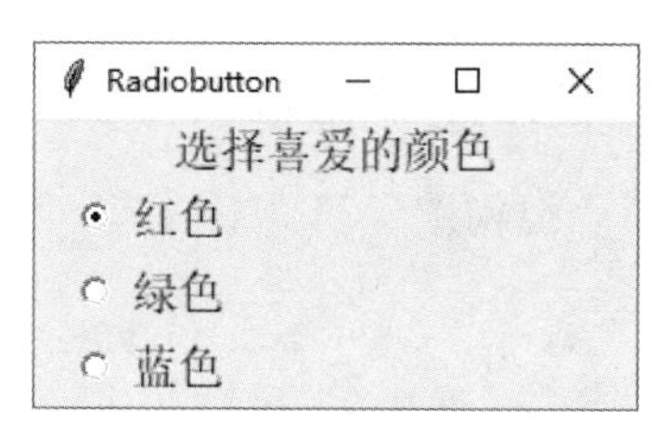

图 12-9

程序代码解析：

- 第 04~05 行：定义 myOptions()方法，用来响应单击按钮的 command 属性，调用 get()方法来显示哪一个按钮被选中了。
- 第 12、13 行：将单选按钮被选中的控件以 Intvar()方法转为数值，调用 set()方法以第一个选项为默认值。
- 第 14~17 行：以 for 循环创建单选按钮并读取 color 的元素，属性 variable 获取变量值后，再通过属性 command 调用 myOptions()函数显示哪一个单选按钮被选中了。

12.2.6 复选按钮控件

Checkbutton（复选按钮）控件用于设计从列出的多个选项中进行不同的选择，在程序中通常让用户勾选。Checkbutton 控件的使用非常简单，只要单击 Checkbutton 控件，就会勾选该选项，再单击一次，就会取消勾选。可以一个也不选，也可以同时都选，或者只挑选其中几个。创建 Checkbutton（复选按钮）的语法如下：

```
控件名称=tk. Checkbutton (容器名称,参数 1,参数 2,….)
```

Checkbutton 控件常用的参数如表 12-11 所示。

表 12-11

属性	说明
anchor	文字对齐方式
background	设置背景色，可以用“bg”替代
foreground	设置前景色，可以用“fg”替代
borderwidth	设置边框的粗细，可以用“bd”替代
relief	配合 borderwidth 设置框线样式
bitmap	按钮上显示的位图图像
font	设置字体
height	控件高度
width	控件宽度
justify	有多行文字时的对齐方式
text	控件中的文字
onvalue/offvalue	控件选中/未选后所连接的变量值
variable	控件所连接的变量

一般来说，Checkbutton 控件有“已勾选”和“未勾选”两种状态。

- “已勾选”：用默认值“1”表示，使用属性 onvalue 更改其值。
- “未勾选”：用值“0”表示，使用属性 offvalue 更改其值。

Checkbutton 控件的变量可调用 Intvar()和 Stringvar()方法来处理数值和字符串的问题。

【范例程序：tkCheckbutton.py】 图形用户界面——Checkbutton 控件

```
01    from tkinter import *
02    wnd = Tk()
03    wnd.title('复选按钮控件')
04
05    def varStates(): #响应 Checkbutton 控件的变量状态
06       print('选择的科目有：', var1.get(), var2.get()
07             ,var3.get())
08
09    ft1 =('微软雅黑', 14)
10    ft2 = ('微软雅黑', 14)
11    lbl=Label(wnd, text = '科目：', font = ft1)
12    lbl.grid(row = 0, column = 0)
13    item1 = '数学'
14    var1 = StringVar()
15    chk = Checkbutton(wnd, text = item1, font = ft1,
16        variable = var1, onvalue = item1, offvalue = '')
```

```
17   chk.grid(row = 0, column = 1)
18   item2 = '计算机'
19   var2 = StringVar()
20   chk2 = Checkbutton(wnd, text = item2, font = ft1,
21      variable = var2, onvalue = item2, offvalue = '')
22   chk2.grid(row = 0, column = 2)
23   item3 = '英语'
24   var3 = StringVar()
25   chk3 = Checkbutton(wnd, text = item3, font = ft1,
26      variable = var3, onvalue = item3, offvalue = '')
27   chk3.grid(row = 0, column = 3)
28
29   btnQuit = Button(wnd, text = '离开', font = ft2,
30      command = wnd.destroy)
31   btnQuit.grid(row = 2, column = 1, pady = 4)
32   btnShow = Button(wnd, text = '显示', font = ft2,
33      command = varStates)
34   btnShow.grid(row = 2, column = 2, pady = 4)
35   mainloop()
```

程序的执行结果如图 12-10 所示。

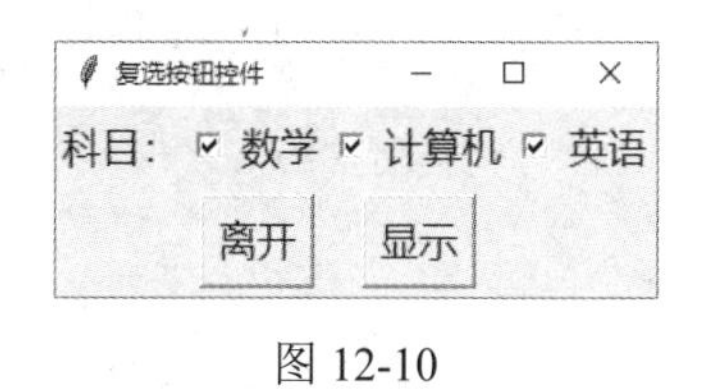

图 12-10

程序代码解析：

- 第 05~07 行：定义方法 varStates()来响应 Checkbutton 的变量状态，当复选框（即复选按钮）被“勾选”时，通过变量调用 get()方法。
- 第 13 行：设置变量 item1 作为 Checkbutton 控件的属性 text、onvalue 的属性值。
- 第 14 行：将变量 var1 用 Stringvar()转为字符串，并赋值给 Checkbutton 控件的属性 variable 使用，并将 Checkbutton 控件“已勾选”或“未勾选”的结果返回。
- 第 15、16 行：创建复选按钮并设置属性 onvalue、offvalue。
- 第 32、33 行：按钮的属性 command 会调用 varStates()方法来响应。

12.2.7 滚动条控件

滚动条（Scrollbar）常被用于 Text、列表框（Listbox）或画布（Canvas）等控件中。要在这些控件中创建滚动条，语法如下：

```
Scrollbar(父对象,参数 1=设置值 1,参数 2=设置值 2,…)
```

这些参数属于可选参数，表 12-12 列出了滚动条常用的参数。

表 12-12

属性	说明
activebackground	设置移动滚动条时滚动条与箭头的颜色
background	设置背景色，可以用“bg”替代
borderwidth	设置边框的粗细，可以用“bd”替代
command	移动滚动条时，会调用此参数所指定的函数
highlightbackground	突出显示的背景颜色
highlightcolor	突出显示的颜色
orient	默认值=VERTICAL，代表垂直滚动条。如果值为 HORIZONTAL，就代表水平滚动条
width	控件宽度

【范例程序：tkscrollbar.py】 图形用户界面——Scrollbar 控件

```
01    from tkinter import *
02
03    Window = Tk()
04    scrollbar = Scrollbar(Window)
05    scrollbar.pack( side = RIGHT, fill = Y )
06
07    test_List = Listbox(Window, yscrollcommand = scrollbar.set )
08    for line in range(20):
09        test_List.insert(END, "当前所在的行数: " + str(line+1))
10
11    test_List.pack( side = LEFT, fill = BOTH )
12    scrollbar.config( command = test_List.yview )
13
14    mainloop()
```

程序的执行结果如图 12-11 所示。

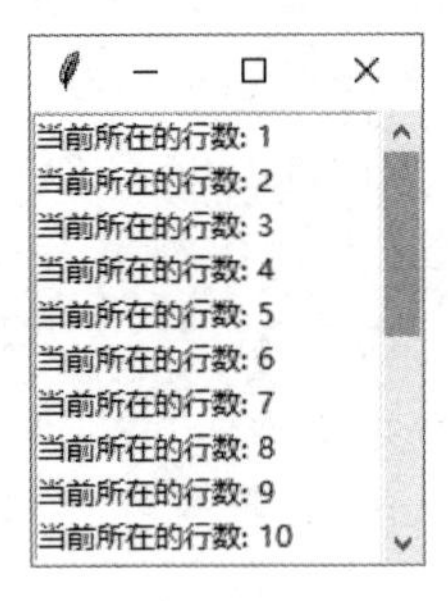

图 12-11

程序代码解析：

- 第 04 行：在 Window 父对象下创建滚动条。
- 第 05 行：调用 pack()方法将滚动条从右向左排列，fill=Y 表示控件的高度与父对象的高度相同。如果要让控件的宽度与父对象的宽度相同，就必须设置 fill=X。

- 第 07 行：将列表框控件的 yscrollcommand 可选参数设置为 scrollbar.set，表示将滚动条连接到列表框控件。
- 第 08、09 行：使用循环将当前所在的行数显示在列表框中。

12.3 对话框

对话框（Dialog）是用户与程序互动的一种界面，tkinter 程序包中的对话框包括以下几种。

- Messagebox（消息框）：用来提供不同种类的消息。
- Simpledialog：简单型对话框，用来输入字符串或整数、浮点数。
- Filedialog：文件对话框，使用它可以打开文件。
- Colorchooser：调色板选择框，它会返回所选取颜色的 RGB 值。

12.3.1 消息框

消息框（Messagebox）的主要目的是以简洁的信息与用户互动，它的基本结构如图 12-12 所示。

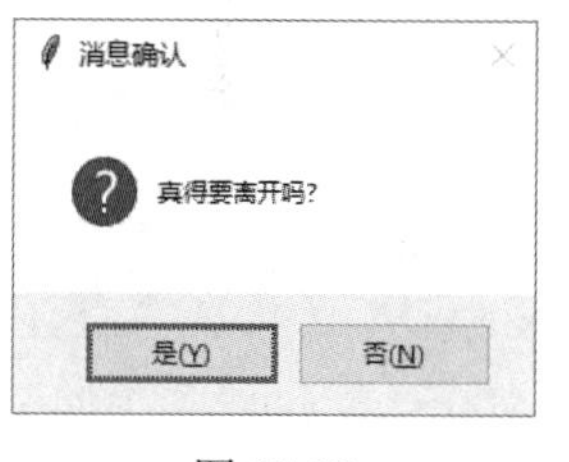

图 12-12

（1）消息框的标题栏，调用相关方法时会用参数“title”来表示。

（2）代表消息框的小图标，调用相关方法时会用参数“icon”来表示。

（3）显示消息框的相关消息，调用相关方法时会用参数“message”来表示。

（4）显示消息框的对应按钮，每个按钮都有响应的消息，调用相关方法时会用参数“type”来表示。

消息框分为两大类：询问和显示。询问消息框以“ask”开头，伴随 2~3 个按钮来产生与用户的互动操作。显示消息框以“show”开头，只会显示一个“确定”按钮。具体细节可参考表 12-13。

表 12-13

种类	messagebox 方法
询问	askokcancel(title = None, message = None, **options)
	askquestion(title = None, message = None, **options)
	askretrycancel(title = None, message = None, **options)
	askyesno(title = None, message = None, **options)
	askyesnocancel(title = None, message = None, **options)
显示	showerror(title = None, message = None, **options)
	showinfo(title = None, message = None, **options)
	showwarning(title=None, message=None, **options)

其中的参数 title 是要在标题栏显示的文字，参数 message 则是显示消息的文字内容。下面的范例程序将说明如何产生消息框。

【范例程序：tkmessagebox.py】 图形用户界面——消息框

```
01    from tkinter import *
02    from tkinter import messagebox
03    wnd = Tk()
04    wnd.title('Messagebox 消息框')
05    wnd.geometry('180x120+20+50')
06    def answer():
07        messagebox.showerror('回答',
08               '抱歉！，你的问题无法回答')
09    def callback():
10        if messagebox.askyesno('消息确认',
11               '真得要离开吗？'):
12            messagebox.showwarning('消息 - Yes',
13               '抱歉!无法离开')
14        else:
15            messagebox.showinfo(
16               '消息 - No', '取消“离开”指令')
17    Button(wnd, text='离开', command =
18          callback).pack(side = 'left', padx = 10)
19    Button(wnd, text='回答', command =
20          answer).pack(side = 'left')
21    mainloop()
```

程序的执行结果如图 12-13 所示。

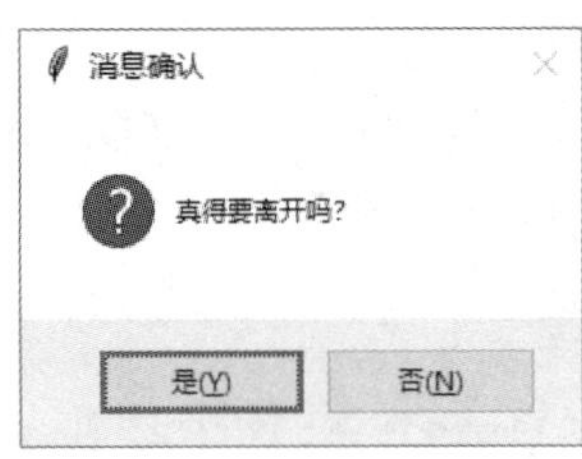

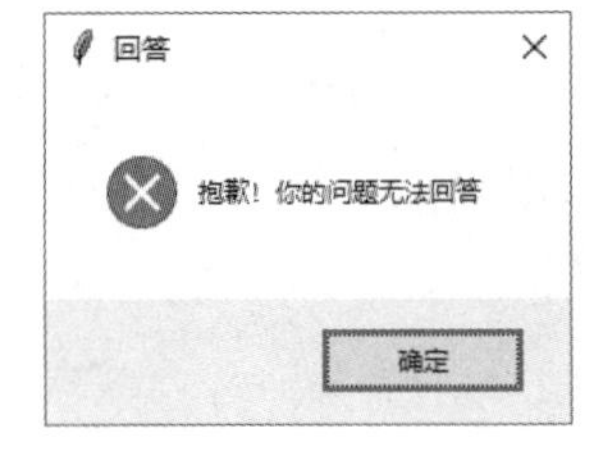

图 12-13

12.3.2 简单型对话框

简单型对话框（Simpledialog）有三个方法：处理字符串的 askstring()方法，用于整数的 askinteger()方法，以及用于浮点数的 askfloat()方法。它们的语法格式如下：

```
simpledialog.askinteger(title, prompt, **kw)
simpledialog.askfloat(title, prompt, **kw)
simpledialog.askstring(title, prompt, **kw)
```

- title：用于对话框的标题，必须提供的参数。
- prompt：提示字符串，必须提供的参数。
- kw：可选参数，可参考表 12-14。

表 12-14

选项	类型	说明
initialvalue	integer、float、string	输入时的初值
minvalue	integer / float	最小值
maxvalue	integer / float	最大值

下面的范例程序中有两个按钮，当被用户按下时，通过 command 属性调用所对应的方法，分别输入字符串和整数。其中的 processWord()方法用来处理输入字符串时该进行的工作，processInt()方法用来处理输入整数值时该进行的工作。

【范例程序：tksimpledialog.py】 图形用户界面——简单型对话框

```
01    # simpledialog - askinteger()方法
02    from tkinter import *
03    from tkinter import simpledialog
04
05    def processWord(): #处理输入字符串
06        name = simpledialog.askstring(title = '输入字符串',
07                prompt = '请输入姓名：')
08        print('名称：', name)
09
10    def processInt(): #处理输入整数值
11        score = []
12        count = 0
13        while True:
14            number = simpledialog.askinteger(
15                title = '输入整数值', prompt = '分数：',
16                maxvalue = 100, minvalue = 60)
17            score.append(number)
18            count += 1
19            if count == 5:
20                break
21        total = sum(score)
22        print('分数：', score)
23        print('合计：', sum(score))
24
25
26    #创建窗口对象
27    wnd = Tk()
28    wnd.title('简单型对话框')
29    wnd.geometry('140x60+10+10')
30    #窗口对象加入按钮
31    Button(text = '输入字符串', command = processWord).pack(
32        side = 'left')
33    Button(text = '输入整数', command = processInt).pack(
```

```
34        side = 'right', padx = 5)
35
36    mainloop()
```

程序的执行结果如图 12-14 所示。

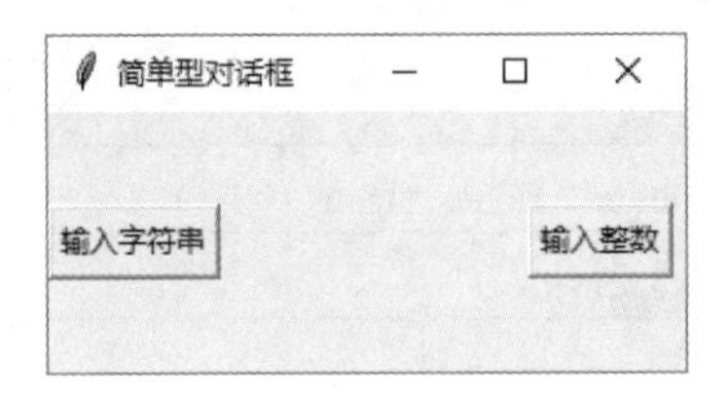

图 12-14

单击“输入字符串”按钮之后，输出的结果如图 12-15 所示。

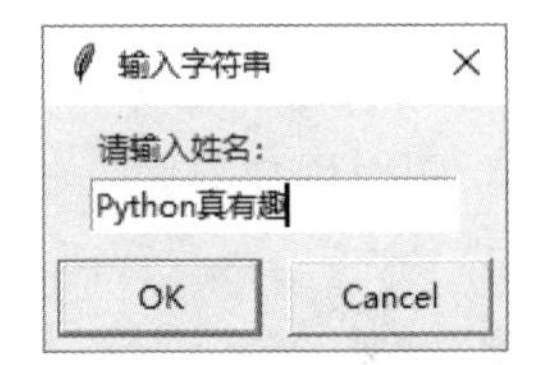

图 12-15

单击“OK”按钮之后，就会得到如图 12-16 所示的输出结果。

图 12-16

单击“输入整数”按钮之后，输出的结果如图 12-17 所示。

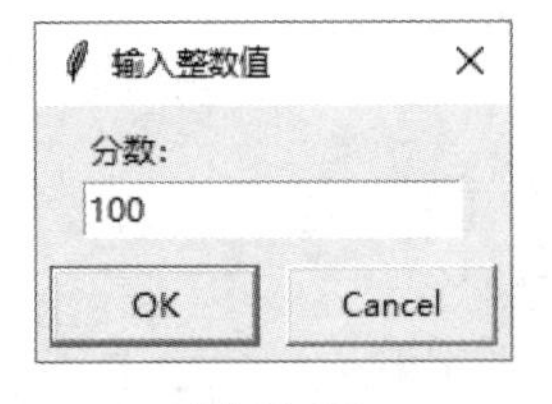

图 12-17

当我们按照上述输入整数值的方式连续输入 5 个分数，再单击“OK”按钮之后，就会得到如图 12-18 所示的输出结果。

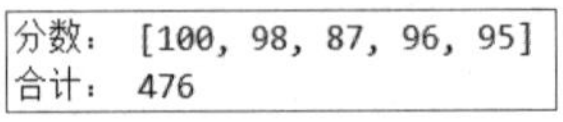

```
分数： [100, 98, 87, 96, 95]
合计： 476
```

图 12-18

12.3.3　文件对话框

文件对话框（Filedialog）有两个方法：askopenfile()方法用于打开文件，asksaveasfile()方法用于保存文件。下面我们以一个范例程序来说明 askopenfile()方法和 asksaveasfile()方法的使用。

【范例程序：tk filedialog.py】 图形用户接口——文件对话框

```
01    ''' filedialog.askopenfile()方法用于打开文件
02        filedialog.asksaveasfile()方法用于保存文件 '''
03
04    from tkinter import *
05    from tkinter import filedialog
06
07    #打开文件对话框
08    def OpenFile():
09        name = filedialog.askopenfilename(title = '打开文件',
10                filetypes = [('Text File', '*.txt'),
11                ('Python Files', '*.py *.pyw'),
12                ('All Files', '*')])
13        print('打开的文件', name)
14        #创建文件 - 调用 open()函数
15        with open('myfile.txt', 'rt') as foin:
16            total = foin.read()
17            print('字符数: ', len(total))
18            for line in total:
19                print(line, end = '')
20
21    #保存文件
22    def SaveFile():
23        save = filedialog.asksaveasfilename(title = '保存文件',
24                filetypes = [('Text Files', '*.txt *.csv')],
25                initialfile = 'myfile.txt')
26        #以附加模式写入文件
27        with open('myfile.txt', 'a+') as fout:
28            show = '天道酬勤 地道酬善\n'
29            print('字符串的长度: ', len(show))
30            fout.write(show)
31        print('存储文件', save)
32
33    #创建窗口对象
34    wnd = Tk()
35    wnd.title('filedialog')
36    wnd.geometry('100x50+10+10')
37
38    #窗口对象加入两个按钮
39    Button(text='打开文件', command = OpenFile).pack(
40        anchor = 's', side = 'left', padx = 10)
41    Button(text='保存文件', command = SaveFile).pack(
42        anchor = 's', side = 'left')
43    mainloop()
```

程序的执行结果如图 12-19 所示。

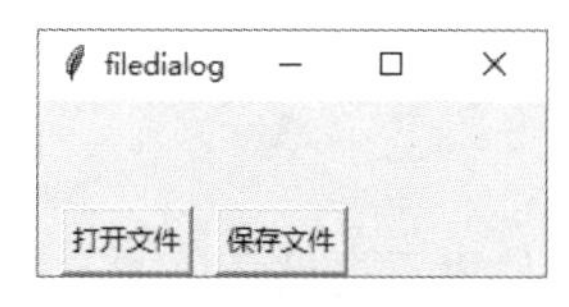

图 12-19

打开文件对话框的外观如图 12-20 所示。

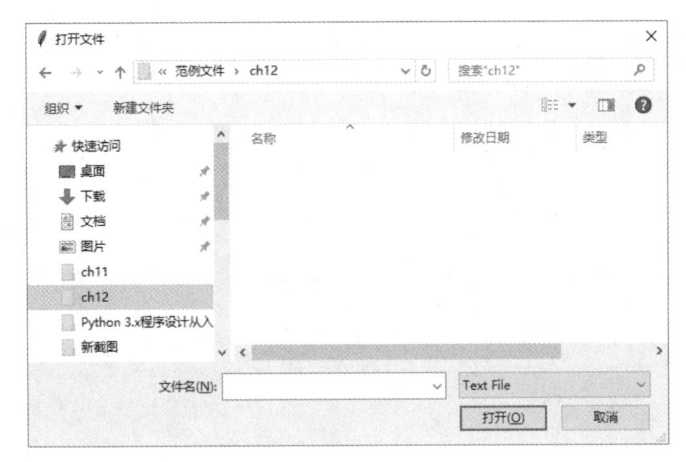

图 12-20

保存文件对话框的外观如图 12-21 所示。

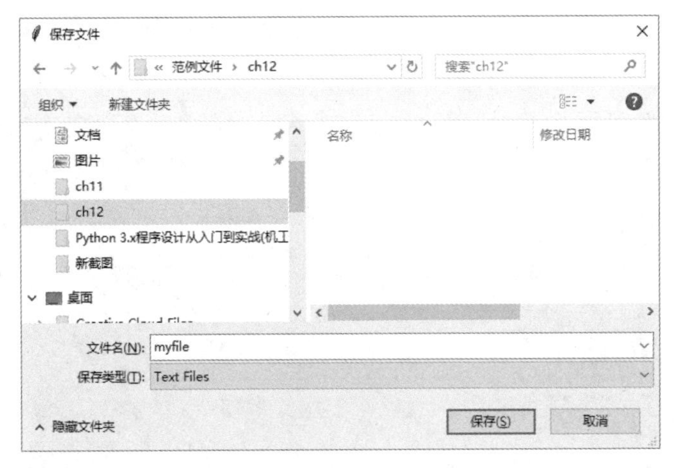

图 12-21

程序代码解析：

- 第 08~19 行：定义 OpenFile()方法，它就是“打开文件”按钮被单击时 command 属性要调用的方法。OpenFile()会调用 askopenfilename()方法，而参数 filetypes 用于设置要打开的文件类型：文本文件、Python 文件和所有文件。
- 第 22~31 行：定义 SaveFile()方法，它就是“保存文件”按钮被单击时 command 属性要调用的方法。SaveFile()会调用 asksaveasfilename()方法。

12.3.4 调色板选择框

调色板选择框（Colorchooser）控件用于提供颜色的选择，askcolor()方法可产生标准对话框，以调色板的方式提供颜色的选择，语法如下：

```
colorchooser.askcolor([color [,options]])
```

- color：设置颜色。
- options：可选参数，可参考表 12-15。

表 12-15

选项	类型	说明
initialcolor	color	以 RGB 为主的颜色
title	string	文件对话框标题

askcolor()方法会以元组对象的方式返回 RGB 的值，返回值如下：

```
((0.0, 128.5, 255.99609375), '#0080ff ')
```

【范例程序：colorchooser.py】 图形用户界面——调色板选择框

```
01    from tkinter import *
02    from tkinter import colorchooser
03
04    #调色板选择框调用 askcolor()方法让用户选择颜色
05    def SelectColor():
06        tint = colorchooser.askcolor(title = '调色板',
07                initialcolor = '#FF88CC')
08        rgbs = tint[0]
09        print('R: {:.3f}'.format(rgbs[0]))
10        print('G: {:.3f}'.format(rgbs[1]))
11        print('B: {:.3f}'.format(rgbs[2]))
12        print('颜色的 16 进制数值: ', tint[1])
13    #创建窗口对象
14    wnd = Tk()
15    wnd.title('提供颜色的 colorchooser')
16    wnd.geometry('90x50+10+10')
17    #窗口对象加入按钮
18    Button(text='调色板', command = SelectColor).pack(
19        side = 'bottom')
20    mainloop()
```

程序的执行结果如图 12-22 所示。

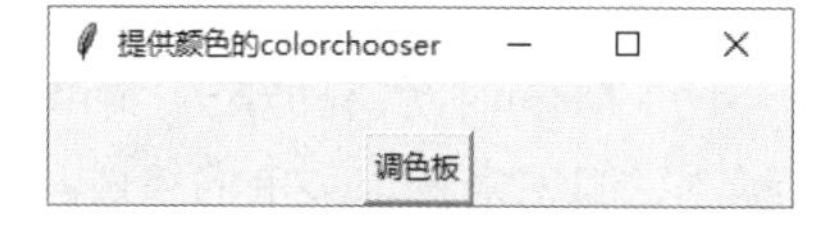

图 12-22

调色板窗口的外观如图 12-23 所示。

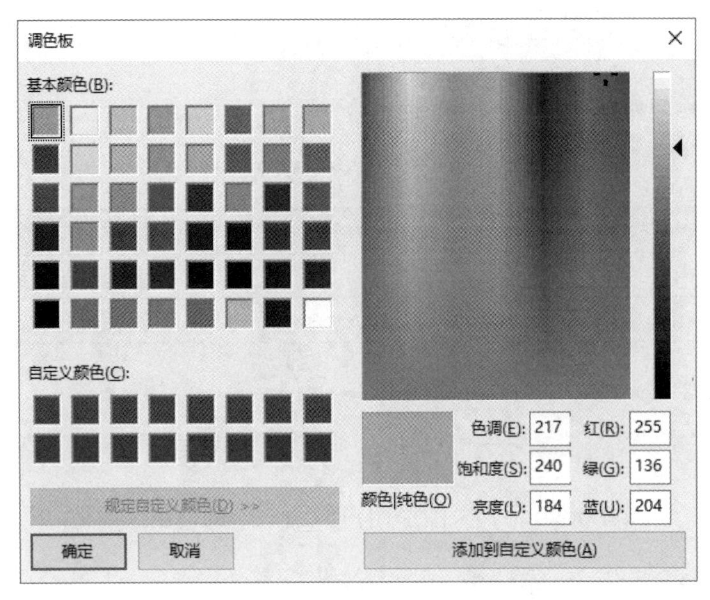

图 12-23

选择好颜色后，单击“确定”按钮就会输出如图 12-24 所示的结果。

```
R: 255.996
G: 128.500
B: 128.500
颜色的16进制数值： #ff8080
```

图 12-24

程序代码解析：

- 第 05~12 行：定义 SelectColor()方法，用来响应“调色板”按钮被单击时属性 command 所调用的方法。
- 第 08~12 行：获取的颜色值会以元组对象的方式存储，分别读取元组中的元素，再进行输出。

12.4 菜单

菜单通常位于窗口标题栏下方，将操作的相关指令集结，只要用户单击某个指令，就能执行相关的处理过程。例如，“文件”菜单提供了与文件有关的“打开文件”或“保存文件”菜单选项（或菜单指令）。单击主菜单的“文件”展开下拉菜单选项，再根据需要选择相关菜单项。要产生菜单，就得使用 Menu 控件，不过 Menu 控件只能产生菜单的骨架，还必须配合 Menu 控件的相关方法。在开始制作菜单之前，我们先来认识菜单的组成，如图 12-25 所示。

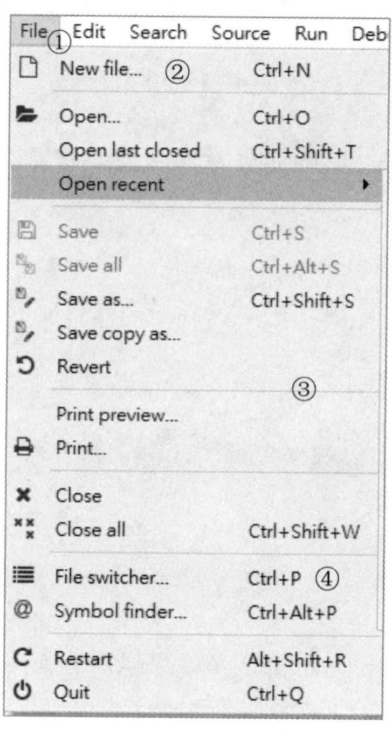

图 12-25

（1）主菜单项：图 12-25 中的 File、Edit 都是主菜单项，Python 称为“pulldown menu”（下拉菜单）。要产生主菜单项，可用 Menu 控件的 add_cascade()方法协助。

（2）下拉菜单项（或第二层菜单）：有了主菜单项之后，才能继续设置下拉菜单项。例如，位于 File 主菜单的下拉菜单项有 New file、Open、Save 等。这些菜单项有点像按钮，可调用 add_command()方法来处理，也有可能是一个群组，只能单选其中一个，add_Radiobutton()方法就符合这种需求。

（3）分隔线：下拉菜单项之间若要进行分隔，则可调用 add_separator()方法加入分隔线。

（4）快捷键：对应下拉菜单项，在 Python 中用 Accelerator key 来表示。根据它的设置值能够快速执行某个菜单项对应的指令。

表 12-16 列出了 Menu 控件有关的方法。

表 12-16

方法	说明
activate(index)	动态方法
add(type, **options)	增加菜单项
add_cascade(**options)	增加主菜单项
add_checkbutton(**options)	加入 checkbutton（复选按钮或复选框）
add_command(**options)	以按钮形式添加子菜单项
add_radiobutton(**options)	以单选按钮形式添加子菜单项
add_separator(**options)	加入分隔线，用于子菜单项之间

add()方法中的参数 type 可用来指定菜单的种类，包括 command、cascade(submenu)、

checkbutton、radiobutton 或 separator。

至于如何使用 menu 控件来产生菜单，可参考以下步骤。

步骤01 先创建主窗口对象，再把 Menu 控件放入主窗口中，接着用 Menu 控件的实例 menubar 来存储。

```
root = Tk()
menubar = Menu(root)#将 Menu 控件加入主窗口，产生菜单骨架
```

步骤02 将菜单对象 menubar 布置到主窗口的顶部，并显示于界面中。

```
root.config(menu = menubar)#显示菜单
```

步骤03 加入主菜单项。

```
menu_file = Menu(menuBar, tearoff = 0)
```

创建主菜单项 menu_file 并加到 menubar（菜单栏对象）中，将 tearoff 的值设为零，避免第一个子菜单项的上方有虚线。

步骤04 调用 add_cascade()方法产生主菜单项的实例。

```
menuBar.add_cascade(label = 'File', menu = menu_file)
```

通常要到此步骤才能看到菜单显示于主窗口中。调用 add_cascade()产生主菜单项时，用 label 设置其名称，将 menu_file 赋值给 menu，如此添加的菜单项 File 才能真正加入菜单栏对象 menuBar。

步骤05 加入下拉菜单的菜单项。

```
filemenu.add_command(label = 'Open', command = OpenFile)
```

有了主菜单项 File 之后，调用 add_command()方法以按钮形式产生下拉菜单的菜单项，因为是按钮，所以参数 command 要有响应方法进行响应。

步骤 03 中使用 Menu 控件的构造函数时，如果将其中的参数 tearoff 变更为“1”，就会在下拉菜单的第一个菜单项上方加一条横虚线。当然，参数 tearoff 的值为“0”时，就不会有此横虚线，如图 12-26 所示。

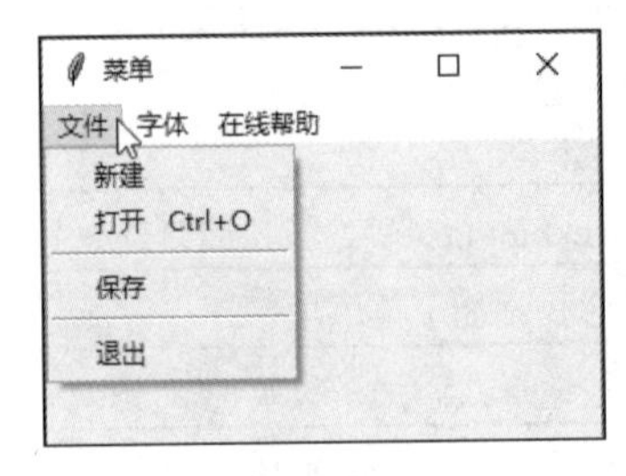

图 12-26

下面用范例程序来说明如何用 Menu 控件创建菜单。

【范例程序：tkMenu.py】 图形用户界面——Menu 控件

```
01  # 用Menu控件创建菜单
02  from tkinter import *
03
04  # 定义响应函数
05  def NewFile():
06      print('New File!')
07
08  def OpenFile():
09      file = filedialog.askopenfilename()
10      print(file)
11
12  def SaveFile():
13      save = filedialog.asksaveasfilename()
14
15  def About():
16      print('这是一个很简单的菜单')
17
18  wnd = Tk()#主窗口对象
19  wnd.title('菜单')
20
21  # Step1.产生菜单栏对象menuBar，加到主窗口对象中
22  menuBar = Menu(wnd)
23
24  # Step2.将菜单对象menubar布置到主窗口的顶部，显示于界面中
25  wnd.config(menu = menuBar)
26
27  # Step3.加入主菜单项
28  menu_file = Menu(menuBar, tearoff = 0)
29  menu_font = Menu(menuBar, tearoff = 0)
30  menu_help = Menu(menuBar, tearoff = 0)
31
32  # Step4. 调用add_cascade()方法产生主菜单项的实例
33  menuBar.add_cascade(label = '文件', menu = menu_file)
34  menuBar.add_cascade(label = '字体', menu = menu_font)
35  menuBar.add_cascade(label = '在线帮助', menu = menu_help)
36
37  # Step5. 加入下拉菜单的菜单项 Step5-1. File 主菜单
38  menu_file.add_command(label = '新建',
39          command = NewFile)
40  menu_file.add_command(label = '打开',
41          underline = 1, accelerator = 'Ctrl+O',
```

```
42            command = OpenFile)
43      menu_file.add_separator()#加入分隔线
44      menu_file.add_command(label = '保存',
45            command = SaveFile)
46      menu_file.add_separator()#加入分隔线
47      menu_file.add_command(label = '退出',
48            command = lambda : wnd.destroy())
49
50      # Step5-2. Font 主菜单
51      labels = (12, 14, 16, 18)
52      for item in labels:
53          menu_font.add_radiobutton(label = item)
54
55      # Step5-3. Help 主菜单
56      menu_help.add_command(label = '关于', command = About)
57
58      mainloop()
```

程序的执行结果如图 12-27 所示。

图 12-27

程序代码解析：

- 第 05~16 行：定义各个响应方法，下拉菜单的菜单项为 command 时所调用的响应方法。
- 第 22 行：将 menu 控件加入窗口对象中，用菜单栏对象 menuBar 来存储。
- 第 25 行：在主窗口对象 wnd 调用 config()将菜单对象赋值给 menu 之后，才能显示于屏幕上。
- 第 28~30 行：先产生主菜单项 menu_file，再用 Menu 控件的构造函数将它加入菜单栏对象 menuBar 中，并把 tearoff 的值设置为零。其他两个主菜单对象 menu_font 和 menu_help 也是如此。
- 第 33~35 行：有了主菜单对象后，再调用 add_cascade()方法，用参数 label 设置显示名称，用参数 command 设置调用的响应方法。
- 第 38~42 行：为 File 主菜单加入下拉菜单的菜单项。由 menu_file 对象调用 add_command()方法以按钮形式加入。
- 第 43 行：menu_file 对象调用 add_separator()方法，对下拉菜单的菜单项进行分隔。
- 第 51~53 行：加入下拉菜单的菜单项，但用 add_radiobutton()方法产生，由于是单选按钮形式，因此选项之间会彼此互斥。

12.5 绘制图形

Canvas 控件（画布控件）可用于绘图，包括线条、几何图形或文字等。由于 Canvas 控件具有画布功能，因此可以借助鼠标的移动进行图形的基本绘制。

使用 Canvas 控件进行图形绘制有两种坐标系统：

- Windows 坐标系统，以屏幕的左上角为原点（x = 0，y = 0）。
- Canvas 控件的坐标系统，按照指定位置进行绘制。

除非特别指定，否则绘制的对象会以 Canvas 控件的坐标系统为主。所有控件都要加入主窗口对象，再调用 pack()方法纳入版面布局管理。

接着来认识 Canvas 控件的相关属性。

- background（或 bg）：背景颜色。
- borderwidth（或 bd）：设置边框线的粗细。
- foreground（或 fg）：前景颜色。
- width/height：用 width、height 设置控件的大小。

12.5.1 加入位图图像

要在 Canvas 控件中加载位图图像，可调用 create_image ()方法，语法如下：

```
create_image(position, **options)
```

- position：坐标位置 x1、y1。

此处，create_image()方法无法读取一般的图像，只能读取经过处理的 image 对象，所以需要经过两个步骤：

步骤01 用 PhotoImage()构造函数读取图像，再用 image 对象存储。

步骤02 调用 create_image()方法的参数 image 来获取图像。

例如，用 Canvas 控件加入图像的语法如下：

```
# Canvas 控件绘制图形
from tkinter import *
wnd = Tk()
wnd.title('Canvas 绘图')
photo = PhotoImage(file = '03.png')
gs = Canvas(wnd)
#加载图像
gs.create_image(80, 120, image = photo)
gs.pack()
```

在上面的程序代码中，用 PhotoImage 加载图像并存储在对象 photo 中，我们可以加载“*.png”或“*.gif”图像格式的图像。若载入“*.jpg”格式，则会发生无法识别图片格式的错误。接着创建一个 Canvas 控件，名称为 gs，再通过这个 Canvas 控件调用 create_image()方法，并用参数 image 获取图像。注意，这里的坐标值以 Canvas 控件所指定的为主。

12.5.2 用 Canvas 控件绘制几何图形

Canvas 控件可绘制的几何图形包括弧形、扇形、线、圆形或椭圆形、矩形、文字等。下面通过范例程序说明如何使用 Canvas 控件绘制几何图形。

【范例程序：tkCanvas.py】用 Canvas 控件绘制几何图形

```
01    from tkinter import *
02
03    root = Tk()
04    root.title('绘制线条和矩形')
05    gs = Canvas(root, width = 300, height = 300)
06    gs.pack()
07    gs.create_rectangle(
08        50, 20, 200, 200, fill = '#AABBFF')
09    gs.create_rectangle(
10        70, 40, 200, 200, fill = '#AACC69')
11    gs.create_rectangle(
12        90, 60, 200, 200, fill = '#B9C8FF')
13    gs.create_rectangle(
14        110, 80, 200, 200, fill = '#B886D0')
15
16    #左上角
17    gs.create_line(0, 0, 50, 20,
18        fill = '#0E6042', width = 5)
19
20    mainloop()
```

程序的执行结果如图 12-28 所示。

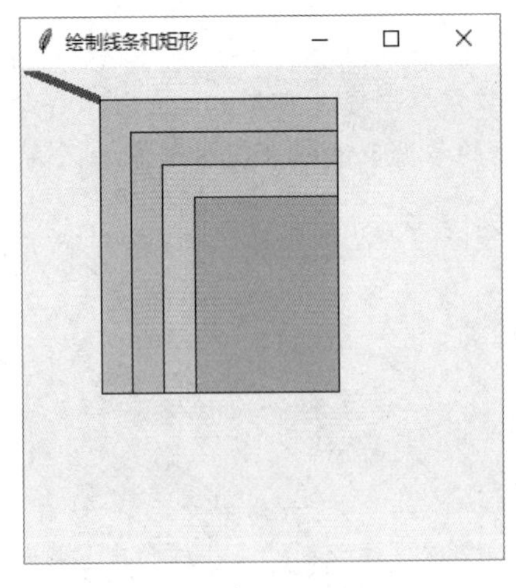

图 12-28

12.6 上机实践演练——用图形用户界面实现简易计算器

本章上机实践的题目是简易计算器，要求它可以提供加减乘除的功能，特别的是这个范例程序将使用图形用户界面来显示计算器的界面。

程序说明与输入步骤如下：

（1）使用图形用户界面，需有“0~9”的按钮、“.“（小数点）按钮、加减乘除“+-*/”按钮、Cls（清除）按钮以及“=”（等于）按钮。

（2）必须有输入区和输出区，输入区可单击按钮来输入，也可用键盘直接输入。

（3）容许错误输入，输出错误信息“Infinity”，例如输入 10/0，输出 Infinity。

输出计算结果的界面如图 12-29 所示。

图 12-29

输入错误时显示 Infinity，如图 12-30 所示。

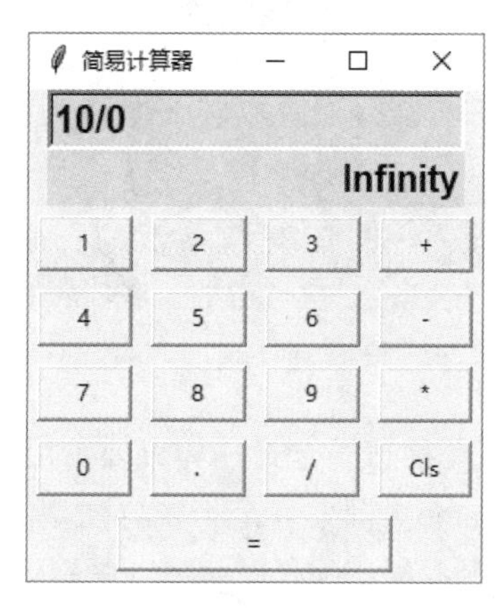

图 12-30

此范例程序大致分为以下 4 个步骤：

步骤 01 创建主窗口。

步骤 02 版面布局（创建 Frame）。

步骤 03 创建 Label、Entry 与 Button 控件。

步骤 04 加入事件处理函数。

12.6.1 创建主窗口

首先加载 tkinter 模块，并将主窗口命名为“win”，窗口标题设置为“简易计算器”，程序代码如下：

```
import tkinter as tk
win = tk.Tk()
win.title("简易计算器")
…
win.mainloop()
```

12.6.2 版面布局

本范例程序的版面布局如图 12-31 所示，输入框与输出框是上下排列的，因此可以使用 pack 方法安排，而 Button 控件呈现规则状的表格，适合用 grid 方法安排各个按钮控件的位置。

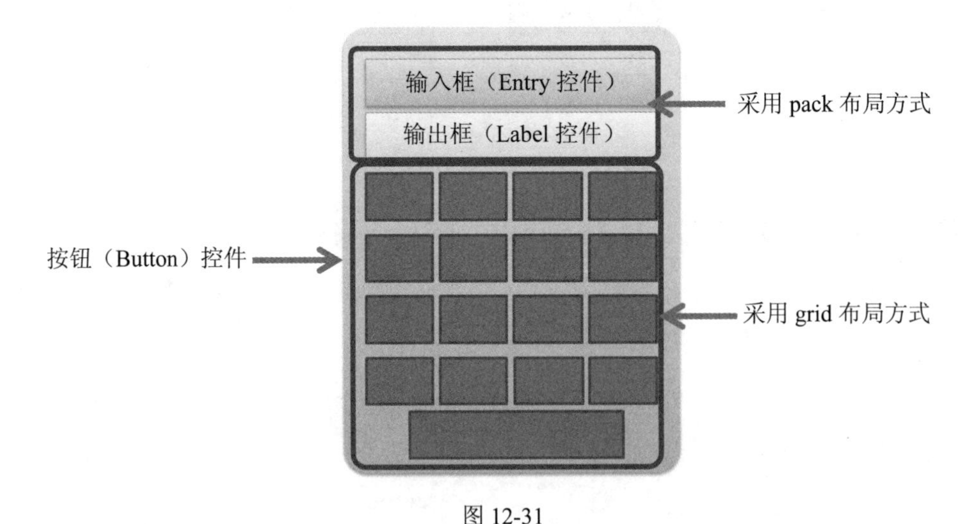

图 12-31

但是，一个窗口中只能够使用一种布局方式，如果要使用多种布局方式，可以搭配 Frame() 控件将窗口分为多个内部框架。Frame（框架）是一种容器型的窗口控件，创建方式如下：

```
框架名称 = tk.Frame(容器名称, 参数)
框架名称.pack()
```

例如，下面的范例程序创建分置于窗口左右两边的框架（参考范例程序 frame.py）：

```
01    import tkinter as tk
```

```
02    win = tk.Tk()
03    win.title("Frame")
04
05    frm1 = tk.Frame(win, width=100, height=300, bg="green" )
06    frm1.pack(side="right")
07
08    frm2 = tk.Frame(win, width=100, height=300, bg="yellow")
09    frm2.pack(side="left")
10
11    win.mainloop()
```

程序的执行结果如图 12-32 所示。

图 12-32

“简易计算器”范例程序使用了两个框架，上下排列，框架中还可以放置其他控件，所以由控件来控制框架大小即可，并不需要特意设置框架的高和宽，相关的程序语句如下：

```
frame = tk.Frame(win)
frame.pack()
frame1 = tk.Frame(win)
frame1.pack()
```

12.6.3 创建标签、文本编辑与按钮控件

在 12.6.2 节的框架（名为 frame）中放置了一个标签（Label）控件与文本编辑（Entry）控件，Entry 控件设置了背景颜色、字体与边框大小；Label 控件设置了背景颜色、字体、控件靠右，默认的 Label 文字为“计算结果”。这两个控件的宽度都是填满整个窗口，所以我们要将 pack()的 fill 属性设为 x。

```
entry = tk.Entry(frame, bg="#ffccff", font = "Helvetica 15 bold" ,\
        borderwidth = 3)
entry.pack(fill="x")
label = tk.Label(frame, bg="#ffff00", font = "Helvetica 15 bold", \
        anchor="e" , text = "计算结果")
label.pack(fill="x")
```

接下来创建按钮（Button）对象。范例程序中使用的按钮总共有 17 个，分别是“0~9”、“.”（小数点）、“+-*/”（加减乘除）按钮、Cls（清除）按钮、“=”（等于）按钮。这些按钮的程序代码几乎都是重复的，参数也大同小异，我们可以把这部分重复的程序代码独立编写成一个函数，

这样不但可以减少编写程序的工作量，还能增加程序的可读性，程序代码更简洁，也就更容易维护。

以下是自定义的 btn 函数，函数指定了 7 个参数：root（容器名称）、text（按钮文字）、row（grid 布局的 row 值）、col（grid 布局的 col 值）、w（按钮宽度）、colspan（跨列合并）和 command（事件处理函数）。

```
def btn(root, text, row, col, w, colspan, command):
    button = tk.Button(root, text=text, width=w, command=command)
    button.grid(row=row, column=col, padx=5, pady=5, columnspan=colspan)
```

定义好 btn 函数之后，就可以创建 Button 控件了。Button 控件除了“Cls”按钮与“=”按钮之外，其余按钮都可以在用户单击按钮时将按钮上的文字直接传入 Entry 控件组合成表达式，如图 12-33 所示。

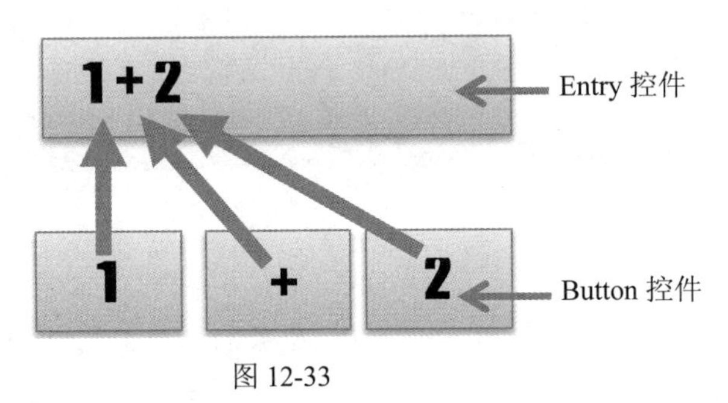

图 12-33

因此,这里使用嵌套 for 循环来创建这些按钮：“0~9”、“.”（小数点）以及“+-*/”（加减乘除）。首先将其定义成列表，for 循环会自动按序遍历一次列表中的所有元素：

```
key=["123+", "456-", "789*", "0./"]   #定义列表
for x_index, x in enumerate( key ):
    for y_index, y in enumerate(x):
        btn(frame1, y, x_index, y_index, 6, 1, command=lambda y=y :
    get_input(y))
```

外层 for 循环第一次执行时会传入列表的第一个元素“123+”，内层 for 循环则分别创建“1”“2”“3”“+” 4 个按钮控件，可参考如图 12-34 所示的示意图。

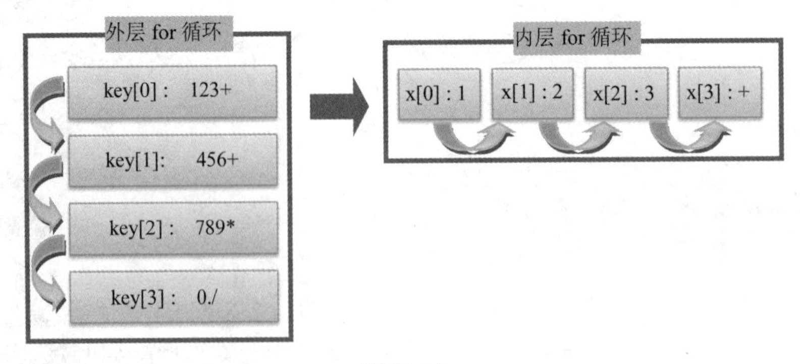

图 12-34

我们可以发现外层 for 循环按序取出列表元素（key[0]~key[3]），而索引值（index）与 grid 布局的 row 属性位置相对应；内层 for 循环按序取出“123+”字符串元素（x[0]~x[3]），索引值与 column 属性位置相对应。因此，使用 enumerate 函数取出 for 循环的索引值直接带入 grid 的 row 属性与 column 属性。

我们稍后再介绍按键的事件处理函数，先将“Cls”按钮与“=”按钮完成，语法如下：

```
btn(frame1, 'Cls', 3, 3, 6, 1, command=clear)
btn(frame1, '=', 5, 0, 20, 4, command=calc)
```

12.6.4 加入事件处理函数

范例程序中有三个事件处理函数，分别是获取按键文字的 get_input()函数、清除输入的 clear()函数与负责计算的 calc()函数，直接在 Button 组件的 command 中设置事件处理函数就可以了。例如要把 clear()函数指定（赋值）给“Cls”按钮，可以这样表示：

在这里加上 clear 函数

```
btn(frame1, 'Cls', 3, 3, 6, 1, command=clear)
```

要特别注意的是，这里不能直接调用函数，也就是不能写成“clear()”，如果这样写的话，程序执行到此就会直接执行函数，而不会等到单击按钮时才调用函数。因此，这里必须使用回调函数（Callback Function）模式把函数当成参数来传递。

回调函数不能带入参数，如果要带入参数，就必须使用 lambda 表达式，lambda 是一种简单的运算表示方法，用来创建匿名函数（Anonymous Function），格式如下：

```
lambda 参数：表达式
```

例如，以下是一个具有名字的加法函数 sum()：

```
def sum(x):
    return x+1


print(sum(2))      #返回计算结果 3
```

用 lambda 表示的话，只要改写成如下形式即可：

```
sum = lambda x : x+1
print(sum(2))      #返回计算结果 3
```

lambda 表达式中的参数是在程序执行的时候取值，而不是在定义的时候，举例来说：

```
y=5
sum = lambda x : x + y
y=10
print(sum(2))      #返回计算结果 12
```

我们会认为 y=5 带入 lambda 表达式，所以 sum(2)得到的结果应该是 7，事实上执行的结果却是 12，这是因为程序执行到第 3 行时变量 y 的值已经为 10 了。有一个变通的方式，就是先将参数值赋给 lambda 的默认参数，如此一来就能先获取参数值，例如：

```
y=5
sum = lambda x, y=y : x + y
y=10
print(sum(2))    #返回计算结果 7
```

回到简易计算器范例程序，在这个范例程序中，我们使用 for 循环创建的按钮，必须将按钮上的字符或者数字传给事件处理函数使用。因此，使用 lambda 表达式，变量 y 的值必须在 for 循环执行时就进行赋值，这里使用了 lambda 的默认参数，程序如下：

```
btn(frame1, y, x_index, y_index, 6, 1, command=(lambda y=y : get_input(y)))
```

12.6.5 捕获错误信息

当单击“=”按钮以计算表达式的结果时，已经容许错误的输入，如果出现错误，就输出错误信息“Infinity”。要捕获错误信息，最简单的方式是进入程序之后，以 try...except...捕获运行时的错误，格式如下：

```
try:
    #主程序
except:
    #异常处理程序(exception handlerxcept)
```

当错误发生时，就会执行 except 区块里的异常处理程序。下面我们来看一下 calc()函数：

```
01    def calc():
02        try:
03            input = entry.get()       #获取 entry 控件输入的内容
04            output = eval(input)      #获取运算结果
05            entry.delete(0, "end")   #清除 entry 控件输入的内容
06            label.config(text = output)    #在 label 控件显示文字
07        except:
08        label.config(text = "Infinity")   #在 label 控件显示错误信息
```

上面第 04 行使用 eval()函数将字符串当成表达式并返回计算结果，eval()的格式如下：

```
eval(String)
```

例如：

```
eval("2 + 2")
```

其输出结果为 4。再举一个例子：

```
eval("(5+3)*10 -8")
```

其输出结果为 72。再举一个例子：

```
eval("1+4*3/2")
```

其输出结果为 7.0。

本章范例程序就说明至此，完整程序代码如下。

【范例程序：Review_calculator.py】

```
01    # -*- coding: utf-8 -*-
02    """
03    程序名称：简易计算器(图形用户界面)
04    题目要求：
05    1. 使用图形用户界面，需有“0~9”和“.”按钮、 “+-*/”（加减乘除）按钮、Cls（清除）
按钮
06    2. 输入区域可单击按钮来输入，也可用键盘直接输入
07    3. 容许错误输入，输出错误信息“Infinity”(例如输入 10/0，输出 Infinity)
08    """
09
10    def btn(root, text, row, col, w, colspan, command):
11        button = tk.Button(root, text=text, width=w, command=command)
12        button.grid(row=row, column=col, padx=5, pady=5, columnspan=colspan)
13
14    def get_input(argu):
15        entry.insert("end",argu)    #将按钮文字输入 entry 控件
16
17    def calc():
18        try:
19            input = entry.get()       #获取 entry 控件输入的内容
20            output = eval(input)      #获取运算结果
21            entry.delete(0, "end")    #获取 entry 控件输入的内容
22            label.config(text = output)  #在 label 控件显示文字
23        except:
24            label.config(text = "Infinity")   #在 label 控件显示错误信息
25
26    def clear():
27        entry.delete(0, "end")
28        label.config(text = "")
29
30    import tkinter as tk
31    win = tk.Tk()
32    win.title("简易计算器")
33
34    frame = tk.Frame(win)
```

```
35    frame.pack()
36    frame1 = tk.Frame(win)
37    frame1.pack()
38
39    entry = tk.Entry(frame, bg="#ffccff", font = "Helvetica 15 bold" ,borderwidth
= 3)
40    entry.pack(fill="x")
41   label = tk.Label(frame, bg="#ffff00", font = "Helvetica 15 bold", anchor="e" ,
text = "计算结果")
42    label.pack(fill="x")
43
44
45    key=["123+", "456-", "789*", "0./"]
46    for x_index, x in enumerate(key):
47        for y_index, y in enumerate(x):
48            btn(frame1, y, x_index, y_index, 6, 1, command=(lambda y=y :
get_input(y)))
49
50    btn(frame1, 'Cls', 3, 3, 6, 1, command=clear)
51    btn(frame1, '=', 5, 0, 20, 4, command=calc)
52
53    win.mainloop()
```

重点回顾

1.图形用户界面是指使用图形方式显示用户操作的界面。

2. tkinter 程序包是一种内建标准模块，tkinter 能在不同的操作平台下构建图形用户界面。

3. 图形用户界面的最外层是一个窗口对象，用来容纳窗口控件，如标签、按钮等。

4. 主窗口设置完成之后，必须在程序最后使用 mainloop()方法让程序进入循环监听模式来监听用户触发的“事件”，直到关闭窗口为止。

5. tkinter 提供了 3 种布局方法：pack、grid 以及 place。pack 默认以自上而下的方式摆放控件，grid 是以表格方式摆放控件，place 方法是通过控件在窗口中的绝对位置与相对位置来指定控件的摆放位置。

6. Label 控件的功能是用来显示文字，它是一个非交互式的控件。

7. 如果想变更 Label 控件的文字，可以把文字变量赋值给 textvariable 属性。

8. Entry 控件可以让用户输入数据，它是单行模式，想要输入多行文字，就要使用 text 控件。如果要输入 Entry 控件的默认值（默认文字内容），那么可以使用 insert 方法。如果要删除 Entry 控件里的文字，那么可以使用 delete 方法。

9. Text 控件用来存储或显示多行文字，包括纯文本文件或格式文件，Text 控件也可以被用作文本编辑器。

10. 如果想在已创建的文本框设置文字内容，就必须调用 insert()方法。

11. 当创建 Text 控件后，如果要变更控件的参数设置，那么可以调用 config 方法。

12. 选项控件有两种：Checkbutton（复选按钮或复选框）和 Radiobutton（单选按钮）；而 Radiobutton 只能从多个选项中选择其一，无法多选。

13. 滚动条常被用于文字区域（Text）、列表框（Listbox）、画布（Canvas）等控件。

14. 对话框是一种用户与程序间互动的界面，tkinter 程序包中的对话框包括 messagebox、Simpledialog、Filedialog、Colorchooser。

15. 消息框主要的目的是以简洁的信息与用户互动。消息框分为两大类：询问和显示。询问消息框的方法以"ask"开头，显示消息框的方法以"show"开头。

16. Simpledialog（简单型对话框）有三个方法，分别是处理字符串的 askstring()方法，用于整数的 askinteger()方法，以及用于浮点数的 askfloat()方法。

17. Filedialog（文件对话框）本身是 tkinter 程序包的模块，有两个方法与它有关，askopenfile()方法用于打开文件；asksaveasfile()方法用于保存文件。

18. Colorchooser（调色板选择框）控件提供了颜色的选择，askcolor()方法可产生标准对话框，以调色板的方式提供颜色的选择。

19. 要产生菜单，就得使用 Menu 控件。不过 Menu 控件只能产生菜单的框架，还必须配合 Menu 控件的相关方法。

20. Menu 控件的 add()方法中的参数 type 可用来指定菜单的种类，包括 command、cascade(submenu)、checkbutton、radiobutton 和 separator。

21. Canvas 控件（画布控件）可以用来绘图，包括线条、几何图形或文字等。

22. 使用 Canvas 控件进行图形绘制有两种坐标系统：一种是 Windows 坐标系统，以屏幕的左上角为原点（x = 0，y = 0）；另一种是 Canvas 控件的坐标系统，按指定位置进行绘制。

23. 除非特别指定，否则绘制的对象会以 Canvas 控件的坐标系统为主。所有控件都要加入主窗口对象，再调用 pack()方法纳入版面布局管理。

24. 要在 Canvas 控件中加载位图图像，可调用 create_image ()方法。此处 create_image()方法无法读取一般的图像，只能读取经过处理的 image 对象，所以需要两个步骤：

（1）以 PhotoImage()构造函数读取图像，用 image 对象来存储，我们可以加载"*.png"或"*.gif"格式的图像。

（2）调用 create_image()方法，通过参数 image 获得。

25. Canvas 控件可绘制的几何图形包括弧形、扇形、线、圆形或椭圆形、矩形、文字等。

26. lambda 是一种简单的运算表示方法，用来创建匿名函数。

27. lambda 表达式中的参数是在程序执行的时候取值，而不是在定义的时候。

28. 要捕获错误信息，最简单的方式就是进入程序之后，用 try...except...来捕获运行时的错误。

↘课后习题

一、选择题

(　) 1. 对于 tkinter 程序包的描述，下面哪一个有误？

A. 由 Python 标准函数支持　　B. 只适用于 Windows 操作平台

C. 使用 import 语句导入此程序包　　D. 用于图形用户界面

(　) 2. 创建主窗口对象后，要调用哪一个方法来清除它？

A. destroy()方法　B. title()方法　C. mainloop()方法　D. invoke()方法。

(　) 3. 某个控件调用 grid()方法，若参数“row = 1, column = 0”，则表示？

A. 第一行、第一列　　B. 第一行、第二列

C. 第二行、第一列　　D. 第二行、第二列

(　) 4. Button 控件的哪一个属性是用来响应单击按钮事件的？

A. 属性 command　　B. 属性 state

C. 属性 cursor　　D. 属性 justify

(　) 5. 在 filedialog 对话框的两个方法中，哪一个参数可用于指定文件类型？

A. filetypes　B. initialdir　C. initialfile　D. title

(　) 6. Menu 控件创建菜单，哪一个方法用来产生菜单的主菜单项？

A. add_radiobutton()　　B. config()

C. add_command()　　D. add_cascade()方法

(　) 7. 对于 Canvas 控件而言，读取一般图片要调用哪一个方法？

A. creat_arc()　　B. create_line()

C. create_bitmap()　　D. create_image()

二、填空题

1. 主窗口设置完成之后，必须在程序最后使用________方法让程序进入循环监听模式。
2. 所谓________，是由用户的操作或系统所触发的信号。
3. tkinter 提供了 3 种布局方法：________、________以及________。
4. ________控件的功能是用来显示文字的，它是一个非交互式的控件。
5. 当用户单击按钮时会触发________事件，系统会调用对应的事件处理函数。
6. 如果想变更按钮控件的文字，可以把文字变量赋值给________属性。
7. ________控件可以让用户输入数据，它是单行文本模式。
8. Text 控件如果要禁止用户编辑，可将________参数值设置为“tk.DISABLED”。
9. 选项控件有两种：________和________。
10. 通常________的主要功能是提供信息。

三、简答题

1. 什么是事件？

2. 请说明 tkinter 有哪几种布局方式。

3. 要改变 button 控件上的文字内容或变更属性（文字颜色、背景色、宽、高、字体等），有哪两种做法？

4. Entry 控件和 Text 控件都可以让用户输入数据，试简述两者间最大的不同点。

5. 选项控件有哪两种？两者在功能上有何不同？

6. 滚动条通常被用于哪几种控件？请至少举出两种。

7. 试简述使用消息框的目的及消息框的种类。

8. 试简述 Simpledialog 有哪三个方法。

9. 试简述 Filedialog 有哪几个方法。

10. Canvas 控件具有画布功能，能通过鼠标的移动进行基本的绘制。Canvas 有哪两种坐标系统？

第 13 章 数组与科学计算

在本章中，我们将介绍如何使用 NumPy 程序包进行一维及二维数组的运算，同时也会介绍 NumPy 的其他实用功能及应用。

本章学习大纲

- NumPy 简介
- 一维数组的创建与应用
- ndarray 类型的属性
- 一维数组的其他创建方式
- 数组的输出
- 与数组有关的通用函数
- 数组的下标值与切片运算
- 二维数组的创建与应用
- 矩阵相加
- 矩阵相乘
- 转置矩阵
- 使用 NumPy 及 matplotlib.pyplot 绘制直方图

NumPy 是 Python 语言的第三方程序包，这个程序包支持大量的数组与矩阵运算，并且针对数组运算提供大量的数学函数。NumPy 有许多子程序包可以用来处理随机数、多项式等运算，可以说是处理数组运算的最佳辅助程序包。如果想进一步查看 NumPy 程序包的详细说明，可以打开 NumPy 官方网站，网址为 http://www.numpy.org，如图 13-1 所示。

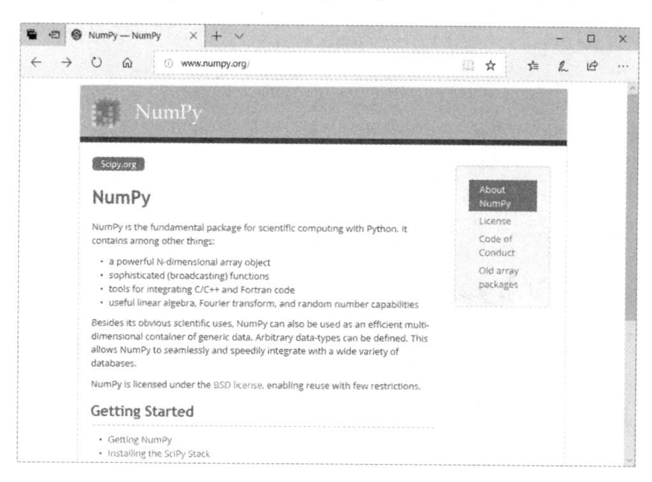

图 13-1

13.1 NumPy 简介

NumPy 是一个专门用于数组处理的程序包，它支持多维数组与矩阵的运算。在本章中，笔者将会示范如何使用 NumPy 快速创建数组。不过，在使用这个第三方程序包之前，必须先行安装 NumPy 程序包，安装后再通过程序语句将其导入：

```
import numpy as np
```

13.2 一维数组的应用

“数组”（Array）结构就是一排紧密相邻的可数内存空间，提供一个能够直接存取单个数据内容的方法。一个数组元素可以用一个“下标”和“数组名”来表示。在编写程序时，只要使用数组名配合下标值，就可以处理一组相同类型的数据。这个概念有点像学校的学生储物柜，一排外表大小相同的柜子，区分的方法是每个柜子有不同的号码。

我们也可以想象成各个独立院落门前的信箱，每个信箱都有地址，其中路名就是名称，信箱号码就是下标。邮差可以按照信件上的地址把信件直接投递到指定的信箱中（如图 13-2 所示），就好比程序设计语言中数组的名称表示一块紧密相邻的内存空间的起始位置，而数组的下标则用来表示从内存起始位置开始数的第几块内存空间。

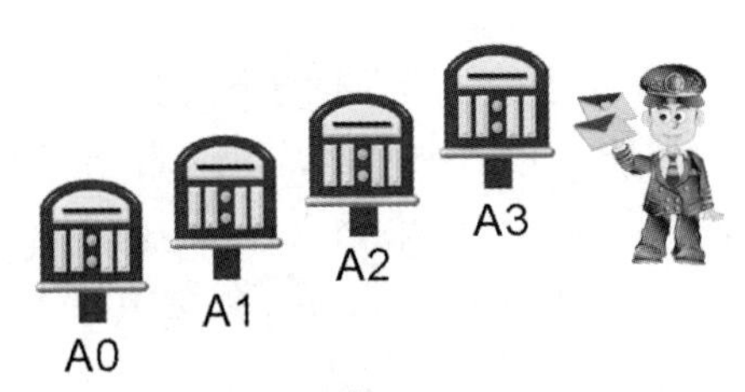

图 13-2

在不同的程序设计语言中，数组结构类型的声明也会有所差异，不过通常都必须包含以下 5 种属性。

（1）起始地址：表示数组名（或数组第一个元素）所在内存中的起始地址。
（2）维数：代表此数组为几维数组，如一维数组、二维数组、三维数组等。
（3）下标的上下限：是指元素在此数组中，内存所存储位置的上限与下限。
（4）数组元素个数：下标上限与下标下限的差再加上 1。
（5）数组类型：声明此数组的类型，它决定数组元素在内存中所占用空间的大小。

在任何程序设计语言中，数组只要具备这 5 种属性，并且计算机内存足够大，都可以容许 n 维数组的存在。通常数组的使用可以分为一维数组、二维数组与多维数组等，其基本的工作原理相同。其实多维数组（三维或三维以上的数组）都是在一维的物理内存中存放的，因为内存空间都是按线性顺序递增的。

13.2.1 一维数组的创建

NumPy 程序包所提供的数组数据类型叫作 ndarray(n-dimension array, n 维数组)。所谓 n 维，代表的是一维、二维或三维以上。要补充说明的是，这个数组对象内的每一个元素都必须是相同的数据类型。

下面的范例程序会调用 NumPy 程序包的 array()函数创建一个类型为 ndarray 且包含 5 个相同数据类型元素的数组对象，并同时将这个数组对象赋值给变量 num，再用 for 循环将数组中的元素逐一输出。

【范例程序：numpy01.py】 使用 NumPy 程序包创建一维数组

```
01    import numpy as np
02
03    num=np.array([87,98,90,95,86])
04
05    for i in range(5):
06        print(num[i])
```

程序的执行结果如图 13-3 所示。

```
87
98
90
95
86
```

图 13-3

程序代码解析：

- 第 01 行：导入 NumPy 程序包并设置别名为 np。
- 第 03 行：创建一个一维数组对象用来记录 5 项不同的数值，并赋值给变量 num。
- 第 05、06 行：使用 for 循环将一维数组中的所有元素输出。

13.2.2 ndarray 类型的属性

事先了解 ndarray 类型的属性有助于程序的编写，下面列出 ndarray 类型的重要属性。

- ndarray.ndim：数组的维数
- ndarray.T：如同 self.transpose()，但若数组的维数 self.ndim 小于 2，则会返回自己本身的数组。
- ndarray.data：一种 Python 缓冲区对象，会指向数组元素的开头，如前所述，直接通过数组的名称和该元素在数组中的下标位置即可存取数组内的元素。
- ndarray.dtype：数组元素的数据类型。
- ndarray.size：数组元素的个数。
- ndarray.itemsize：数组中每一个元素占用内存空间的大小，以字节为计算单位。例如，numpy.int32 类型的元素大小为=4(32/8)字节。numpy.float64 类型的元素大小为 8(64/8)字节。
- ndarray.nbytes：数组中所有元素所占用的内存空间的总字节数。
- ndarray.shape：数组的形状，它是一个整数元组，元组中各个整数表示各个维数的元素个数。

13.2.3 一维数组的其他创建方式

我们可以调用 NumPy 程序包的 array()函数来创建一个 ndarray 类型的数组对象，在创建数组的过程中还可以指定数组元素的数据类型。本小节将介绍几种常见的数组创建方式。

1. 调用 array()函数并指定数组元素的类型

例如：

```
import numpy as np
num=np.array([7,  9, 23, 15],dtype=float) #指定数组元素的数据类型为 float
num #输出变量 num 的内容
```

```
Out[34]: array([  7.,   9.,  23.,  15.])
num.dtype  #输出变量 num 的数据类型
Out[35]: dtype('float64')
```

2. 调用 arange()函数创建数列

这个函数可以通过指定数列的初值、终值、间隔值以及元素的数据类型来创建一维数组，例如：

```
#设置初值、终值、间隔值以及指定数据类型为 int
np.arange(start=10, stop=100, step=20, dtype=int)
Out[37]: array([10, 30, 50, 70, 90])
#设置初值、终值、间隔值以及指定数据类型为 float
np.arange(start=1, stop=3, step=0.5, dtype=float)
Out[38]: array([ 1. ,  1.5,  2. ,  2.5])
#省略 start、stop、step 的写法
np.arange(1, 3, 0.5, dtype=float)
Out[39]: array([ 1. ,  1.5,  2. ,  2.5])
np.arange(6,10) #只设置初值及终值，间隔值默认为 1
Out[40]: array([6, 7, 8, 9])
np.arange(10) #会产生从数值 0 到 10(不含 10)之间的整数
Out[41]: array([0, 1, 2, 3, 4, 5, 6, 7, 8, 9])
```

3. 调用 linspace()函数创建平均分布的数值

例如：

```
np.linspace(0,5,9)
Out[45]: array([ 0., 0.625, 1.25, 1.875, 2.5, 3.125, 3.75, 4.375, 5. ])
```

下面在Python的交互运行环境中示范数组的创建以及运用ndarray类型的重要属性，“Out [行号]” 表示系统输出的结果。

```
import numpy as np
a = np.arange(15).reshape(3, 5)
a
Out[23]:
array([[ 0,  1,  2,  3,  4],
       [ 5,  6,  7,  8,  9],
       [10, 11, 12, 13, 14]])
a.shape
Out[24]: (3, 5)
a.ndim
Out[25]: 2
a.dtype.name
Out[26]: 'int32'
a.size
```

```
Out[27]: 15
type(a)
Out[28]: numpy.ndarray
b = np.array([7, 9, 23,15])
b
Out[30]: array([ 7,  9, 23, 15])
type(b)
Out[31]: numpy.ndarray
```

13.2.4 数组的输出

下面将示范一维数组、二维数组及三维数组的输出方式，例如：

```
a = np.arange(10)  #一维数组的输出
print(a)
[0 1 2 3 4 5 6 7 8 9]
b = np.arange(15).reshape(3,5)  #二维数组的输出
print(b)
[[ 0  1  2  3  4]
 [ 5  6  7  8  9]
 [10 11 12 13 14]]
c = np.arange(12).reshape(2,3,2) #三维数组的输出
print(c)
[[[ 0  1]
  [ 2  3]
  [ 4  5]]

 [[ 6  7]
  [ 8  9]
  [10 11]]]
```

当数组元素个数大到无法全部输出时，NumPy 会自动省略中间的部分，只输出各个数组的边界值，例如：

```
print(np.arange(20000))
[    0     1     2 ..., 19997 19998 19999]
print(np.arange(20000).reshape(200,100))
[[    0     1     2 ...,    97    98    99]
 [  100   101   102 ...,   197   198   199]
 [  200   201   202 ...,   297   298   299]
 ...,
 [19700 19701 19702 ..., 19797 19798 19799]
 [19800 19801 19802 ..., 19897 19898 19899]
 [19900 19901 19902 ..., 19997 19998 19999]]
```

13.2.5 数组的基本操作

除了数组的创建外，我们还可以针对数组进行操作，例如数组的相加或相减，将数组元素同时加 10，数组中的元素同时求立方值，或者调用 concatenate()方法将两个数组的元素串接起来。

请看下面的程序代码的示范：

```
import numpy as np      #导入 numpy
a = np.array( [1,3,5,7] )   #创建数组 a
a                     #读取数组 a 的内容
Out[5]: array([1, 3, 5, 7])
b = np.array( [2,4,6,8] )   #创建数组 b
b                            #读取数组 b 的内容
Out[7]: array([2, 4, 6, 8])
c=a+b  #令 c 等于 a 和 b 两个数组的元素相加
c
Out[9]: array([ 3,  7, 11, 15])
d=a**2  #将数组 a 的元素值求平方
d
Out[11]: array([ 1,  9, 25, 49], dtype=int32)
d>20                      #判断数组 d 的元素是否大于数值 20
Out[12]: array([False, False,  True,  True], dtype=bool)
a=np.array([1,2,3])       #重新设置数组 a 的内容
b=np.array([3,4,5])       #重新设置数组 b 的内容
print(a*b)                #将两数组对应的元素相乘后输出
[ 3  8 15]
c=np.concatenate((a,b)) #将两个数组的元素串接起来
c
Out[17]: array([1, 2, 3, 3, 4, 5])
```

13.2.6 通用函数

NumPy 针对数组提供了许多通用函数（Universal Function），可以协助我们进行数组元素的相加、计算元素总和，以及协助我们进行其他各种数学运算。下面我们将示范不同功能的通用函数的用法。

下面列出几个基础的数学运算。

- sum(a)：返回参数 a 的元素总和。
- max(a)：返回参数 a 的最大值。
- min(a)：返回参数 a 的最小值。
- floor(a)：返回比参数 a 小的最大整数。
- ceil(a)：返回比参数 a 大的最小整数。
- rint(a)：返回最接近参数 a 的整数。
- sqrt(a)：返回参数 a 的平方根。
- square(a)：返回参数 a 的平方。

接着来看上述通用函数的范例：

```
a = np.array([-1.2,1,3.6,5.4,-7,9.5])  #创建数组 a
np.sum(a)        #返回数组 a 的元素总和
Out[21]: 11.300000000000001
np.max(a)        #返回数组 a 所有元素的最大值
Out[22]: 9.5
np.min(a)        #返回数组 a 所有元素的最小值
Out[23]: -7.0
np.floor(a)      #返回数组 a 中各元素比它自己小的最大整数
Out[24]: array([-2.,  1.,  3.,  5., -7.,  9.])
np.ceil(a)       #返回数组 a 中各元素比它自己大的最小整数
Out[25]: array([ -1.,   1.,   4.,   6.,  -7.,  10.])
np.rint(a)       #返回数组 a 中最接近各元素自己的整数
Out[26]: array([ -1.,   1.,   4.,   5.,  -7.,  10.])
```

上述函数还可以应用于二维数组，我们可以求取二维数组中的最大值或最小值，也可以求取二维数组中指定行或指定列的最大值或最小值，例如：

```
b = np.arange(15).reshape(5,3)  #创建数组 b 为 5x3 的二维数组
b
Out[39]:
array([[ 0,  1,  2],
       [ 3,  4,  5],
       [ 6,  7,  8],
       [ 9, 10, 11],
       [12, 13, 14]])
b.sum(axis=0)  #加总每行的元素
Out[40]: array([30, 35, 40])
b.min(axis=1)  #求取每行的最小值
Out[41]: array([ 0,  3,  6,  9, 12])
b.max(axis=1)  #求取每行的最大值
Out[42]: array([ 2,  5,  8, 11, 14])
```

除了上述通用函数外，下面列出几个常见的数学运算函数，包括加、减、乘、除、余数、次方。

- add(a,b)：返回参数 a 和参数 b 相加的结果。
- subtract(a,b)：返回参数 a 和参数 b 相减的结果。
- multiply(a,b)：返回参数 a 和参数 b 相乘的结果。
- divide(a,b)：返回参数 a 和参数 b 相除的结果。
- mod(a,b)：返回参数 a 除以参数 b 的余数。
- power(a,b)：返回参数 a 的参数 b 次方。

例如：

```
a=np.array([1,2])
b=np.array([3,4])
np.add(a,b)          #将数组 a 与数组 b 的元素相加
Out[29]: array([4, 6])
np.subtract(a,b)     #将数组 a 与数组 b 的元素相减
```

```
Out[30]: array([-2, -2])
np.multiply(a,b)    #将数组 a 与数组 b 的元素相乘
Out[31]: array([3, 8])
np.divide(a,b)      #将数组 a 与数组 b 的元素相除
Out[32]: array([ 0.33333333,  0.5 ])
np.power(a,b)       #返回数组 a 中各元素对应到数组 b 各元素的次方
Out[33]: array([ 1, 16], dtype=int32)
np.mod(b,a)         #返回数组 b 中各元素对应到数组 a 各元素的余数
Out[34]: array([0, 0], dtype=int32)
np.mod(a,b)         #返回数组 a 中各元素对应到数组 b 各元素的余数
Out[35]: array([1, 2], dtype=int32)
```

除了四则运算等基础数学运算外，下面几个也是常见的数学运算。

- exp(x)：返回 e 的 x 次方（其中 e 为自然对数的底数）。
- exp2(x)：返回 2 的 x 次方。
- log(x)：返回 x 的自然对数值。
- log2(x)：返回 x 以 2 为底数的对数值。
- log10(x)：返回 x 以 10 为底数的对数值。

请看下面的程序代码范例：

```
a=np.array([1,4])  #创建数组 a
np.exp(a)          #返回自然对数的底数 e 的 a 次方
Out[44]: array([  2.71828183,  54.59815003])
np.exp2(a)         #返回 2 的 a 次方
Out[45]: array([  2.,  16.])
np.log(a)          #返回 a 的自然对数值
Out[46]: array([ 0.  ,  1.38629436])
np.log2(a)         #返回 a 以 2 为底数的对数值
Out[47]: array([ 0.,  2.])
np.log10(a)        #返回 a 以 10 为底数的对数值
Out[48]: array([ 0.  ,  0.60205999])
```

其他如 cos(x)、sin(x)、tan(x)、asin(x)、acos(x)、atan(x)等三角函数，可用于计算各个三角函数值。不过，在计算三角函数时，参数 x 必须是弧度。例如，要计算 sin30 度，其计算过程如下：

```
np.sin(np.array([30])*np.pi/180.)
Out[50]: array([0.5])
```

13.2.7 数组的下标值与切片运算

数组的元素具有顺序性，使用“[]”运算符可以提取数组中指定位置的元素值或者某个范围的数组元素，这个过程称为“切片”（Slicing）运算。表 13-1 列出了“[]”运算符的相关运算。

表 13-1

运算	说明（s 表示序列）
s[n]	按指定下标值获取序列的某个元素
s[n : m]	从下标值 n 到 m-1 来读取若干元素
s[n:]	从下标值 n 开始，到最后一个元素结束
s[:m]	从下标值 0 开始，到下标值 m-1 结束
s[:]	表示会复制一份序列元素
s[::-1]	将整个序列的元素反转

有关通过数组下标值的切片运算，可参考下面的程序语句：

```
a = np.arange(5)**2
a            #将数组中 5 个元素加以平方
Out[53]: array([ 0,  1,  4,  9, 16], dtype=int32)
a[3]         #读取 a 数组下标值为 3 对应的元素值
Out[54]: 9
a[2:4]       #切片运算读取数组从下标值 2 到下标值 3（4-1）的元素值
Out[55]: array([4, 9], dtype=int32)
a[ : :-1] #将整个数组 a 的元素反转
Out[56]: array([16,  9,  4,  1,  0], dtype=int32)
```

如果想深入了解 NumPy 程序包更多的属性和方法，可以参考 https://docs.scipy.org/doc/提供的说明。如图 13-4 所示为这个网站的页面。

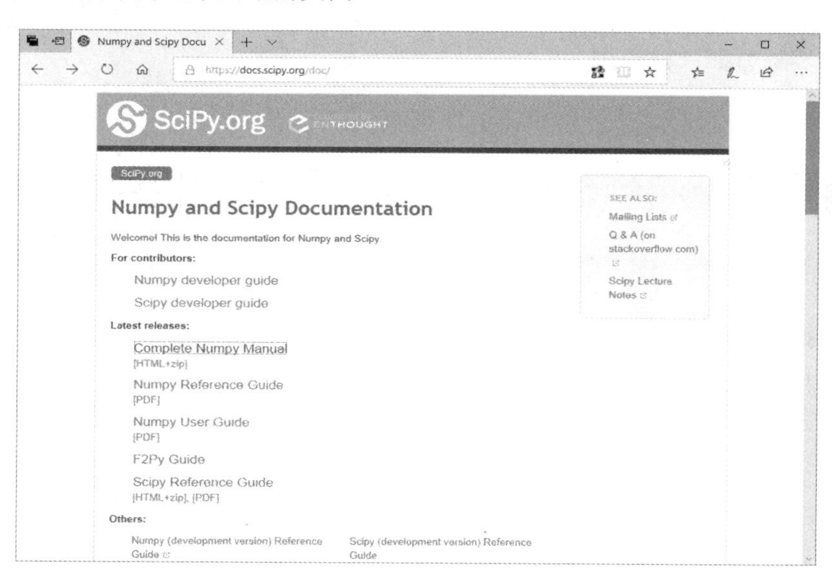

图 13-4

13.3 二维数组的创建与应用

二维数组（Two-Dimension Array）可视为一维数组的延伸，都是用于处理相同数据类型的数据，差别只在于维数的声明。例如，一个含有 m*n 个元素的二维数组 A (1:m,1:n)，m 代表行数，

n 代表列数，各个元素在直观平面上的排列方式类似于矩阵。A[4][4]数组中各个元素在直观平面上的排列方式如图 13-5 所示。

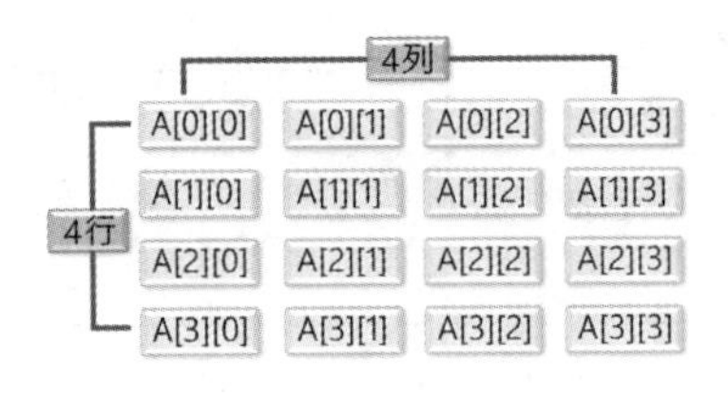

图 13-5

当然，在实际的计算机内存中是无法以矩阵方式来存储二维数组的，仍然必须以线性方式存储，即视为一维数组的延伸来处理。

13.3.1 二维数组的创建

在下面的范例程序中，我们定义一个二维整数数组来存储两组学生的实验成绩，每组学生有 6 人，分别输出每组学生的实验成绩。我们可以通过下列语句定义一个名称为 score 的二维整数数组，其维数为 2*6，用于存储每组学生的实验成绩。数组的声明语句如下：

```
>>>import numpy as np
>>>score=np.array([[80,89,77,90,84,92],[ 85,82,80,95,88,96]])
```

上面的 array()函数的参数是一种嵌套列表，它的每一个元素都是一个列表，分别用来存储每组 6 位学生的实验成绩，可参考表 13-2。

表 13-2

	学生 1	学生 2	学生 3	学生 4	学生 5	学生 6
第一组	80	89	77	90	84	92
第二组	85	82	80	95	88	96

按照二维数组的定义，上面表格的行数为 2，即第 1 行和第 2 行；列数为 6，即第 1 列到第 6 行。由于数组的下标值是从 0 开始的，因此要存取上面二维数组的内容，其对应的行下标和列下标如表 13-3 所示。

表 13-3

	学生 1	学生 2	学生 3	学生 4	学生 5	学生 6
第一组	[0][0]	[0][1]	[0][2]	[0][3]	[0][4]	[0][5]
第二组	[1][0]	[1][1]	[1][2]	[1][3]	[1][4]	[1][5]

接下来我们具体实现这个范例程序，示范如何使用 NumPy 创建二维数组，用这个二维数组来存储两组学生的考试成绩，每组学生的人数为 6 人。程序中会调用 array 方法来创建一个 2*6 的二维数组，再用嵌套 for 循环按序将此二维数组中的所有元素值输出。

【范例程序：numpy02.py】 使用 NumPy 创建二维数组

```
01    import numpy as np
02    score=np.array([[80,89,77,90,84,92],[ 85,82,80,95,88,96]])
03    print(score)
04    for i in range(2):
05        for j in range(6):
06            print(score[i][j],end=' ')
07        print()
```

程序的执行结果如图 13-6 所示。

```
[[80 89 77 90 84 92]
 [85 82 80 95 88 96]]
80 89 77 90 84 92
85 82 80 95 88 96
```

图 13-6

13.3.2 矩阵相加

从数学的角度来看，对于 m×n 矩阵（Matrix）的形式，可以描述为计算机中一个 A(m, n)二维数组。如图 13-7 所示的矩阵 A，是否会立即想到声明一个 A(1:3, 1:3)的二维数组。

$$A=\begin{bmatrix} a_{11} & a_{12} & a_{13} \\ a_{21} & a_{22} & a_{23} \\ a_{31} & a_{32} & a_{33} \end{bmatrix}_{3\times 3}$$

图 13-7

矩阵的运算与应用基本上都可以使用计算机中的二维数组来解决。在本节中，我们将讨论两个矩阵的相加、相乘、转置矩阵（A^t）等。

技巧

我们知道“深度学习”（Deep Learning，DL）是目前人工智能得以快速发展的原因之一，它源自于类神经网络（Artificial Neural Network）模型，并且结合了神经网络结构与大量的运算资源，目的在于让机器建立模拟人脑进行学习的神经网络，以解释大数据中的图像、声音和文字等多元数据。由于神经网络将权重存储在矩阵中，矩阵可以是多维的，以便考虑各种参数的组合，因此会牵涉到“矩阵”的大量运算。以往由于硬件的限制，使得这类运算的速度缓慢，不具实用性。自从拥有超多核心的 GPU（Graphics Processing Unit，图形处理单元）之后，GPU 相当于包含数千个小型且更高效率的 CPU（中央处理单元），它能有效进行并行运算（Parallel Computing），大幅提升了运算性能。加上 GPU 是以向量和矩阵运算为基础的，大量的矩阵运算可以分配给众多的核心同步进行处理，最终使得人工智能领域正式进入实用阶段，成为下一个时代不可或缺的技术之一。

矩阵的相加运算较为简单，前提是相加的两个矩阵的行数与列数都必须相同，而相加后得到的矩阵也具有相同的行数和列数。例如 Am×n + Bm×n = Cm×n。下面我们来看一个矩阵相加的具体例子，如图 13-8 所示。

$$\begin{bmatrix}1 & 3 & 5\\ 7 & 9 & 11\\ 13 & 15 & 17\end{bmatrix}_{3\times 3} + \begin{bmatrix}9 & 8 & 7\\ 6 & 5 & 4\\ 3 & 2 & 1\end{bmatrix}_{3\times 3} = \begin{bmatrix}10 & 11 & 12\\ 13 & 14 & 15\\ 16 & 17 & 18\end{bmatrix}_{3\times 3}$$

A 矩阵　　**B 矩阵**　　**C 矩阵**

图 13-8

下面的范例程序将实现二维数组的加法运算，这个程序会先将二维数组的所有元素相加后再除以 2，以求得二维数组各个元素的平均值，并将计算得到的平均值存储到另一个名为 ave 的二维数组中。最后用嵌套 for 循环的方式输出两个数组各元素的平均值。

【范例程序：numpyadd.py】 二维数组的加法运算

```
01    import numpy as np
02    score1=np.array([[80,89,77,90,84,92],[ 85,82,80,95,88,96]])
03    score2=np.array([[86,82,70,98,88,95],[ 88,89,87,92,83,91]])
04
05    for i in range(2):
06        for j in range(6):
07            print(score1[i][j],end=' ')
08        print()
09
10    for i in range(2):
11        for j in range(6):
12            print(score2[i][j],end=' ')
13        print()
14    print("==============================")
15    ave=(score1+score2)/2
16    for i in range(2):
17        for j in range(6):
18            print(ave[i][j],end=' ')
19        print()
```

程序的执行结果如 13-9 所示。

```
80 89 77 90 84 92
85 82 80 95 88 96
86 82 70 98 88 95
88 89 87 92 83 91
==============================
83.0 85.5 73.5 94.0 86.0 93.5
86.5 85.5 83.5 93.5 85.5 93.5
```

图 13-9

程序代码解析：

- 第 02 行：设置二维数组 score1。
- 第 03 行：设置二维数组 score2。
- 第 05~08 行：使用 for 循环将二维数组 score1 中的所有元素输出。
- 第 10~13 行：使用 for 循环将二维数组 score2 中的所有元素输出。
- 第 15 行：求二维数组各元素的平均值。
- 第 16~19 行：使用 for 循环将 ave 二维数组中所记录的平均值全部输出。

13.3.3 矩阵相乘

两个矩阵 A 与 B 相乘也是有条件限制的。首先必须符合这样的条件：A 为一个 m*n 的矩阵，B 为一个 n*p 的矩阵，对 A*B 的结果为一个 m*p 的矩阵 C，如图 13-10 所示。

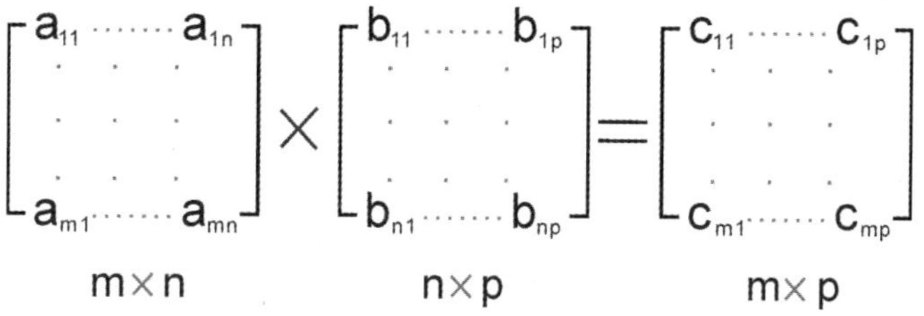

$$\begin{bmatrix} a_{11} & \cdots & a_{1n} \\ \vdots & & \vdots \\ a_{m1} & \cdots & a_{mn} \end{bmatrix}_{m\times n} \times \begin{bmatrix} b_{11} & \cdots & b_{1p} \\ \vdots & & \vdots \\ b_{n1} & \cdots & b_{np} \end{bmatrix}_{n\times p} = \begin{bmatrix} c_{11} & \cdots & c_{1p} \\ \vdots & & \vdots \\ c_{m1} & \cdots & c_{mp} \end{bmatrix}_{m\times p}$$

图 13-10

$$C_{11}= a_{11} * b_{11}+ a_{12}* b_{21}+\cdots\cdots+ a_{1n}* b_{n1}$$

$$C_{1p}= a_{11}* b_{1p}+ a_{12}* b_{2p}+\cdots\cdots+ a_{1n}*b_{np}$$

$$C_{mp}= a_{m1}* b_{1p}+a_{m2}* b_{2p}+\cdots\cdots+ a_{mn}* b_{np}$$

下面的范例程序将实现二维数组的相乘。

【范例程序：numpydot.py】 使用 NumPy 程序包实现矩阵的相乘

```
01    import numpy as np
02
03    # 二维数组:2×3
04    matrix1 = np.array([[10, 20, 30], [5, 3, 1]])
05    # 二维数组:3×2
06    matrix2 = np.array([[8, 6], [3, 2], [5, 1]])
07
08    result2= np.dot(matrix1, matrix2)
09    print('两个矩阵相乘的结果为: \n %s' %(result2))
10
11    # 一维数组
12    arr1 = np.array([2, 6, 7, 5])
```

```
13    arr2 = np.array([3, 1, 4, 8])
14    result1 = np.dot(arr1, arr2)
15    print('两个一维数组的乘积值为: %s' %(result1))
```

程序的执行结果如图 13-11 所示。

```
两个矩阵相乘的结果为：
 [[290 130]
 [ 54  37]]
两个一维数组的乘积值为：80
```

图 13-11

程序代码解析：

- 第 04 行：定义 2×3 二维数组 matrix1。
- 第 06 行：定义 3×2 二维数组 matrix2。
- 第 08、09 行：将 matrix1 和 matrix2 这两个矩阵相乘的结果输出，其结果是一个 2×2 的二维数组。
- 第 12 行：定义一维数组 arr1。
- 第 13 行：定义一维数组 arr2。
- 第 14、15 行：将 arr1 和 arr2 这两个数组相乘，并输出结果值，其结果值是单个数值。

13.3.4　转置矩阵

"转置矩阵"（A^t）是把原矩阵的行坐标元素与列坐标元素相互调换。假设 A^t 为 A 的转置矩阵，则有 $A^t[j, i] = A[i, j]$，如图 13-12 所示。

$$A=\begin{bmatrix}1 & 2 & 3\\4 & 5 & 6\\7 & 8 & 9\end{bmatrix}_{3\times3}\qquad A^t=\begin{bmatrix}1 & 4 & 7\\2 & 5 & 8\\3 & 6 & 9\end{bmatrix}_{3\times3}$$

图 13-12

下面的范例程序将实现二维数组的转置。

【范例程序：numpytranspose.py】 使用 NumPy 程序包实现矩阵的相乘

```
01    import numpy as np
02
03    # old_array 是 2×5 的二维矩阵
04    old_array = np.array([[1, 2, 3, 4, 5], [6, 7, 8, 9 , 10]])
05    print('原矩阵的内容为: \n %s' %(old_array))
06
07    # new_array 是 old_array 的转置矩阵，是 5×2 的矩阵
08    new_array = np.transpose(old_array)
```

```
09    print('转置矩阵的内容为：\n %s' %(new_array))
```

程序的执行结果如图 13-13 所示。

```
原矩阵的内容为：
 [[ 1  2  3  4  5]
 [ 6  7  8  9 10]]
转置矩阵的内容为：
 [[ 1  6]
 [ 2  7]
 [ 3  8]
 [ 4  9]
 [ 5 10]]
```

图 13-13

程序代码解析：

- 第 04 行：创建 2×5 的二维矩阵。
- 第 05 行：将原矩阵内容输出。
- 第 08 行：调用 transpose()方法将原数组转置为 5×2 的二维矩阵。
- 第 09 行：将转置后的矩阵内容输出。

13.4 上机实践演练——直方图的绘制

本章的上机实践演练将使用 NumPy 程序包和 matplotlib.pyplot 绘制直方图，这个范例程序将随机产生 10 000 个数字，如果产生的数字为 1，就表示得到的分数落在第一个分数区间，即 0~9 分；如果产生的数字为 2，就表示得到的分数落在第二个分数区间，即 10~19 分；以此类推。表 13-4 所示为各个数字与分数区间的对应表。

表 13-4

产生的数字	代表的分数区间
1	0~9 分
2	10~19 分
3	20~29 分
4	30~39 分
5	40~49 分
6	50~59 分
7	60~69 分
8	70~79 分
9	80~89 分
10	90~99 分

下面使用 NumPy 程序包和 matplotlib.pyplot 绘制直方图，并在 x 轴标示各个分数区间的范围，绘制直方图的颜色使用红色。

【范例程序：barchart.py】 使用 NumPy 程序包绘制直方图

```
01    import numpy as np
02    import matplotlib.pyplot as plt
03    import random as rd
04
05    def get_score(total, interval): # 产生落在各个分数区间的随机数
06        for i in range(total):
07            number = rd.randint(1, interval) # 产生 1~10 的随机数
08            score.append(number)
09
10    def statistics(interval):       # 计算 1~10 出现的次数
11        for i in range(1, interval+1):
12            number = score.count(i) # 计算 i 出现在各个分数区间的次数
13            times.append(number)
14
15    total = 10000          # 受测学生的总人数
16    interval = 10          # 共有 10 个分数区间
17    score = []            # 创建各个分数区间的列表
18    times = []            # 存储每个分数区间出现次数的列表
19    get_score(total, interval) # 产生 1~10 组分数区间的列表
20    statistics(interval)        # 将各个分数区间的列表经统计转成次数的列表
21    x = np.arange(10)            # 直方图的 x 轴坐标
22    width = 0.6                  # 直方图的宽度
23    plt.bar(x, times, width, color='r')  # 绘制直方图
24    plt.ylabel('Total students in each interval')
25    plt.title('Ten thousand people score')
26    plt.xticks(x, ('0-9', '10-19', '20-29', '30-39', '40-49', \
27                '50-59', '60-69', '70-79', '80-89', '90-100'))
28    plt.yticks(np.arange(0, 1200, 50))
29    plt.show()
```

程序的执行结果如图 13-14 所示。

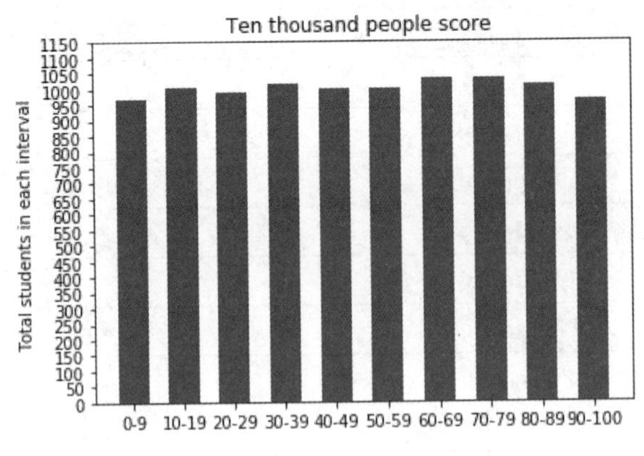

图 13-14

程序代码解析：

- 第 05~08 行：定义 get_score 函数用来产生落在各个分数区间的随机数，共有 10 种可能，例如，若产生数字 3，则表示此分数落在第 3 个分数区间，其分数介于 20~29 分；若产

生数字 9，则表示此分数落在第 9 个分数区间，其分数介于 80~89 分。

- 第 10~13 行：定义 statistics 函数用来统计各个区间的分数出现的次数。
- 第 15 行：受测学生的总人数。
- 第 16 行：共 10 个分数区间。
- 第 17 行：用来存储所有产生的随机数落在哪一个分数区间的列表。
- 第 18 行：存储每个分数区间出现次数的列表。
- 第 19 行：调用 get_score 函数，可以产生 1~10 组分数区间的列表。
- 第 20 行：调用 statistics 函数，可以将各个分数区间的列表经统计转成次数的列表。
- 第 21 行：直方图 x 轴坐标分为 10 个区间。
- 第 22 行：设置直方图的宽度为 0.6。
- 第 23 行：绘制直方图，颜色设置为红色。
- 第 24 行：直方图的 y 轴标题名称。
- 第 25 行：直方图的图表标题名称。
- 第 26、27 行：x 轴刻度的显示方式。
- 第 28 行：y 轴刻度的显示方式。
- 第 29 行：显示直方图。

重点回顾

1. NumPy 是 Python 语言的第三方程序包，支持大量的数组与矩阵运算，并且针对数组运算提供了大量的数学函数，可以说是处理数组运算的最佳辅助程序包。

2. 使用 NumPy 第三方程序包前，必须先以 import numpy as np 语句将其导入。

3. 一个数组元素可以通过一个“下标”和“数组名”来表示。

4. 在程序设计语言中，数组的名称表示一块紧密相邻的内存空间的起始位置，而数组的下标则用来表示从此内存空间的起始位置开始算的第几个块内存空间。

5. NumPy 程序包所提供的数据类型叫作 ndarray(n-dimension array, n 维数组)。所谓 n 维，表示一维、二维或三维以上，数组对象内的每一个元素必须是相同的数据类型。

6. ndarray 类型的重要属性：ndarray.ndim、ndarray.T、ndarray.data、ndarray.dtype、ndarray.size、ndarray.itemsize、ndarray.nbytes、ndarray.shape。

7. 调用 NumPy 程序包的 array()函数可以创建一个类型为 ndarray 且具有相同数据类型元素的数组对象。

8. 几种常见的数组创建方式：调用 array()函数并指定元素的类型、调用 arange()函数创建数列、调用 linspace()函数创建平均分布的数值。

9. 当数组元素个数多到无法全部输出时，NumPy 会自动省略中间的部分，只输出各个数组的边界值。

10. 我们可以针对数组进行一些基本操作，例如数组的相加或相减，或是将数组元素同时加 10，将数组中的元素同时求立方值，或者调用 concatenate()方法将两个数组的元素串接起来。

11. NumPy 针对数组提供了许多通用函数，可以协助我们进行数组元素的相加、计算元素总和，以及协助我们进行其他各种数学运算，这些函数还可以应用于二维数组。

12. NumPy 还提供了 cos(x)、sin(x)、tan(x)、asin(x)、acos(x)、atan(x)等三角函数，可用于计算各个三角函数值，不过，在计算三角函数时，参数 x 必须是弧度。

13. 数组的元素具有顺序性，使用“[]”运算符提取数组中指定位置的元素值或者某个范围的数组元素称为“切片”。

14. 如果想深入了解 NumPy 程序包更多的属性和方法，可以参考 https://docs.scipy.org/doc/ 提供的说明。

15. 二维数组可视为一维数组的延伸，都是用于处理相同数据类型的数据，差别只在于维数的声明。

16. 许多矩阵的运算与应用都可以使用计算机中的二维数组来解决，例如两个矩阵的相加、相乘或转置矩阵等。

17. GPU 包含数千个小型且更高效率的 CPU，不但能有效进行并行运算，还可以大幅提升运算性能。加上 GPU 是以向量和矩阵运算为基础的，大量的矩阵运算可以分配给众多核心同步进行处理。

18. 矩阵相加运算的前提是：相加的两个矩阵行数与列数必须相等，而相加后得到的矩阵也具有相同的行数和列数。

19. 两个矩阵 A 与 B 相乘是有条件限制的，必须符合 A 为一个 m*n 的矩阵，B 为一个 n*p 的矩阵，A*B 的结果为一个 m*p 的矩阵 C。

20. “转置矩阵”（A^t）就是把原矩阵的行坐标元素与列坐标元素相互调换，假设 A^t 为 A 的转置矩阵，则有 A^t[j, i] = A[i, j]。

课后习题

一、选择题

（　）1. 关于 NumPy 程序包的说明，下列哪一个有误？

A. 是 Python 语言的第三方程序包

B. 支持大量的数组与矩阵运算

C. 是一种内建模块

D. 使用 NumPy 程序包之前，必须先以 import numpy as np 语句将其导入

（　）2. 下列语句哪一个有误？

A. ndarray.T 如同 self.transpose()，但若数组的维数 self.ndim 大于 2，则会返回自己本身的数组

B. NumPy 程序包所提供的数据类型叫作 ndarray

C. 调用 NumPy 的 array()函数可以创建类型为 ndarray 的数组对象

D. 当数组元素个数多到无法全部输出时，NumPy 会自动省略中间的部分只输出各个数组的边界值

二、填空题

1. ________是 Python 语言的第三方程序包，这个程序包支持大量的数组与矩阵运算。

2. 一个数组元素可以用一个________和________来表示。

3. NumPy 程序包所提供的数据类型叫作________。

4. 两个矩阵 A 与 B 相乘是有条件限制的，必须符合 A 为一个 m*n 的矩阵，B 为一个 n*p 的矩阵，A*B 的结果为一个________的矩阵 C。

5. NumPy 还提供了 cos(x)、sin(x)、tan(x)、asin(x)、acos(x)、atan(x)等三角函数，可用于计算各个三角函数值，不过，在计算三角函数时，参数 x 必须以________为主。

三、简答题

1. 调用 NumPy 程序包有哪几种常见的数组创建方式？

2. 什么是切片运算？试简述“[]”运算符的相关运算。

3. 什么是转置矩阵？试举例说明。

第 14 章 数据提取与网络爬虫

在准备提取数据之前，有必要对网页的运行和网页格式有一些基本的认识。此外，本章会介绍与数据提取相关的实用模块与程序包，包括用 urllib.parse 进行网址分析、用内建模块 urllib.request 或程序包 requests 获取 URL 内容，再用 Beautiful Soup 程序包解析 HTML 网页。

本章学习大纲

- 网络爬虫的前置工作
- 认识 URI 与 URL
- 用 urllib.parse 模块剖析 URL
- 认识网页构成三要素
- 如何查看网页源码
- 用 urllib.request 获取网页内容
- 各种 HTTP 请求方法的介绍
- 实用的 requests 程序包
- requests 程序包中的 Session()方法
- 用 Beautiful Soup 4 进行网页解析
- Beautiful Soup 常用的属性和方法
- Beautiful Soup 的应用范例

14.1 数据提取前的准备工作

要认识 Web，不能不提到与它有关的 URL、HTTP 等，本章要学习的内容如图 14-1 所示。

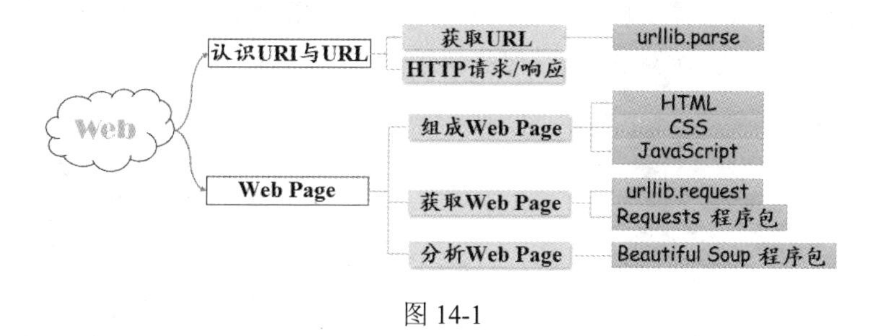

图 14-1

本章所需要的内建模块和程序包如下。

- Python 内建模块：urllib.request 和 urllib.parse。
- Python 的第三方程序包：Requests 和 Beautiful Soup 4。

1. 使用 Python IDLE 编写程序

如果只安装了 Python 软件（Python 3.*），在 Windows 操作系统下，用 cmd 指令启动“命令提示符”窗口，再使用 pip 来检查、安装或更新程序包。

```
pip list      #检查 Python 所安装的第三方程序包
pip freeze    #检查 Python 所安装的第三方程序包
```

上面两个命令都是用来查看 Python 所安装的第三方程序包的，命令的执行结果如图 14-2 所示。

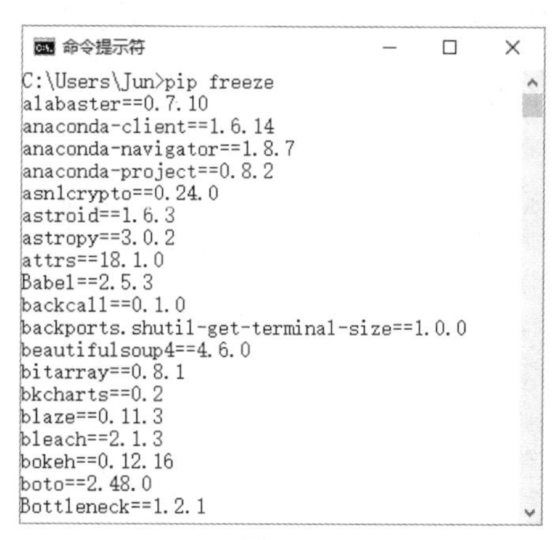

图 14-2

用指令“pip install 程序包名称”来安装程序包，或者用“pip install -U 程序包名称”来更新程序包。例如，安装或更新 requests 程序包的指令如下：

```
pip install requests
pip install -U requests
```

2. 安装了 Anaconda 软件

如果安装了 Anaconda 软件，可以启动 Anaconda Prompt 窗口（类似 Windows 系统的“命令提示符”），执行指令 conda 来检查安装程序包的情况，这条指令的执行结果如图 14-3 所示，安装的程序包会按照字母顺序列出程序包名称及其版本号。

```
conda list
```

```
Anaconda Prompt - Python 3.6

(base) C:\Users\Jun>conda list
# packages in environment at D:\Users\Jun\Anaconda3:
#
# Name                    Version                   Build  Channel
_ipyw_jlab_nb_ext_conf    0.1.0            py36he6757f0_0
alabaster                 0.7.10           py36hcd07829_0
anaconda                  5.2.0                    py36_3
anaconda-client           1.6.14                   py36_0
anaconda-navigator        1.8.7                    py36_0
anaconda-project          0.8.2            py36hfad2e28_0
asn1crypto                0.24.0                   py36_0
astroid                   1.6.3                    py36_0
astropy                   3.0.2            py36h452e1ab_1
attrs                     18.1.0                   py36_0
babel                     2.5.3                    py36_0
backcall                  0.1.0                    py36_0
backports                 1.0              py36h81696a8_1
backports.shutil_get_terminal_size 1.0.0     py36h79ab834_2
beautifulsoup4            4.6.0            py36hd4cc5e8_1
bitarray                  0.8.1            py36hfa6e2cd_1
```

图 14-3

如果程序包尚未安装，就可以用指令“conda install 程序包名称”来安装：

```
conda install requests
conda install BeautifulSoup4
```

如果程序包已经安装，为了保持程序包的“新鲜度”，还可以进一步以“conda update 程序包名称”更新其内容，安装指令会先收集数据，提示用户按 Y 键之后才会更新程序包，如图 14-4 所示。

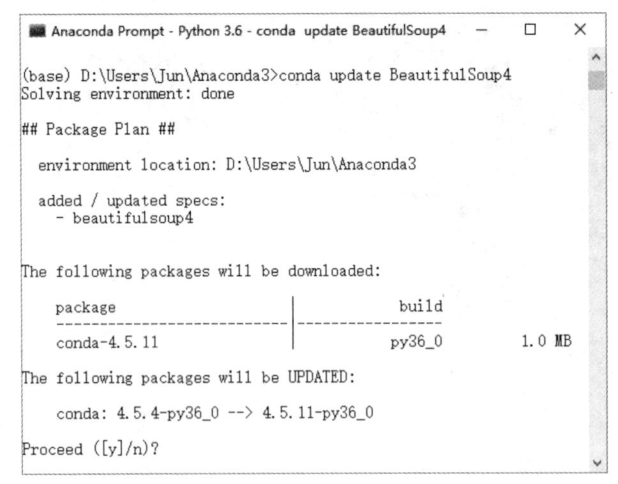

图 14-4

14.1.1 认识 URI 与 URL

网络如星河般浩瀚，想要随心所欲地从网站获取数据，我们就要想想这些数据是如何形成的？无论它们是 HTML 网页、图像、音频，还是视频等等，它们都是因特网的一份子，是由 URI（Uniform Resource Identifier，统一资源标识符）所提供并进行定位的。URI 是由三个部分组成的：①提供资源的名称，可能是 http、ftp、mailto 或 file，名称之后要有“:”（冒号）；②存放资源的主机；③提供资源的路径。

URI 常见的格式如下：

```
scheme:[//[user[:password]@]host[:port]][/path][?query][#fragment]
```

例如，新浪网站中“股市”频道的“行情”网页的网址如下：

```
http://vip.stock.finance.sina.com.cn/mkt/
```

表示这是一个提供 HTTP 协议的资源，主机位于“vip.stock.finance.sina.com.cn”，通过路径“/mkt”来存取相关资源。

那么 URL（Uniform Resource Locator，统一资源定位符）又是什么？它是 URI 的一个子集。URL 相当于因特网的门牌号，也就是俗称的“网址”。一个完整的 URL 包括协议、主机地址、路径和文件名称。标准格式如下：

```
protocol :// hostname[:port] / path / [;parameters][?query]#fragment
```

- protocol：协议。浏览器根据协议内容来存取对应的资源。
- hostname[: port]：存有该资源的主机地址。代表的是主机的 IP 地址或域名，有时也包含端口（port）。
- path /[;parameters]：显示主机中的路径和文件名称。若采用默认的文件路径，则代表定位于 Web 服务器的主页，其文件名通常是 index.html。
- protocol 和 hostname 之间以“://”分隔开，hostname 和 path 之间以“/”分隔开。

与 URL 有关的通信协议如表 14-1 所示。

表 14-1

通信协议	说明
HTTP	HyperText Transfer Protocol（超文本传输协议），传输对象为 WWW 服务器
HTTPS	用加密方式传送的超文本传输协议
FTP	File Transfer Protocol（文件传输协议），对象为 FTP 服务器
TELNET	远程登录协议

网页大部分是以 HTML 标记语言编写的，但也有可能是以 PDF、XML、PHP 或 JSON 存储的。有了这些基础概念后，我们来对浏览器的工作方式做初步的了解。

- 打开 Chrome 浏览器，输入网址，表示在客户端的浏览器中发出请求。
- Web 服务器（服务器端）接受请求之后，会把其相关文件“下载”到客户端，等待进一步的解析。

- 客户端的浏览器将 HTML 的源程序转化成我们所看到的网页，其中可以包含文字、图片或其他的音频和视频等。

14.1.2 用 urllib.parse 模块解析 URL

当 URL 指向的是 HTTP 通信协议时，就版本 1.1 而言，是一种“持久连接”（persistent connection），即 TCP 连接，默认不关闭。若 Web 浏览器和 Web 服务器之间有一方没有活动，则应该主动关闭连接，不保留任何信息。根据 HTTP 1.1 的规范，客户端在最后一个请求时，可发送“Connection : close”，明确要求服务端关闭 TCP 连接。HTTP 1.1 的请求和响应示意图如图 14-5 所示。

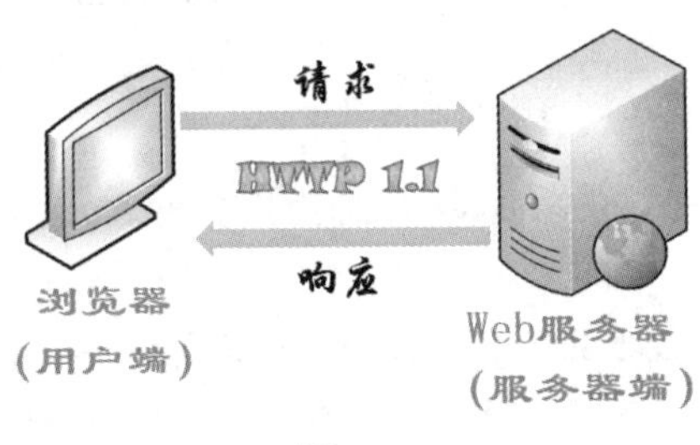

图 14-5

要获取 URL 更多的秘密，可以使用 Python 内建模块 urllib 来协助我们，这个模块包含 4 个类：

- urllib.request 类配合相关方法能读取指定网站的内容。
- urllib.error 类处理 urllib.request 模块读取数据时产生的错误和异常。
- urllib.parse 类解析 URL、引用 URL。
- urllib.robotparser 解析 robots.txt 文件。它提供单一类 RobotFileParser，并调用 can_fetch() 方法测试能否以爬虫程序下载某一个页面。

接下来，从 Python 的内建模块 urllib.parse 开始迈向提取网页数据的第一步。首先，我们来熟悉 urllib.parse 模块中 urlparse()方法的语法：

```
urllib.parse.urlparse(urlstring, scheme = '', allow_fragments = True)
```

- urlstring：必须提供的参数，即网址。

在前面的章节中，我们的范例程序都是安装 Anaconda 程序包后，在 Spyder 集成环境中调试和运行的，Python 的命令行指令也都是在 Spyder 环境的 Console 窗口中执行，或者在 Anaconda Prompt 命令提示符环境中运行。

在开始下面的例子之前，我们来试试 Python 官网（https://www.python.org/）中提供的标准 Python 交互环境，现在从官网中下载这个 Python 安装程序，如图 14-6 所示。

下载完成后，直接单击 Python 安装程序，将它安装到我们的 Windows 系统中，安装过程中都选择默认的选项，我们略过具体的安装过程。成功安装完成后，Python 3.7 程序就会出现在 Windows 的“程序”列表中，如图 14-7 所示。

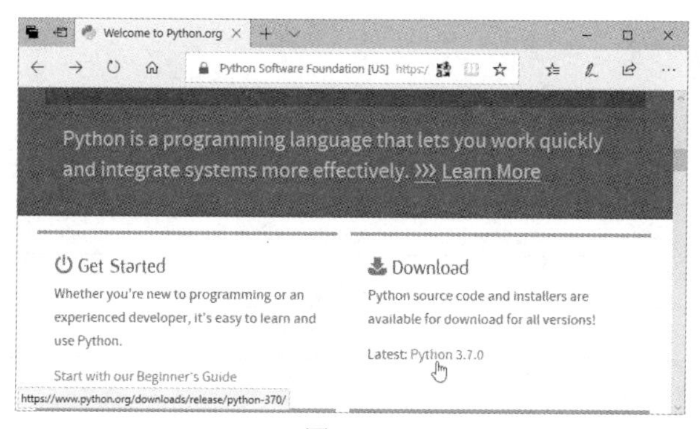

图 14-6

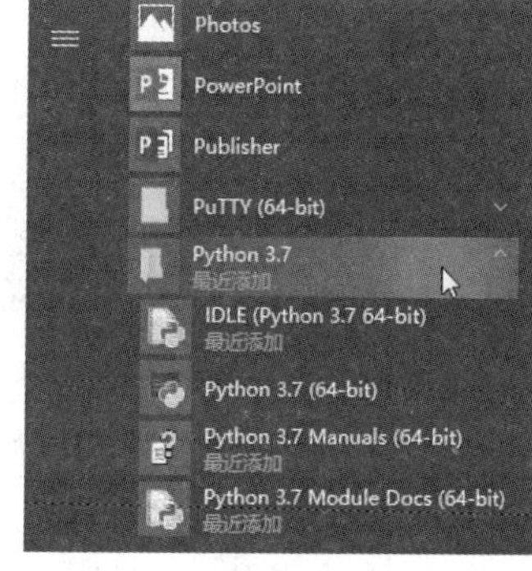

图 14-7

单击“IDLE（Python 3.7 64-bit）”启动 Python Shell 的交互环境，如图 14-8 所示。

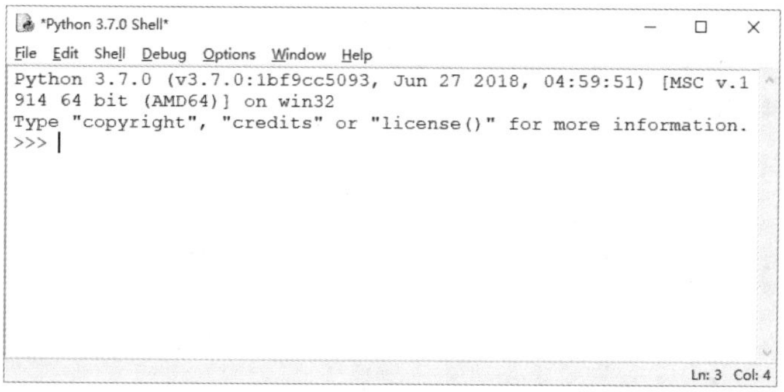

```
*Python 3.7.0 Shell*
File  Edit  Shell  Debug  Options  Window  Help
Python 3.7.0 (v3.7.0:1bf9cc5093, Jun 27 2018, 04:59:51) [MSC v.1
914 64 bit (AMD64)] on win32
Type "copyright", "credits" or "license()" for more information.
>>> |
                                                    Ln: 3  Col: 4
```

图 14-8

下面先通过 Python Shell 交互模式来了解 urlparse()方法返回的对象，它会以“ParseResult”对象返回，如图 14-9 所示。

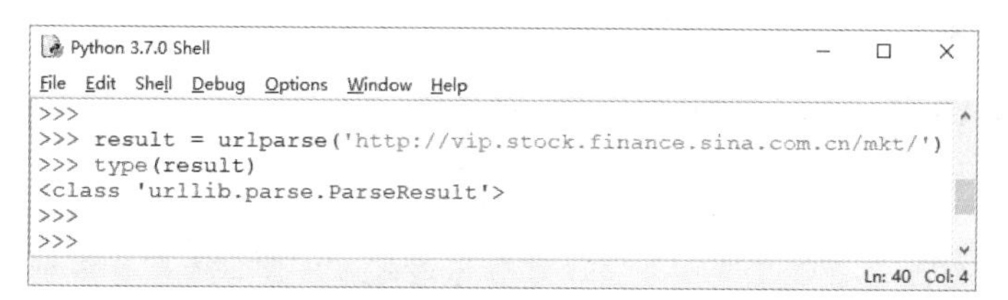

图 14-9

- 方法 urlparse()只有一个参数“urlstring”。
- 内部函数 type()以变量 result 为参数，输出其结果。

接着输出变量 result 的内容，它会带出 ParseResult 对象的属性，包含协议、路径和查询参数等，是一个 URL 的格式，如图 14-10 所示。

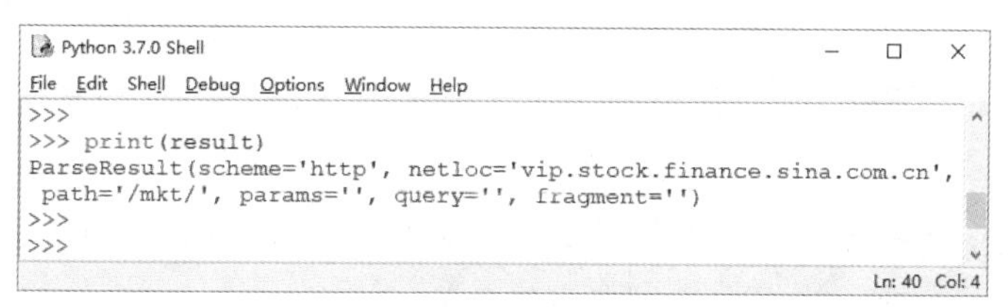

图 14-10

ParseResult 类的相关属性的说明可参考表 14-2。

表 14-2

属性	下标	返回值	若为空值
scheme	0	scheme 通信协议	scheme 参数
netloc	1	网站名称	返回空字符串
path	2	路径	返回空字符串
params	3	查询参数 params 所设置的字符串	返回空字符串
query	4	查询字符串，即 GET 参数	返回空字符串
fragment	5	片段名称	返回空字符串
port	无	通信端口	None

获取的 ParseResult 对象（变量 result）可以进一步以 scheme 属性和 geturl()方法来获取 URL 的原有内容，如图 14-11 所示。

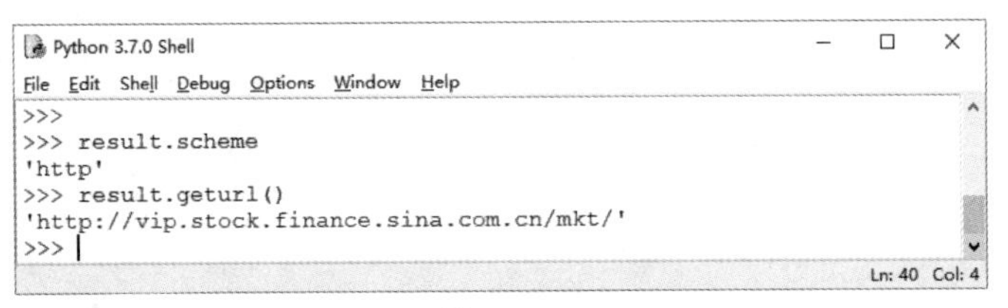

图 14-11

- 属性 scheme 返回其通信协议。
- 方法 geturl()以字符串返回其原有的 URL。

范例说明

步骤 01 进入京东商城网站（https://www.jd.com）的首页之后，在商品搜索栏中，搜索“Python 程序设计第一课”这本书，如图 14-12 所示。

图 14-12

步骤 02 随后按 Enter 键或者单击“搜索”按钮，即可得到如图 14-13 所示的搜索结果网页，查看其网址，我们可以发现它变得有些复杂了。

图 14-13

步骤03 使用这一大串网址内容配合 urllib.parse 模块进行解析：

```
https://search.jd.com/Search?keyword=Python%E7%A8%8B%E5%BA%8F%E8%AE%BE%E8%AE%A1
%E7%AC%AC%E4%B8%80%E8%AF%BE&enc=utf-8&pvid=c1b211c73cb943888835c58087074ebb
```

云盘下载 【范例程序：urlParse.py】

```
01 from urllib.parse import urlparse
02
03 addr = 'https://search.jd.com/Search?keyword=\
04 Python%E7%A8%8B%E5%BA%8F%E8%AE%BE%E8\
05 %AE%A1%E7%AC%AC%E4%B8%80%E8%AF%BE&enc=\
06 utf-8&pvid=c1b211c73cb943888835c58087074ebb'
07
08 result = urlparse(addr)
09 print('NetLoc:', result.netloc)
10 print('Path:', result.path)
11
12 #将 query 的内容以字符“&”进行分割
13 q_words = result.query.split('&')
14 print('Query:')
15 for word in q_words:
16     print(word)
```

程序的执行结果如图 14-14 所示。

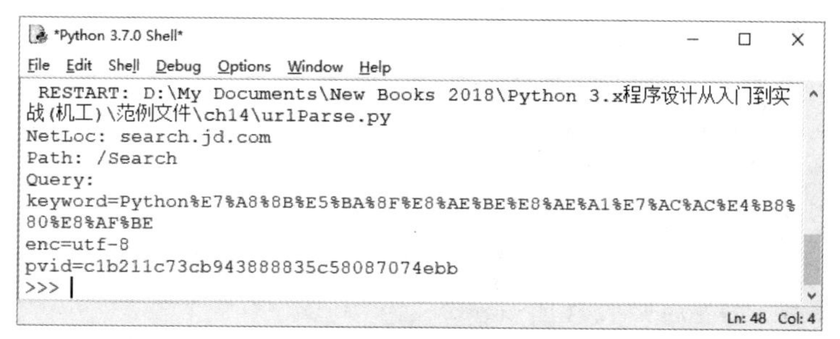

```
 RESTART: D:\My Documents\New Books 2018\Python 3.x程序设计从入门到实
战(机工)\范例文件\ch14\urlParse.py
NetLoc: search.jd.com
Path: /Search
Query:
keyword=Python%E7%A8%8B%E5%BA%8F%E8%AE%BE%E8%AE%A1%E7%AC%AC%E4%B8%
80%E8%AF%BE
enc=utf-8
pvid=c1b211c73cb943888835c58087074ebb
>>>
```

图 14-14

程序代码解析：

- 第 01 行：导入 Python 内建模块“urllib.parse”。
- 第 03~06 行：由于网址内容很长，因此使用“\”字符以便分行连接。
- 第 08 行：调用 urlparse()方法解析网址。
- 第 13 行：由于网址本身为字符串，因此调用 split()方法并以“&”字符对网址的查询信息进行分割，让解析后的结果更清楚。

14.2 我的第一个网络爬虫程序

从网络提取数据已有许久，有人称其为“网络爬虫”（Web Scraping），或叫网络蜘蛛（Spider）。执行网络爬虫的程序使用全球资源定位符（URL，Uniform Resource Locator）配合网络搜索引擎将获取的网页进行索引式的编辑，以便于后续的使用。但是，这个网络爬虫程序在搜索网络的过程中相对会消耗系统资源，所以有些网站系统不会默许爬虫程序。

14.2.1 网页构成三要素

进入网站之后，无论是首页还是其他网页，主要由 HTML、CSS 和 JavaScript 构成，它们彼此之间的关系如图 14-15 所示。

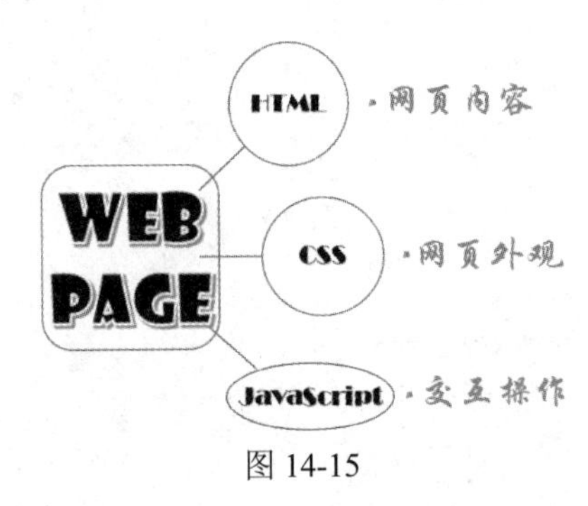

图 14-15

大部分网页以 HTML 语言来编写，使用一对或单个标记（尖括号，“< >”）括住字符串，这就是所谓的标签（Tag）。

```
<Html>
   <Head>
      <Title>页标题</Title>
   </Head>
   <Body>
      <H1>网页文件</H1>
   </Body>
</Html>
```

HTML 标签并不区分字母大小写，当标签成对组成时，可以在标签之间加入文字。HTML 标签拥有共同的属性，简介如表 14-3 所示。

表 14-3

属性	说明
id	指定 HTML 元素的唯一标识名称，不能重复
class	指定元素要套用的样式
dir	指定元素内容的文字从左到右或从右到左
lang	指定 HTML 元素所使用的语言
style	指定 HTML 元素局部套用的 CSS
title	HTML 元素要设置的额外信息

JavaScript 是由 LiveScript 开发出来的客户端解释型程序设计语言，主要特色是配合 HTML 网页与用户进行操作。它可以内嵌于 HTML 网页中，读写 HTML 元素，检测访客的浏览器信息。配合标签<Script>起头，编写内容后，再以</Script>结束。

```
<Html>
  <Head>
    <Title>Java Script Testing</Title>
  </Head>
  <Body>
    <script type = "text/javascript">
      document.write("Hello Python!");
    </script>
  </Body>
</Html>
```

和 HTML 不同，使用 JavaScript 必须区分字母大小写。

CSS（Cascading Style Sheets）被称为层叠样式表，能美化网页的外观。它本身是结构化文件，由 W3C 组织定义和维护，目前的 CSS 3 已被大部分浏览器所支持，它能在 HTML 文件或 XML 应用中设置样式，用于强化网页文件的颜色、字体、版面布局。

14.2.2 查看网页源代码

对于网页的构成有了概念之后，还可以使用浏览器来查看它们。以 Chrome 浏览器为例，进入某个网站后，在网页空白处右击以启动快捷菜单，在弹出的快捷菜单中选择“查看网页源代码”选项，就会以打开新网页的方式显示其源代码，如图 14-16 所示。

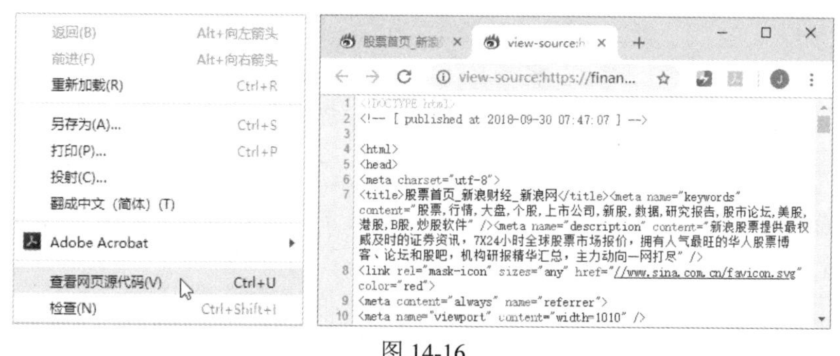

图 14-16

想要获得网页源代码的更多内容，可以使用 Chrome 所提供的“开发者工具”做更多的观察，如图 14-17 所示。

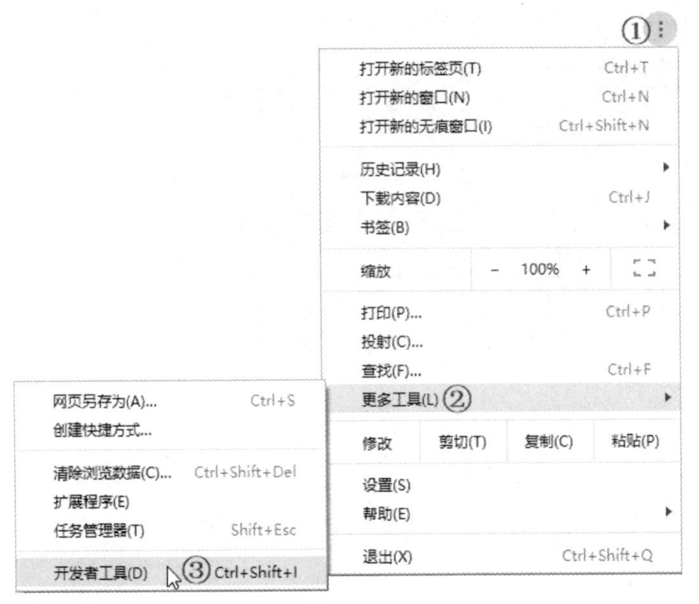

图 14-17

查看网页源代码的步骤如下：

步骤 01 使用 Chrome 浏览器打开新浪网站，输入网址 https://www.sina.com.cn，并单击“股票”以进入股票频道，出现的网页如图 14-18 所示。

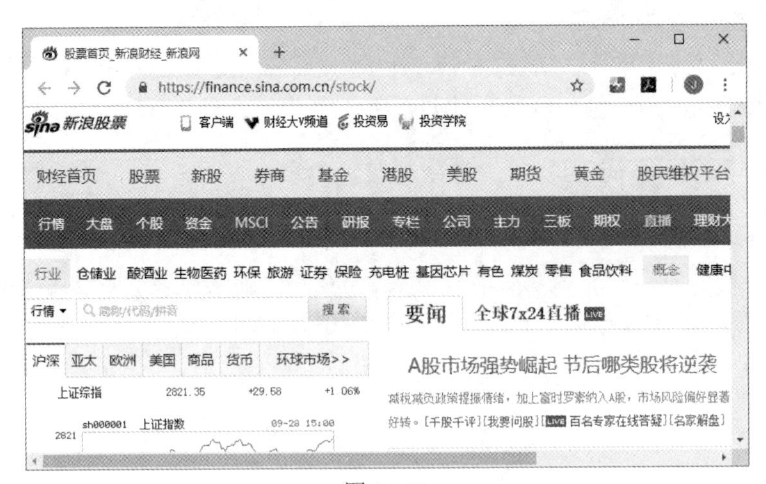

图 14-18

步骤 02 启动“开发者工具”或直接按 F12 键，在网页下方看到这个工具启动了，可以开始查看网页源代码，如图 14-19 所示。

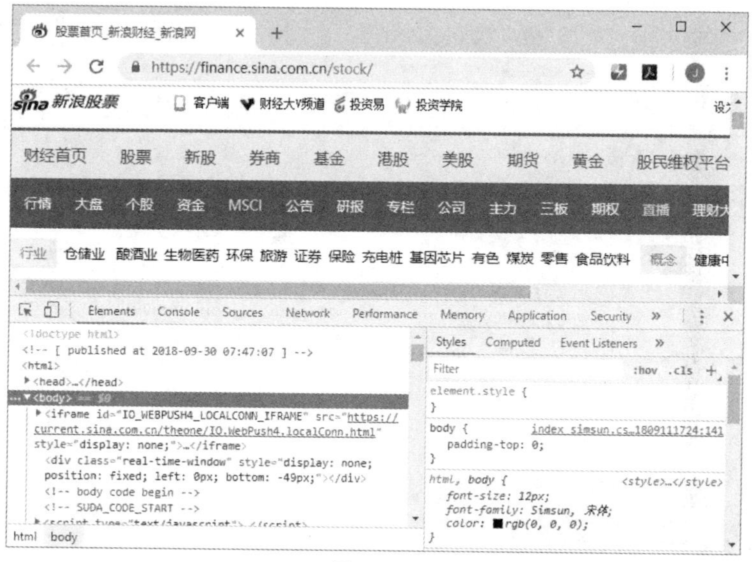

图 14-19

步骤 03 单击 （Inspect Element）按钮之后，在网页上，会随鼠标光标的移动而显示所对应的 HTML 语句和使用的标签，如图 4-20 所示。

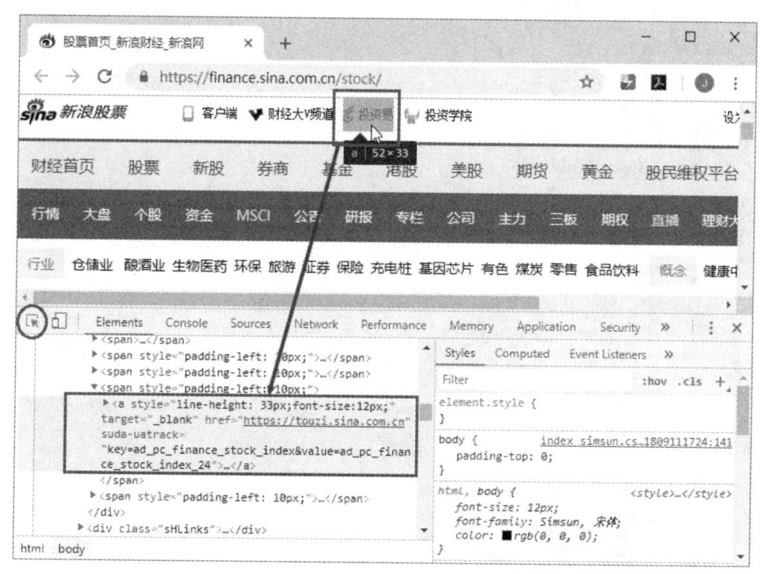

图 14-20

步骤 04 分析网页内容。先单击“Network”，再单击 （clear）按钮清除其内容，然后单击网址左侧的 按钮重新加载此网页，具体步骤如图 14-21 所示。

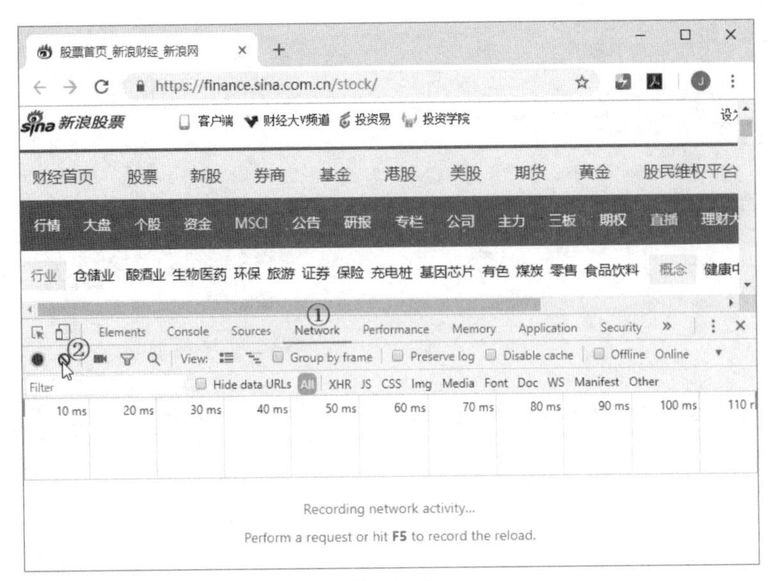

图 14-21

步骤 05 重新加载此网页之后，我们可以看到“Method”一栏大部分都是“GET”，Status 值为“200”表示请求成功，如图 14-22 所示。

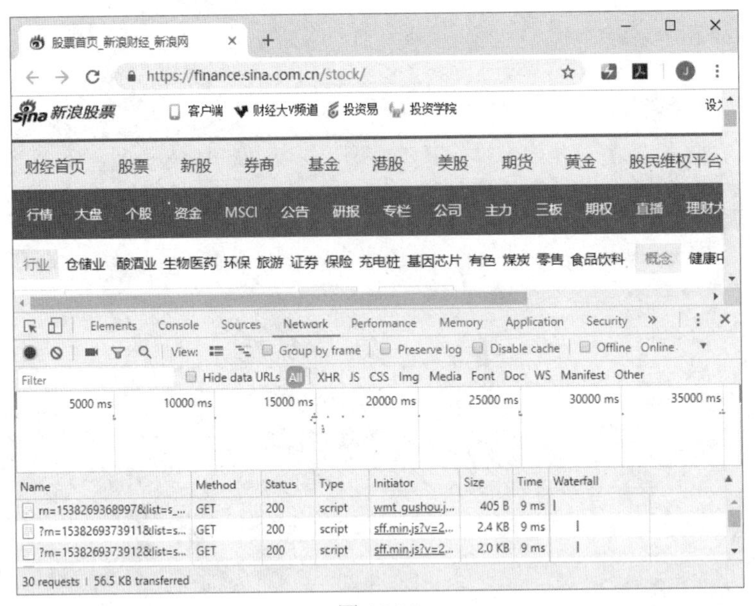

图 14-22

通过 Chrome 的“开发者工具”查看网页的源代码，可以发现 HTTP 的请求大部分以 GET 方法来处理。

技巧

如果是 IE 浏览器，如何启动“开发者工具”呢？

同样进入新浪网站的股票网页，在网页空白处右击，从弹出的快捷菜单中选择“检查元素”选项，如图 14-23 所示。

单击（选择元素）按钮，在网页中移动鼠标光标来获取对应的网页元素，如图 14-24 所示。

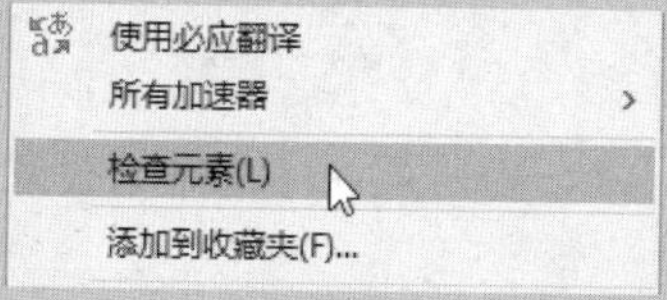

使用必应翻译
所有加速器
检查元素(L)
添加到收藏夹(F)...

图 14-23

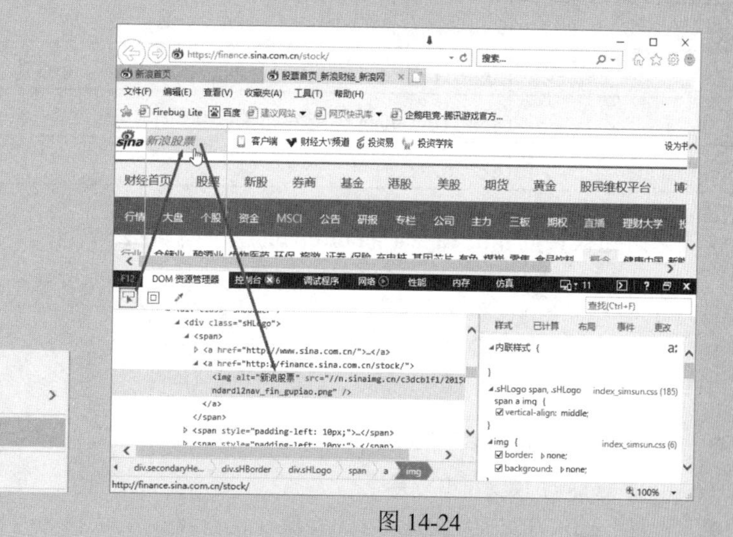

图 14-24

网页下方会显示网页的程序代码，单击“网络”之后，可以看到通信协议的版本有“HTTP”“HTTP/2”“HTTPS”，方法为“GET”，结果/描述分别有“302”“200”，如图 14-25 所示。

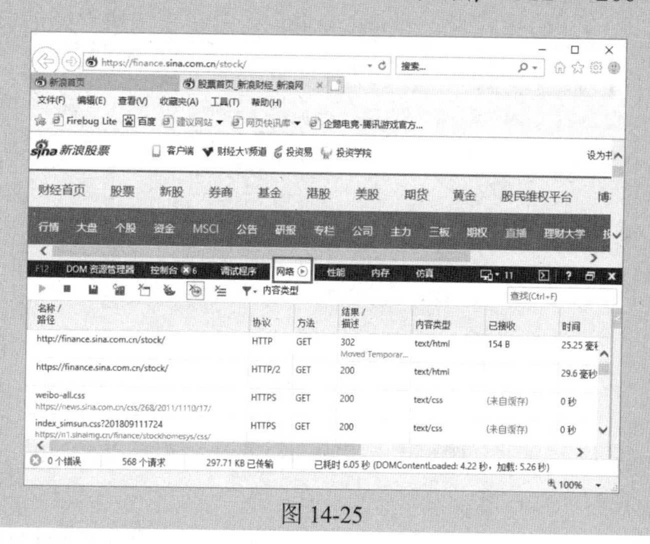

图 14-25

14.2.3 用 urllib.request 获取网页内容

模块“urllib.parse”可用于解析网址。要打开 URL 的内容，就可以使用 Python 的内建模块“urllib.request”或第三方程序包“requests”。在启动爬虫程序进入某个网站之后，会通过 URL 从网站的主页面开始读取网页的内容，找到网页中的链接标记，通过它们寻找下一个网页，如此循环下去，直到把这个网站所有的网页都抓取完为止。

内建模块 urllib.request 可以使用 URL 中的字符或符号（如 HTTP）配合对应的网络协议获取其资源。下面先来认识一下 urllib request 模块的一些常用成员，参考表 14-4。

表 14-4

成员	说明
geturl()	获取解析过的 URL 以字符串返回
getcode()	获取 HTTP 的状态代码，返回 200 表示请求成功
info()	获取 URLmeta 标记的相关信息
urlopen()	获取 URL 内容

先认识内建模块 urllib.request 的 urlopen()方法，语法如下：

```
urllib.request.urlopen(url, data = None, [timeout, ]*,
  cafile = None, capath = None, cadefault = False,
  context = None)
```

- url：即为要请求的 URL，必须提供的参数。最简单的做法就是以字符串来设置网址，或者获取的 Request 对象。
- data：进入指定的 URL 向服务器传送数据，默认值为“None”，表示 HTTP 的请求是 GET 方法。
- timeout：设置等待的时间，默认值为“socket._GLOBAL_DEFAULT_TIMEOUT”。

还是以 Python Shell 的互动模式来了解 urllib.request 内建模块所返回的对象，可参考图 14-26。

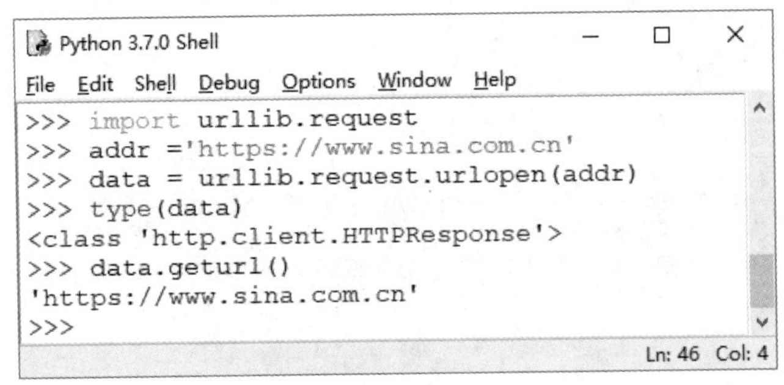

图 14-26

- 导入 urllib.request 模块后，调用方法 urlopen()并指定要请求的 URL，通信协议为“HTTP”，由变量 data 获取相关内容。
- 内部函数 type()以变量 data 为参数，它会返回“class 'http.client.HTTPResponse'”，说明它是一个响应请求的对象。
- 方法 geturl()会将解析过的 URL 返回。

调用方法 urlopen()，其中参数 url 是必不可少的，它是一个网址，以 HTTP 协议为主，是一个请求（Request）和响应（Response）的机制。简单来说，客户端提出请求后，服务器端要应答（做出响应）。除了“HTTP”之外，也可以把 URL 的内容用“ftp:”或“file:”来替代。想要获取网站的更多信息，可以调用 info()方法，如图 14-27 所示。

```
'https://www.sina.com.cn'
>>> print(data.info())
Server: edge-esnssl-1.12.1-12.1
Date: Sun, 30 Sep 2018 01:40:10 GMT
Content-Type: text/html
Transfer-Encoding: chunked
Connection: close
Last-Modified: Sun, 30 Sep 2018 01:39:02 GMT
Vary: Accept-Encoding
X-Powered-By: shci_v1.03
Expires: Sun, 30 Sep 2018 01:41:10 GMT
Cache-Control: max-age=60
Age: 0
Via: https/1.1 cnc.beixian.ha2ts4.205 (Apache
TrafficServer/6.2.1 [cMsSfW])
X-Cache: MISS.205
X-Via-CDN: f=edge,s=cnc.beixian.edssl.218.nb.
sinaedge.com,c=114.241.93.82;f=edge,s=cnc.bei
xian.ha2ts4.197.nb.sinaedge.com,c=123.126.157
.218;f=Edge,s=cnc.beixian.ha2ts4.205,c=123.12
6.157.197
X-Via-Edge: 1538271610775525df172de9d7e7b0ddc
fe2a
```

图 14-27

- 方法 info()会返回与此网站有关的信息：何时进入此网站，网页由 text/html 构成，传输编码采用 chunked 等相关信息。

获取“新浪网”新闻频道的内容之后，由于 Response 对象以字符串存储，因此可以使用 read()方法来读取，最后调用 print()方法打印出它的内容。

【范例程序：request01.py】

```
import urllib.request
#设置要请求的网址
addr = ' https://news.sina.com.cn/'
#获取网站的内容并存放到变量 webData 中
webData = urllib.request.urlopen(addr)
#以 utf-8 编码配合 read() 读取网站的内容
result = webData.read().decode('UTF-8')#①
webData.close()#关闭网站并释放系统资源
print(result)
```

【范例程序：request02.py】

```
import urllib.request
#设置要请求的网址
addr = ' https://news.sina.com.cn/'
#② 以 with/as 语句来获取网址，离开之后也可以释放系统资源
with urllib.request.urlopen(addr) as response:
    zct = response.read().decode('UTF-8')
```

```
print(zct)
```

- 范例程序“request01.py”和“request02.py”所输出的内容相同。
- ① 获取的网页内容可以像文件一样读取，所以可以直接调用 read()方法，再调用 decode()方法以 UTF-8 编码方式来显示内容。
- ② 以 with/as 语句形成的程序区块完成文件的读取后会自动释放系统资源。

程序的执行结果如图 14-28 所示。

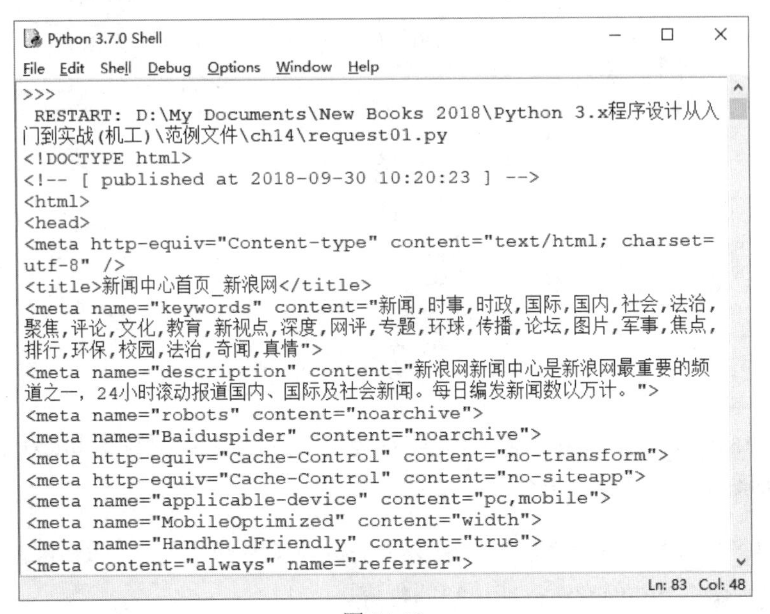

图 14-28

技巧

urllib.request.urlopen() 方法经常被用来打开网页，然后分析这个页面的源代码，但是，有时有些网站在调用这个方法时会抛出“urllib.error.HTTPError: HTTP Error 403: Forbidden”的异常信息，主要是该网站禁止爬虫程序所导致的，如果所打开的网站没有禁止爬虫程序，上述范例程序就可以打开网站的内容。

HTTP 的请求方法

在 HTTP 的请求中，以 HTTP/1.1 来说，除了 GET 和 POST 方法是大家较为熟悉的之外，尚有其他方法，简介如下。

- GET：向指定资源发出请求，用于读取数据。
- POST：向指定资源提交数据，要求服务器端进行处理。
- PUT：用于修改某个内容。
- DELETE：删除某个内容。
- CONNECT：用于代理进行传输，如使用 SSL。
- OPTIONS：询问可以执行哪些方法。

14.2.4 实用的 requests 程序包

程序包 requests 的用法和内建模块“urllib.request”大同小异，它可以配合 HTTP 的请求从指定的网页下载相关数据。所以在进入某个网站之后，可能是发送请求或进行登录，而后提取想要的数据，或者进一步分析数据内容。不过，使用 request 程序包获取网页数据时，必须是该网站所允许的。下面我们继续使用 Python Shell 进一步说明，如图 14-29 所示。

```
Python 3.7.0 Shell
File Edit Shell Debug Options Window Help
>>>
>>> import requests
>>> addr = 'https://finance.sina.com.cn/stock/'
>>> res = requests.get(addr)
>>> print(res.status_code)
200
>>> |
Ln: 34 Col: 4
```

图 14-29

- 调用 get()方法获取网页内容，进一步以属性“status_code”获取返回值，若为“200”，则表示获取网页内容是被允许的。

技 巧

HTTP 的状态代码

大家一定很好奇，为什么 status_code 的值是 200 才能接受客户端的请求？这与 HTTP 状态代码（Status Code）有关，它代表 Web 服务器接受 HTTP 请求之后进行处理的情况。HTTP 状态代码由 3 位数字构成，首位数字定义了状态代码的类型。

- 1XX：信息类（Information），表示收到 Web 浏览器的请求，正在进一步处理的过程中。
- 2XX：成功类（Successful），表示客户端请求被正确接收、理解和处理。例如，200 表示请求 OK；206 表示请求在某个范围内，如下载某个文件。
- 3XX：重定向（Redirection），表示请求没有成功，客户必须进一步采取相应的操作。
- 4XX：客户端错误（Client Error），表示客户端提交的请求有错误，例如 404 Not Found，意味着请求的内容不存在。
- 5XX：服务器错误（Server Error），表示服务器不能完成请求的处理。

范例程序说明

进入 Python 的官方网站，使用 requests 程序包中的 get()方法获取网页内容。

云盘下载【范例程序：statusCode.py】

```
01 import requests #导入 requests 程序包
02
03 addr = 'http://www.python.org/'
04 res = requests.get(addr)
05 #检查状态代码
```

```
06 if res.status_code == requests.codes.ok:
07     #调用 splitlines()方法分割字符串
08     htmls = res.text.splitlines()
09     for i in range(0, 20):
10         print(htmls[i])
11 else:
12     print(res.status_code)
```

程序的执行结果如图 14-30 所示。

```
Python 3.7.0 Shell
File Edit Shell Debug Options Window Help
 RESTART: D:\My Documents\New Books 2018\Python 3.x程序设计从入门到实战(机工)\范例文件
\ch14\statusCode.py
<!doctype html>
<!--[if lt IE 7]>   <html class="no-js ie6 lt-ie7 lt-ie8 lt-ie9">   <![endif]-->
<!--[if IE 7]>      <html class="no-js ie7 lt-ie8 lt-ie9">          <![endif]-->
<!--[if IE 8]>      <html class="no-js ie8 lt-ie9">                 <![endif]-->
<!--[if gt IE 8]><!--><html class="no-js" lang="en" dir="ltr">  <!--<![endif]-->

<head>
    <meta charset="utf-8">
    <meta http-equiv="X-UA-Compatible" content="IE=edge">

    <link rel="prefetch" href="//ajax.googleapis.com/ajax/libs/jquery/1.8.2/jque
ry.min.js">

    <meta name="application-name" content="Python.org">
    <meta name="msapplication-tooltip" content="The official home of the Python
Programming Language">
    <meta name="apple-mobile-web-app-title" content="Python.org">
    <meta name="apple-mobile-web-app-capable" content="yes">
    <meta name="apple-mobile-web-app-status-bar-style" content="black">

    <meta name="viewport" content="width=device-width, initial-scale=1.0">
    <meta name="HandheldFriendly" content="True">
>>>
                                                                  Ln: 56  Col: 4
```

图 14-30

程序代码解析：

- 第 04 行：调用 requests 程序包的 get()方法，参数为网址。
- 第 06~12 行：if/else 语句。当属性 status_code 和检查状态相同时，进一步调用 splitlines()方法分割其内容，并用 for/in 循环输出其结果。

HTTP 的请求方法都可以在 requests 程序包中直接调用。

调用 put()方法的范例如下。

【范例程序：htmlPUT.py】

```
import requests
addr = 'http://www.python.org'
res = requests.put(addr)
print(res)     #返回<Response [403]>
```

put()方法获取的内容是一个 Response 对象（存储于变量 res 中），可以使用属性 text 或 context 取出不同的结果。

属性 text 或 context 输出 Response 对象，范例如下。

【范例程序：response.py】

```
import requests
#利用 Python 提供的测试网站
addr = 'http://httpbin.org/get'
res = requests.get(addr)
print(res)   #返回<Response [200]>
print(res.text)
print(res.content)   #以二进制方式 HTTP Headers
```

程序的执行结果如图 14-31 所示。

```
Python 3.7.0 Shell
File Edit Shell Debug Options Window Help
>>>
 RESTART: D:\My Documents\New Books 2018\Python 3.x
程序设计从入门到实战(机工)\范例文件\ch14\response.py
<Response [200]>
{
  "args": {},
  "headers": {
    "Accept": "*/*",
    "Accept-Encoding": "gzip, deflate",
    "Connection": "close",
    "Host": "httpbin.org",
    "User-Agent": "python-requests/2.19.1"
  },
  "origin": "114.241.93.82",
  "url": "http://httpbin.org/get"
}

b'{\n  "args": {}, \n  "headers": {\n    "Accept":
"*/*", \n    "Accept-Encoding": "gzip, deflate", \n
   "Connection": "close", \n    "Host": "httpbin.or
g", \n    "User-Agent": "python-requests/2.19.1"\n
}, \n  "origin": "114.241.93.82", \n  "url": "http:
//httpbin.org/get"\n}\n'
>>>
Ln: 20 Col: 4
```

图 14-31

程序包 requests 的 get()方法还可以加入 params 参数，语法如下：

```
get(url, params = None, **kwargs)
```

- url：必须提供的参数，通常是网址。
- params：必须以字典对象来设置。

什么情况下 URL 后面会有参数？以下面的情况来简单认识一下：

```
https://www.baidu.com/s?wd=Python&rsv_spt=1&rsv_iqid=0xfc9b7e7f0001b3e4&issp=
1&f=8&rsv_bp=0&rsv_idx=2&ie=utf-8&tn=baiduhome_pg&rsv_enter=1&rsv_sug3=7&rsv_sug
1=7&rsv_sug7=101&rsv_t=0302B96DyWcbrrriJn3118xHfXxm%2BtLPECPq0mqAxRlFmzzqQkhgNng
eNTfX%2B4d2lw8O&rsv_sug2=0&inputT=2595&rsv_sug4=2902&rsv_sug=2
```

- 这是使用百度搜索“Python”关键词所产生的，也就是百度的网址之后会有“s”，再以“?”字符带出一大串参数。

配合搜索，它的格式如下：

```
HTTP://主机名/路径?<key1>=<value1>&<key2>=<value2>
```

- <key1>=<value1>的组成能以 Python 的字典来表示，它可以转化成 get()方法的参数 params。

get()方法加入 params 参数的范例如下。

【范例程序：htmlGET.py】

```
import requests
data = {'code':'utf-8'}    #参数必须是 dict 对象
addr = 'http://www.python.org/get'
res = requests.get(addr, params = data)
print(res.url)
#返回 https://www.python.org/get?code=utf-8
```

- get()方法加入 params 参数，输出属性 url 时，参数 params 会于 get 之后输出，两者之间会用"?"字符来分隔。

HTTP 的 Headers（报头）

当浏览器向 Web 服务器发出请求时，它会传递一组属性和配置的相关信息，这些内容都会存放在 HTTP 的 Headers 中。以 Chrome 浏览器为例，我们可以启动"开发者工具"做进一步的观察。

步骤 01 进入新浪网站，网址为 https://www.sina.com.cn/。

步骤 02 启动 Chrome 浏览器的"开发者工具"，单击"Network"并重新加载此网页，网页显示结果如图 14-32 所示。

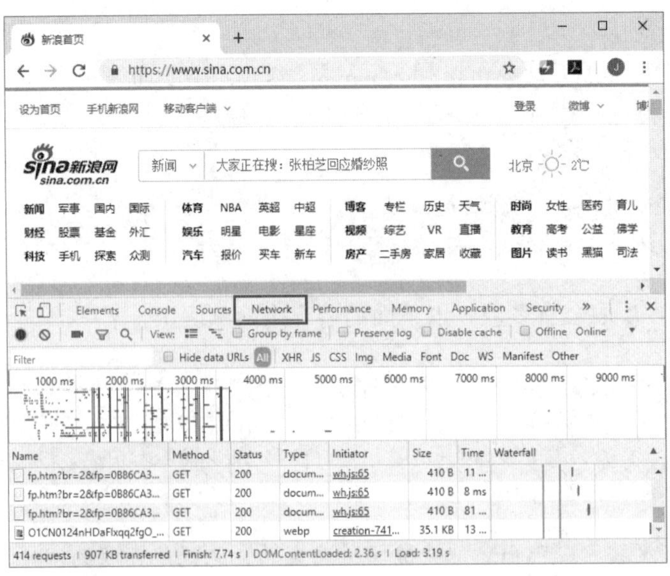

图 14-32

步骤03 查看 Response Headers 内容。先单击“新闻”（新闻频道），再单击 Name 一栏下面的“news.sina.com.cn”，然后向下滚动滚动条，找到 Headers 的“Response Headers”，具体步骤如图 14-33 所示。

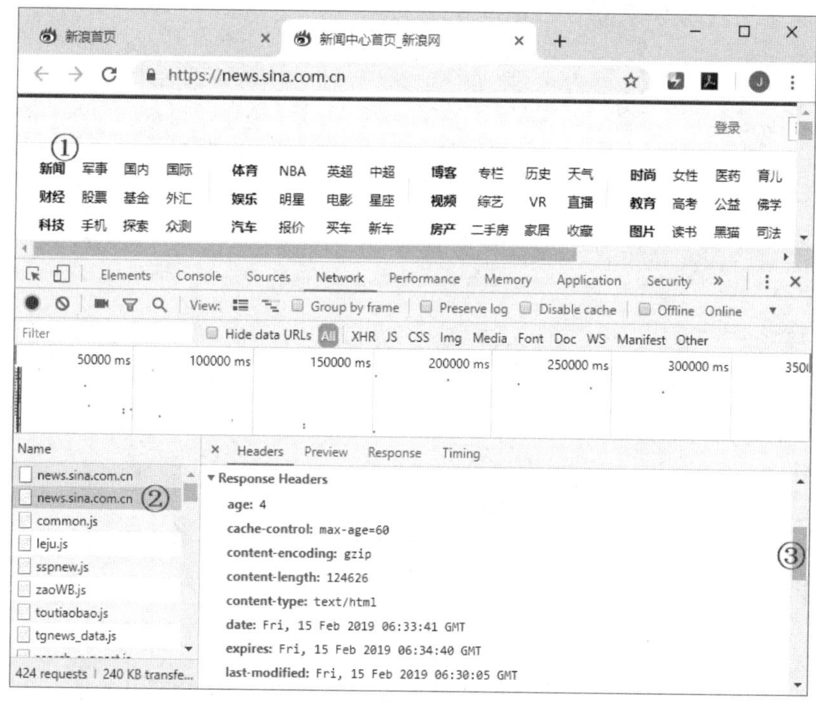

图 14-33

范例程序说明

使用 requests 程序包的属性 headers 来获取 HTTP 报头的信息，它会以字典对象返回。

【范例程序：header.py】

```
01 import requests
02 addr = ' https://news.sina.com.cn/'
03 res = requests.get(addr)
04 result = res.headers #result 字典对象
05 #for 循环以键/值(key/value)配合 items()方法读取
06 for key, value in result.items():
07     print('{0:15s}: {1:s}'.format(key, value))
```

程序的执行结果如图 14-34 所示。

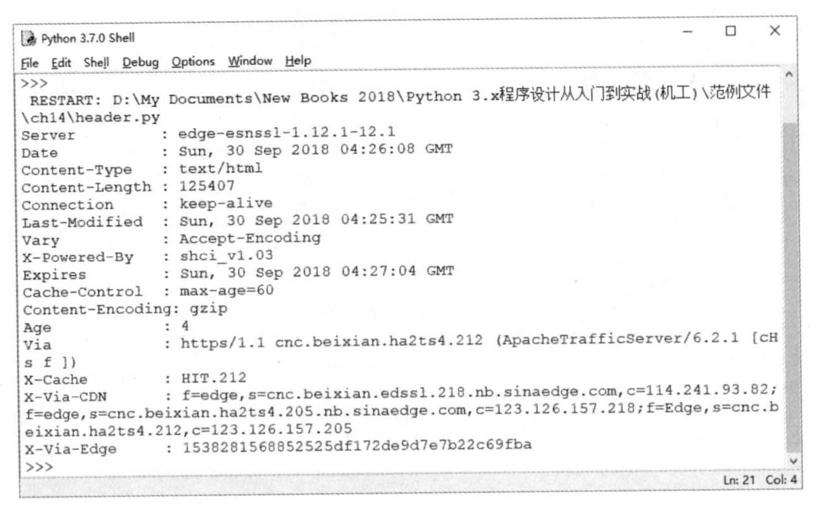

图 14-34

程序代码解析：

- 第 04 行：以属性 headers 获取 HTTP 的报头信息。
- 第 06、07 行：由于 headers 会以字典对象返回，因此使用它的 key 和 value 并调用 items() 方法，配合 for 循环读取它的各个元素。

Cookie

Cookie 被戏称为“小饼干”（或小型文本文件），它通常是某些网站为了识别用户身份而存储在客户端的数据（经过加密）。举例来说，当我们登录网上的在线电子信箱时，其实就借助了 Cookie，这样远程的邮件服务器才知道哪些邮件已经看过了，哪些邮件尚未阅读，它的工作流程如图 14-35 所示。

- 用户成功登录到邮件服务器后，服务器会发送一个加密的 Cookie 文件，用户的浏览器会保存此 Cookie 文件。
- 当用户下一次再连接邮件服务器时，会发送先前保存的 Cookie 文件给邮件服务器，验证无误后恢复登录状态。

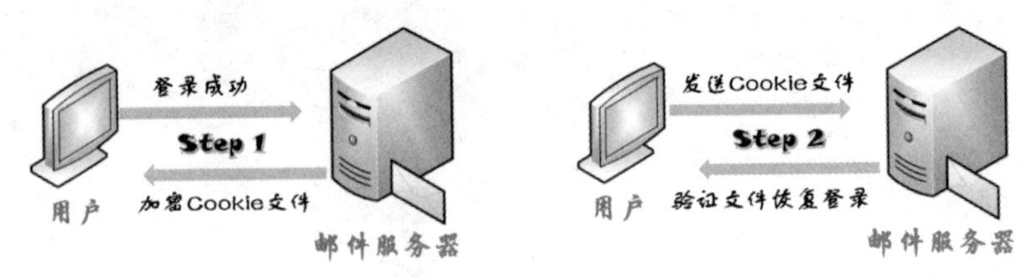

图 14-35

如果服务器返回的网页数据中含有 Cookie，同样能以 requests 程序包的 get()方法来获取其数据。不过服务器端的 Cookie 数据较难获得，但可以把自己写的 Cookie 放入 GET 请求中发送给服务器。

get()方法加入 Cookie 参数的范例如下。

云盘下载 【范例程序：cookies.py】

```
import requests
addr = 'http://httpbin.org/cookies'
#调用 dict()函数转换为字典对象
work = dict(cookie_is = 'python')
res = requests.get(addr, cookies = work)
print(res.text)
```

程序的执行结果如图 14-36 所示。

```
{
  "cookies": {
    "cookie_is": "python"
  }
}
```

图 14-36

接下来，进入金山词霸在线翻译网站（http://www.iciba.com/），观察 HTTP 报头有何不同。操作“Request Headers”的步骤如下：

步骤01 进入百度网站，①输入要查询的关键词，在此例中为“Python”，②单击“百度一下”按钮，如图 14-37 所示。

图 14-37

步骤02 获取Request Headers信息。按F12键启动Chrome的“开发者工具”。①单击“Network”并让它重新加载网页；②单击网页下面 Name 栏中的第一项，是一长串网址：

```
“https://www.baidu.com/s?ie=utf-8&f=3&rsv_bp=1&rsv_idx=1&tn=baidu&wd=Python&oq=python&rsv_pq=8af056620001aebf&rsv_t=f88fm%2Fof0y2dVzVMcfto1Sre0B9e%2F%2BvR9GMJX3mI7nWTZcPjoiml7ZOjLPU&rqlang=cn&rsv_enter=0&prefixsug=Python&rsp=0&inputT=196087&rsv_sug4=201107&rsv_sug=1”
```

其中包含 “Python”（就是我们要查询的关键词），③ 在右边的窗格中滚动右侧的滚动条，找到“Request Headers”。具体步骤可参考图 14-38。

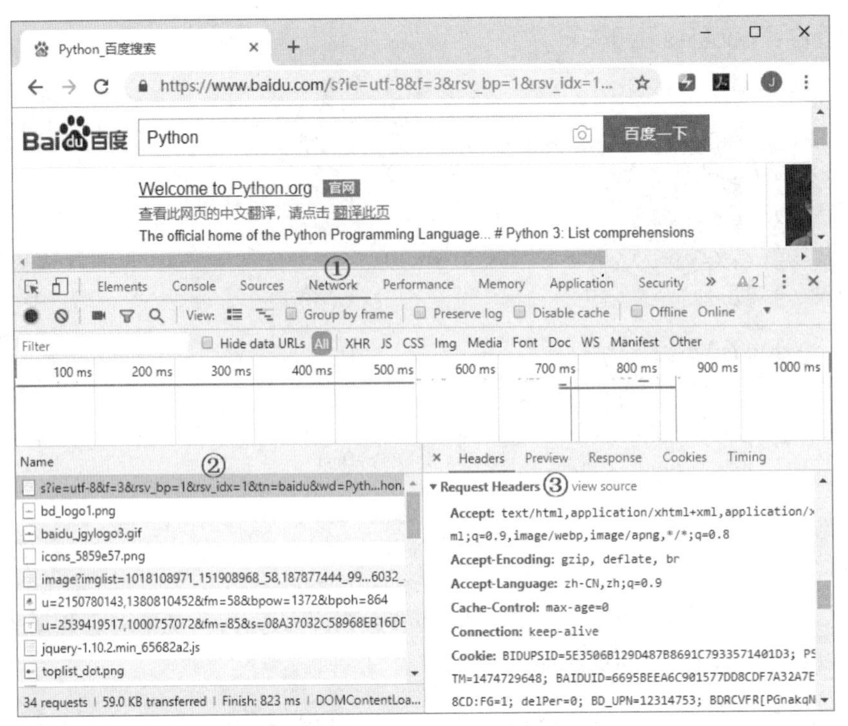

图 14-38

这些以 Request Headers 方式存储的参数，就是我们获取 Cookie 所要的信息，可参考表 14-5 的说明。

表 14-5　不同的 Request Headers 参数

Headers 参数	说明
Accept	浏览器可接受的 MIME 类型，可根据实际情况产生
Accept-Encoding	浏览器可接受的编码方式，比如 gzip，解码顺利有利于减少网页的下载时间
Accept-Language	当服务器能提供一种以上的语言版本时，可通过浏览器进行设置
Cookie	请求报头中最重要的信息
User-Agent	对于不太喜欢爬虫程序的网站来说，会对访问者进行连接检测，通过 User Agent 来查看是谁发出的请求
Upgrade-Insecure-Requests	参数设为“1”，表示浏览器将请求从 http 自动升级到 https。更通俗的说法是“我明白你的意，更懂你的心”。考虑安全的情况下，发送请求时使用 https，服务器的响应消息能让浏览器完全读懂

技巧

HTTP 是超文本传输协议，而 HTTPS 是经过加密的超文本传输协议，两者的端口（Port）不同：

- HTTP 使用端口 80 的协议，它是纯文本模式。
- HTTPS 则使用端口 443 的协议，是一种可通行的二进制字符模式。

为了让爬虫程序能顺利执行，必须设法隐藏自己的爬虫程序身份，用户代理（User Agent，

UA）的“旋转门”就能达到隐身的目的。存放于 Headers 中的 User Agent 的默认值是 Python，这无法让爬虫程序进入网站中。

范例程序说明

对于 Request Headers 参数的用法有了认识之后，用从金山词霸在线翻译网站获取的报头信息模拟它是一个 Web 服务器，配合 requests 程序包中的 Session()方法来获取它的 Cookie 内容。

【范例程序：cookies02.py】

```
01 import requests
02 addr = 'https://www.baidu.com/s?ie=utf-8&f=3&rsv_bp=1&rsv_idx=1\
03 &tn=baidu&wd=Python&oq=python&rsv_pq=8af05662000laebf&rsv_t=f88fm\
04 %2Fof0y2dVzVMcfto1Sre0B9e%2F%2BvR9GMJX3mI7nWTZcPjoiml7ZOjLPU&rqlang=\
05 cn&rsv_enter=0&prefixsug=Python&rsp=0&inputT=196087&rsv_sug4=201107\
06 &rsv_sug=1'
07
08 work = {
09   'Accept' : 'text/html,application/xhtml+xml,application/xml;\
10 q=0.9,image/webp,image/apng,*/*;q=0.8',
11   'Accept-Encoding' : 'gzip, deflate, br',
12   'Accept-Language' : 'zh-CN,zh;q=0.9',
13   'User-Agent' : 'Mozilla/5.0 (Windows NT 10.0; Win64; x64)
14 \AppleWebKit/537.36 (KHTML, like Gecko) Chrome/69.0.3497.100
15 \Safari/537.36',
16   'Upgrade-Insecure-Requests' : '1',
17   }
18 res = requests.Session()
19 result = res.get(addr, headers = work)
20 for item in res.cookies:
21     print(item)
```

程序的执行结果如图 14-39 所示。

```
<Cookie BAIDUID=AEFF85963988BA5C10F114BD77486E25:FG=1 for .baidu.com/>
<Cookie BIDUPSID=AEFF85963988BA5C10F114BD77486E25 for .baidu.com/>
<Cookie H_PS_PSSID=1426_21097_26350_20718 for .baidu.com/>
<Cookie PSINO=2 for .baidu.com/>
<Cookie PSTM=1538292717 for .baidu.com/>
<Cookie delPer=0 for .baidu.com/>
<Cookie BDSVRTM=17 for www.baidu.com/>
<Cookie BD_CK_SAM=1 for www.baidu.com/>
```

图 14-39

程序代码解析：

- 第 18 行：Session()方法会让对象的请求保持相关参数，也就是同一个 Session 的情况下，所发出的请求都能以 Cookie 进行保存。

POST 方法

网页中需要用户填入数据的窗体大部分都调用 HTTP 的 POST 方法。调用 post 方法之前，我们先来认识它的语法：

```
post(url, data = None, json = None, **kwargs)
```

- data：必须是字典对象，默认值为 None。

利用 Python 官方提供的一个测试网站调用 post()方法处理请求，范例如下。

【范例程序：htmlPOST.py】

```
requests
# 使用 HTTP 请求的 POST 方法
addr = 'http://httpbin.org/post'
login = {'account':'Tomas', 'password':'******'}
res = requests.post(addr, data = login)
print(res.text)
```

程序的执行结果如图 14-40 所示。

```
{
  "args": {},
  "data": "",
  "files": {},
  "form": {
    "account": "Tomas",
    "password": "******"
  },
  "headers": {
    "Accept": "*/*",
    "Accept-Encoding": "gzip, deflate",
    "Connection": "close",
    "Content-Length": "41",
    "Content-Type": "application/x-www-form-urlencoded",
    "Host": "httpbin.org",
    "User-Agent": "python-requests/2.19.1"
  },
  "json": null,
  "origin": "114.241.93.82",
  "url": "http://httpbin.org/post"
}
```

图 14-40

- 方法 post()的参数 data 会添加于 form 中。

14.3 用 Beautiful Soup 4 进行网页解析

虽然 requests 程序包能让我们访问 Web 服务器，但“芝麻开门”之后，宝藏虽多，但也更复杂，因而需要用 Beautiful Soup 4 程序包来处理。这个程序包可以在接收数据和过滤数据之间多一道解析流程，也就是使用 requests 程序包抓取网页的源代码，再用 Beautiful Soup 4 进行解析。有关 Beautiful Soup 4 程序包的安装方法，前面已经介绍过，要了解更多信息，可进入其官方网站 https://www.crummy.com/software/BeautifulSoup/，如图 14-41 所示。

图 14-41

官方网站提供了程序包的下载以及程序包使用的说明文件。Beautiful Soup 将复杂的 HTML 网页转换成复杂的树状结构，每个节点都以 Python 对象来处理。这些对象可以归纳为 4 种：Tag、NavigableString、BeautifulSoup 和 Comment。

14.3.1 首选 Tag

什么是 Tag？简单来说，就是网页中 HTML 的标签再加上它所包含的内容。

例如，标签<title>加上其内容“Python”就是 Tag：

```
<title>Python</title>
```

别忘了，程序包本身是类，必须先创建 BeautifulSoup 的对象。下面来认识它的第一个语法：

```
BeautifulSoup(markup, HTML 解析器)
```

- markup：指组成网页的 HTML 源码。
- HTML 解析器：以 Python 内建的函数库 html.parser 为主，此参数不能省略，否则解释程序时会发生错误。解析器的使用可参考后文的说明。

如何获取 HTML 网页的源码呢？我们可以把程序代码以字符串方式或以文件方式保存，再用内部函数 open()来打开。最后搭配 requests 程序包读取 URL。此外，使用 BeautifulSoup 还需要配合 HTML 解析器来解析源码。简介如下。

- html.parser：Python 内建的标准函数库语法为“BeautifulSoup(markup,'html.parser')”。
- lxml：第三方函数库，使用时必须安装，它的执行速度快，语法为“BeautifulSoup(markup,'lxml')”。
- html5lib：也是第三方函数库，模拟浏览器输出 HTML5 文件，因而速度慢，语法为“BeautifulSoup(markup,'html5lin')”。

下面的范例程序将以 BeautifulSoup 的构造函数来解析 HTML 标记。

【范例程序：bs01.py】

```
01 from bs4 import BeautifulSoup #导入 BeautifulSoup 程序包
02 #以字符串方式列出 html 标签
03 htmlsource = '''
04 <html>
05   <head>
06     <meta name="Python WebSite Id" content="Head 元素">
07       <title>Python</title>
08   </head>
09   <body>
10     <div style = "color:blue">
11       <h3>Python Web</h3>
12     </div>
13     <p>将文字变成<span style = "color : yellow">黄色
14     </span></p>
15   </body>
16 </html>
17 '''
18 soup = BeautifulSoup(htmlsource, 'html.parser')
19 #prettify()方法会按照标签所排定的原有格式输出
20 print(soup.prettify())
```

程序的执行结果如图 14-42 所示。

```
<html>
 <head>
  <meta content="Head 元素" name="Python WebSite Id"/>
  <title>
   Python
  </title>
 </head>
 <body>
  <div style="color:blue">
   <h3>
    Python Web
   </h3>
  </div>
  <p>
   将文字变成
   <span style="color : yellow">
    黄色
   </span>
  </p>
 </body>
</html>
```

图 14-42

程序代码解析：

- 第 01 行：导入 bs4 程序包的 BeautifulSoup 类。
- 第 03~17 行：HTML 标记用长字符串 htmlsource 表示。
- 第 18 行：调用 BeautifulSoup 的构造函数将解析过的内容交给对象 soup 存储。

- 第 20 行：调用方法 prettify()将字符串 htmlsource 按照原有格式输出。

HTML 标签可以在创建 BeautifulSoup 的对象之后，以“.”（半角句点）来存取。对于 Tag 来说，有两个重要属性：name 和 attrs，其中属性 name 可用于获取标签名称。

用属性 name 获取标签<title>及其内容的范例如下。

【范例程序：bsTag.py】

```
from bs4 import BeautifulSoup
htmlTag = '<title>Python Demo</title>'
soup = BeautifulSoup(htmlTag, 'html.parser') #①
print(soup.title)
print(soup.name)              #输出[document]
print(soup.title.name)        #输出标签<title>的名称为 title
print(soup.title.string)
print(type(soup))     #输出<class 'bs4.BeautifulSoup'>
```

- 创建 soup 对象（BeautifulSoup 类的对象），再以“.”存取标签<title>。它会以 Tag 格式来读取，输出为“<title>Python Demo</title>”。
- 属性 name 和 title.name 会输出不同的结果。
- 属性 title.string 只会输出标签<title>的内容“Python Demo”。
- 调用 type()函数输出 soup，它属于 BeautifulSoup 的对象。

属性 attrs 或方法 get()获取标签中的属性及其值的范例如下。

【范例程序：bsTagAttrs.py】

```
from bs4 import BeautifulSoup
htmlTag = '<a href="princess.php" onMouseOut="MM_swapImgRestore()"></a>'
soup = BeautifulSoup(htmlTag, 'html.parser')
#使用属性获取不同内容——获取标签<a>
print(soup.a)             #①
print(soup.a.attrs)    #②
#获取某个属性值：指定属性名称或调用 get()方法来处理
print(soup.a['href'])    #输出属性值 princess.php
print(soup.a.get('onmouseout'))     #输出 MM_swapImgRestore()
```

程序的执行结果如图 14-43 所示。

```
<a href="princess.php" onmouseout="MM_swapImgRestore()"></a>
{'href': 'princess.php', 'onmouseout': 'MM_swapImgRestore()'}
princess.php
MM_swapImgRestore()
```

图 14-43

- 属性 attrs 可以获取标签的属性和属性值，也能以标签名称再以中括号指定其属性或调用方法 get()以属性为参数来获取其属性值。

HTML 源码除了以长字符串存放外，也可以将 HTML 文件和范例程序存放在同一个目录中，再调用内部函数 open()指定其文件名，范例程序如下。

【范例程序：openHTML.py】

```
soup = BeautifulSoup(open('Demo01.html'), 'html.parser')
print(soup.prettify())
```

另一种做法是由 requests 程序包获取 URL 之后，再用 BeautifulSoup 进行解析，范例程序如下。

【范例程序：bs02.py】

```
from bs4 import BeautifulSoup #导入 BeautifulSoup 程序包
import requests
#requests 获取 URL，再用 bs4 进行解析
addr = 'http://www.qq.com'
res = requests.get(addr)
#res 为 Response 对象，必须用属性 text 转换，否则会出现错误
soup = BeautifulSoup(res.text, 'html.parser')
print(soup.title)     #输出整个<title>标签

print(soup.title.name)     #输出标签的名称

print(soup.title.string)  #输出标签<title>之间的字符串
```

程序的执行结果如图 14-44 所示。

```
<title>腾讯首页</title>
title
腾讯首页
```

图 14-44

- 若要获取 URL，则要用 requests 程序包获取某个网页的 HTML 内容。
- 复习一下属性 title，配合 name 和 string 可以获取不同的内容。

获取 HTML 的注释

通常 HTML 网页中会以标签<!---内容--->来表示注释文字，要想获取这些内容，可以使用属性 string。

【范例程序：bsComment.py】 通过属性 comment 获取注释文字

```
from bs4 import BeautifulSoup
markup = '<a href = "http://www.qq.com">\
<!--多语言学习平台--></a>'
soup = BeautifulSoup(markup, 'html.parser')
print('输出 Tag: ', soup.a)   #①
comment = soup.a.string
```

```
print(type(comment))    #输出<class 'bs4.element.Comment'>
print('注释内容：', comment)  #②
```

程序的执行结果如图 14-45 所示。

```
输出Tag： <a href="http://www.qq.com"><!--多语言学习平台--></a>
<class 'bs4.element.Comment'>
注释内容： 多语言学习平台
```

图 14-45

14.3.2 BeautifulSoup 常用的属性和方法

要从 HTML 标签中找到自己所需的数据，还要进一步加入程序包 BeautifulSoup 的成员，其常用的属性和方法如表 14-6 所示。

表 14-6

BeautifulSoup 的成员	说明
title	获取 HTML 的标记<title>
text	删除 HTML 标记所返回的网页内容
find()方法	返回第一个符合条件的 tag
find_all()方法	返回所有符合条件的 tag
select()方法	返回指定的 CSS 选择器

find()、find_all()方法

获取的 HTML 源码，直接以“.”存取标签只会找到第一个 Tag，想要读取更多的 Tag，就要调用 find()或 find_all()方法过滤出需要的标签。先来看看它们的语法：

```
find(name , attrs , recursive , text , **kwargs)
find_all(name , attrs , recursive , text , **kwargs)
```

- name：tag 名称（标签名称）。
- attrs：以字典对象传入{属性名称 ：属性内容}。
- text：获取网页中指定的字符串。
- **kwargs：在参数以外可以用字符串或正则表达式来指定搜索的对象。

云盘下载 【范例程序：bs03.py】 调用方法 find()找到“http://www.qq.com”网站的第一个超链接标签<a></a>。

```
#--省略部分程序代码
#调用 find()方法找到第一个超链接标签<a></a>
print(soup.find('a'))
#调用 find()方法找到所有的<span>标签
print('价格')
for item in soup.find_all('span'):
    print(item)
```

程序的执行结果如图 14-46 所示（注意：实际找到的<span>标签很多，因为本书篇幅的原因，只截取了一部分）。

```
<a bosszone="logo" class="qqlogo" href="//www.qq.com" id="tencentlogo"
target="_blank">
<img alt="腾讯网" src="//mat1.gtimg.com/www/qq2018/imgs/qq_logo_2018x2.png"/>
</a>
价格
<span id="guess">WWWQQCOM</span>
<span class="userVip" id="userVipLayout"></span>
<span class="txtRight" id="inboxGrayNum"></span>
<span class="txtRight" id="bottleGrayNum"></span>
<span class="txtRight" id="gmailGrayNum"></span>
<span class="txtRight" id="dmailGrayNum"></span>
<span class="txtRight" id="passiveGrayNum"></span>
<span class="txtRight" id="InitGrayNum"></span>
<span class="txtRight" id="AboutGrayNum"></span>
<span class="now"></span>
<span></span>
```

图 14-46

- 调用 find()方法从 HTML 网页中找到第一个显示的超链接标签。
- 调用 find_all()方法找出全部的<span>标签。

在 find()方法中加入 attrs 参数的范例如下。

【承接前一个范例程序进行修改，参考范例程序 bs04.py】

```
data =soup.find('a',{'href' : 'about.php'})
```

- find()方法加入第二个参数 attrs，以字典对象来表示{属性名：属性值}。

【范例程序：bs05.py】

```
01 from bs4 import BeautifulSoup #导入 BeautifulSoup 程序包
02 import requests
03 #省略部分程序代码
04 data = soup.find_all('a')
05 for link in data:
06     #获取链接中含有属性 href 的
07     attr = link.get('href')
08     #其返回值要以 http://开头而且不能是 None
09     if attr != None and attr.startswith('http://'):
10         print(attr)
```

程序的执行结果如图 14-47 所示（注意：因为本书篇幅原因，只是部分执行结果）。

```
http://act.qzone.qq.com
http://new.qq.com/
http://tlbb.qq.com/main.shtml?
ADTAG=media.innerenter.qqcom.index_navigation
http://cfm.qq.com/?
ADTAG=media.innerenter.qqcom.index_navigation
http://hdl.qq.com/index.shtml?
ADTAG=media.innerenter.qqcom.index_navigation
http://eafifa.qq.com/?
ADTAG=media.innerenter.qqcom.index_navigation
http://dn.qq.com/?
ADTAG=media.innerenter.qqcom.index_navigation
```

图 14-47

程序代码解析：

- 第 05~10 行：for 循环读取网页的标签<a>。
- 第 09 行：用 if 语句判断超链接标签含有 href、以 http://为链接开头而且是非 None 者，只有符合这些条件，才调用 print()方法将含有属性 href 的 Tag 输出。

调用 find_all()方法获取 HTML 网页中的<link>标签，要求它的属性为 href，属性值分别是“css/type.css”和“newtype.css”，范例如下。

【范例程序：bs06.py】

```
linkAll = soup.find_all('link', {'href': 'css/type.css', 'newtype.css'}})
for link in linkAll:
    print(link)
```

程序的执行结果如图 14-48 所示。

```
<link href="css/type.css" rel="stylesheet" type="text/css"/>
<link href="newtype.css" rel="stylesheet" type="text/css"/>
```

图 14-48

加入简单正则表达式“^”，找出以“t”开头的标签，范例如下。

【范例程序：bsfindAll01.py】

```
#省略部分程序代码
#配合正则表达式，以 t 开头的标签会被找出
for item in soup.find_all(re.compile('^t')):
    print(item.name, end = ' ')
```

程序的执行结果如图 14-49 所示。

```
title table tr td td td tr td td td
```

图 14-49

find_all()方法加入其他参数，找出“class = 'type5'”的 Tag，范例如下。

【范例程序：bsfindAll02.py】

```
res = requests.get(addr)
soup = BeautifulSoup(res.text, 'html.parser')
allTag = soup.find_all(class_ = 'type5')
for tag in allTag:
    print(tag)
```

程序的执行结果如图 14-50 所示。

```
<span class="type5">260</span>
<span class="type5">1800</span>
<span class="type5">2000</span>
```

图 14-50

拜访树状结构

对于 HTML 网页来说，内含的标签是一个树状结构，先以下面的内容来说明。

【参考文件：Demo02.html】

```
<html lang="en">
 <head>
     <title>BeautifulSoup</title>
 </head>
 <body>
     <font size=5 face="Consolas">
         <table width=380 height=40 border=1>
             <tr class="city" align="center">
                 <td>City</td>
                 <td>Kaohsiung</td>
                 <td>Taipei</td>
             </tr>
             <tr class="zip_code" align="center">
                 <td>Zip Code</td>
                 <td>800</td>
                 <td>100</td>
             </tr>
         </table>
     </font>
 </body>
</html>
```

以标签<body>来说，它的父节点是<html>，子节点是标签<table>，其树状结构如图 14-51 所示。

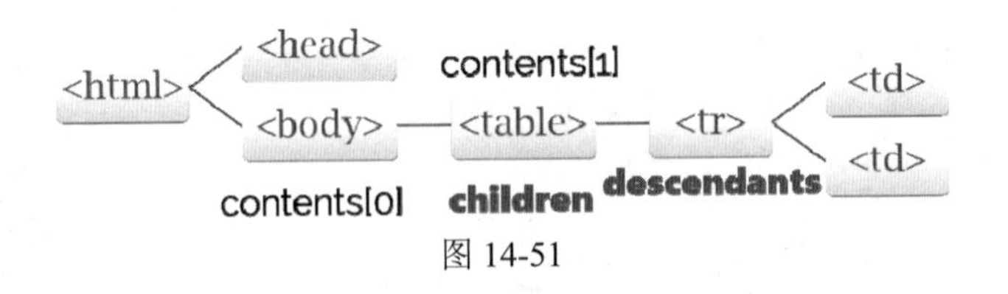

图 14-51

从 BeautifulSoup 类的角度来看，标签<body>的父代（属性 parent）是<html>，子代（属性 children）是<table>，其子孙代（属性 descendants）是标签<tr>。以属性 contents 来说，配合下标的用法，contents[1]用于读取标签<table>所包含的内容。

云盘下载

【范例程序：bsTree.py】

```
01 from bs4 import BeautifulSoup
02 #省略部分程序代码
03 print('Parent:\n', soup.title.parent)
04 allNote = soup.body.contents
05 print('Children:')
06 for child in allNote:
07     print(child)
08 print('Older Brother:')
09 #返回兄弟节点，使用previous_siblings属性
10 sibling = soup.find('tr',
11     {'class':'zip_code'}).previous_siblings
12 for item in sibling:
13     print(item)
14 #返回姊妹节点，使用next_siblings属性
15 print('Young Sister:')
16 comrade = soup.find('table').tr.next_siblings
17 for item in comrade:
18     print(item)
```

程序的执行结果如图 14-52 所示。

```
Parent:
 <head>
<title>BeautifulSoup</title>
</head>
Children:


<font face="Consolas" size="5">
<table border="1" height="40" width="380">
<tr align="center" class="city">
<td>City</td>
<td>HangZhou</td>
<td>Shanghai</td>
</tr>
<tr align="center" class="zip_code">
<td>Zip Code</td>
<td>31000</td>
<td>200000</td>
</tr>
</table>
</font>
```

```
Older Brother:


<tr align="center" class="city">
<td>City</td>
<td>HangZhou</td>
<td>Shanghai</td>
</tr>


Young Sister:


<tr align="center" class="zip_code">
<td>Zip Code</td>
<td>31000</td>
<td>200000</td>
</tr>
```

图 14-52

程序代码解析：

- 第 03 行：对于<title>来说，<head>是它的父节点，所以它会输出两个 Tag：head 和 title。
- 第 04 行：属性获取标签<body>以下的 Tag 会以列表对象返回，由于用 for/in 循环来读取，因此只会输出 Tag。
- 第 06、07 行：用 for 循环读取标签<body>以下的所有子节点。
- 第 10、11 行：有两个<tr>标签，调用 find()方法配合 attrs 属性找出特定的<tr>之后，以属性 previous_siblings 找出它的兄弟或姊妹节点，应该是另一个<tr>，“class="city"”和它的子节点。

- 第 16 行：同理，调用 find()方法找到<table>，获取其子节点<tr>，再用属性 next_siblings 找出它的兄弟或姊妹节点。

select()方法

select()方法可以用来寻找 HTML 网页中 CSS 的过滤器，不过它也支持 Tag 的查找。先来查看一下“Demo02.html”：

```
<html lang = "zh-cmn-Hans">
 <head>
      <meta charset="utf-8">
      <title>Python 爬虫</title>
 </head>
 <body>
      <div style = "color:blue">
           <br>
                <a class="book">超右脑法语初级检定</a>
           </br>
           <span class="type4"><br>定价$</span>
           <span class="type5">1800</span>
           <br>
                <a class="book">超右脑韩语初级检定</a>
           </br>
           <span class="type4"><br>定价$</span>
           <span class="type5">2000</span>
      </div>
 </body>
</html>
```

调用 select()方法来获取 Tag，范例程序如下。

【范例程序：select.py】

```
from bs4 import BeautifulSoup

with open('Demo03.html') as target:
   soup = BeautifulSoup(target, 'html.parser')

#获取<title>Tag
print(soup.select('title'))

#逐一找出<head>以下的<meta>Tag
tag_meta = soup.select('head meta')
print('meta:', tag_meta)

#找出<div>以下的<span>Tag
tag_span = soup.select('div > span')
```

```
for item in tag_span:
    print(item)
#找出 class 的名称 book
attr_book = soup.select('.book')
for item2 in attr_book:
    print('class=book', item2)
```

程序的执行结果如图 14-53 所示。

```
[<title>Python爬虫</title>]
meta: [<meta charset="utf-8"/>]
<span class="type4"><br/>定价$</span>
<span class="type5">1800</span>
<span class="type4"><br/>定价$</span>
<span class="type5">2000</span>
class=book <a class="book">超右脑法语初级评测</a>
class=book <a class="book">超右脑韩语初级评测</a>
```

图 14-53

14.3.3 BeautifulSoup 程序包的应用范例

对 BeautifulSoup 程序包有了基本认识之后，下面来看看它的实践应用。本应用范例是从公开的网站上提取股市行情的数据，并把提取的数据保存在文本文件中。

应用范例：从公开网站上提取股市行情的数据

目前提供股票信息的公开网站，其中股票行情数据绝大多数都是用 JS 等代码生成的动态数据，即动态网页。我们用前面介绍的方法，以 Chrome 浏览器为例，启动“开发者工具”后，可以通过网页源代码查看工具看到股票行情数据的 HTML 源代码，但是无法用 BeautifulSoup 提取出来。

因此，我们需要选择股票行情数据以静态方式存在于 HTML 页面中的网站。笔者在新浪网、东方财富网、腾讯网等网站的股票频道查看过，很不幸，发现它们采用的都是动态数据呈现方式。最后笔者在网上求助，发现“高手在民间”，网友 Hang 同学发现百度网站股票频道的股票行情数据是直接由 HTML 源代码生成的，因而可以使用 BeautifulSoup 来提取（下面这个范例程序是根据网上 Hang 同学的设计思路改写的，省去了部分函数和异常处理部分，集中于主要功能的实现）。

不过，百度提供股票行情数据的方式是以单个股票来提供的，因此还需要当前股票市场中所有股票的列表数据，我们自己提供也可以，但是这是一项累人而且容易出错的工作。既然我们通过编写爬虫程序帮忙，为什么不用它继续帮我们呢？东方财富网的这个网址提供了所有股票代号的信息：http://quote.eastmoney.com/stocklist.html，这个网页如图 14-54 所示。

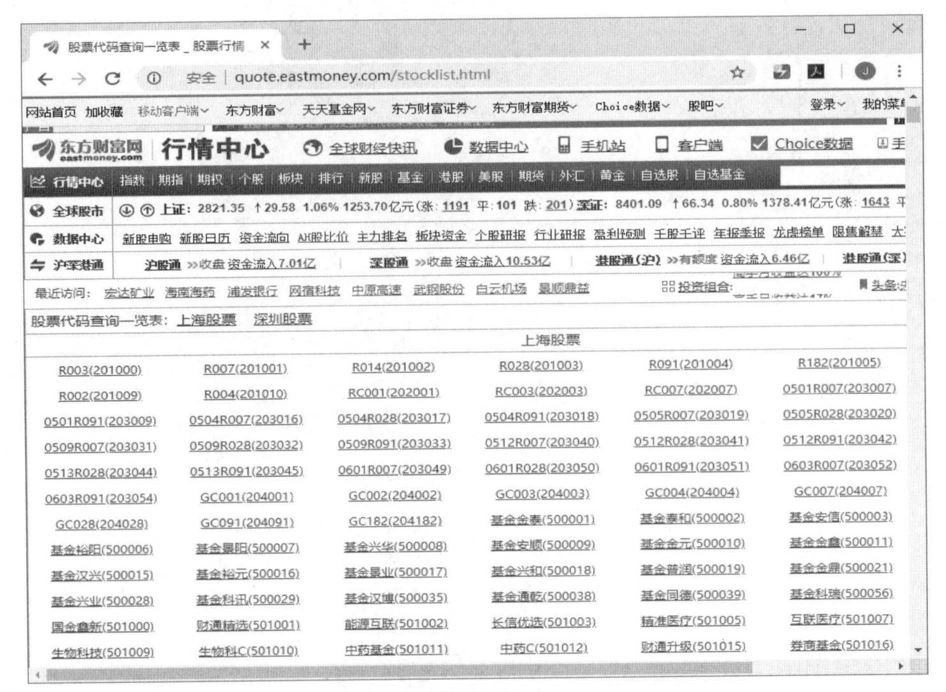

图 14-54

我们可以通过 BeautifulSoup 把这些股票代号提取出来存入列表，再将列表的各个元素和百度的股票网址的前面部分进行组合，就可以作为提取百度单个股票行情数据的网址。百度提供的单个股票行情数据的网页对应的网址为："https://gupiao.baidu.com/stock/" + "股票代号"。

我们以兴业银行股票的网页为例，对应的网址为 https://gupiao.baidu.com/stock/sh601166，其中 sh 代表的是上海证券交易所，601166 是兴业银行的股票代号。对应的网页如图 14-55 所示。

同理，宁波银行股票对应的网址是 https://gupiao.baidu.com/stock/sz002142，其中 sz 代表的是深圳证券交易所，002142 是宁波银行的股票代号。

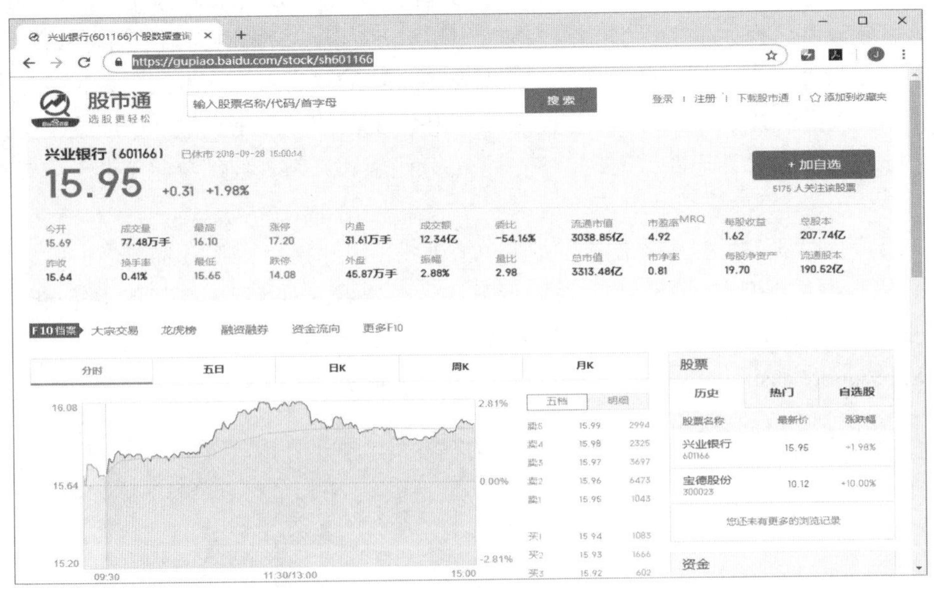

图 14-55

步骤 01 同样是以 Chrome 浏览器中“开发者工具”的“Inspect→element”进行分析，它是由<a></a>标记的超链接，其中包含股票对应的编号，如图 14-56 所示。

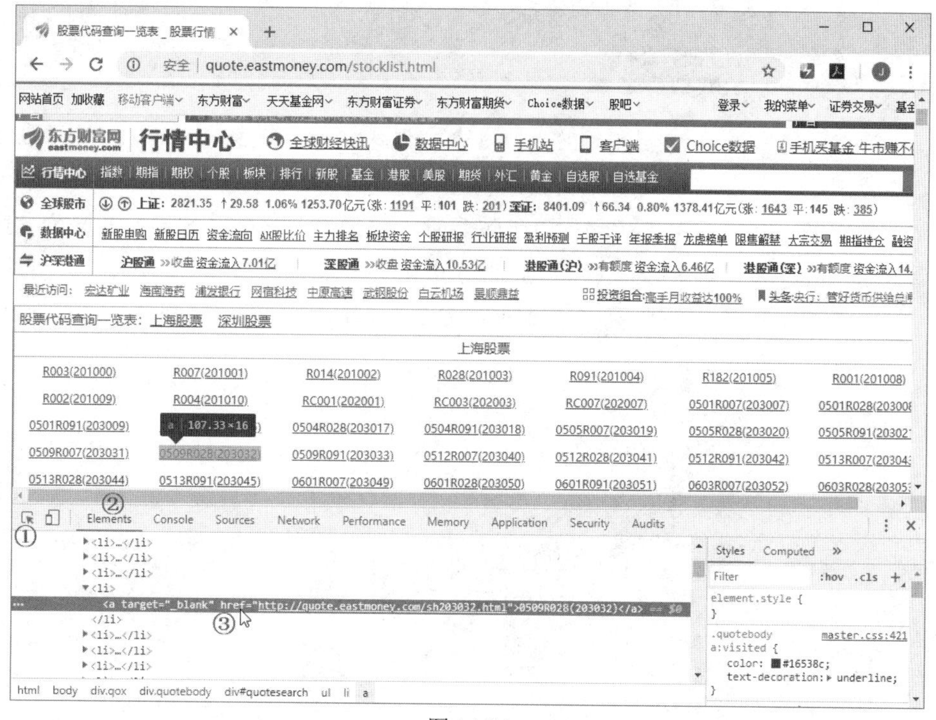

图 14-56

步骤 02 调用 requests 的 get()方法获取东方财富网站股票列表网页的源代码，使用 apparent_encoding 得到编码方式，再调用 BeautifulSoup 解析 HTML 源代码，随后调用 find_all()方法提取所有超链接的内容（URL 网址），最后用正则表达式从中提取出所有股票代码，并存储到一个列表 slist 中。

```
  slist[]          #初始化列表
  html = requests.get('http://quote.eastmoney.com/stocklist.html')# 获取网页 HTML
源代码
  html.encoding = html.apparent_encoding                # 得到编码方式
  soup = BeautifulSoup(html.text, 'html.parser')        # 解析 HMTL 源代码
  a = soup.find_all('a',limit = 200)   # 若删去 limit 参数，则可以提取所有股票的行情数据
    for i in a:
     href = i.attrs['href']              # 提取所有的超链接
     slist.append(re.findall(r"[s][hz]\d{6}", href)[0])  #从超链接中提取股票代码
```

技巧

在范例程序中，我们有意增加了“limit = 200”这个参数，主要是考虑把 A 股沪深两市所有股票的行情数据都提取出来，时间是非常长的。如果我们只是测试爬虫程序的功能，就可以使用这个参数限制提取股票行情数据的量，减少我们等待的时间。

步骤 03 有了所有股票代号的列表，再用字符串加法串接组合出百度股票频道中各个股票对应的

行情数据网页的地址，使用循环就是要组合出所有股票各自对应的网页地址：

```
for stock in slist:
    baidu_url = url + stock + ".html"       #串接组合出各个股票对应的行情数据网页的网址
    html = requests.get(baidu_url)          #获取网页 HTML 源代码
    html.encoding = html.apparent_encoding     #得到编码方式
```

步骤04 有了每只股票各自行情数据的网页地址，我们就可以用步骤 1 和步骤 2 中类似的方法，从百度股票行情数据的网页中提出 HTML 源代码，调用 BeautifulSoup 解析 HTML 源代码，再调用 findall()方法提取我们所需要的行情信息，如股票名称、开盘价、最低价、最高价、成交量等，其中从 dt 和 dd 标签中提取出来的信息分别对应 key（键）和 value（值）。最后将获得的全部键和值按照“键-值”对的方式存入字典中：

```
infoDict = {}        # 初始化字典
soup = BeautifulSoup(html.text, 'html.parser')  # 解析 HMTL 源代码
stockInfo = soup.find('div',attrs={'class':'stock-bets'})  # 提取股票的信息
name = stockInfo.find_all(attrs={'class':'bets-name'})[0]  # 提取股票的名称
infoDict.update({'股票名称': name.text.split()[0]})    # 以“键-值”对存储到字典中
keyList = stockInfo.find_all('dt')          # 股票的其他信息的键（key）
valueList = stockInfo.find_all('dd')        # 股票的其他信息对应的值（value）
for i in range(len(keyList)):               # 用 for 循环把各个“键-值”对存储到字典中
    key = keyList[i].text
    val = valueList[i].text
    infoDict[key] = val
```

步骤05 将 infoDict 字典中存储的各个股票的行情数据存储到文本文件中，假如我们选择的文件名为“StockInfo.txt”，那么这个范例程序执行结束后，我们就可以在这个范例程序的同一个目录找到这个含有股票行情数据的 StockInfo.txt 文件。

云盘下载 【范例程序：bsApp02.py】

```
01 from bs4 import BeautifulSoup
02 import requests
03 import re
04
05 def getStockList(slist, url): # 提取股票编号的列表
06     html = requests.get(url)
07     html.encoding = html.apparent_encoding # 得到编码方式
08     soup = BeautifulSoup(html.text, 'html.parser') # 解析 HMTL 源代码
09     a = soup.find_all('a',limit = 200) # 若删去 limit 参数，则可以提取所有股票的行
情数据
10     for i in a:
11         try:
12             href = i.attrs['href'] # 提取所有的超链接
13             slist.append(re.findall(r"[s][hz]\d{6}", href)[0]) #从超链接中提取股
票代码
14         except:
15             continue
16 def getStockInfo(slist, url, file_path): # 获取股票行情数据并写入文件
17     count = 0
```

```
18     with open(file_path, 'w+', encoding='utf-8') as stockinfo_file:
19         for stock in slist:
20             baidu_url = url + stock + ".html" # 串接组合出各个股票对应的行情数据网
页的网址
21             html = requests.get(baidu_url) # 获取网页 HTML 源代码
22             html.encoding = html.apparent_encoding # 得到编码方式
23             try:
24                 if html.text=="":
25                     continue
26                 infoDict = {}
27                 soup = BeautifulSoup(html.text, 'html.parser') # 解析 HMTL 源代码
28                 # 提取股票的信息
29                 stockInfo = soup.find('div',attrs={'class':'stock-bets'})
30 
31                 # 提取股票的名称
32                 name = stockInfo.find_all(attrs={'class':'bets-name'})[0]
33                 # 以“键-值”对存储到字典中
34                 infoDict.update({'股票名称': name.text.split()[0]})
35 
36                 keyList = stockInfo.find_all('dt') # 股票的其他信息的键（key）
37                   valueList = stockInfo.find_all('dd') # 股票的其他信息对应的值
（value）
38                 for i in range(len(keyList)): # 用 for 循环把各个“键-值”对存储到字
典中
39                     key = keyList[i].text
40                     val = valueList[i].text
41                     infoDict[key] = val
42 
43                 # 将字典中的内容写入文件
44                 stockinfo_file.write( str(infoDict) + '\n' )
45                 count = count + 1
46 
47                 print("\r 已完成: {:.2f}%".format(count*100/len(slist)),end="")
48             except:
49                 count = count + 1
50                 print("\r 已完成: {:.2f}%".format(count*100/len(slist)),end="")
51                 continue
52 
53 # 下面为主程序
54 stock_list_url = 'http://quote.eastmoney.com/stocklist.html'
55 stock_info_url = 'https://gupiao.baidu.com/stock/'
56 output_filename = 'StockInfo.txt'    # 股票行情数据存储到此名的文件中
57 stock_list=[] # 初始化列表
58 getStockList(stock_list, stock_list_url)    #调用提取股票代码的函数
59 getStockInfo(stock_list, stock_info_url, output_filename) #调用获取股票行情数
据的函数
```

程序的执行结果会生成一个名为 StockInfo.txt 的文本文件，打开这个文件，可以看到如图 14-57 所示的文件内容。如果我们删除了第 09 行语句中的“limit=200”参数，这个文件将包含沪市股市的所有股票的行情数据。当然，要得到全部股票的行情数据，需要这个范例程序运行不短的时间。

```
35 {'股票名称': '基金金鼎'}
36 {'股票名称': '基金科讯'}
37 {'股票名称': '基金汉博'}
38 {'股票名称': '基金通乾', '最高': '--', '最低': '--', '今开': '--', '昨收': '0.94', '成交额': '--', '成交量': '--', '净值': '0.9515', '折价率': '-1.42'}
39 {'股票名称': '基金同德'}
40 {'股票名称': '基金科瑞', '最高': '--', '最低': '--', '今开': '--', '昨收': '0.82', '成交额': '--', '成交量': '--', '净值': '0.8540', '折价率': '-3.40'}
41 {'股票名称': '国金鑫新', '最高': '1.02', '最低': '1.02', '今开': '1.02', '昨收': '1.04', '成交额': '513', '成交量': '5手', '净值': '1.0420', '折价率': '-2.30'}
42 {'股票名称': '财通多策略（LOF）', '最高': '1.05', '最低': '1.03', '今开': '1.04', '昨收': '1.03', '成交额': '15.81万', '成交量': '1526手', '净值': '1.0450', '折价率': '0.10'}
43 {'股票名称': '长信中证能源', '最高': '0.63', '最低': '0.63', '今开': '0.63', '昨收': '0.62', '成交额': '313', '成交量': '5手', '净值': '0.6410', '折价率': '-2.34'}
44 {'股票名称': '互联医疗', '最高': '--', '最低': '--', '今开': '--', '昨收': '0.92', '成交额': '--', '成交量': '--', '净值': '0.9346', '折价率': '-1.78'}
45 {'股票名称': '互联医C', '最高': '0.95', '最低': '0.87', '今开': '0.87', '昨收': '0.86', '成交额': '7.79万', '成交量': '866手', '净值': '0.9311', '折价率': '1.06'}
```

图 14-57

程序说明

- 第 18 行：使用 with 语句调用 open()方法，按照指定的文件名创建文件，打开模式为“w+”。
- 第 44 行：调用 write()方法将收集到的股票行情数据以字典数据类型写入文件，配合 18 行的 with 语句，整个函数结束后，会自动关闭文件并释放系统资源。
- 第 45~51 行：显示爬虫程序从网上收集的数据并写入文件的进度。
- 第 54~59 行：为主程序。设置网站 URL 的初值和指定输出文件的文件名，再设置存储股票代码的列表，最后调用两个函数完成整个程序的功能。

重点回顾

1. URI 由三个部分组成：①提供资源的名称，可能是 http、ftp、mailto 或 file，名称之后要有“:”（冒号）；②存放资源的主机；③提供资源的路径。

2. URL（Uniform Resource Locator，统一资源定位符）等同于因特网的“网址”。一个完整的 URL 包括协议、主机地址、路径和文件名称。

3. 网页大部分是以 HTML 标记语言所编写的，但它也有可能是以 PDF、XML、PHP 或 JSON 来存储的。

4. 内建模块 urllib 有 4 个类：urllib.request、urllib.error、urllib.parse、urllib.robotparser。

5. 无论是首页还是其他网页，主要由 HTML、CSS 和 JavaScript 构成的。

6. JavaScript 是由 LiveScript 开发出来的客户端解释型程序设计语言，主要特色是配合 HTML 网页与用户进行互操作。

7. CSS，被称为层叠样式表，能够美化网页的外观。

8. 以 Chrome 浏览器为例，进入某个网站后，在网页空白处右击即可启动快捷菜单，随后选择“查看网页源代码”，则会以打开新网页的方式显示其源代码。

9. 如果通过 Chrome 的“开发者工具”来查看网页的源代码，可以发现 HTTP 的请求大部分都会通过调用 GET 方法来处理。

10. 内建模块 urllib.request 可以通过 URL 中的字符或符号（如 HTTP）配合对应的网络协议获取其资源。

11. 调用方法 urlopen()以 HTTP 协议为主，是一个请求和响应的机制。简单来说，客户端提出请求后，服务器端要做出响应。

12. 我们可以使用 Python 内建模块 urllib.request 来读取 URL 的内容。

13. 我们可以调用 requests 程序包中的 get()方法获取网页内容。get()方法获取的内容是一个 Response 对象，可以使用属性 text 或 context 得到不同的结果。

14. 我们可以调用 requests 程序包的属性 header 来获取 HTTP 报头的信息，它会以字典对象返回。

15. Cookies 称为“小饼干”（或小型文本文件），通常是某些网站为了识别用户身份而存储在客户端的数据（经过加密）。

16. 网页中需要用户填入数据的窗体，大部分都调用 HTTP 的 POST 方法。

17. BeautifulSoup 能将复杂的 HTML 网页转换成复杂的树状结构，每个节点都以 Python 对象来处理，这些对象可以归纳为 4 种：Tag、NavigableString、BeautifulSoup 和 Comment。

18. Tag 就是网页中 HTML 的标签再加上它所包含的内容。

19. HTML 标签可以在创建 BeautifulSoup 的对象之后，以“.”（句点）来存取，它有两个重要属性：name 和 attrs，其中属性“name”可用于获取标签名称。

20. 通常 HTML 网页中会以标签<!---内容--->来表示注释文字，要想获取这些注释内容，可以使用属性 string。

21. 对于获取的 HTML 源代码，直接通过“.”来存取标签，只会找到第一个 Tag，想要读取更多的 Tag，就得调用 find()或 find_all()方法过滤出需要的标签。

22. select()方法可以用来寻找 HTML 网页中 CSS 的过滤器，同时也支持 Tag 的查找。

课后习题

一、选择题

（　）1. URI 由三个部分组成，不包括下列哪一项？

A. 提供资源的名称

B. 存放资源的主机

C. 提供资源的路径

D. 原创作者的名称

（　）2. 下列哪一个不是常见的网页文件格式？

A. HTML

B. PHP

C. JSON

D. PROLOG

（ ）3. Python 内建模块 urllib 不包括：

A. urllib.request

B. urllib.parse

C. urllib.xmlparser

D. urllib.robotparser

二、填空题

1. 我们可以使用 Python 内建模块________来读取 URL 的内容。
2. 我们可以调用 requests 程序包中的________方法获取网页内容。
3. 一个完整的 URL 包括________、________、________和________。
4. 获取 ParseResult 对象之后，可以通过________属性和________方法来获取 URL 的内容。
5. 网页构成三要素：________、________和________。

三、简答题

1. 请简单说明 Python 内建模块 urllib 中 request、error、parse 和 robotparser 类的功能。

2. 请简单说明 URL 是什么？其协议的作用。

3. 请用内建模块 urllib.parse 解析下列网址：

```
https://www.baidu.com/s?wd=Python%E7%A8%8B%E5%BA%8F%E8%AE%BE%E8%AE%A1%E7%AC%A
C%E4%B8%80%E8%AF%BE&rsv_spt=1&rsv_iqid=0x9f5473f1000433e6&issp=1&f=8&rsv_bp=1&rs
v_idx=2&ie=utf-8&rqlang=cn&tn=baiduhome_pg&rsv_enter=1&rsv_t=332bDP%2B91nUNFjU3b
RtDEyCdgrucx5fo8DGUHMCTn7YnT1zXJ0x6iPmaTUbDn3H9V6Jz&oq=Python%25E7%25A8%258B%25E
5%25BA%258F%25E8%25AE%25BE%25E8%25AE%25A1%25E7%25AC%25AC%25E4%25B8%2580%25E8%25A
F%25BE&inputT=1409&rsv_sug3=9&rsv_sug1=9&rsv_sug7=100&rsv_pq=81f1c204000463ed&rs
v_sug2=0&rsv_sug4=5715&rsv_sug=1
```

4. 请简单说明 Request Headers 参数的作用。

5. 请尝试使用 requests 和 BeautifulSoup 程序包提取如图 14-58 所示的 Python 官方网站显示的程序代码内容。

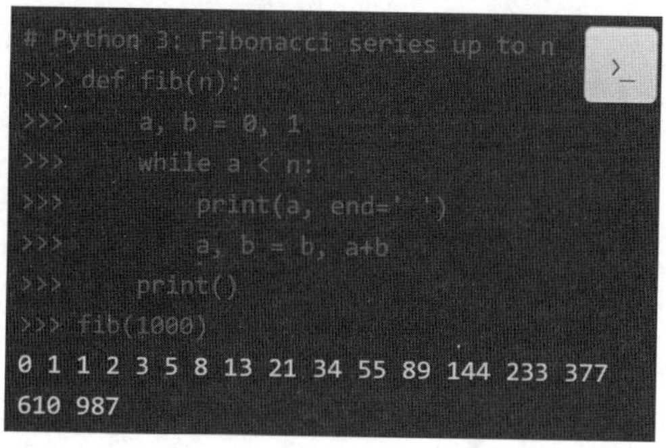

```
# Python 3: Fibonacci series up to n
>>> def fib(n):
>>>     a, b = 0, 1
>>>     while a < n:
>>>         print(a, end=' ')
>>>         a, b = b, a+b
>>>     print()
>>> fib(1000)
0 1 1 2 3 5 8 13 21 34 55 89 144 233 377
610 987
```

图 14-58

6. HTTP 的请求中，除了 GET 和 POST 方法外，还有哪几种方法？

7. 请比较 HTTP 和 HTTPS 两者间不同。

8. BeautifulSoup 将复杂的 HTML 网页转换成复杂的树状结构，每个节点都用 Python 对象来处理，这些对象可以归纳为哪 4 种？

第 15 章　课后习题参考答案

第 1 章课后习题参考答案

一、选择题

1. D；2. B；3. D；4. B；5. C。

二、填空题

1. 程序设计语言以发展过程来分，大致可分为低级语言与高级语言两大类。

2. 机器语言是一种最低级的程序设计语言，它是以 0 与 1 二进制组合的方式将指令和机器码输入计算机的。

3. 高级语言所设计的程序必须经过编译程序或解释程序转换成机器语言才能执行。

4. 流程图使用图形符号来表示解决问题的步骤。

5. Conda 是环境管理的工具，除了可以管理和安装新的程序包外，还可以用于快速建立独立的虚拟 Python 环境。

6. Anaconda 内建的 Spyder 是用于编辑、调试和执行 Python 程序的集成开发环境。

7. Python 程序的区块主要是通过缩排来标示的。

三、简答题

1. Python 的注释有哪两种，请简要说明。

答：Python 的注释有两种，即单行注释和多行注释。单行注释符号是“#”，在“#”后面的文字都会被当成注释。多行注释是以三对引号括住注释文字，引号是成对的。

2. 请比较说明编译与解释的差别。

答：

- 编译：编译程序会先检查整个程序，完全没有语法错误之后，再链接相关资源生成可执行文件。编译完成的可执行文件是可以直接执行的文件，每一次执行时，不需再编译，所以执行速度较快。缺点是编译过程中发生错误时，必须回到程序代码中找出错误的地方加以更正，再重新编译、链接、生成可执行文件，开发过程不太方便。编译型的语言有 C、FORTRAN、COBOL 等。
- 解释：Python 属于解释型的语言，解释顾名思义就是一边解释源码，一边执行，当发生错误时会停止执行，并显示错误程序语句所在的行数与原因，对程序开发来说会比较方便，也因为它不生成可执行文件，所以每一次执行都必须先经过解释才能执行，因此执行效率会比编译型稍差。解释型的语言如 HTML、JavaScript、Python 等。

3. 请试着描述计算1+2+3+4+5的算法。

答：

步骤1：设置i=1、sum=0。

步骤2：sum的值+i（sum=sum+i）。

步骤3：i的值+1（i=i+1）。

步骤3：若i大于5，则算法结束，否则返回步骤2继续执行。

4. 请试着画出计算1+2+3+4+5的流程图。

答：

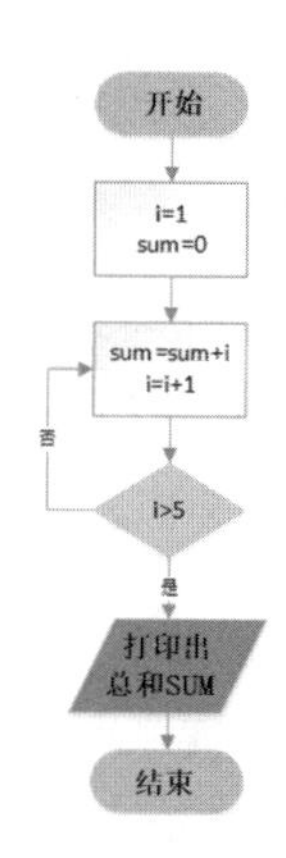

5. 算法必须满足哪些特性？

答：

- 输入数据：0个或多个输入。
- 输出结果：1个以上的输出结果
- 明确性：描述的处理过程必须是明确的，不能模棱两可。
- 有限性：在有限的步骤后会结束，不会产生无限循环。
- 有效性：步骤清楚且可行，能让用户用纸笔计算而求出答案。

6. 试简述Python语言的重要特性。

答：

- 程序代码简洁易读。
- 跨平台。
- 自由/开放源码。
- 多范式的程序设计语言。
- 扩充能力强的胶水语言。

7. 请简要说明注释的功能。

答：有不少人认为编写程序只要运行得出结果就好，还要拖泥带水地写什么注释，真是自找麻烦。其实，随着程序代码的规模日益庞大，现在软件工程的重点在于可读性与可维护性，而适时使用“注释”就是达到这两个重点目标的主要方法。注释不仅可以帮助其他的程序设计人员阅读程序内容，在日后维护程序时，清晰的注释可以节省不少维护成本。

第 2 章课后习题参考答案

一、选择题

1. A；2. D；3. B。

二、填空题

1. 保留字通常具有特殊的意义与功能，所以它会被预先保留，而无法作为变量名称或任何其他标识符名称。

2. help()函数是 Python 的内建函数，如果不清楚特定对象的方法、属性如何使用，就可以调用这个函数来查询。

3. 程序设计语言的数据类型按照类型检查方式可分为静态类型与动态类型。

4. 布尔值（bool）是 int 的子类，只有真值 True 与假值 False。

5. print()函数有两种格式化方法可以使用，一种是以 % 方式的格式化输出，另一种是通过 format 函数的格式化输出。

三、简答题

1. 请说明下列哪些是有效的变量名称，哪些是无效的变量名称。如果无效，请说明无效的原因。

fileName01
$result
2_result
number_item

答：

fileName01：有效。
$result：无效，不能有$。
2_result：无效，第一个字符不能是数字。
number_item：有效。

2. 请说明三种较为常见的 Python 数值类型，举例说明。

答：

整数（int）：例如 100。
浮点数（float）：例如 25.3。
布尔值（bool）：例如 True。

3. 请设计一个程序，输入姓名与数学成绩并输出。例如，姓名输入 Jenny，数学成绩输入 80，输出结果可参考图 2-12。

```
请输入姓名：Jenny

请输入数学成绩：80
Jenny的数学成绩：80.00
```

图 2-12

答：

```
user_name = input("请输入姓名：")
score = input("请输入数学成绩：")
print("%s 的数学成绩：%5.2f" % (user_name,float(score)))
```

4. format()函数相当具有弹性，它有哪两大优点？

答：

- 不需要理会参数数据类型，一律用{}表示。
- 可使用多个参数，同一个参数可以多次输出，位置可以不同。

5. Python 强制转换数据类型的内建函数有哪三种？

答：

- int()：强制转换为整数数据类型。
- float()：强制转换为浮点数数据类型。
- str()：强制转换为字符串数据类型。

第 3 章课后习题参考答案

一、选择题

1. B；2. A；3. C；4. D；5. C。

二、填空题

1. 表达式是由运算符与操作数组成的。
2. 在 Python 中，赋值运算符有两种赋值方式：单一赋值和复合赋值。
3. 逻辑运算符包括 and、or、not。
4. 在 Python 中，当使用 and、or 运算符进行逻辑运算时，会采用所谓的短路运算来加快程序的执行速度。
5. 比较运算符的优先级都是相同的，按从左到右依次执行。

三、简答题

1. 请问执行下列程序代码得到的 result 值是多少？

```
n1 = 80
n2 = 9
result = n1 % n2
```

答：8。

2. 请问执行下列程序代码得到的 result 值是多少？

```
n1 = 4
n2 = 2
result = n1 ** n2
```

答：16。

3. a=15，“a&10”的结果值是多少？

答：因为 15 的二进制表示法为 1111，10 的二进制表示法为 1010，两者执行 AND 运算后，结果为$(1010)_2$，也就是$(10)_{10}$。

4. 试说明~NOT 运算符的作用。

答：NOT 的作用是取 1 的补码，也就是 0 与 1 互换。例如 a=12，二进制表示法为 1100，取 1 的补码后，所有位都会进行 0 与 1 互换。

5. 请问“==”运算符与“=”运算符有何不同？

答：比较相等关系的是“==”关系运算符，“=”则是赋值运算符，这种差距很容易造成编写程序代码时的疏忽，请多加注意。

6. 已知 a=20、b=30，请计算下列各式的结果：

```
a-b%6+12*b/2
(a*5)%8/5-2*b
(a%8)/12*6+12-b/2
```

答：200.0、-59.2、-1.0

7. 开心蛋糕店在销售：蛋糕一个 60 元，饼干一盒 80 元，咖啡 55 元，试着编写一个程序，让用户可以输入订购数量，并计算出订购的总金额，例如：

```
请输入购买的蛋糕数量：2
请输入购买的饼干数量：5
请输入购买的咖啡数量：3
购买总金额为： 685
```

技巧

将蛋糕、饼干以及咖啡金额放在列表中，用户输入的数量分别放于 3 个变量中，商品乘以对应的价格，再加总即可。

答：

```
sales_list=[60,80,55]
cake = int(input("请输入购买的蛋糕数量："))
Cookies = int(input("请输入购买的饼干数量："))
coffee = int(input("请输入购买的咖啡数量："))
total = cake*sales_list[0] + Cookies*sales_list[1] + coffee*sales_list[2]
print('购买总金额为：', total)
```

第4章课后习题参考答案

一、选择题

1. D；2. C；3. B； 4. B； 5. A。

二、填空题

1. 循环语句包含可计次的 for 循环和不可计次的 while 循环。

2. 有关元组更高效的写法，就是直接调用 range()函数。

3. break 指令用来中断循环的执行，并离开当前所在的循环体。

4. continue 指令的作用是强迫 for 或 while 等循环语句结束当前正在循环内执行的程序，并将程序执行的控制权转移到下一轮循环的开始处。

5. 循环结构通常需要具备三个条件：循环变量的初始值、循环条件表达式、调整循环变量的增减值。

三、简答题

1. 请试着编写一个程序，让用户传入一个数值 N，判断 N 是否为 3 的倍数，如果是，就输出 True，否则输出 False。

答：

```
N = int(input("请输入一个数值："))
print('False' if N%3 else 'True')
```

2. 请使用 while 循环计算 1 到 100 所有整数的和。

答：

```
sum = 0
i = 1
while i <= 100:
    sum += i
    i += 1
print(sum)
```

3. 请使用 for 循环计算 1 到 100 所有整数的和。

答：

```
sum = 0
for i in range(101):
    sum+=i
print(sum)
```

4. 请使用 for 循环语句让用户输入 n 值，并计算出 1!+2!+...+n!的总和，如下所示：

```
1!+2!+3!+4!+….+n-1!+n!
```

答：

```
sum=0
n1=1
n=int(input("请输入任意一个整数:"))
for i in range(1,n+1):
    for j in range(1,i+1):
        n1*=j; # n!的值
    sum+=n1;   # 1!+2!+3!+..n!
    n1=1
print("1!+2!+3!+...+{0}!={1}".format(n,sum))
```

5. 请写出下列程序语句中 while 循环输出的 count 值。

```
count = 1
while count <= 14:
  print(count)
  count += 3
```

答：

1

4

7

10

6. 用 while 循环编写 1~500 的偶数和。

答：

```
sum=0
index=0
while index <= 50:
    sum=sum+index
    index += 2
print ('1~50 的偶数总和为: ', sum)
```

第 5 章课后习题参考答案

一、选择题

1. A；2. C；3. B。

二、填空题

1. 将一连串字符使用单引号或双引号引起来就是一个<u>字符串</u>。
2. 要将字符串赋值给特定的变量，可以使用<u>“=”赋值</u>运算符。
3. 当字符串较长时，可以使用<u>“\”</u>字符将过长的字符串拆成两行。

4. 在 Python 语言中，可以调用 format()函数格式化数据。
5. 使用“[]”运算符提取字符串中的单个字符或某个范围的子字符串，这个操作被称为切片。
6. Python 字符串的大小比较是根据字符的 Unicode 值的大小进行比较的。
7. 函数 replace()可以将字符串中的特定字符串替换成新的字符串。

三、简答题

让用户输入一个字符串，计算字符串中英文字母的个数，例如：

```
输入：cute2017#*/-
输出：共有 4 个英文字母，字母是 cute
```

技巧

ord()函数返回字符对应的 ASCII 码，小写字母的 ASCII 码为 97~122。

答：

```
words=input("请输入字符串.")
words_lower=list(words.lower())

result =""
for w in words_lower:
if ord(w) in range(97, 123):
result+=w

result_l = len(result)
print("共有{}个英文字母,字母是{}".format(result_l,result))
```

2. 请将“ATTITUDE”反转输出，例如：

```
请输入字符串：ATTITUDE
原字符串：ATTITUDE
反转后：EDUTITTA
```

答：

```
strA = input("请输入字符串：")
revletters = strA[::-1]
print("原字符串：{}\n 反转后：{}".format(strA,revletters))
```

3. 文件“twisters.txt”的内容是英文绕口令的文本文件，请编写一个程序以统计文件内容中的“Peter”出现了几次。

答：

```
with open("twisters.txt","r") as f:
    story=f.read()     #读出文件内容
```

```
words="Peter"
sc=story.count(words)
print("{} 出现了 {} 次".format(words,sc))
```

4. 想要读取字符串中的字符，有哪三种方式？

答：

- 通过下标值读取某个字符。
- 使用字符串切片方法读取某段字符串。
- 调用 split()函数分割字符串。

第 6 章课后习题参考答案

一、选择题

1. D；2. C；3. C；4. D；5. D。

二、填空题

1. 函数可分为内建函数与自定义函数。

2. 定义函数时要有形式参数来准备接收数据，而调用函数要有实际参数来进行数据的传递工作。

3. Python 函数的参数分为位置参数与关键字参数。

4. Python 的不可变对象（如数值、字符串）传递参数时，接近于传值调用方式。

5. 如果要在函数内使用全局变量，就必须在函数中用 global 声明该变量。

三、简答题

1. 试简述 sorted()函数与 sort ()方法两者之间的异同。

答：sorted 函数与 sort ()方法都用于排序，两者的功能大同小异，都有 reverse 与 key 参数，差别在于 sort()方法用于列表数据进行排序。要注意的是，sort()方法没有返回值，会直接对列表的内容进行排序。

2. 试简述 lambda 函数与一般自定义函数有什么不同？

答：自定义函数与 lambda()有何不同？先以一个简单的例子来说明。

```
def result(x, y): #自定义函数
  return x+y
result = lambda x, y : x + y  #lambda()函数
```

注意，前面两行语句是自定义函数，函数名为 result。第三行语句用于定义 lambda()函数。定义常规函数时，函数体一般有多行语句，但是 lambda()函数只能有一行表达式。另外，自定义函数都有函数名，lambda()函数无名称，必须指定一个变量来存储运算的结果，再用变量名 result 来调用 lambda()函数，按其定义传入参数。在自定义的 result ()函数中，以 return 指令返回计算的结果，而 lambda()计算的结果由变量 result 存储。

3. 请问使用选择排序法将数列10、5、25、30、15从大到小排列，共需进行几次比较？

答：10次。

4. 请编写一个储蓄存款计息试算程序，年利率默认为2%，以复利计，让用户可以输入本金与存期（年），计算到存款到期日的本利和。计息试算结果可参考表6-2。

表6-2

本金	存期（年）	本利和
15000	2	15606
15000	3	15918
30000	2	31212
30000	3	31836

技巧

本利和 = 本金*(1+ 年利率)^存款期数

注：^表示次方

答：

```
n = int(input("请输入存入本金："))
y = int(input("请输入存期(年)："))
r = 0.02
total= round(n * (1 + r) ** y)
print(total)
```

5. 请说明在函数中提到的“形式参数”与“实际参数”两者之间的功能差异。

答：定义函数时要有“形式参数”来准备接收数据，而调用函数要有“实际参数”进行数据的传递工作。

- 形式参数：定义函数时，用来接收实际参数所传递的数据，带入函数体参与程序语句的执行或运算。
- 实际参数：在程序中调用函数时，将数据传递给自定义函数。

6. Python函数的参数可分为哪两种，试比较说明。

答：Python函数的参数分为位置参数与关键字参数，位置参数就是按照参数位置传入参数，如果函数定义了3个参数，就要带入3个参数，缺一不可，它具有顺序性，不可乱序。关键字参数就是通过关键词来传入参数，只要必要的参数都指定了，关键字参数的位置并不一定要按照函数定义时参数的顺序。

7. 请简单说明Python的参数传递机制。

答：Python的参数是以可变对象和不可变对象来传递的。

- 不可变对象（如数值、字符串）传递参数时，接近于“传值”调用方式。
- 可变对象（如列表）传递参数时，以“传址”调用方式来处理。简单来说，如果可变对象的值被修改了，因为占用同一个地址，会连带影响函数外部的值。

8. 变量按其作用域分为全局变量与局部变量，两者之间的差异是什么？

答：变量按其作用域分为全局变量与局部变量。

- 全局变量：定义在函数外的变量，其作用域适用于整个文件（*.py）。
- 局部变量：适用于所声明的函数或流程控制范围内的程序区块，离开此范围其生命周期就结束了。

9. 什么是递归？它的定义条件是什么？

答：假如一个函数或子程序是由自身所定义或调用的，就称为递归，它至少要定义 2 个条件：

- 一个可以反复执行的递归过程。
- 一个跳出执行过程的出口。

第 7 章课后习题参考答案

一、选择题

1. B；2. C；3. A；4. C；5. D。

二、填空题

1. 容器对象只有<u>元组</u>是不可变对象，其他三种都是可变对象。
2. 当不再使用列表变量时，也可以通过 <u>del</u> 语句删除该列表变量。
3. <u>“+”</u>运算符可以将两个元组的数据内容串接成一个新的元组，而<u>“*”</u>运算符可以将元组的元素复制成多个。
4. 字典数据类型中的<u>键（key）</u>必须是不可变的数据类型，例如数字、字符串，而值就没有限制。
5. 适用于字典的处理方法 <u>get()</u>会以键查找对应的值。

三、简答题

1. 请编写一个程序，统计文件“twisters.txt”中有哪些英文单词，各出现了几次？请以{英文单词：出现次数}的方式来显示，输出结果如下：

```
{'Peter': 4, 'Piper': 4, 'picked': 2, 'a': 3, 'peck': 4, 'of': 4, 'pickled': 4, 'peppers.': 1, 'Did': 1, 'pick': 1, 'peppers': 2, 'If': 1, 'Picked': 1, 'peppers,': 1, "Where's": 1, 'the': 1}
```

技巧

replace()：将不必要的字符“?”和“\n”删除。

split()：分割字符串。

答：

```
with open("twisters.txt", "r") as f:
    story=f.read()     #读出文件内容
```

```
story=story.replace("?", " ");
story=story.replace("\n", " ");
story_list=story.split()

words={}
for i in range(len(story_list)):
    if story_list[i] not in  words:
        words[story_list[i]]=story_list.count(story_list[i])

print(words)
```

2. 请写出下列程序执行后的输出结果。

```
A0 = {'a': 1, 'b': 3, 'c': 2, 'd': 5, 'e': 4}
A1 = {i:A0.get(i)*A0.get(i) for i in A0.keys()}
print(A1)
```

答：{'a': 1, 'b': 9, 'c': 4, 'd': 25, 'e': 16}。

3. 请简单比较元组、列表、字典、集合4种容器类型。

答：

数据类型	tuple	List	dict	set
中文名称	元组	列表	字典	集合
使用符号	()	[]	{}	{}
具顺序性	有序	有序	无序	无序
可变/不可变	不可变	可变	可变	可变
举例	(1, 2, 3)	[1,2,3]	{'word1':'apple'}	{1, 2, 3}

4.下列列表生成式的执行结果是什么？

```
list1 =[i for i in range(4,11)]
print(list1)
```

答：[4, 5, 6, 7, 8, 9, 10]。

5. 请写出下面的程序代码的输出结果。

```
dic={'name':'Andy', 'age':18, 'city':'上海','city':'深圳'}
dic['name']= 'Tom'
dic['hobby']= '篮球'
print(dic)
```

答：{'name': 'Tom', 'age': 18, 'city': '深圳', 'hobby': '篮球'}。

第 8 章课后习题参考答案

一、选择题

1. D；2. A。

二、填空题

1. 将多个模块组合在一起就形成程序包。
2. 在 Python 语言中，拥有“__init__.py”文件的目录就会被视为一个程序包。
3. 若要使用模块，则要使用 import 指令来导入。
4. 当程序包名称有了别名之后，就可以使用别名.函数名称的方式进行调用。
5. 当 Python 的.py 中的程序代码直接执行时，__name__属性会被设置为__main__。

三、简答题

1. 请编写一个函数，具有年、月、日三个参数，例如 isVaildDate(yy, mm, dd)，检查传入的年月日是否为合法日期，如果是，就输出此日期，否则输出“日期错误”。

例如：

isVaildDate(2017, 3, 30)，输出“2017-03-30”。

isVaildDate(2017, 2, 30)，输出“日期错误”。

答：

```
01    import datetime
02    def isVaildDate(yy,mm,dd):
03        try:
04            return datetime.date(yy,mm,dd)
05        except:
06            return "日期错误"
07
08    print(isVaildDate(2017,2,30))
```

2. 如何才能一次导入多个程序包？

答：如果要一次导入多个程序包，就必须以逗点“,”分隔不同的程序包名称，语法如下：

```
import 程序包名称 1, 程序包名称 2, ...., 程序包名称 n
```

例如，同时导入 Python 标准模块的数学和随机数模块：

```
import math, random
```

3. 给程序包名称取别名的语法是什么？

答：

```
import 程序包名称 as 别名
```

4. Python的标准函数库中有众多实用的模块，这些模块内的函数难免会有重复，试问Python如何避免不同模块之间发生同名冲突的问题？

答：Python 的标准函数库中有众多实用的模块，可以让我们省下不少程序开发的时间，当程序中同时导入多个模块时，函数名称就有可能会重复，不过 Python 提供了命名空间机制，就像是一个容器，将模块资源限定在模块的命名空间内，避免不同模块之间发生同名冲突的问题。

5. 试举出至少5种 Python 的常用模块。

答：

- math 模块提供了 C 函数库中底层的浮点数运算函数。
- random 模块提供了随机选择的工具。
- datetime 模块有许多与日期和时间有关的函数，并支持时区换算。
- 更具阅读性的 pprint 程序包。
- time 和 calendar 模块可以用于格式化日期和时间，也定义了一些与时间和日期相关的函数。
- os 模块是与操作系统相关的模块。
- sys 模块包含与 Python 解释器相关的属性与函数。

第9章课后习题参考答案

一、选择题

1. D；2. D；3. C。

二、填空题

1. 二进制文件是以二进制格式存储的，这种存储方式适用于非字符为主的数据。
2. 文件系统是一种存储和组织计算机数据的方法。
3. 调用 open()函数打开文件之后，必须通过文件对象执行读或写的操作。
4. 可以在绝对路径前面加 r ，用以告知编译程序系统 r 后随的路径字符串是原始字符串。
5. readline()方法可以整行读取文件内容，并将整行的内容以字符串的方式返回。
6. 要创建二进制文件，就要在 open()方法的 mode 参数中加入“b”，表示是二进制，否则会引发错误。

三、简答题

1. 文件如果按存储方式来分类，可以分为哪几种类型？

答：文件如果按存储方式来分类，可以分为文本文件与二进制文件两种。

2. 试简述绝对路径与相对路径的差别。

答：“绝对路径”指的是一个绝对的位置，并不会随着当前目录的改变而改变。“相对路径”是相对于当前目录的路径表示法，因此“相对路径”所指向的文件或目录会随着当前目录的不同而改变。

3. 请简述文件读取的步骤。

答：首先必须调用 open()方法打开指定的文件，接着调用文件对象所提供的 read()、readline()或 readlilnes()方法从文件读取数据，最后调用 close()方法关闭文件。

第 10 章课后习题参考答案

一、选择题

1. B；2. C；3. A；4. B；5. D；6. B；7. D。

二、填空题

1. 语法错误是最常见的错误，可能是编写程序时不小心造成的语法或指令的输入错误。

2. 运行时错误是指程序在运行期间遇到的错误，可能是逻辑上的错误，也可能是系统资源不足所造成的错误。

3. 逻辑错误是最不容易被发现的错误，这种错误常会产生意外的输出或结果。

4. total 变量是在 for 循环体内使用的局部变量，却在 for 循环体之外输出 total 累加的结果，会引发 NameError 异常情况。

5. 在 Python 语言中处理异常无论有无引发异常情况，finally 指令所形成的程序区块中的程序语句一定会被执行。

6. 请填写错误所引发的异常类型。

LookupError：当映射或序列类型的键或下标无效时引发。

OSError：操作系统函数发生错误时引发。

NameError：是指名称没有定义的错误。

RuntimeError：运行时错误。

三、简答题

1. 程序的错误类型可以分为哪三种？

答：语法错误、运行时错误、逻辑错误。

2. 什么是异常或异常情况？

答：当程序执行时，产生了不是程序设计人员原先预期的结果，这种情况下，Python 解释器会“接手”管理，同时中止程序的运行。

3. 请问哪一种情况下是比较常见的异常处理的时机？

答：比较常见的异常处理的时机为程序与外部人员或设备进行输入输出的互操作时，例如要求用户输入数字或字符串，或者与外部数据库连接时，即使所编写的程序代码完全正确，但还是有可能因为网络线路问题、数据库连接过程发生异常或网络中断造成程序发生错误，引发系统抛出异常情况，并强迫中止程序的运行。

第 11 章课后习题参考答案

一、选择题

1. C；2. D；3. D。

二、填空题

1. 结构化程序设计是自上而下上与模块化的设计模式。
2. 每一个对象在程序设计语言中的实现都必须通过类来声明。
3. 面向对象的三个主要特点：封装、继承和多态。
4. Python 默认所有的类与其包含的成员都是公有的。
5. 创建类之后，还要具体化对象，这个过程被称为实例化。
6. __init__()方法的第一个参数是 self，用来指向刚创建的对象本身。
7. 要指定属性为私有的，要在属性名称前面加上两个下画线“__”。
8. 经由继承所产生的新类被称为派生类。
9. 覆盖可以在子类中重新改写所继承的父类的方法，但并不会影响父类中对应的方法。
10. 合成（或称为组合）在继承机制中是 has_a 的关系。

三、简答题

1. 简述传统结构化程序设计与面向对象程序设计的不同。

答：在传统的程序设计中，主要以“结构化程序设计”为主，就是“自上而下”与“模块化”的设计模式。每一个模块都有其特定的功能，主程序在组合每个模块后，完成最后要求的功能。一旦主程序要求功能变动，许多模块内的数据与程序代码都可能需要同步变动，而这也正是“结构化程序设计”无法有效使用程序代码的主要原因。

“面向对象程序设计”能以一种更生活化、可读性更高的设计思路来进行程序的开发和设计，并且所开发出来的程序更易于扩展、修改及维护，以弥补“结构化程序设计”的不足。

2. 简述面向对象程序设计封装的特点。

答：所谓封装，是使用“类”来实现“抽象化数据类型”。所谓“抽象化”，就是让用户只能接触到类的方法（函数），而无法直接使用类的数据成员。数据抽象化的目的是便于日后的维护，应用程序的复杂性越高，数据抽象化做得越好，就越能提高程序的重复使用性和可阅读性。另外，抽象化也符合信息隐藏的要求，这就是“封装”的主要作用。

3. 简述多态的定义。

答：多态最直接的定义就是让具有继承关系的不同类对象可以调用相同名称的成员函数，并产生不同的响应结果。

4. 简述__init__()方法在 Python 语言的面向对象程序设计中所扮演的角色。

答：当创建对象时，__init__()这个特殊方法会为对象进行初始化，例如设置初值或进行数据库连接等。

5. 简述匿名对象的程序设计技巧。

答：通常声明类后，会将类实例化为对象，并将对象赋值给变量，再通过这个变量来存取对象。在 Python 语言中有一个重要特性，就是每个东西都是对象，我们可以在不将对象赋值给变量的情况下使用对象，这就是一种被称为匿名对象的程序设计技巧。

第 12 章课后习题参考答案

一、选择题

1. B；2. A；3. C；4. A；5. A：6. D；7. D。

二、填空题

1. 主窗口设置完成之后，必须在程序最后使用 mainloop()方法让程序进入循环监听模式。
2. 所谓事件，是由用户的操作或系统所触发的信号。
3. tkinter 提供了 3 种布局方法：pack、grid 以及 place。
4. Label 控件的功能是用来显示文字的，它是一个非交互式的控件。
5. 当用户单击按钮时会触发 click 事件，系统会调用对应的事件处理函数。
6. 如果想变更按钮控件的文字，可以把文字变量赋值给 textvariable 属性。
7. Entry 控件可以让用户输入数据，它是单行文本模式。
8. Text 控件如果要禁止用户编辑，可将 state 参数值设置为“tk.DISABLED”。
9. 选项控件有两种：Checkbutton 和 Radiobutton。
10. 通常 messagebox 的主要功能是提供信息。

三、简答题

1. 什么是事件？

答：所谓“事件”，是由用户的操作或系统所触发的信息。举例来说，当用户单击按键时会触发 click 事件，系统会调用指定的事件处理函数来响应此事件。

2. 请说明 tkinter 有哪几种布局方法。

答：tkinter 提供了 3 种布局方法：pack、grid 以及 place。

3. 要改变 button 控件上的文字内容或变更属性（文字颜色、背景色、宽、高、字体等），有哪两种做法？

答：通过 textvariable 参数指定文字变量，通过 config 方法更改文字内容或属性值。

4. Entry 控件和 Text 控件都可以让用户输入数据，试简述两者最大的不同点。

答：Entry 控件可以让用户输入数据，它是单行文本模式，想要输入多行文字，就要使用 Text 控件。

5. 选项控件有哪两种？两者在功能上有何不同？

答：选项控件有两种：Checkbutton（复选按钮或复选框）和 Radiobutton（单选按钮）。Checkbutton 提供了多选的功能；Radiobutton 和 Checkbutton 控件不一样的地方是，前者只能从多个选项中选择其一，无法多选。

6. 滚动条通常被用于哪几种控件？请至少举出两种。

答：滚动条通常被用于文字区域（Text）、列表框（Listbox）、画布（Canvas）等控件中。

7. 试简述使用消息框的目的及消息框的种类。

答：消息框主要的目的是以简洁的信息与用户互动。消息框分为两大类，即询问和显示。询问消息框的方法以“ask”开头，伴随 2、3 个按钮来产生互动操作。显示消息框的方法以“show”开头，只会显示一个“确定”按钮。

8. 试简述 Simpledialog 有哪三个方法。

答：Simpledialog 有三个方法，分别是处理字符串的 askstring()方法、用于整数的 askinteger()方法、用于浮点数的 askfloat()方法。

9. 试简述 Filedialog 有哪几个方法。

答：Filedialog 本身是 tkinter 程序包的模块，与打开文件和保存文件有密切关系。有以下两个方法与它有关。

- askopenfile()方法：打开文件。
- asksaveasfile()方法：保存文件。

10. Canvas 控件具有画布功能，能通过鼠标的移动进行基本的绘制。Canvas 有哪两种坐标系统？

答：它有以下两种坐标系统：

- Windows 坐标系统，以屏幕的左上角为原点（x = 0，y = 0）。
- Canvas 控件的坐标系统，按照指定位置进行绘制。

第 13 章课后习题参考答案

一、选择题

1. C；2. A。

二、填空题

1. NumPy 是 Python 语言的第三方程序包，这个程序包支持大量的数组与矩阵运算。

2. 一个数组元素可以用一个“下标”和“数组名”来表示。

3. NumPy 程序包所提供的数据类型叫作 ndarray。

4. 两个矩阵 A 与 B 相乘是有条件限制的，必须符合 A 为一个 m*n 的矩阵，B 为一个 n*p 的矩阵，A*B 的结果为一个 m*p 的矩阵 C。

5. NumPy 还提供了 cos(x)、sin(x)、tan(x)、asin(x)、acos(x)、atan(x)等三角函数，可用于计算各个三角函数值，不过，在计算三角函数时，参数 x 必须以弧度为主。

三、简答题

1. 调用 NumPy 程序包有哪几种常见的数组创建方式？

答：调用 array()函数并指定元素的类型。

调用 arange()函数创建数列。

调用 linspace()函数创建平均分布的数值。

2. 什么是切片运算？试简述“[]”运算符的相关运算。

答：数组的元素具有顺序性，使用[]运算符提取数组中指定位置的元素值或者某个范围的数组元素，这个运算就被称为“切片”。下表列出了“[]”运算符的相关运算。

运算	说明（s 表示序列）
s[n]	按指定下标值获取序列的某个元素
s[n : m]	从下标值 n 到 m-1 来读取若干元素
s[n:]	从下标值 n 开始到最后一个元素结束
s[:m]	从下标值 0 开始，到下标值 m-1 结束
s[:]	表示会复制一份序列元素
s[::-1]	将整个序列的元素反转

3. 什么是转置矩阵？试举例说明。

答：“转置矩阵”（A^t）就是把原矩阵的行坐标元素与列坐标元素相互调换，假设 A^t 为 A 的转置矩阵，则有 $A^t[j, i] = A[i, j]$，如右图所示。

$$A=\begin{bmatrix}1 & 2 & 3\\4 & 5 & 6\\7 & 8 & 9\end{bmatrix}_{3\times 3} \qquad A^t=\begin{bmatrix}1 & 4 & 7\\2 & 5 & 8\\3 & 6 & 9\end{bmatrix}_{3\times 3}$$

第 14 章课后习题参考答案

一、选择题

1. D；2. D；3. C。

二、填空题

1. 我们可以使用 Python 内建模块 urllib.request 来读取 URL 的内容。
2. 我们可以调用 requests 程序包中的 get()方法获取网页内容。
3. 一个完整的 URL 包括协议、主机地址、路径和文件名称。
4. 获取 ParseResult 对象之后，可以通过 scheme 属性和 geturl()方法来获取 URL 的内容。
5. 网页构成三要素：HTML、CSS 和 JavaScript。

三、简答题

1. 请简单说明 Python 内建模块 urllib 中 request、error、parse 和 robotparser 类的功能。

答：

- urllib.request 类配合相关方法能读取指定网站的内容。

- urllib.error 类处理 urllib.request 模块读取数据时产生的错误和异常。
- urllib.parse 类解析 URL、引用 URL。
- urllib.robotparser 解析 robots.txt 文件。它提供单一类 RobotFileParser，并调用 can_fetch() 方法测试能否以爬虫程序来下载某一个页面。

2. 请简单说明 URL 是什么？其协议的作用。

答：Uniform Resource Locator（VRL）译为“统一资源定位符”，它等同于因特网的门牌号，也就是俗称的“网址”。一个完整的 URL 包括协议、主机地址、路径和文件名称。其中 protocol 为协议，浏览器根据协议内容来提取对应的资源，简介如下。

- HTTP：HyperText Transfer Protocol，超文本传输协议，传输对象为 WWW 服务器。
- HTTPS：用加密传送的超文本传输协议。
- FTP：File Transfer Protocol，文件传输协议，对象为 FTP 服务器。
- TELNET：远程登录协议。

3. 请用内建模块 urllib.parse 解析下列网址：

```
https://www.baidu.com/s?wd=Python%E7%A8%8B%E5%BA%8F%E8%AE%BE%E8%AE%A1%E7%AC%A
C%E4%B8%80%E8%AF%BE&rsv_spt=1&rsv_iqid=0x9f5473f1000433e6&issp=1&f=8&rsv_bp=1&rs
v_idx=2&ie=utf-8&rqlang=cn&tn=baiduhome_pg&rsv_enter=1&rsv_t=332bDP%2B91nUNFjU3b
RtDEyCdgrucx5fo8DGUHMCTn7YnT1zXJ0x6iPmaTUbDn3H9V6Jz&oq=Python%25E7%25A8%258B%25E
5%25BA%258F%25E8%25AE%25BE%25E8%25AE%25A1%25E7%25AC%25AC%25E4%25B8%2580%25E8%25A
F%25BE&inputT=1409&rsv_sug3=9&rsv_sug1=9&rsv_sug7=100&rsv_pq=81f1c204000463ed&rs
v_sug2=0&rsv_sug4=5715&rsv_sug=1
```

答：请参考习题解答程序 Exer03.py。

4. 请简单说明 Request Headers 参数的作用。

答：

- Accept：浏览器可接受的 MIME 类型，可根据实际情况产生。
- Accept-Encoding：浏览器可接受的编码方式，比如 gzip，解码顺利有利于减少网页的下载时间。
- Accept-Language：当服务器可以提供一种以上的语言版本时，可通过浏览器来设置。
- Cookie：请求报头中最重要的信息。
- User-Agent：对于不太喜欢爬虫程序的网站来说，对于访问者会进行连接检测，通过 User Agent 来查看是谁发出的请求。
- Upgrade-Insecure-Requests：参数设为“1”，表示浏览器将请求从 HTTP 自动升级到 HTTPS。更通俗的说法是“我明白你的意，更懂你的心”。考虑安全的情况下，发送请求时使用 HTTPS，服务器的响应消息能让浏览器完全读懂。

5. 请尝试使用 requests 和 BeautifulSoup 程序包提取 Python 官方网站显示的程序代码内容。

```
# Python 3: Fibonacci series up to n
>>> def fib(n):
>>>     a, b = 0, 1
>>>     while a < n:
>>>         print(a, end=' ')
>>>         a, b = b, a+b
>>>     print()
>>> fib(1000)
0 1 1 2 3 5 8 13 21 34 55 89 144 233 377
610 987
```

答：请参考习题解答程序 Exer05.py。

6. HTTP 的请求中，除了 GET 和 POST 方法外，还有哪几种方法？

答：

- PUT：用于修改某个内容。
- DELETE：删除某个内容。
- CONNECT：用于代理进行传输，如使用 SSL。
- OPTIONS：询问可以执行哪些方法。

7. 请比较 HTTP 和 HTTPS 两者间的不同。

答：

HTTP 是超文本传输协议，而 HTTPS 是经过加密的超文本传输协议，两者的端口不同：

- HTTP 使用端口 80 的协议，它是纯文本模式。
- HTTPS 则使用端口 443 的协议，是一种可通行的二进制字符模式。

8. BeautifulSoup 将复杂的 HTML 网页转换成复杂的树状结构，每个节点都用 Python 对象来处理，这些对象可以归纳为哪 4 种？

答：Tag、NavigableString、BeautifulSoup 和 Comment。